焊接方法与设备

HANJIE FANGFA YU SHEBEI

主　编　章友谊　雷世明
副主编　陈素玲　肖怀国（企业）
参　编　李　欣　秦会峰　李世峰（企业）
主　审　苟国庆

第4版

本书为"十四五"和"十二五"职业教育国家规划教材，是根据《"十四五"职业教育规划教材建设实施方案》及教育部颁布的《高等职业学校专业教学标准》，同时参考智能焊接技术专业职业资格标准及焊接1+X职业技能等级标准，在《焊接方法与设备》（第3版）的基础上进行修订的。

本书共分八个单元，内容包括电弧焊基础知识、焊条电弧焊、埋弧焊、熔化极气体保护电弧焊、钨极惰性气体保护焊、等离子弧焊接与切割、电阻焊和其他焊接方法介绍。本书编写模式新颖，将需要掌握的知识点进行分解，每单元开始部分安排有详细的"学习目标"，每个模块开始部分安排有导入案例，并安排有综合训练，供学生复习之用。综合训练兼顾了焊工和1+X考证的考点，以满足"双证制"教学需要。

为便于教学，本书配套有教学资源包，选择本书作为教材的教师可来电（010-88379197）索取，或登录 www.cmpedu.com 网站，注册、免费下载。

本书可作为高等职业院校智能焊接技术专业教材或作为焊接技术岗位培训教材，也可供有关技术人员参考。

图书在版编目（CIP）数据

焊接方法与设备 / 章友谊，雷世明主编. -- 4版.
北京：机械工业出版社，2025.5（2025.8重印）.--（"十四五"职业教育国家规划教材）. -- ISBN 978-7-111-78166-0

Ⅰ. TG4

中国国家版本馆 CIP 数据核字第 2025JQ6198 号

机械工业出版社（北京市百万庄大街22号　邮政编码100037）
策划编辑：王海峰　　　　　责任编辑：王海峰
责任校对：宋　安　刘雅娜　封面设计：张　静
责任印制：任维东
河北宝昌佳彩印刷有限公司印刷
2025年8月第4版第2次印刷
184mm×260mm・17.75 印张・438 千字
标准书号：ISBN 978-7-111-78166-0
定价：55.00 元

电话服务　　　　　　　　　网络服务
客服电话：010-88361066　　机　工　官　网：www.cmpbook.com
　　　　　010-88379833　　机　工　官　博：weibo.com/cmp1952
　　　　　010-68326294　　金　书　网：www.golden-book.com
封底无防伪标均为盗版　　　机工教育服务网：www.cmpedu.com

关于"十四五"职业教育国家规划教材的出版说明

为贯彻落实《中共中央关于认真学习宣传贯彻党的二十大精神的决定》《习近平新时代中国特色社会主义思想进课程教材指南》《职业院校教材管理办法》等文件精神，机械工业出版社与教材编写团队一道，认真执行思政内容进教材、进课堂、进头脑要求，尊重教育规律，遵循学科特点，对教材内容进行了更新，着力落实以下要求：

1. 提升教材铸魂育人功能，培育、践行社会主义核心价值观，教育引导学生树立共产主义远大理想和中国特色社会主义共同理想，坚定"四个自信"，厚植爱国主义情怀，把爱国情、强国志、报国行自觉融入建设社会主义现代化强国、实现中华民族伟大复兴的奋斗之中。同时，弘扬中华优秀传统文化，深入开展宪法法治教育。

2. 注重科学思维方法训练和科学伦理教育，培养学生探索未知、追求真理、勇攀科学高峰的责任感和使命感；强化学生工程伦理教育，培养学生精益求精的大国工匠精神，激发学生科技报国的家国情怀和使命担当。加快构建中国特色哲学社会科学学科体系、学术体系、话语体系。帮助学生了解相关专业和行业领域的国家战略、法律法规和相关政策，引导学生深入社会实践、关注现实问题，培育学生经世济民、诚信服务、德法兼修的职业素养。

3. 教育引导学生深刻理解并自觉实践各行业的职业精神、职业规范，增强职业责任感，培养遵纪守法、爱岗敬业、无私奉献、诚实守信、公道办事、开拓创新的职业品格和行为习惯。

在此基础上，及时更新教材知识内容，体现产业发展的新技术、新工艺、新规范、新标准。加强教材数字化建设，丰富配套资源，形成可听、可视、可练、可互动的融媒体教材。

教材建设需要各方的共同努力，也欢迎相关教材使用院校的师生及时反馈意见和建议，我们将认真组织力量进行研究，在后续重印及再版时吸纳改进，不断推动高质量教材出版。

机械工业出版社

前　言

本书是按照教育部办公厅《关于组织开展"十四五"首批职业教育国家规划教材遴选工作的通知》，经过出版社初评、申报，由教育部专家组评审确定的"十四五"职业教育国家规划教材，是根据《"十四五"职业教育规划教材建设实施方案》及教育部颁布的《高等职业学校专业教学标准》，同时参考智能焊接技术专业职业资格标准及焊接1+X职业技能等级标准，在《焊接方法与设备》（第3版）的基础上进行修订的。

本书主要讲授智能焊接技术专业以及工程技术人员必备的焊接基本理论和知识，介绍了各种常用焊接方法的过程本质、质量控制以及相应焊接设备的构成和工作原理，并结合实例说明了选用焊接工艺与设备的原则和方法。根据智能焊接技术专业的培养目标和高职学生的年龄、知识特点，本书在取材上注意理论联系实际，叙述上注重深入浅出。全书以目前应用最广泛的电弧焊方法为讨论的主要内容，紧密结合生产实际，着重讲述常用焊接方法应用中的基本理论和实践问题，并列出大量较实用的焊接工艺以供选用。

本书在修订时，认真贯彻党的二十大报告精神，以学生的全面发展为培养目标，融"知识学习、技能提升、素质培育"于一体，严格落实立德树人根本任务。

本书继续保持了第3版教材具有的综合性、实践性、科学性和先进性的特点，延用第3版的内容结构，同时，在内容上进行了必要的补充、更新和完善。例如，在第一单元焊接电弧中，结合实际焊接时的引弧过程，补充了焊接电弧的产生过程内容，使学生能够把焊接电弧的抽象知识与焊接电弧的实际产生过程联系起来；根据近年来国家和行业技术标准变动的情况，对教材中所涉及的标准进行了更新。为了提高本书内容的可视性，在相应单元部分以二维码的形式插入了视频、微课、动画等数字资源，以方便学生和读者学习。

全书共分八个单元，由四川工程职业技术大学章友谊和雷世明任主编，四川工程职业技术大学陈素玲和四川航天中天动力装备有限责任公司肖怀国任副主编。编写分工如下：第三单元由雷世明编写；第一单元、第六单元和附录由陈素玲编写；第四单元由肖怀国编写；第五单元由山西机电职业技术学院秦会峰编写；第七单元由四川工程职业技术大学李欣编写；第八单元由中国空气动力研究与发展中心空天技术所李世峰编写；章友谊编写了绪论、第二单元，并对全书进行了统稿。

本书由西南交通大学苟国庆教授主审，苟教授对本书稿件进行了全面、细致的审阅。本书经全国职业教育教材审定委员会审定，教育部评审专家在评审过程中也对本书提出了宝贵的建议，在此谨对他们表示衷心的感谢！在本书的编写和修订过程中，编者参阅了国内外出版的有关教材和大量技术资料，在此谨向所有参考资料的作者及关心和支持本书编写的同仁们表示衷心的感谢。

由于编者水平有限，书中不妥之处在所难免，恳请读者批评指正。

编　者

二维码索引

名称	二维码	页码	名称	二维码	页码
焊接电弧的产生过程		13	TIG 焊原理及特点		146
焊条电弧焊的原理及特点		42	等离子弧的形成		169
焊工面罩的安装与使用		52	电阻焊的实质和特点		190
平对接焊条直径的选择		55	电渣焊原理		231
焊条电弧焊的基础操作技能		56	电子束焊原理		242
埋弧焊的原理及特点		61	激光焊原理		244
熔化极气体保护焊		106	摩擦焊原理		247

目　录

前言
二维码索引

绪论 ·· 1
　一、焊接在现代工业中的地位及
　　　发展概况 ································ 1
　二、焊接方法分类及特点 ············· 4
　三、本书的内容和学习方法 ········· 5
　【综合训练】 ································ 6

第一单元　电弧焊基础知识 ········ 8
模块一　焊接电弧 ··························· 8
　一、焊接电弧的物理基础 ············· 8
　二、焊接电弧的产生过程 ··········· 13
　三、焊接电弧的电特性 ··············· 14
　四、焊接电弧的工艺特性 ··········· 18
　【综合训练】 ······························ 26
模块二　焊丝的熔化与熔滴过渡 ······ 26
　一、焊丝的加热和熔化特性 ······· 26
　二、熔滴上的作用力 ··················· 28
　三、熔滴过渡的主要形式及特点 ··· 29
　【综合训练】 ······························ 32
模块三　母材熔化与焊缝成形 ······ 33
　一、焊缝形成过程 ······················· 33
　二、焊缝形状与焊缝质量的关系 ··· 34
　三、焊接工艺参数对焊缝成形的
　　　影响 ······································ 35
　【综合训练】 ······························ 39

第二单元　焊条电弧焊 ················ 41
模块一　焊条电弧焊的原理及特点 ··· 41
　一、焊条电弧焊的基本原理 ······· 42
　二、焊条电弧焊的特点 ··············· 42
　【综合训练】 ······························ 43
模块二　焊条电弧焊设备及工具 ··· 43
　一、弧焊电源 ······························ 43
　二、焊条电弧焊常用的工具和
　　　辅助工具 ······························ 51
　【综合训练】 ······························ 52
模块三　焊条电弧焊工艺 ·············· 53
　一、焊前准备 ······························ 53
　二、焊接参数及选择 ··················· 54
　三、焊条电弧焊的基本操作技术 ··· 56
　【综合训练】 ······························ 58

第三单元　埋弧焊 ························ 60
模块一　埋弧焊的原理及特点 ······ 60
　一、埋弧焊的工作原理 ··············· 61
　二、埋弧焊的特点 ······················· 62
　三、埋弧焊的分类及应用 ··········· 63
　【综合训练】 ······························ 64
模块二　埋弧焊设备 ······················ 65
　一、埋弧焊机的功能和结构特点 ··· 65
　二、埋弧焊机的自动调节原理 ······ 68

三、典型埋弧焊机 …………… 72
四、埋弧焊机的使用及维护 …… 75
【综合训练】 ………………… 77
模块三　埋弧焊的焊接材料与冶金
　　　　过程 ………………………… 78
一、埋弧焊的焊接材料及选用 … 78
二、埋弧焊的冶金过程 ………… 82
【综合训练】 ………………… 84
模块四　埋弧焊工艺 ……………… 84
一、埋弧焊工艺的内容和编制 … 85
二、焊接参数的影响及选择 …… 86
三、埋弧焊技术 ………………… 88
四、埋弧焊的常见缺陷及防止
　　方法 ………………………… 98
【综合训练】 ………………… 99
模块五　埋弧焊的其他方法 ……… 101
一、窄间隙埋弧焊 ……………… 101
二、多丝埋弧焊 ………………… 102
三、带极埋弧焊 ………………… 103
【综合训练】 ………………… 104

第四单元　熔化极气体保护电弧焊 …… 105
模块一　熔化极气体保护焊的特点
　　　　和应用 ……………………… 105
一、熔化极气体保护焊的分类及
　　特点 ………………………… 106
二、熔化极气体保护焊的应用 … 107
【综合训练】 ………………… 107
模块二　熔化极气体保护焊设备 … 108
一、设备组成及要求 …………… 108
二、典型控制电路 ……………… 113
【综合训练】 ………………… 116
模块三　CO_2 气体保护焊 ……… 116
一、CO_2 焊的原理、特点及应用 … 117
二、CO_2 焊的冶金特性 ………… 117

三、CO_2 焊的焊接材料 ………… 121
四、CO_2 焊工艺 ………………… 122
【综合训练】 ………………… 127
模块四　熔化极惰性气体保护焊 … 128
一、MIG 焊的原理、特点及应用 … 128
二、MIG 焊的焊接材料 ………… 129
三、MIG 焊工艺 ………………… 130
【综合训练】 ………………… 134
模块五　熔化极活性气体保护焊 … 135
一、MAG 焊的特点 …………… 135
二、常用活性混合气体及其适用
　　范围 ………………………… 135
三、MAG 焊工艺 ……………… 137
【综合训练】 ………………… 138
模块六　熔化极气体保护焊的其他
　　　　方法 ……………………… 139
一、药芯焊丝气体保护焊 ……… 139
二、脉冲熔化极惰性气体保护焊 … 141
三、窄间隙熔化极活性气体
　　保护焊 ……………………… 142
【综合训练】 ………………… 144

第五单元　钨极惰性气体保护焊 ……… 145
模块一　TIG 焊的特点及应用 …… 145
一、TIG 焊的基本原理 ………… 146
二、TIG 焊的特点 ……………… 146
三、TIG 焊的应用 ……………… 147
【综合训练】 ………………… 147
模块二　TIG 焊的电流种类和极性 … 147
一、直流 TIG 焊 ………………… 147
二、交流 TIG 焊 ………………… 149
三、脉冲 TIG 焊 ………………… 151
【综合训练】 ………………… 152
模块三　TIG 焊设备 ……………… 152
一、TIG 焊机的分类及组成 …… 152

二、典型 TIG 焊机……………… 157
三、TIG 焊设备的保养和常见故障
　　的排除…………………………… 159
　【综合训练】……………………… 161
模块四　TIG 焊工艺………………… 161
　一、焊前清理……………………… 162
　二、焊接参数的影响及选择……… 163
　三、TIG 焊操作技术……………… 166
　【综合训练】……………………… 167

第六单元　等离子弧焊接与切割……… 168
模块一　等离子弧的形成及其特性 … 168
　一、等离子弧的形成……………… 168
　二、等离子弧的特性……………… 170
　三、等离子弧的类型及应用……… 171
　【综合训练】……………………… 173
模块二　等离子弧焊………………… 173
　一、等离子弧焊的基本方法及
　　应用……………………………… 174
　二、等离子弧焊设备……………… 175
　三、等离子弧焊工艺……………… 177
　四、等离子弧堆焊与喷涂介绍…… 180
　【综合训练】……………………… 182
模块三　等离子弧切割……………… 183
　一、等离子弧切割原理及特点…… 183
　二、等离子弧切割设备…………… 184
　三、等离子弧切割参数…………… 185
　四、空气等离子弧切割介绍……… 187
　【综合训练】……………………… 188

第七单元　电阻焊……………………… 189
模块一　电阻焊的实质和特点……… 189
　一、电阻焊的实质和分类………… 190
　二、电阻焊的特点和应用………… 190
　【综合训练】……………………… 192

模块二　电阻焊的基本原理………… 192
　一、电阻热及影响因素…………… 193
　二、热平衡及温度分布…………… 194
　三、电阻焊时金属的焊接性……… 195
　【综合训练】……………………… 196
模块三　点焊、凸焊和缝焊………… 196
　一、点焊…………………………… 197
　二、凸焊…………………………… 202
　三、缝焊…………………………… 205
　【综合训练】……………………… 209
模块四　对焊………………………… 210
　一、对焊的特点和应用…………… 211
　二、电阻对焊……………………… 211
　三、闪光对焊……………………… 213
　四、对焊设备……………………… 217
　【综合训练】……………………… 219

第八单元　其他焊接方法介绍………… 220
模块一　气焊与气割………………… 220
　一、气焊与气割的原理及特点…… 221
　二、气焊与气割设备及使用安全
　　要求……………………………… 222
　三、氧乙炔焰……………………… 226
　四、气焊与气割工艺参数的选择 … 227
　【综合训练】……………………… 229
模块二　电渣焊……………………… 230
　一、电渣焊的原理和特点………… 231
　二、电渣焊的分类及应用………… 232
　三、电渣焊工艺…………………… 234
　【综合训练】……………………… 235
模块三　螺柱焊……………………… 235
　一、螺柱焊的分类和特点………… 236
　二、螺柱焊的工作原理…………… 236
　三、螺柱焊方法的选择…………… 239
　【综合训练】……………………… 240

模块四　高能束焊 …………………… 241
　一、电子束焊 ……………………… 241
　二、激光焊 ………………………… 244
　　【综合训练】 …………………… 246
模块五　摩擦焊 ……………………… 247
　一、摩擦焊的原理、分类及特点 … 247
　二、典型摩擦焊方法介绍 ………… 249
　　【综合训练】 …………………… 251
模块六　钎焊 ………………………… 252
　一、钎焊的原理、分类及特点 …… 252
　二、钎焊材料 ……………………… 253
　三、钎焊方法及工艺 ……………… 255
　　【综合训练】 …………………… 259

附录 …………………………………… 261
　附录A　电焊机型号编制方法 …… 261
　附录B　电弧焊焊接工艺规程 …… 264
　附录C　埋弧焊的推荐坡口 ……… 267
　附录D　CO_2气体保护焊工艺规程 … 272

参考文献 ……………………………… 274

绪 论

[学习目标]

知识目标	1. 认识焊接在现代工业中的地位及发展。 2. 熟悉焊接方法的分类及各自的特点。 3. 了解本课程的内容、要求及学习方法。
能力目标	1. 建立对焊接技术的初步认识和兴趣。 2. 能区分不同连接技术的实质。 3. 知道焊接方法的分类及各自的特点。 4. 懂得如何学习本课程。
素养目标	1. 培养学生科技创新与进取精神。 2. 增强学生专业报国、技能报国意识。 3. 遵循透过现象看本质的哲学思维方法。 4. 懂得学习方法与学习成效之间的关系,养成良好的学习习惯。

导入案例

从近年来我国完成的一些标志性工程来看,焊接技术发挥了重要作用。例如,三峡水利枢纽的水电装备就是一套庞大的焊接系统,包括导水管、蜗壳、转轮、大轴、发电机机座等,其中马氏体不锈钢转轮直径10.7m、高5.4m、重440t,为世界最大的铸-焊结构转轮。该转轮由上冠、下环和13或15个叶片焊接而成,每个转轮的焊接需要用12t焊丝,耗时4个多月。神舟飞船的成功发射与回收,标志着中国航天事业的巨大进步,其中航天员活动的返回舱和轨道舱都是铝合金的焊接结构,而焊接接头的气密性和变形控制是焊接制造的关键。

一、焊接在现代工业中的地位及发展概况

焊接是金属加工的主要方法之一,虽然应用的时间不长,但发展非常迅速,目前在机械制造、石油化工、交通能源、冶金、电子、航空航天等行业中获得了广泛的应用,已成为大型金属结构制造中必不可少的加工手段。焊接技术的发展为全面推进中国式现代化建设起着重要作用。

1. 焊接在现代工业中的地位

在现代工业中,金属是不可缺少的重要材料。高速行驶的汽车、火车,载重万吨至几十万吨的轮船,耐蚀、耐压的化工设备以至宇宙飞行器等都离不开金属材料。在这些工业产品的制造过程中,需要把各种各样加工好的零件按设计要求连接起来制成产品,焊接就是将这些零件连接起来的一种高效的加工方法。

在工业生产中采用的连接方法主要有螺钉联接、铆钉联接和焊接等。与其他连接方法相比,焊接具有下列优点:

1)与铆接相比,焊接可以节省金属材料,从而减小了结构的质量;与粘接相比,焊接具有较高的强度,焊接接头的承载能力可以达到与母材相当的水平。

2)焊接工艺过程比较简单,生产率高。焊接既不像铸造那样需要进行制作木型、造砂型、熔炼、浇注等一系列工序,也不像铆接那样要开孔、制造铆钉、加热等,因而缩短了生产周期。

3)焊接质量高,焊接接头不仅强度高,而且其他性能(物理性能、耐热性、耐蚀性及密封性)都能够与工件材料相匹配。

4)焊接的劳动条件比铆接好,劳动强度小,噪声低。

由于具备了上述优点,焊接技术得到了广泛应用和飞速发展,几乎所有部门(如机械制造、石油化工、交通能源、冶金、电子、航空航天等)都离不开焊接技术,尤其在锅炉压力容器、船体和桥式起重机制造中,焊接已全部取代了铆接。近年来,在一些重大项目的关键部位,焊接技术更是发挥着重要作用。如举世瞩目的长江三峡水利工程,其水电站的水轮机转轮(图0-1a)直径10.7m、高5.4m、质量达440t,为世界最大、最重的不锈钢转轮,分别由上冠、下环和13个或15个叶片焊接而成;质量达千吨级、壁厚280mm的大型热壁加氢反应器(图0-1b)也是焊接制造的典型产品。还有我国2008年北京奥运主体育场"鸟巢"(图0-2a)及神舟系列太空飞船(图0-2b)等,无不渗透着焊接技术的心血。因此可以这样说,焊接技术的发展水平是衡量一个国家科学技术进步程度的重要标志之一,没有现代焊接技术的发展,就不会有现代工业和科学技术的今天。

a) b)

图0-1 三峡水电站的水轮机转轮和大型热壁加氢反应器

随着工业生产的发展,对焊接技术提出了多种多样的要求。如对焊接产品的使用方面,提出了动载、强韧、高压、高温、低温和耐蚀等要求;从焊接产品结构上,提出了焊接厚壁

绪 论

a) b)

图 0-2 北京奥运主体育场"鸟巢"和神舟系列太空飞船

零件到精密零件的要求;从焊接材料的选择上,提出了焊接各种钢铁材料和非铁金属(除钢铁之外的其他金属称为非铁金属)的要求。具体地说,在造船和海洋开发中,要求解决大面积拼板、大型立体框架结构的自动焊以及各种低合金高强度钢的焊接问题;在石油化学工业的发展中,要求解决耐高温、低温以及耐各种腐蚀性介质的压力容器制造问题;在航空工业及空间开发中,要求解决大量铝、钛等轻合金结构的制造问题;在重型机械工业中,要求解决大截面构件的焊接问题;在电子及精密仪表工业中,则要求解决微型精密零件的焊接问题。总之,一方面由于工业生产的发展对焊接技术提出了更高要求,另一方面由于科学技术的发展又为焊接技术的进步开拓了新的途径。为适应我国现代化建设的需要,相信焊接技术必将得到更迅速的发展,并在工业生产中发挥更重要的作用。

2. 焊接方法的发展概况

焊接是一种古老而又年轻的加工方法,远在我国古代就有使用锻焊和钎焊的实例。根据文献记载,春秋战国时期,我们的祖先已经懂得以黄泥作助熔剂,用加热锻打的方法把两块金属连接在一起。到公元 7 世纪唐代时,已应用锡焊和银焊来焊接了,这比欧洲国家要早 10 个世纪。然而,目前工业生产中广泛应用的焊接方法却是 19 世纪末和 20 世纪初现代科学技术发展的产物。

随着冶金学、金属学以及电工学的发展,逐步奠定了焊接工艺及设备的理论基础;而冶金工业、电力工业和电子工业的进步,则为焊接技术的长远发展提供了有利的物质和技术条件。1885 年发现了气体放电的电弧,1930 年发明了涂药焊条电弧焊方法,并在此基础上发明了埋弧焊、钨极氩弧焊、熔化极氩弧焊以及 CO_2 气体保护焊等自动或半自动焊接方法。电阻焊则是 1886 年发明的,此后逐渐完善为电阻点焊、缝焊和对焊方法,它几乎与电弧焊同时推向工业应用,逐步取代铆接,成为工业中广泛应用的两种主要焊接方法。到目前为止,又相继发明了电子束焊、激光焊等 20 余种基本方法和成百种派生方法,并且仍处于继续发展之中。

二、焊接方法分类及特点

1. 焊接及其本质

焊接是一种连接方法,通过焊接可将两个分开的物体(工件)连接而达到永久性的结合。被结合的物体可以是各种同类或不同类的金属、非金属(石墨、陶瓷、塑料等),也可以是一种金属与一种非金属。但是,目前工业中应用最普遍的还是金属之间的连接,因此本书主要讨论的也是金属的焊接方法。

小知识 GB/T 3375—1994《焊接术语》中对焊接的定义为:"通过加热或加压,或两者并用,并且用或不用填充材料,使工件达到结合的一种方法"。

金属等固体之所以能保持固定的形状,是因为其内部原子间距(晶格距离)十分小,原子之间形成了牢固的结合力。要把两个分离的金属工件连接在一起,从物理本质上来看就是要使这两个工件连接表面上的原子拉近到金属晶格距离(即 0.3~0.5nm 或 3~5Å)。然而,在一般情况下,材料表面总是不平整的,即使经过精密磨削加工,其表面平面度仍比晶格距离大得多(约几十微米);另外,金属表面总难免存在着氧化膜和其他污物,阻碍着两分离工件表面原子间的接近。因此,焊接过程的本质就是通过适当的物理、化学过程克服这两个困难,使两个分离工件表面的原子接近到晶格距离而形成结合力。这些物理化学过程,归结起来不外乎是用各种能量加热和用各种方法加压两类。

2. 焊接方法的分类及特点

目前,在工业生产中应用的焊接方法已达百余种。根据它们的焊接过程特点可将其分为熔焊、压焊和钎焊三大类,每大类又可按不同的方法细分为若干小类,如图 0-3 所示。

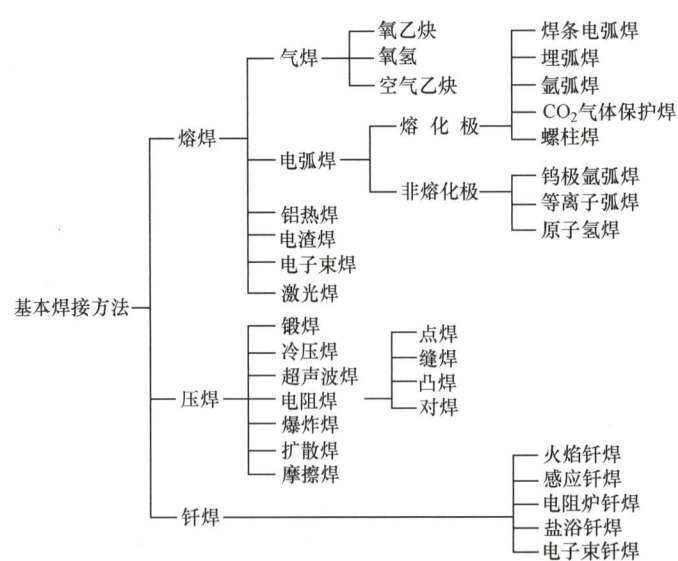

图 0-3 焊接方法的分类

(1) 熔焊 将两被焊工件局部加热并熔化，以克服固体间阻碍结合的障碍，然后冷却结晶成为一体接头的方法称为熔焊。实现熔焊的关键是要有一个能量集中、温度足够高的局部热源。若温度不够高，则无法使材料熔化；而能量集中程度不够，则会加大热作用区的范围，徒然增加能量损耗。按所使用热源的不同，熔焊可分为以下一些基本方法：电弧焊（以气体导电时产生的电弧热为热源，以电极是否熔化为特征分为熔化极电弧焊和非熔化极电弧焊两大类）、气焊（以乙炔或其他可燃气体在氧中燃烧的火焰为热源）、铝热焊（以铝热剂的放热反应产生的热为热源）、电渣焊（以熔渣导电时产生的电阻热为热源）、电子束焊（以高速运动的电子流撞击工件表面所产生的热为热源）、激光焊（以激光束照射到工件表面而产生的热为热源）等若干种。

在熔焊时，为了避免焊接区的高温金属与空气相互作用而使接头性能恶化，在焊接区要实施保护。保护的方法通常有造渣、通以保护气和抽真空三种。因此，保护形式常常是区分熔焊方法的另一个特征。

(2) 压焊 将被焊工件在固态下通过加压（加热或不加热）措施，克服其连接表面的不平度和氧化物等杂质的影响，使其分子或原子间接近到晶格之间的距离，从而形成不可拆连接接头的一类焊接方法称为压焊，也称为固相焊接。为了降低加压时材料的变形抗力，增加材料的塑性，压焊时在加压的同时常伴随加热措施。

按所施加焊接能量的不同，压焊的基本方法可分为电阻焊（包括点焊、缝焊、凸焊、对焊）、摩擦焊、超声波焊、扩散焊、冷压焊、爆炸焊和锻焊等。

(3) 钎焊 用某些熔点低于被连接物体材料熔点的金属（即钎料）作为连接的媒介，利用钎料与母材间的扩散将两被焊工件连接在一起的焊接方法称为钎焊。钎焊时，通常要仔细清除工件表面污物，增加钎料的润湿性，这就需要采用钎

想一想 钎焊和熔焊都有金属熔化的过程，其区别主要在哪里？

剂。钎焊时也必须加热熔化钎料（但工件不熔化）。按热源的不同可分为火焰钎焊（以乙炔在氧中燃烧的火焰为热源）、感应钎焊（以高频感应电流流过工件产生的电阻热为热源）、电阻炉钎焊（以电阻炉辐射热为热源）、盐浴钎焊（以高温盐熔液为热源）和电子束钎焊等。也可按钎料的熔点不同分为硬钎焊（熔点450℃以上）和软钎焊（熔点在450℃以下）两类。钎焊时通常要进行保护，如抽真空、通保护气体和使用钎剂等。

三、本书的内容和学习方法

本书是根据高等职业院校智能焊接技术专业培养目标编写的介绍各类基本焊接方法的焊接过程本质、工艺特点和所用设备的结构、原理及应用范围的专业课教材。对本书的内容和学习方法简介如下。

1. 本书的内容与学习要求

(1) 本书的主要内容

1）各类基本焊接方法的过程本质、特点、接头形成条件以及合理的使用范围。
2）各类基本焊接方法的焊接材料、影响焊接质量的焊接参数及其合理选择和控制。
3）常用典型焊接设备的构成、工作原理及操作使用方法。

上述的各种焊接方法中，目前应用最为广泛、因而也是最为重要的一类焊接方法是电弧

焊。因此，本书讲述的焊接方法与设备将以各类电弧焊方法作为中心内容来讨论；电阻焊在压焊中应用最广泛，也是较为重要的焊接方法，本书安排了一个单元进行讨论。电子束焊、激光焊、摩擦焊、螺柱焊、电渣焊、钎焊等方法原理比较特殊，并都颇有发展前途或在某些工业部门中有一定的应用价值，但其应用面较窄，因此本书将其合并在一起，专门安排一个单元加以论述。还有一些焊接方法，例如原子氢焊、铝热焊等在某些工业部门中有一定的应用价值，但考虑到这些方法原理一般都比较简单，只要掌握了上述主要焊接方法后是可以自学理解的，因此本书中就不一一详述了。对于热切割、堆焊、喷涂等相近加工方法，本书也在必要的地方简述了它们的特点和应用。

（2）学习要求

1) 了解电弧的物理本质和电弧的工艺特性，了解焊丝和母材的熔化特性，掌握熔滴过渡的主要形式和焊缝成形的基本规律。

2) 掌握各种常用电弧焊方法的特点、过程实质和应用范围，熟悉其焊接材料、影响质量的因素和保证质量的措施。

3) 能正确选择焊接方法和焊接参数，正确分析常见缺陷产生的工艺原因，并能提出解决的方法。

4) 了解常用电弧焊设备的特点、电气原理和应用范围；具有正确选择和合理使用与维护电弧焊设备的能力。

5) 深入了解电阻焊、电渣焊和钎焊的特点、过程实质及其应用范围。

6) 了解焊接新方法、新设备的发展情况，具有进一步自学和应用这些新方法、新设备的能力。

概括地说，就是通过本书的学习，应该掌握主要焊接方法的原理、焊接质量的控制以及常用设备的使用维护这三个方面的有关知识，以达到正确应用的目的。

2. 对本书学习方法的建议

"焊接方法与设备"课程是以物理学、电工及电子学、机械零件和金属学等课程为基础，以弧焊电源、熔焊原理课程为前导的专业课程。因此，在学习本书之前，应先修完上述课程，并进行过专业生产实习，积累必要的基础知识。只有将这些知识学以致用，融会贯通，才能更扎实地学好本课程。

"焊接方法与设备"是智能焊接技术专业的专业核心课程，也是一门实践性很强的课程，因此学习本书时应与其他课程和其他教学环节（如实习、课程设计等）相配合，特别注意理论联系生产实际，培养自己分析问题和解决实际问题的能力。即不但应该注意学好教材本身所介绍的内容，还要注意掌握分析各种焊接方法的思路，学会分析工艺现象、研究工艺问题、掌握设备的使用维护知识，并且特别重视实验和操作环节，才会有更好的学习效果。

【综合训练】

（一）填空

1. 与铆接相比，焊接可以_____；与粘接相比，焊接具有_____的强度。
2. 根据焊接方法的_____可将其分为_____、_____和_____三大类。
3. 在工业生产中采用的连接方法主要有_____、_____、_____、_____，其中，属于可拆卸的是_____、_____；属于永久性连接的是_____、_____。

（二）判断

（　　）1. 压焊是一种既加热又加压的焊接方法，是一种可拆卸的连接方式。

（　　）2. 钎焊是将焊件和钎料加热到一定温度，使它们熔化后达到原子结合的一种连接方法。

（　　）3. 金属表面总难免存在着氧化膜和其他污物，阻碍着两分离焊件间达到结合。

（三）简答

1. 什么是焊接？焊接方法与其他连接方法相比，其优越性是什么？

2. 熔焊、压焊、钎焊各有什么特点？

3. 熔焊时，为什么要实施保护？常用的保护方法有哪些？主要应用在哪些焊接方法中？

第一单元 电弧焊基础知识

 [学习目标]

知识目标	1. 掌握焊接电弧的电特性与工艺特性。 2. 掌握焊丝的熔化特性与熔滴过渡的主要形式。 3. 掌握焊接参数对焊缝成形的影响。
能力目标	1. 会根据焊接电弧特性来提高电弧稳定性。 2. 能够根据具体焊接工艺条件控制熔滴过渡形式。 3. 能分析常见成形缺陷产生的原因，并能提出解决的方法。
素养目标	1. 培养学生科学认知过程中攻坚克难的精神。 2. 培养学生运用辩证唯物史观，将理论与实践相结合的能力。 3. 提高学生观察和分析事物的逻辑思维能力。

模块一 焊接电弧

 导入案例

在1870年左右世界上就出现了以碳弧灯为光源的探照灯。1877年，法国的A. 芒让发明了一种双球面玻璃镜，很快即被用作探照灯的反射器。这种玻璃镜在1885年前后被抛物面反射镜取代。1892年，出于海防的需要，英吉利海峡沿岸布上了探照灯。此后又在电弧中掺入稀土元素的氟化物或氧化物，使电弧亮度大大提高，探照灯的峰值光强随之增加。1888年，俄罗斯人 H. г. Сл 发明金属极电弧焊。1930年发明了厚皮涂料焊条电弧焊方法，并在此基础上发明了埋弧焊、钨极氩弧焊、熔化极氩弧焊以及 CO_2 气体保护焊等自动或半自动焊接方法。

一、焊接电弧的物理基础

1. 电弧及其电场强度分布

电弧是一种气体放电现象，它是带电粒子通过两电极之间气体空间的一种导电过程。

第一单元 电弧焊基础知识

一般情况下，气体是良好的绝缘体，其分子和原子都处于电中性状态。要使两电极之间的气体导电，必须具备两个基本条件：①两电极之间有带电粒子；②两电极之间有电场。因此，如能采用一定的物理方法，改变两电极间气体粒子的电中性状态，使之产生带电荷的粒子，则这些带电粒子在电场的作用下运动，即形成电流，使两电极之间的气体空间成为导体，从而产生气体放电。气体放电随电流的强弱而有不同的形式，如暗放电、辉光放电、电弧放电等。与其他气体放电形式相比，电弧放电的主要特点是电流最大、电压最低、温度最高、发光最强。

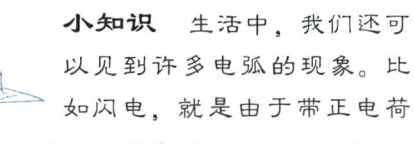

小知识　生活中，我们还可以见到许多电弧的现象。比如闪电，就是由于带正电荷和负电荷的云层靠近时，产生强电场，将其之间的气体击穿所致。

在两个电极之间产生电弧放电时，沿电弧长度方向的电场强度（电压降）分布如图1-1所示。由图中可见，沿电弧长度方向的电压分布并不均匀。按电压分布的特征可将电弧分为三个区域：阴极附近的区域为阴极区，其电压 U_k 称为阴极电压降；中间部分为弧柱区，其电压 U_c 称为弧柱电压降；阳极附近的区域为阳极区，其电压 U_a 称为阳极电压降。阳极区和阴极区占整个电弧长度的尺寸都很小，为 $10^{-6} \sim 10^{-2}$ cm，故可近似认为弧柱区长度即为电弧长度。电弧这种不均匀的电压分布，说明电弧各区域的电阻是不同的，即电弧电阻是非线性的。

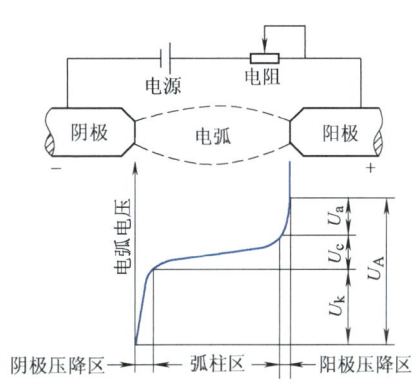

图1-1　电弧及电压分布示意图

2. 电弧中带电粒子的产生

电弧两极间带电粒子产生的途径有：中性气体粒子的电离、金属电极电子发射、负离子形成等。其中气体的电离和阴极电子发射是电弧中产生带电粒子的两个基本物理过程。

(1) 气体的电离

1) 电离与激励。在外加能量作用下，使中性的气体分子或原子分离成电子和正离子的过程称为气体电离。气体电离的实质是中性气体粒子（分子或原子）吸收足够的外部能量，使得分子或原子中的电子脱离原子核的束缚而成为自由电子和正离子的过程。中性气体粒子失去第一个电子所需的最小外加能量称为第一电离能，失去第二个电子所需的能量称为第二电离能，依此类推。

小知识　电弧不同于金属导体，金属导电是通过金属内部自由电子的定向移动形成电流的，而电弧导电时，电弧气氛中的电子、正离子、负离子都参与导电，过程要复杂得多。

电弧焊中的气体粒子电离现象主要是一次电离。电离能通常以电子伏（eV）为单位。1eV 就是指1个电子通过电位差为1V的两点时所需做的功，其数值为 1.6×10^{-19} J。为了便于计算，常把以 eV 为单位的能量转换为数值上相等的电离电压来表示。电弧气氛中常见气体粒子的电离电压见表1-1。

表 1-1　常见气体粒子的电离电压

气体粒子	电离电压/eV	气体粒子	电离电压/eV
H	13.5	Fe	7.9 (16, 30)
He	24.5 (54.2)	W	8.0
Li	5.4 (75.3, 122)	H_2	15.4
C	11.3 (24.4, 48, 65.4)	N_2	15.5
N	14.5 (29.5, 47, 73, 97)	O_2	12.2
O	13.5 (35, 55, 77)	Cl_2	13
F	17.4 (35, 63, 87, 114)	CO	11.3
Na	5.1 (47, 50, 72)	NO	9.5
Cl	13 (22.5, 40, 47, 68)	OH	13.8
Ar	15.7 (28, 41)	H_2O	12.6
K	4.3 (32, 47)	CO_2	13.7
Ca	6.1 (12, 51, 67)	NO_2	11
Ni	7.6 (18)	Al	5.96
Cr	7.7 (20, 30)	Mg	7.61
Mo	7.4	Ti	6.81
Cs	3.9 (33, 35, 51, 58)	Cu	7.68

注：括号内的数字依次为二次、三次……电离电压。

当其他条件（如气体的解离性能、热物理性能等）一定时，气体电离电压的大小反映了带电粒子产生的难易程度。电离电压低，表示带电粒子容易产生，有利于电弧导电；相反，电离电压高，表示带电粒子难以产生，电弧导电困难。

由此可见，当电弧空间同时存在电离电压不同的几种气体时，在外加能量的作用下，电离电压较低的气体粒子将先被电离。如果这种气体供应充足，则电弧空间的带电粒子将主要由这种气体的电离来提供，所需要的外加能量也主要取决于这种较低的电离电压，因而为提供电弧导电所要求的外加能量也较低。焊接时，为提高电弧的稳定性，往往加入一些电离电压较低、易电离的元素作为稳弧剂，也就是基于此种原因。

2）电离的种类。根据外加能量来源的不同，气体电离可分为以下几种。

① 热电离。气体粒子受热的作用而产生电离的过程称为热电离。它实质上是由于气体粒子的热运动，使粒子间发生频繁而激烈的碰撞形成的一种电离过程。

电弧中带电粒子数的多少对电弧的稳定起着重要作用。单位体积内电离的粒子数与气体电离前粒子总数的比值称为电离度，用 x 表示，即

$$x = 已电离的中性粒子密度/电离前的中性粒子密度$$

热电离的电离度与温度、气体压力及气体的电离电压有关。随着温度的升高、气体压力的减小及电离电压的降低，电离度随之增加，电弧中带电粒子数增加，电弧的稳定性增强。热电离度 x 与温度 T 之间的关系如图 1-2 所示。

② 场致电离。在两电极间的电场作用下，气体中的带电粒子被加速，电能将转换为带

电粒子的动能。当带电粒子的动能增加到一定数值时，则可能与中性粒子发生非弹性碰撞而使之产生电离，这种电离称为场致电离。

在普通焊接电弧中，因弧柱的温度一般为 5000~30000K，而电场强度（单位长度上的电压降称为电场强度 E）仅为 10V/cm 左右，所以在弧柱区热电离是产生带电粒子的主要途径，电场作用下的电离则是次要的。在电弧的阴极压降区和阳极压降区，电场强度可达 10^5~10^7V/cm，远高于弧柱区，因而会产生显著的场致电离现象。

③ 光电离。中性气体粒子受到光辐射的作用而产生的电离过程称为光电离。

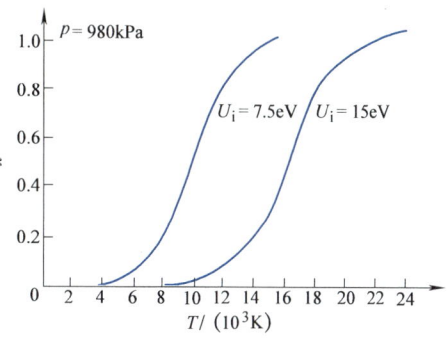

图 1-2　热电离度 x 与温度 T 之间的关系

焊接电弧的光辐射只可能对 K、Na、Ca、Al 等金属蒸气直接引起光电离，而对焊接电弧气氛中的其他气体则不能直接引起光电离。因此，光电离只是电弧中产生带电粒子的一种次要途径。

（2）阴极电子发射　在电弧焊中，电弧气氛中的带电粒子一方面由电离产生，另一方面则由阴极电子发射获得。两者都是电弧产生和维持不可缺少的必要条件。由于从阴极发射的电子在电场的加速下碰撞电弧导电空间的中性气体粒子而使之电离，这样就使阴极电子发射充当了维持电弧导电的"原电子之源"。因此，阴极电子发射在电弧导电过程中起着特别重要的作用。

1）电子发射与逸出功。阴极表面的自由电子受到一定的外加能量作用时，从阴极表面逸出的过程称为电子发射。电子从阴极表面逸出需要能量，1 个电子从金属表面逸出所需要的最低外加能量称为逸出功（A_w），单位是 eV。因电子电量为常数 e，故通常用逸出电压（U_w）来表示，$U_w = A_w/e$，单位为 V。逸出功的大小受电极材料种类及表面状态影响。表 1-2 列出了几种金属材料的逸出功。由表可见，当金属表面存在氧化物时，逸出功都会减小。

表 1-2　几种金属材料的逸出功

金属种类		W	Fe	Al	Cu	K	Ca	Mg
A_w/eV	纯金属	4.54	4.48	4.25	4.36	2.02	2.12	3.73
	表面有氧化物	—	3.92	3.9	3.85	0.46	1.8	3.31

2）阴极斑点。阴极表面通常可以观察到微小、烁亮的区域，这个区域称为阴极斑点，它是发射电子最集中的区域，即电流最集中流过的区域。阴极斑点的形态与阴极的类型有关。当采用钨或碳作阴极材料时（通常称为热阴极），其斑点固定不动；而当采用钢、铜、铝等材料作阴极时（通常称为冷阴极），其斑点在阴极表面作不规则的游动，甚至可观察到几个斑点同时存在。由于金属氧化物的逸出功比纯金属低，因此氧化物处容易发射电子。氧化物处发射电子的同时自身被破坏，因而阴极斑点有清除氧化物的作用。

3）电子发射的类型。根据外加能量形式的不同，电子发射可分为以下四种类型。

① 热发射。阴极表面因受到热的作用而使其内部的自由电子热运动速度加大，动能增加，一部分电子动能达到或超出逸出功时产生的电子发射现象称为热发射。

热发射的强弱受材料沸点的影响。当采用高沸点的钨或碳作阴极时（其沸点分别为5950K和4200K，称为热阴极），电极可被加热到很高的温度（一般可达3500K以上），此时，通过热发射可为电弧提供足够的电子。

② 场致发射。当毗邻阴极表面的空间存在一定强度的正电场时，阴极内部的电子将受到电场力的作用。当此力达到一定程度时，电子便会逸出阴极表面，这种电子发射现象称为场致发射。

当采用钢、铜、铝等低沸点材料作阴极时（其沸点分别为3013K、2868K和2770K，称为冷阴极），阴极加热温度受材料沸点限制不可能很高，热发射能力较弱，此时向电弧提供电子的主要方式是场致发射。实际上，电弧焊时纯粹的场致发射是不存在的，只不过是在采用冷阴极时以场致发射为主、热发射为辅而已。

③ 光发射。当阴极表面受到光辐射作用时，阴极内的自由电子能量达到一定程度而逸出阴极表面的现象称为光发射。光发射在阴极电子发射中居次要地位。

④ 粒子碰撞发射。电弧中高速运动的粒子（主要是正离子）碰撞阴极时，把能量传递给阴极表面的电子，使电子能量增加而逸出阴极表面的现象称为粒子碰撞发射。

焊接电弧中，阴极区有大量的正离子聚积，正离子在阴极区电场作用下被加速，获得较大动能，撞击阴极表面可能形成碰撞发射。在一定条件下，这种电子发射形式也是焊接电弧阴极区提供导电所需要带电粒子的主要途径之一。

想一想 电弧、金属导体和溶液中的带电粒子分别指什么？

实际焊接过程中，上述几种电子发射形式常常是同时存在、相互补充的。只是在不同的条件下，它们起的作用各不相同而已。

3. 带电粒子的消失

电弧导电过程中，在产生带电粒子的同时，伴随着带电粒子的消失过程。在电弧稳定燃烧时，二者处于动平衡状态。带电粒子在电弧空间的消失主要有复合及形成负离子等过程。

小知识 电弧空间中如果带电粒子的分布不均匀，则带电粒子将从密度高的地方向密度低的地方迁移而使密度趋于均匀，这种现象称为带电粒子的扩散。

（1）复合 电弧空间的正负带电粒子（正离子、负离子、电子）在一定条件下相遇而结合成中性粒子的过程称为复合。

复合主要在电弧的周边进行，这是因为弧柱中心温度较高，所有粒子本身的热运动能量都很大，只能产生更多的带电粒子，不可能产生复合。在电弧周边温度较低，带电粒子数较少，弧柱中心的带电粒子会向周边扩散并消耗能量，然后复合成中性粒子。电子与正离子复合时将以辐射和热能的形式释放出电离能和各自的一部分动能。交流电弧焊接时，电流过零的瞬间电弧熄灭，电弧空间温度迅速降低，这时会产生带电粒子的大量复合，使电弧空间带电粒子减少，可能导致电弧复燃困难。

（2）形成负离子 在一定条件下，有些中性原子或分子能吸附电子而形成负离子。由于电弧周边温度较低，因此中性粒子易与从电弧中心扩散出来的动能较低的电子相遇而形成负离子。

中性粒子吸附电子而形成负离子时，其内能不是增加而是减少，以热或辐射光的形式释放出来。减少的这部分能量称为中性粒子的电子亲和能。

电子亲和能大的元素，形成负离子的倾向大。由于大多数元素的电子亲和能较小，因此不易生成负离子。电弧中可能遇到的 F、Cl、O、OH、NO 等均具有一定的电子亲和能，都可能形成负离子。负离子的产生，使得电弧空间的电子数量减少，导致电弧导电困难，电弧稳定性降低；负离子虽然所带电荷量与电子相等，但因其质量比电子大得多，运动速度低，易与正离子复合成中性粒子，故不能有效地担负转送电荷的任务。

二、焊接电弧的产生过程

电弧焊时，仅仅把焊接电源电压加到电极与工件两端是不能产生电弧的，首先需要在电极与工件之间提供一个导电的通道，才能引燃电弧。引燃电弧的方式一般有两种：接触式引弧和非接触式引弧。两种引弧方式具有不同的引弧过程。

焊接电弧的产生过程

1. 接触式引弧

接触式引弧也称为短路引弧，常用于焊条电弧焊、埋弧焊、熔化极气体保护电弧焊等。其常见的操作方法是将焊条（或焊丝）和工件分别接在弧焊电源的两极，将焊条（或焊丝）与工件轻轻地接触，然后迅速提拉，这样就能在焊条（或焊丝）端部与工件之间产生一个电弧。这是一种最常见的引弧方式。焊接电弧虽然是在一瞬间产生的，但实际上包含了短路、分离和燃弧三个阶段。

（1）短路阶段　焊条（或焊丝）与工件接触即发生短路，电流急剧增大。由于焊条（或焊丝）端部表面和工件表面都不可能是绝对平整光洁的，因此，它们之间只是在几个凸出的点上接触，电流也只是从这些点流过（图1-3a）。由于接触点的面积很小，因此流过这些点的电流密度极大，这导致在接触点上产生大量的电阻热，使接触处的温度骤然升高并发生熔化，同时产生大量的金属蒸气和药皮蒸气（图1-3b）。

（2）分离阶段　在焊条（或焊丝）与工件短路，又随后分离的瞬间，焊接电源的空载电压立即加在焊条（或焊丝）与工件之间。阴极表面由于急剧的加热和强电场的吸引，产生强烈的电子发射；焊条（或焊丝）与工件间的高热气体受到电子撞击而迅速电离，使带电粒子数量大大增加（图1-3c）。

（3）燃弧阶段　当两极之间既具有足够强的电场作用，又具有足够多的带电粒子时，就会引燃电弧。电弧引燃后，温度继续升高，将产生弧光，气体的电离和阴极电子发射均得到加强，正离子和电子分别跑向两极。在这个过程中，还发生着带电粒子的消失，释放出大量的热量。当带电粒子的产生和消失、能量的释放和消耗达到动态平衡时，就形成了稳定的具有强烈热和光的电弧（图1-3d）。

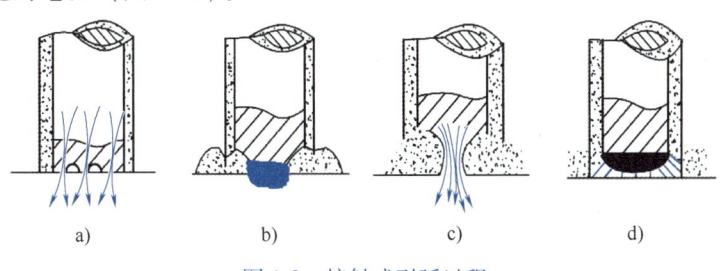

图1-3　接触式引弧过程

2. 非接触式引弧

非接触式引弧是指在电极与工件之间保持一定间隙，施以高电压击穿间隙，使电弧引燃的方法，常用于钨极氩弧焊、等离子弧焊等。为了避免钨极被污染或造成焊缝夹钨，一般不允许钨极与工件接触，此时只能采用非接触式引弧。

非接触式引弧需借助于引弧器才能实现，目前引弧器有高频高压引弧和高压脉冲引弧两种方式。其中，高频高压引弧时，电压峰值一般为 2500～3000V，频率为 150～260kHz；高压脉冲引弧电压峰值一般为 2000～3000V，频率为 50Hz 或 100Hz。

三、焊接电弧的电特性

1. 焊接电弧的导电特性

焊接电弧的导电特性是指参与电荷的运动并形成电流的带电粒子在电弧中产生、运动和消失的过程。焊接电弧的弧柱区、阴极区和阳极区的导电特性是各不相同的。

小知识 弧柱是大量电子、正离子和中性粒子等聚合在一起的气体。这种气体状态又称为电弧等离子体。

(1) 弧柱区的导电特性 弧柱的温度很高，且随电弧气体介质、电流大小的不同而异，一般为 5000～50000K。电弧稳定燃烧时，弧柱与周围气体介质处于热平衡状态。当弧柱温度很高时，可使其中的大部分中性粒子电离成电子和正离子。由于正离子和电子的空间密度相同，两者的总电荷量相等，因此宏观上看，弧柱呈电中性。

电弧弧柱虽然对外呈现电中性，但由于其内部有大量电子和正离子等带电粒子，因此具有良好的导电性。这些带电粒子在电场的作用下运动，就形成了弧柱中的电流。弧柱中负离子的数量很少，可以忽略不计。因而，弧柱中的电流由向阴极运动的正离子流和向阳极运动的电子流组成。由于电子和正离子在同一电场中所受的电场力相同，而电子的质量远比正离子的质量小，即电子的运动速度比正离子的运动速度要大得多，因此弧柱中的电流主要由电子流构成。

弧柱单位长度上的电压降（即电位梯度）称为弧柱电场强度 E。E 的大小表征弧柱的导电性，弧柱的导电性好，则所要求的 E 值小。显然，当弧柱中通过大电流时，电离度提高，E 值将减小。电场强度 E 和电流 I 的乘积 EI 相当于电源供给每单位弧长的电功率，它将与弧柱的热损失相平衡。电弧在 H_2、He 等气体介质中燃烧时，由于这些气体比空气轻，粒子运动速度大，带走的热量多，因此，在电流一定时，为了平衡就需要增加电弧单位长度的电功率，即必须加大 E 值。另外，多原子气体在分解成单原子时也要吸收热量，这也会使 E 值变大。I 一定，E 变大，弧柱的产热功率提高，因而弧柱的温度也升高。当弧柱外围有强迫气流冷却时，E 也将提高，弧柱温度也会升高。由此可见：电场强度 E 的大小与电弧的气体介质有关；E 的大小将随弧柱的热损失情况而自行调整。

上述两种现象表明，弧柱在稳定燃烧时，有一种使自身能量消耗最小的特性。即当电流和电弧周围条件（如气体介质种类、温度、压力等）一定时，稳定燃烧的电弧将自动选择一个确定的导电截面，使电弧的能量消耗最小。当电弧长度也为定值时，电场强度的大小即代表了电弧产生热量的大小，因此，能量消耗最小时的电场强度最低，即在固定弧长上的电压降最小，这就是最小电压原理。

电流和电弧周围条件一定时,如果电弧截面大于或小于其自动确定的截面,都会引起电场强度 E 增大,使消耗的能量增多,违反最小电压原理。因为电弧截面增大时,电弧与周围介质的接触面增大,电弧向周围介质散失的热量增加,要求电弧产生更多的能量与之相平衡,即要求 EI 增加,而焊接电流 I 是一定的,只能是电弧电场强度 E 增加;反之,若电弧截面减小,则在 I 一定的情况下,电流密度必然增加,导致 E 增大。所以说,电弧将自动确定一个截面,在这一截面下,使 EI 最小,即消耗的能量最小。

(2) 阴极区的导电特性 阴极区是指靠近阴极的一个很小的区域。在电弧中,它有两方面的作用:一方面向弧柱区提供电弧导电所需的电子流;另一方面接受由弧柱传来的正离子流。由于电极材料种类及工作条件(电流大小、气体介质等因素)不同,故阴极区的导电形式和特性也不同。

1) 热发射型。当采用热阴极且使用较大电流时,阴极区可加热到很高的温度,这时阴极主要靠热发射提供电子流来满足弧柱导电的需要。这种情况下,阴极斑点在电极表面十分稳定,其面积较大而且比较均匀,紧靠阴极表面的弧柱不呈收缩状态。阴极区的电流密度与弧柱区相近,阴极区电压降很小。

热发射时,电子从阴极表面带走的热量可以从以下两个途径得到补充:

① 正离子冲击阴极表面而将能量传递给阴极,并且正离子在阴极表面与电子复合,释放出的电离能也使阴极加热。

② 电流流过阴极时产生的电阻热使阴极加热。通过上述能量补充,可使阴极维持较高的温度,保证持续的热发射。大电流钨极氩弧焊时,这种热发射型导电占主导地位。

2) 电场发射型。当采用冷阴极或虽然采用热阴极但使用较小电流时,因为不可能加热到很高的温度,不足以产生较强的热发射来提供弧柱导电所需要的电子流,则在靠近阴极的区域,正电荷过剩而形成较强的正电场,并使阴极与弧柱之间形成一个正电性区——阴极区。这个正电场的存在,可使阴极产生场致发射,向弧柱提供所需要的电子流。同时,阴极发射出来的电子被加速,使其动能增加,在阴极区可能产生场致电离。场致电离产生的电子与阴极发射出来的电子合在一起构成弧柱所需的电子流,场致电离产生的正离子与弧柱来的正离子,在电场作用下一起奔向阴极,使得阴极区保持正离子过剩,出现正电性,维持场致发射。另外,当这些正离子到达阴极时,将其动能转换为热能,对阴极的加热作用增强,使阴极的热发射作用增大,呈现热-场致发射,为弧柱提供足够的电子流。这种形式的导电中,为了提高阴极区的电场强度,按照最小电压原理,阴极区将自动收缩截面,以提高正离子流即正电荷的密度,维持阴极的电子发射能力。在小电流钨极氩弧焊和熔化极电弧焊时,这种场致发射型导电起主要作用。

在采用冷阴极或虽然采用热阴极但使用较小电流的情况下,实际上是热发射型和场致发射型两种阴极导电形式并存,而且相互补充和自动调节。阴极区的电压降,主要取决于电极材料的种类、电流大小和气体介质的成分,一般在几伏至几十伏之间。当电极材料的沸点较高或逸出功较小时,热发射型导电的比例较大,阴极压降较小,反之,则场致发射型导电的比例较大,阴极压降也较大。电流较大时,一般热发射型导电的比例增大,阴极压降减小。

(3) 阳极区的导电特性 阳极区是指靠近阳极的一个很小的区域。在电弧中,它的主要作用是接受弧柱中送来的电子流,同时向弧柱提供所需要的正离子流。

1) 阳极斑点。在阳极表面也可看到微小、烁亮的区域,这个区域称为阳极斑点。弧柱中送来的电子流，集中在此处进入阳极，再经电源返回阴极。阳极斑点的电流密度比阴极斑点的小，它的形态与电极材料及电流大小有关。由于金属蒸气的电离电压比周围气体介质的低，因此电离易在金属蒸气处发生。如果阳极表面某一区域产生均匀的金属熔化和蒸发，或这些区域的蒸发比其他区域更强烈，则这个区域便成为阳极导电区。在大气或氧化性气氛中燃烧的电弧，由于金属阳极上有氧化物存在，而一般金属的熔点与沸点皆低于金属氧化物的熔点和沸点，因此纯金属处比金属氧化物处更容易产生蒸发。阳极斑点便会自动寻找纯金属而避开氧化物，因而在阳极表面上跳跃移动。

2) 阳极区导电形式。阳极不能发射正离子，弧柱所需要的正离子流是由阳极区的电离提供的。由于条件不同，阳极区的导电形式有以下两种。

想一想 电弧的阳极区和阴极区导电过程有何不同？

① 阳极区的场致电离。当电弧电流较小时，阳极前面的电子数必将大于正离子数，形成负的空间电场，并使阳极与弧柱之间形成一个负电性区——阳极区。只要弧柱的正离子得不到补充，这个负电场就继续增大。阳极区内的带电粒子被这个电场加速，使其在阳极区内与中性粒子碰撞产生场致电离，直到这种电离生成的正离子能满足弧柱需要时，阳极区的电场强度才不再继续增大。电离生成的正离子流向弧柱，产生的电子流向阳极。这种导电方式中，阳极区压降较大。

② 阳极区的热电离。当电弧电流较大时，阳极的过热程度加剧，金属产生蒸发，阳极区温度也大大升高。阳极区内的电离方式将由金属蒸气的热电离取代高能量电子碰撞产生的场致电离，完成阳极区向弧柱提供正离子流的作用。这种情况下，阳极区的压降较低。大电流钨极氩弧焊时属于这种阳极区导电形式。

2. 焊接电弧的伏安特性

焊接电弧的伏安特性包括静态伏安特性（静特性）和动态伏安特性（动特性）。

(1) 电弧的静特性 一定长度的电弧，在稳定燃烧状态下电弧电压 U_h 与电弧电流 I_h 之间的函数关系，称为电弧的静态伏安特性，简称伏安特性或静特性，可用下列函数式表示：

$$U_h = f(I_h)$$

1) 电弧静特性曲线的形状。焊接电弧是非线性负载，即电弧两端的电压与通过电弧的电流之间不是成正比例关系。当电弧电流从小到大在很大范围内变化时，电弧的静特性曲线近似呈 U 形曲线，故也称为 U 形特性，如图 1-4 所示。U 形静特性曲线可看成由三段（Ⅰ、Ⅱ、Ⅲ）组成。在Ⅰ段，电弧电压随电流的增加而下降，该段称为下降特性段；在Ⅱ段，呈恒压特性，即电弧电压不随电流的变化而变化，该段称为平特性段；在Ⅲ段，电弧电压随电流的增加而上升，该段称为上升特性段。

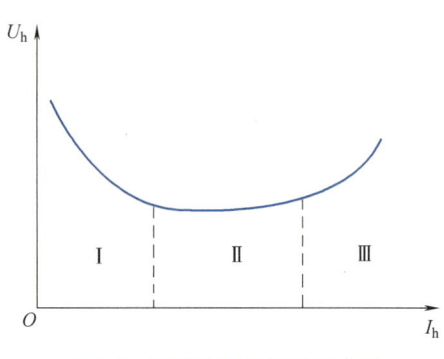

图 1-4 焊接电弧的静特性曲线

对于各种不同的焊接方法，它们的电弧静特性曲线是有所不同的，而且在其正常使用范围内并不包括电弧静特性曲线的所有各段。对于小电流钨极氩弧焊、微束等离子弧焊以及脉冲氩弧焊中的"维弧"状态，通常使用电弧静特性的下降段；对于焊条电弧焊、埋弧焊、非熔化极气体保护电弧焊，多半工作在电弧静特性的水平段；对于细丝大电流 CO_2 焊、等离子弧焊，则通常工作在电弧静特性的上升段。几种常用焊接方法的电弧静特性曲线如图1-5所示。

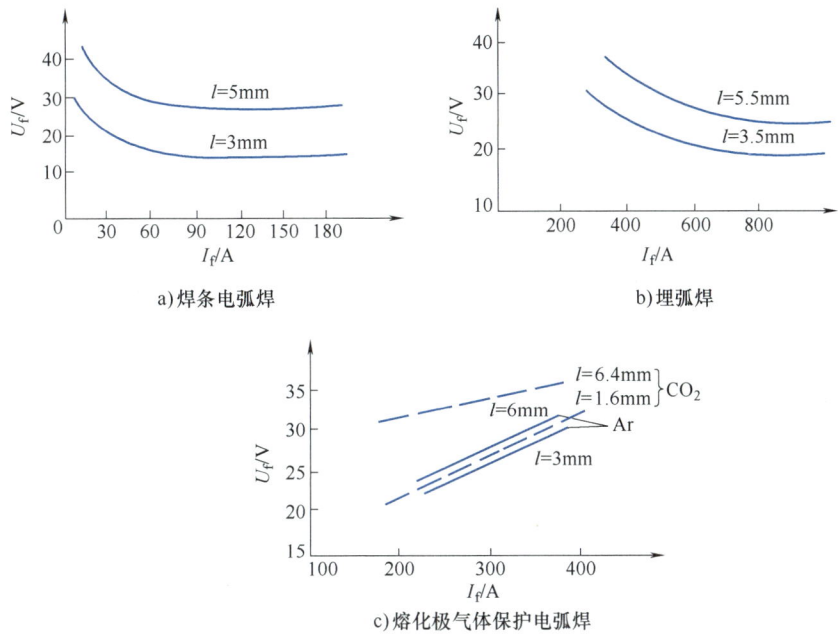

图 1-5　常用焊接方法的电弧静特性曲线

2）影响电弧静特性的因素。影响电弧静特性的因素很多。但是，在一定电流和弧长下，它们都是通过对弧柱电场强度，即电弧电压的影响表现出来的。

① 气体介质成分和压力的影响。在一定压力下，气体介质的热导率和电离电位都影响电场强度，但以热导率的影响更为显著。当使用热导率较大的气体时，由于它对电弧的冷却作用加强，热损失增加，从而要求较大的能量与之平衡，在电弧电流不变的情况下，电弧电压必然要增加。

气体介质对电弧弧柱及斑点的冷却作用，除与其成分有关外，还与压力有关。压力增高，冷却作用增强，将使电弧收缩，导致弧柱的电场强度（即弧压）增大。

② 弧长的影响。当弧长增加时，如果仍保持电弧电流值不变，就要求电弧中带电粒子的运动速度加快，因此电场强度相应增大，也就是电弧电压增高，如图1-6所示。也可以这样理解，电弧电流不变，弧长增加，电弧电阻增大，根据欧姆定律，电弧电压自然要增加。

③ 电极材料的影响。主要表现在对阴极压降的影响上。例如热阴极，由于热发射能力强，故在同样的电流下，阴极电压降要比冷阴极小，因此电弧电压也小。

母材的热导率直接影响对电弧斑点冷却作用的强

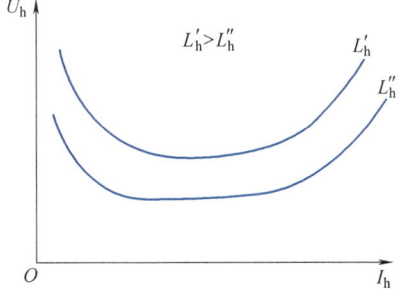

图 1-6　弧长对电弧静特性曲线的影响

弱程度。当电弧电流不变时，母材的热导率越高，对电弧斑点的冷却作用越强，电弧电压也就越大。

（2）电弧的动特性　上面讨论的是电弧在稳定燃烧状态下，电弧电压 U_h 和电弧电流 I_h 之间的关系，即电弧的静特性。实际上，即使是直流电弧，在焊接过程中，由于受到熔滴过渡等因素的影响，电弧电压和电弧电流也是时刻在改变的，使电弧达不到稳定状态。

所谓电弧的动特性，是指在一定的弧长下，当电弧电流以很快的速度变化时，电弧电压和电流瞬时值之间的关系——$u_h = f(i_h)$，由图 1-7 示意说明。

图 1-7 中实线是某一弧长下的电弧静特性曲线。如果图中的电流由 a 点以很快的速度连续增加到 d 点后稳定下来，则随着电流的增加，电弧空间的温度升高。但是后者的变化总是滞后于前者，这种现象称为热惯性。当电流增加到 i_b 时，由于热惯性关系，电弧空间温度还没来得及达到稳定状态下对应于 i_b 的温度。此时，因电弧空间温度低，弧柱导电性差，阴

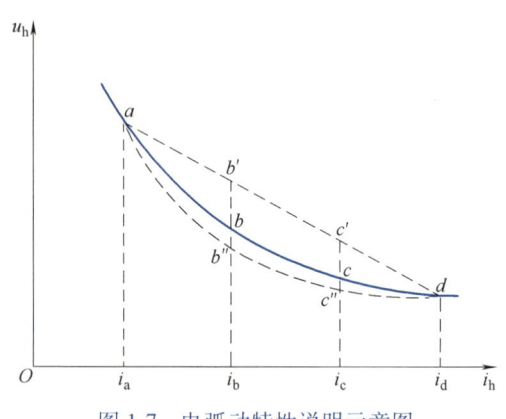

图 1-7　电弧动特性说明示意图

极斑点与弧柱截面面积增加也较慢，维持电弧燃烧的电压不能降至 b 点，而将提高到 b' 点。以此类推。对应于每一瞬间电弧电流的电弧电压，就不在实线 $abcd$ 上，而是在虚线 $ab'c'd$ 上。这就是说，在电流增加的过程中，动特性曲线上的电弧电压，比静特性曲线上的电弧电压高。同理，当电弧电流由 i_d 迅速减小到 i_a 时，同样由于热惯性的影响，电弧空间温度来不及降低。此时，对应每一瞬时电流值的电压将低于静特性曲线上的电弧电压，如图中之虚线 $dc''b''a$ 所示。图中虚线 $ab'c'dc''b''a$ 即为电弧的动特性曲线。

电流按不同规律变化时将得到不同形状的动特性曲线。电流变化速度越慢，静、动特性曲线就越接近。如果电弧电流变化速度小到足以使电弧温度变化可以跟得上时，电弧动特性曲线就与静特性曲线相重合。

四、焊接电弧的工艺特性

电弧焊以电弧为能源，主要利用其热能及机械能。焊接电弧与热能及机械能有关的工艺特性，主要包括电弧的热能特性、电弧的力学特性、电弧的稳定性等。

1. 电弧的热能特性

（1）电弧热的形成机构　电弧可以看作是一个把电能转换成热能的柔性导体，由于电弧三个区域的导电特性不同，因此产热特性也不同。

1）弧柱的产热。弧柱是带电粒子的通道。在这个通道中，带电粒子在外加电场的作用下运动，电能转换为热能和动能。在弧柱中，带电粒子并不是直接向两极运动，而是在频繁而激烈的碰撞过程中沿电场方向运动。这种碰撞是无规则的紊乱运动，可能是带电粒子之间的碰撞，也可能是带电粒子与中性粒子之间的碰撞。碰撞过程中，带电粒子达到高温状态，把电能转换成热能。由于质量上的差异，电子运动速度比正离子运动速度大得多，因此从电源吸取电能转换为热能的作用几乎完全由电子来承担，在弧柱中外

加电能大部分将转换为热能。

单位长度弧柱的电能为 EI，它的大小决定了弧柱产热量的大小。当电弧处于稳定状态时，弧柱的产热与弧柱的热损失（对流、传导和辐射等）处于动平衡状态。当电弧电流一定时，单位长度弧柱产热量由 E 决定，E 的数值按最小电压原理自行调节。I 一定，E 升高，则弧柱的产热量增加，弧柱温度升高，工件获得的热量也增加。根据这一特点，在实际焊接中往往采取措施强迫冷却弧柱，使电弧截面减小，E 增大，从而获得能量更集中、温度更高的电弧。

一般电弧焊时，弧柱损失的热能中对流损失约占 80% 以上，传导与辐射损失约占 10%，所以仅剩很少一部分能量通过辐射传给焊丝和工件。当电流较大有等离子流产生时，等离子流可把弧柱的一部分热量带给工件，从而增加工件的热量。

2）阴极区的产热。阴极区与弧柱区相比，长度很短，且靠近电极或工件（由接线方法决定），所以直接影响焊丝的熔化或工件的加热。阴极区存在两种带电粒子：电子和正离子。这两种带电粒子在不断地产生、运动和消失，同时伴随着能量的转换与传递。由于弧柱中正离子流所占比例很小，可以认为它的产热对阴极区的影响很小，可忽略不计。影响阴极区能量状态的带电粒子全部在阴极区产生，并由阴极区提供足够数量的电子来满足弧柱导电的需要，因此可从这些电子在阴极区的能量平衡过程来分析阴极区的产热。

阴极区提供的电子流与总电流 I 相近，这些电子在阴极压降 U_k 的作用下逸出阴极并被加速，获得的总能量为 IU_k；电子从阴极表面逸出时，将从阴极表面带走相当于逸出功的能量，对阴极有冷却作用，这部分能量总和为 IU_w；电子流离开阴极区进入弧柱区时，将带走与弧柱温度相应的热能，这部分能量为 IU_T（U_T 为弧柱温度的等效电压）。所以，阴极区总的产热功率 P_k 应为

$$P_k = IU_k - IU_w - IU_T$$

所产生的热量主要用于对阴极的加热和阴极区的散热损失。焊接时，这部分能量可被用来加热填充材料或工件。

3）阳极区的产热。阳极区的电流由电子流和正离子流两部分组成，因正离子流所占比例很小，可忽略不计，只考虑电子流的能量转换效应。到达阳极的电子能量由三部分组成：第一部分是电子经阳极压降区被 U_a 加速而获得的动能 IU_a；第二部分为电子从阴极逸出时吸收的逸出功 IU_w；第三部分是从弧柱区带来的与弧柱温度相应的热功率 IU_T。所以，阳极区的总产热功率 P_a 为

$$P_a = IU_a + IU_w + IU_T$$

所产生的热量主要用于对阳极的加热和散热损失。在焊接过程中，这部分能量也可用于加热填充材料或工件。

（2）电弧的温度分布 电弧各部分的温度分布受电弧产热特性的影响，电弧组成的三个区域产热特性不同，温度分布也有较大区别。电弧温度的分布特点可从轴向和径向两个方面比较。

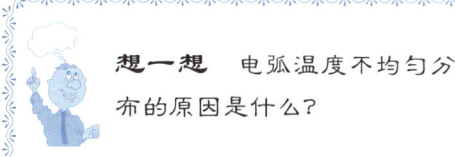

1）轴向。电弧轴向温度分布的特点是：阴极区和阳极区的温度较低，弧柱温度较高，如图 1-8 所示。阴极、阳极的温度则根据焊接方法的不同有所差别，见表 1-3。

表1-3 常用焊接方法阴极与阳极的温度比较

焊接方法	酸性焊条电弧焊	钨极氩弧焊	碱性焊条电弧焊	熔化极氩弧焊	CO_2气体保护焊	埋弧焊
温度比较	阳极温度>阴极温度		阴极温度>阳极温度			

2）径向。电弧径向温度分布的特点是：弧柱轴线温度最高，沿径向由中心至周围温度逐渐降低，如图1-9所示。

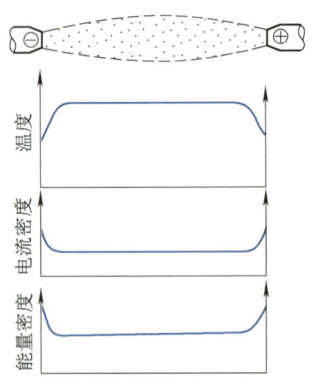

图1-8 电弧的温度、电流密度和能量密度的轴向分布示意图

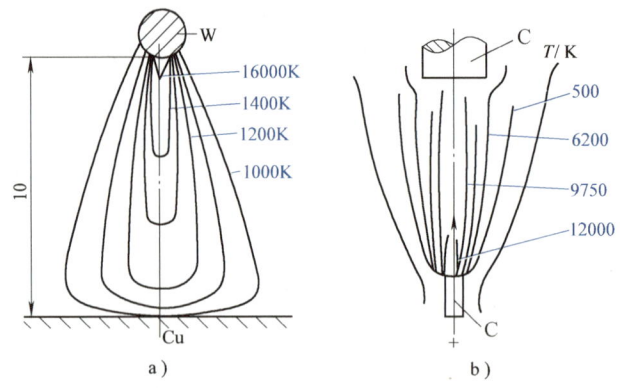

图1-9 电弧径向温度分布示意图

（3）焊接电弧的热效率及能量密度 电弧焊的热能由电能转换而来，因此电弧的热功率P_Q可由下式表示

$$P_Q = P_A = IU_A$$

式中，P_A为电弧的电功率；U_A为电弧电压，$U_A = U_k + U_c + U_a$。

所得热量并不能全部有效地用于焊接。其中一部分热量因对流、辐射及传导等损失掉了。用于加热、熔化填充材料及工件的电弧热功率称为有效热功率，表示为

$$P'_Q = \eta P_Q$$

式中，η为有效热功率系数（热效率系数），它受焊接方法、焊接参数、周围条件等因素的影响。表1-4为常用焊接方法的热效率系数。

表1-4 常用焊接方法的热效率系数

焊接方法	η	焊接方法	η
焊条电弧焊	0.65~0.85	熔化极氩弧焊	0.70~0.80
埋弧焊	0.80~0.90	钨极氩弧焊	0.65~0.70
CO_2气体保护焊	0.75~0.90		

由表1-4可见，钨极氩弧焊热效率系数较低，而埋弧焊较高。这是因为钨极氩弧焊电极不熔化，只是工件熔化，仅利用了一部分电弧热量，电极吸收的热量都将被焊枪冷却水带走，而不能传递到母材中去，所以热效率较低。埋弧焊时，电弧埋在焊剂层下燃烧，焊剂形成的保护罩有保温作用，而且弧柱热量也用于熔化焊剂，热量利用最充分，所以热效率可高达90%。

当其他条件不变时，焊接电弧的热效率随着电弧电压U_A的升高而降低。这是因为U_A

升高,弧长增加,通过对流、辐射等损失的弧柱热量增加。

电弧焊时,电弧加热区的能量密度分布是不均匀的,弧柱轴线处能量密度最大,沿径向逐渐降低(见图1-9),因此弧柱中心处的工件熔深大,而周围熔深小。显然,能量密度大时,可有效地将热源用于熔化金属,并可减小热影响区,获得窄而深的焊缝,也有利于提高焊接生产率。

资料卡

能量密度

采用某热源加热工件时,单位面积上的有效热功率称为能量密度,以 W/cm^2 表示。

2. 电弧的力学特性

在焊接过程中,电弧的机械能是以电弧力的形式表现出来的,电弧力不仅直接影响工件的熔深及熔滴过渡,而且也影响到熔池的搅拌、焊缝成形及金属飞溅等,因此,对电弧力的利用和控制将直接影响焊缝质量。电弧力主要包括电磁收缩力、等离子流力和斑点力等。

(1) 电弧力及其作用

1)电磁收缩力。由电工学已知,当电流流过相距不远的两根平行导线时,如果电流方向相同,则产生相互吸引力,如方向相反,则产生排斥力,如图1-10所示。这个力是由电磁场产生的,因而称为电磁力。它的大小与导线中流过的电流大小成正比,与两导线间的距离成反比。

当电流流过导体时,电流可看成是由许多相距很近的平行同向电流线组成,这些电流线之间将产生相互吸引力。如果是可变形导体(液态或气态),将使导体产生收缩,这种现象称为电磁收缩效应,产生电磁收缩效应的力称为电磁收缩力。这个电磁收缩力往往是形成其他电弧力的力源。

焊接电弧是能够通过很大电流的气态导体,电磁效应在电弧中产生的收缩力表现为电弧内的径向压力。通常电弧可看成是一圆锥形的气态导体,如图1-11所示。电极端直径小,工件端直径大。由于不同直径处电磁收缩力的大小不同,直径小的一端收缩压力大,直径大的一端收缩压力小,因此将在电弧中产生压力差,形成由小直径端(电极端)指向大直径端(工件端)的电弧轴向推力(见图1-11中的F_t)。而且电流越大,形成的推力越大。

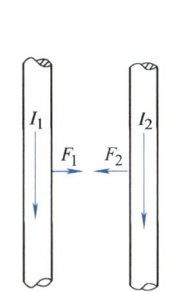
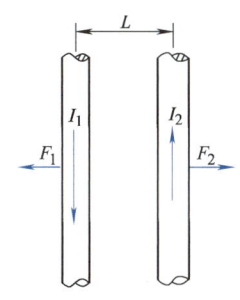

a) 电流方向相同产生吸引力 b) 电流方向相反产生排斥力

图1-10 两根平行导线之间的电磁力示意图

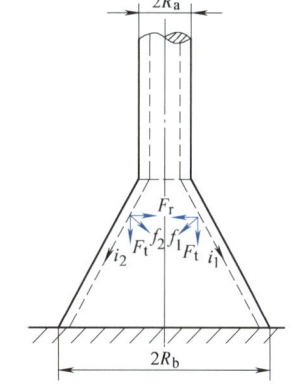

图1-11 圆锥状电弧及其电磁力示意图

电弧轴向推力在电弧横截面上分布不均匀,弧柱轴线处最大,向外逐渐减小,在工件上此力表现为对熔池形成的压力,称为电磁静压力。这种分布形式的力作用在熔池上,则形成如图 1-12a 所示的碗状熔深焊缝形状。

由电弧自身磁场引起的电磁收缩力，在焊接过程中具有重要的工艺性能。它不仅使熔池下凹，同时也对熔池产生搅拌作用，有利于细化晶粒，排出气体及夹渣，使焊缝的质量得到改善。另外，电磁收缩力形成的轴向推力可在熔化极电弧焊中促使熔滴过渡，并可束缚弧柱的扩展，使弧柱能量更集中，电弧更具挺直性。

2）等离子流力。由上述可知，因焊接电弧呈圆锥状，使电磁收缩力在电弧各处分布不均匀、具有一定的压力差，形成了轴向推力。在此推力作用下，将把靠近电极处的高温气体推向工件方向流动。高温气体流动时，要求从电极上方补充新的气体，形成有一定速度的连续气流进入电弧区。新加入的气体被加热和部分电离后，受轴向推力作用继续冲向工件，对熔池形成附加的压力，如图 1-13 所示。熔池这部分附加压力是由高温气流（等离子气流）的高速运动引起的，所以称为等离子流力，也称为电弧的电磁动压力。

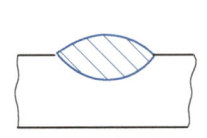

a) 主要由电磁静压力决定的碗状熔深

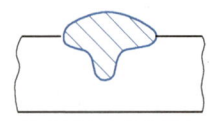

b) 主要由电磁动压力决定的指状熔深

图 1-12　焊缝形状示意图

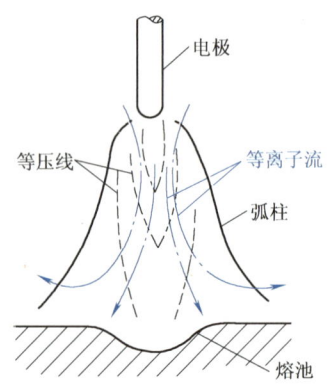

图 1-13　等离子流形成示意图

电弧中等离子气流具有很大的速度和加速度，可以达到每秒数百米。等离子流产生的动压力分布应与等离子流速度分布相对应，可见这种动压力在电弧中心线上最强。电流越大，中心线上的动压力幅值越大，而分布的区间越小。当钨极氩弧焊的钨极锥角较小、电流较大或熔化极氩弧焊采用喷射过渡工艺时，这种电弧的动压力均较显著，容易形成如图 1-12b 所示的指状熔深焊缝。

等离子流力可增大电弧的挺直性，在熔化极电弧焊时促进熔滴轴向过渡，增大熔深，并对熔池形成搅拌作用。

3）斑点力。电极上形成斑点时，由于斑点处受到带电粒子的撞击或金属蒸发的反作用而对斑点产生的压力，称为斑点压力或斑点力。

阴极斑点力比阳极斑点力大，主要原因如下。

① 阴极斑点承受正离子的撞击，阳极斑点承受电子的撞击，而正离子的质量远大于电子的质量，且阴极压降一般大于阳极压降，所以阴极斑点承受的撞击远大于阳极斑点。

② 阴极斑点的电流密度比阳极斑点的电流密度大，金属蒸发产生的反作用力也比阳极斑点大。

不论是阴极斑点力还是阳极斑点力，其方向总是与熔滴过渡方向相反，因而斑点力

小知识　熔化极气体保护焊采用直流反接，可以减小熔滴过渡的阻碍作用，减少飞溅。

总是阻碍熔滴过渡的作用力,如图 1-14 所示。但由于阴极斑点力大于阳极斑点力,因此在直流电弧焊时,可通过采用反接法来减小这种影响。

(2)电弧力的主要影响因素

1)焊接电流和电弧电压。焊接电流增大,电磁收缩力和等离子流力都增加,所以电弧力也增大。焊接电流一定,电弧长度增加引起电弧电压升高,则电弧力减小。

2)焊丝直径。焊接电流一定时,焊丝越细,电流密度越大,造成电弧锥形越明显,则电磁力和等离子流力越大,导致电弧力增大,如图 1-15 所示。

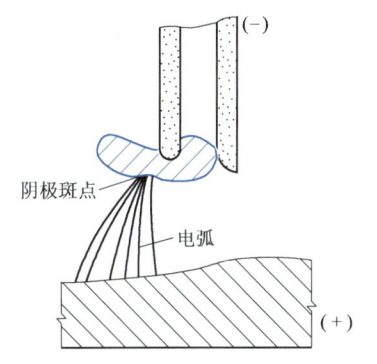

图 1-14 斑点力阻碍熔滴过渡的示意图

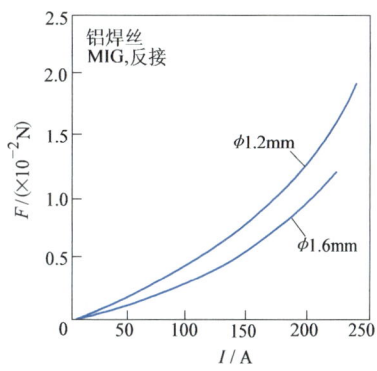

图 1-15 电弧力与焊丝直径的关系

3)电极(焊条、焊丝)的极性。通常情况下,阴极导电区的收缩程度比阳极区大,因此钨极氩弧焊正接时,可形成锥度较大的电弧,产生较大的电弧力。熔化极气体保护焊采用直流正接时,熔滴受到较大的斑点压力,过渡时受到阻碍,电弧力较小;反之,直流反接时,电弧力较大,如图 1-16 所示。

4)气体介质。不同种类的气体介质,其热物理性能不同,对电弧产生的影响也不同。导热性强的气体或多原子气体消耗的热量多,会引起电弧的收缩,导致电弧力的增加,如图 1-17 所示。气体流量或电弧空间气体压力增加,也会引起弧柱收缩,导致电弧力增加,同时使斑点压力增大。斑点压力增大使熔滴过渡困难。CO_2 气体保护焊时,这种现象尤为明显。

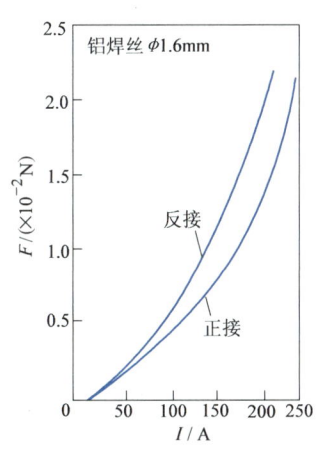

图 1-16 熔化极氩弧焊时电弧力与电流极性的关系

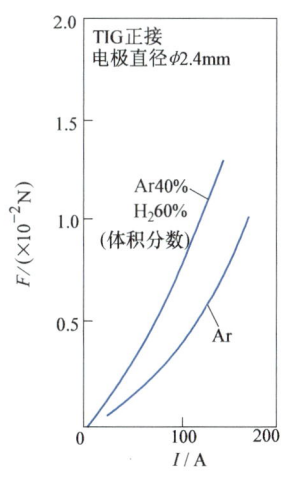

图 1-17 电弧力与气体介质的关系

3. 电弧的稳定性

焊接电弧的稳定性是指电弧保持稳定燃烧（不产生断弧、飘移和偏吹等）的程度。电弧的稳定燃烧是保证焊接质量的一个重要因素，因此维持电弧的稳定性是非常重要的。电弧不稳定的原因除操作人员技术熟练程度不足外，还与下列因素有关。

小知识 电弧焊过程中，当电弧电压和焊接电流为某一定值时，电弧放电可在长时间内连续进行且稳定燃烧的性能，称为焊接电弧的稳定性。

（1）焊接电源

1）焊接电源的特性。它是指焊接电源以哪种形式向电弧供电。如焊接电源的特性符合电弧燃烧的要求，则电弧燃烧稳定；反之，则电弧燃烧不稳定。电弧焊时，电源必须提供一种能与电弧静特性相匹配的外特性，才能保证电弧的稳定燃烧。

2）焊接电源的种类。采用直流电源焊接时，电弧燃烧比采用交流电源稳定。这是因为直流电弧没有方向的改变；而采用交流电源焊接时，电弧的极性是按工频（50Hz）周期性变化的，就是每秒钟电弧的燃烧和熄灭要重复100次，电流和电压每时每刻都在变化，因此，交流电源焊接时电弧没有直流电源时稳定。

3）焊接电源的空载电压。具有较高空载电压的焊接电源不仅引弧容易，而且电弧燃烧也稳定。这是因为焊接电源的空载电压较高，电场作用强，场致电离及场致发射就强烈，所以电弧燃烧稳定。

（2）焊条药皮或焊剂 焊条药皮或焊剂是影响电弧稳定性的一个重要因素。焊条药皮或焊剂中有少量的低电离能的物质（如K、Na、Ca的氧化物），能增加电弧气氛中的带电粒子。酸性焊条药皮中的成形剂与造渣剂都含有云母、长石、水玻璃等低电离能的物质，因而能保证电弧的稳定燃烧。

当焊条药皮或焊剂中含有电离能比较高的氟化物（CaF_2）及氯化物（KCl，$NaCl$）时，由于它们较难电离，因此降低了电弧气氛的电离程度，使电弧燃烧不稳定。另外，焊条药皮偏心和焊条保存不好而造成药皮局部脱落等，使得焊接过程中电弧气体吹力在电弧周围分布不均，电弧稳定性也将下降。

（3）焊接电流 焊接电流越大，电弧的温度就越高，则电弧气氛中的电离程度和热发射作用就越强，电弧燃烧也就越稳定。通过试验测定电弧稳定性的结果表明：随着焊接电流的增大，电弧的引燃电压降低；同时，随着焊接电流的增大，自然断弧的最大弧长也增大。所以，焊接电流越大，电弧燃烧越稳定。

（4）磁偏吹 电弧在其自身磁场作用下具有一定的挺直性，使电弧尽量保持在焊丝（条）的轴线方向上，即使当焊丝（条）与工件有一定倾角时，电弧仍将保持指向焊丝（条）轴线方向，而不垂直于工件表面，如图1-18所示。但在实际焊接中，由于多种因素的影响，电弧周围磁力线均匀分布的状况被破坏，使电弧偏离焊丝（条）轴线方向，这种现象称为磁偏吹，如图1-19所示。一旦产生磁偏吹，电弧轴线就难以对准焊缝中心，导致焊缝成形不规则，影响焊接质量。

引起磁偏吹的根本原因是电弧周围磁场分布不均匀，致使电弧两侧产生的电磁力不同。焊接时引起磁力线分布不均匀的原因主要有以下几种。

1）导线接线位置。如图1-20所示，导线接在工件的一侧，焊接时电弧左侧的磁力线由两部分叠加组成：一部分由电流通过电弧产生；另一部分由电流通过工件产生。而电弧右侧磁力线仅由电流通过电弧本身产生，所以电弧两侧受力不平衡，偏向右侧。

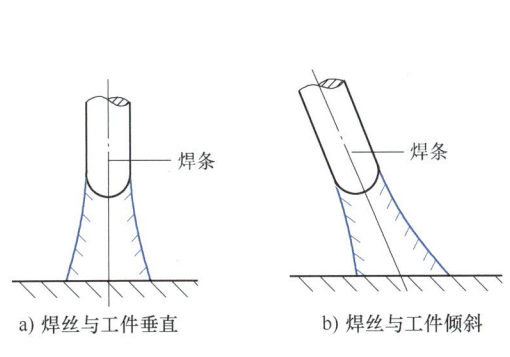

图 1-18　电弧挺直性示意图

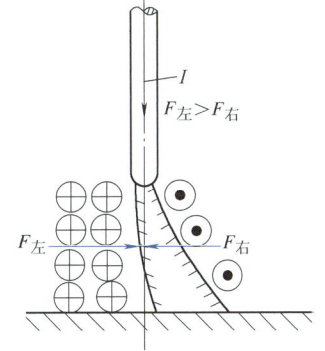

图 1-19　电弧磁偏吹的形成示意图

2) 电弧附近的铁磁物体。当电弧附近放置铁磁物体（如钢板）时，因铁磁物体磁导率大，磁力线大多通过铁磁物体形成回路，使铁磁物体一侧磁力线变稀，造成电弧两侧磁力线分布不均匀，产生磁偏吹，电弧偏向铁磁物体一侧，如图 1-21 所示。

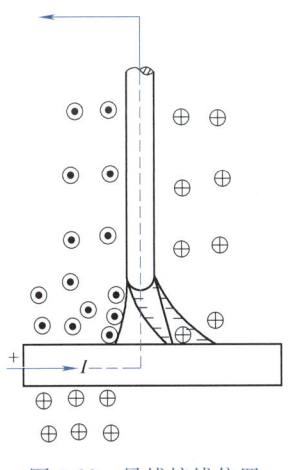

图 1-20　导线接线位置
引起的磁偏吹示意图

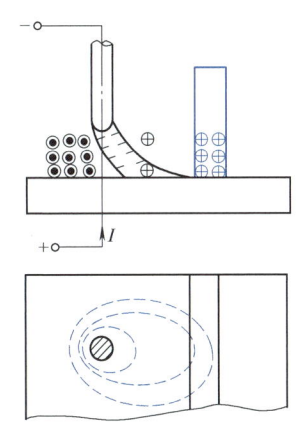

图 1-21　电弧附近铁磁物体
引起的磁偏吹示意图

在实际生产中，为减弱磁场偏吹的影响，可优先选用交流电源；采用直流电源时，则在工件两端同时接地线，以消除导线接线位置不对称所带来的磁偏吹，并尽可能在周围没有铁磁物质的地方焊接。同时，压短电弧，使焊丝向电弧偏吹方向倾斜，也是减弱磁偏吹影响的有效措施。

（5）**其他影响因素**　电弧长度对电弧的稳定性也有较大的影响，如果电弧太长，电弧就会发生剧烈摆动，从而破坏了焊接电弧的稳定性，而且飞溅也增大。焊接处有油漆、油脂、水分和锈层等存在时，也会影响电弧燃烧的稳定性。此外，强风、气流等因素也会造成电弧偏吹，同样会使电弧燃烧不稳定。

因此，焊前做好工件坡口表面及附近区域的清理工作十分重要。焊接中除选择并保持合适的电弧长度外，还应选择合适的操作场所，使外界对电弧稳定性的影响尽可能降低。

【综合训练】

（一）解释
1. 电弧静特性
2. 电磁收缩力
3. 最小电压原理

（二）填空
1. 电弧是一种_____现象，它是带电粒子通过_____之间气体空间的一种_____过程。
2. 要使两电极之间的气体导电，必须具备的两个条件是：_____；_____。
3. 斑点力的方向与熔滴过渡方向_____，因而斑点力总是_____熔滴过渡的作用力。
4. 电弧不稳定的原因除_____外，还与_____、_____、_____、_____等因素有关。

（三）简答
1. 电弧中的带电粒子主要是通过哪些方式产生的？电离和电子发射分别起什么作用？
2. 在电弧中有哪几种主要作用力？说明各种力对熔池和熔滴过渡的影响。

模块二 焊丝的熔化与熔滴过渡

导入案例

天津大学材料科学与工程学院为提高焊缝成形的精度和性能，采用机器人焊接系统和高速摄像系统，研究了铝合金双阶梯脉冲熔化极氩弧焊（Pulsed gas metal arc welding，P-MIG）快速成形中熔滴过渡行为对多道多层成形的影响。实验结果表明：熔滴过渡直接影响着整体成形的表面形貌、微观组织和硬度。其中，熔滴过渡形式对成形效果的影响最大；一脉一滴为快速成形的最佳熔滴过渡形式，其成形的表面形貌良好、整体尺寸均衡、微观组织细小均匀、硬度适中、层间硬度波动小。

电弧焊时，焊丝的末端在电弧的高温作用下加热熔化，形成的熔滴通过电弧空间向熔池转移的过程称为熔滴过渡。焊丝形成的熔滴作为填充金属与熔化的母材共同形成焊缝。因此，焊丝的加热熔化及熔滴过渡将对焊接过程和焊缝质量产生直接的影响。

一、焊丝的加热和熔化特性

1. 焊丝的热源

电弧焊时，用于加热、熔化焊丝的热源是电弧热和电阻热。熔化极电弧焊时，焊丝的熔化主要靠阴极区（正接）或阳极区（反接）所产生的热量及焊丝伸出长度上的电阻热，弧柱区产生的热量对焊丝的加热熔化作用较小。非熔化极电弧焊（如钨极氩弧焊或等离子弧焊）的填充焊丝主要靠弧柱区产生的热量熔化。

(1) 电弧热 由上节讨论可知，阴极区和阳极区两个区域的产热功率可表达为

$$P_k = IU_k - IU_w - IU_T$$
$$P_a = IU_a + IU_w + IU_T$$

电弧焊时，当弧柱温度为 6000K 左右时，U_T 小于 1V；当电流密度较大时，U_a 近似为零，故上两式可简化为

$$P_k = I(U_k - U_w)$$
$$P_a = IU_w$$

由此可以看出，两电极区的产热功率都与焊接电流成正比。当焊接电流一定时，阴极区的产热功率取决于 U_k 与 U_w 的差值；阳极区的产热量取决于 U_w。在细丝熔化极气体保护电弧焊、使用含有 CaF_2 焊剂的埋弧焊或使用碱性焊条电弧焊等情况下，当采用同样大小的焊接电流焊接同一种材料时，焊丝作为阴极时的产热功率比作为阳极时的产热功率多，在散热条件相同时，焊丝作阴极比作阳极时熔化速度快。

(2) 电阻热 焊丝的熔化速度除了受电弧热影响之外，同时还受到电阻热的影响。熔化极电弧焊时，焊丝只在通过导电嘴时才和焊接电源接通。因此，讨论焊丝的加热和熔化，实际上是分析焊丝伸出部分的受热情况，因为焊丝伸出部分有电流流过时所产生的电阻热对焊丝有预热作用。焊丝伸出长度上的温度分布如图 1-22 所示。

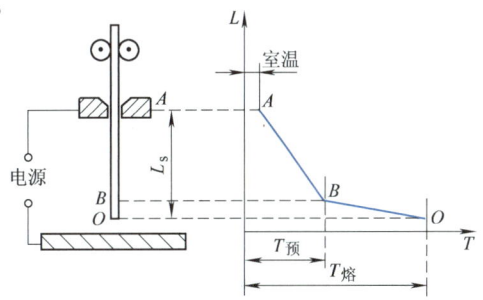

图 1-22 焊丝伸出长度上的温度分布示意图

焊丝伸出长度的电阻及其产生的电阻热功率 P_R 为

$$P_R = I^2 R_s$$
$$R_s = \rho L_s / S$$

式中，R_s 为焊丝伸出长度段的电阻值；ρ 为焊丝的电阻率；L_s 为焊丝的伸出长度；S 为焊丝的横截面积。

熔化焊丝的电阻热取决于焊丝材料及焊丝伸出长度。一般情况下，对于铝、铜等良导体，P_R 与 P_k 或 P_a 相比很小，可忽略不计。而对电阻率高的不锈钢等常用的钢焊丝材料，P_R 作用较大，不可忽略。

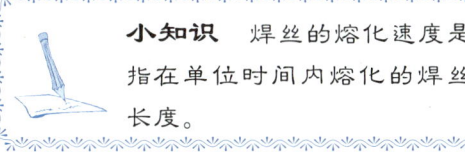

小知识 焊丝的熔化速度是指在单位时间内熔化的焊丝长度。

2. 焊丝的熔化特性

焊丝的熔化特性就是指焊丝的熔化速度 v_m 和焊接电流 I 之间的关系，它主要与焊丝材料及焊丝直径、伸出长度有关。焊丝材料不同，其物理性能（包括电阻率、熔化系数）不同，在其他条件相同的情况下，焊丝的电阻率和熔化系数越大，焊丝熔化速度越快；反之，熔化速度越慢。图 1-23 所示为不同直径的铝焊丝在熔化极氩弧焊时的熔化特性曲线。对于一定成分和直径的焊丝，其熔化速度也要随焊接电流与焊丝伸出长度的变化而改变。图 1-24 所

示则为不同伸出长度的不锈钢焊丝在熔化极电弧焊时的熔化特性曲线。

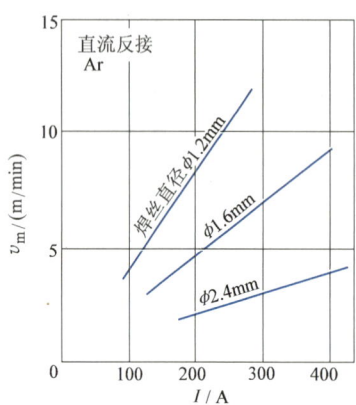

图1-23 不同直径的铝焊丝在熔化极氩弧焊时的熔化特性曲线

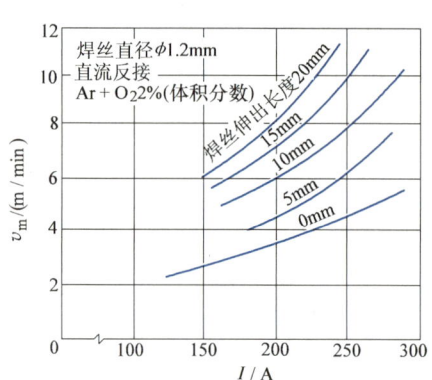

图1-24 不同伸出长度的不锈钢焊丝在熔化极电弧焊时的熔化特性曲线

在采用熔化极电弧焊进行焊接时,必须使焊丝的熔化速度等于送丝速度,才能建立稳定的焊接过程。对于不同成分和直径的焊丝,如果有了现成的熔化特性曲线图,则焊接时只要根据此图就可大致确定焊接电流的大小。

二、熔滴上的作用力

电弧焊时,在电弧热作用下,焊丝或焊条端部受热熔化形成熔滴。熔滴上的作用力是影响熔滴过渡及焊缝成形的主要因素。根据熔滴上的作用力来源不同,可将其分为重力、表面张力、电弧力、熔滴爆破力和电弧气体的吹力等。

1. 重力

重力对熔滴过渡的影响依焊接位置的不同而不同。平焊时,熔滴上的重力促使熔滴过渡;而在立焊及仰焊位置,重力则阻碍熔滴过渡,如图1-25所示。重力F_g可表示为

$$F_g = mg = \frac{4}{3}\pi r^3 \rho g$$

式中,r为熔滴半径;ρ为熔滴密度;g为重力加速度。

2. 表面张力

表面张力是指焊丝端部保持熔滴的作用力,用F_σ表示(图1-25),大小为

$$F_\sigma = 2\pi R \sigma$$

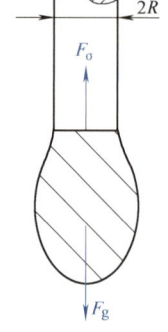

图1-25 熔滴上的重力和表面张力示意图

式中,R为焊丝半径;σ为表面张力系数,σ的数值与材料成分、温度、气体介质等因素有关。表1-5列举了一些纯金属的表面张力系数。

表1-5 纯金属的表面张力系数

金属种类	Mg	Zn	Al	Cu	Fe	Ti	Mo	W
$\sigma/(10^{-3}\text{N/m})$	650	770	900	1150	1220	1510	2250	2680

第一单元 电弧焊基础知识

平焊时，表面张力 F_σ 阻碍熔滴过渡，因此，只要是能使 F_σ 减小的措施都将有利于平焊时的熔滴过渡。由上式可知，使用小直径及表面张力系数小的材料能达到这一目的。除平焊之外的其他位置焊接时，表面张力对熔滴过渡有利。若熔滴上含少量活化物质（如 O_2、S 等）或熔滴温度升高，都会减小表面张力系数，有利于形成细颗粒熔滴过渡。

3. 电弧力

电弧力指电弧对熔滴和熔池的机械作用力，包括电磁收缩力、等离子流力、斑点力等。电弧力对熔滴过渡的作用不尽相同，需根据不同情况具体分析。电磁收缩力形成的轴向推力以及等离子流力可在熔化极电弧焊中促使熔滴过渡；斑点力总是阻碍熔滴过渡的作用力。

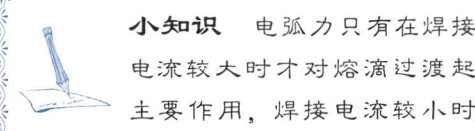

小知识 电弧力只有在焊接电流较大时才对熔滴过渡起主要作用，焊接电流较小时起主要作用的注注是重力和表面张力。

4. 熔滴爆破力

当熔滴内部因冶金反应而生成气体或含有易蒸发金属时，在电弧高温作用下将使气体积聚、膨胀而产生较大的内压力，致使熔滴爆破，这一内压力称为熔滴爆破力。它在促使熔滴过渡的同时也产生飞溅。

5. 电弧气体的吹力

这种力出现在焊条电弧焊中。焊条电弧焊时，焊条药皮的熔化滞后于焊芯的熔化，这样在焊条的端头形成套筒，如图 1-26 所示。此时，药皮中造气剂产生的气体及焊芯中碳元素氧化的 CO 气体在高温作用下急剧膨胀，从套筒中喷出作用于熔滴。不论是何种位置的焊接，电弧气体吹力总是促进熔滴过渡。

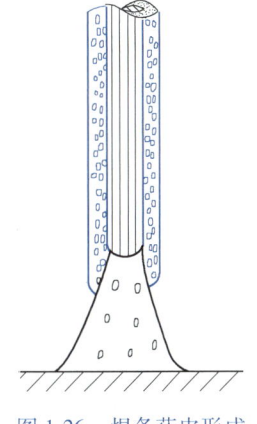

图 1-26 焊条药皮形成的套筒示意图

三、熔滴过渡的主要形式及特点

熔滴过渡过程不但影响电弧的稳定性，而且对焊缝成形和冶金过程也有很大的影响。熔滴过渡过程十分复杂，主要过渡形式有自由过渡、接触过渡和渣壁过渡三种。各种过渡所对应的熔滴及电弧形状如图 1-27 所示。

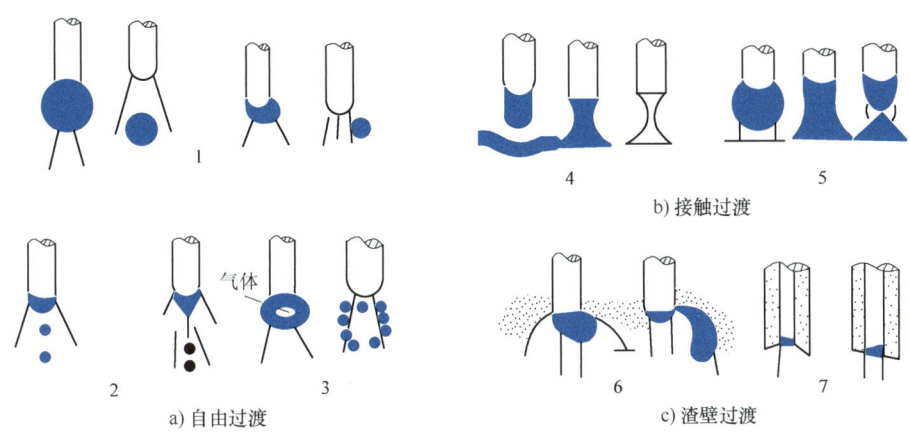

图 1-27 熔滴过渡形式及电弧形状特征

1. 自由过渡

自由过渡是指熔滴经电弧空间自由飞行，焊丝端头和熔池之间不发生直接接触的过渡方式。当过渡的熔滴直径比焊丝直径大时，称为滴状过渡（图 1-27a 中的 1）；过渡的熔滴直径比焊丝直径小时，则称为喷射过渡（图 1-27a 中的 2）；在电弧气氛或保护气体中含有 CO_2 气体时，有时会发生爆炸现象，使部分熔滴金属爆炸成为飞溅，而只有部分金属得以过渡，这种形式称为爆破过渡（图 1-27a 中的 3）。常用的自由过渡是滴状过渡和喷射过渡。

（1）滴状过渡 滴状过渡时电弧电压较高，根据电流大小、极性和保护气体的种类不同，滴状过渡又分为粗滴过渡和细滴过渡。

1）粗滴过渡。当电流较小而电弧电压较高时，弧长较长，熔滴不与熔池短路接触，熔滴尺寸逐渐长大。当重力足以克服熔滴的表面张力时，熔滴便脱离焊丝端部进入熔池（小电流时电弧力忽略）。粗滴过渡时熔滴存在时间长，尺寸大，飞溅也大，电弧的稳定性及焊缝质量都较差。

2）细滴过渡。与粗滴过渡相比，细滴过渡电流较大，相应的电磁收缩力增大，表面张力减小，熔滴存在时间缩短，熔滴细化，过渡频率增加，电弧稳定性较高，飞溅较少，焊缝质量提高，广泛应用于生产中。

气体介质不同或焊接材料不同时，细滴过渡特点又有不同。在 CO_2 气体保护电弧焊和酸性焊条电弧焊中，熔滴呈非轴向过渡；而在铝合金熔化极氩弧焊或较大电流活性气体保护焊焊钢件时，熔滴呈轴向过渡。相比之下，前者比后者飞溅大。

（2）喷射过渡 喷射过渡容易出现在以氩气或富氩气体作保护气体的焊接方法，如熔化极氩弧焊、活性气体保护焊中。喷射过渡时，细小的熔滴从焊丝端部连续不断地以高速度冲向熔池（加速度可达重力加速度的几十倍），过渡频率快，飞溅少，电弧稳定，热量集中，对工件的穿透力强，可得到焊缝中心部位熔深明显增大的指状焊缝。喷射过渡适合焊接厚度较大（$\delta>3mm$）的工件，不适宜焊接薄板。

喷射过渡形成机理如图 1-28 所示。在氩或富氩（φ_{Ar} 大于 80%）保护气体中，当焊接电流较小时，电弧与熔滴的形态如图 1-28a 所示。此时电磁收缩力比较小，所以熔滴在重力作用下呈粗滴状过渡。随着焊接电流的增加，电弧的电极斑点笼罩面积逐渐扩大，以致达到熔滴的根部，如图 1-28b 所示。这时熔滴与焊丝间形成细颈，全部电流都通过细颈流过，该处电流密度很高，细颈被过热，其表面将产生大量金属蒸气，从而使细颈表面具备了产生电极斑点的有利条件，电弧将从熔滴根部跳至细颈根部，如图 1-28c 所示。

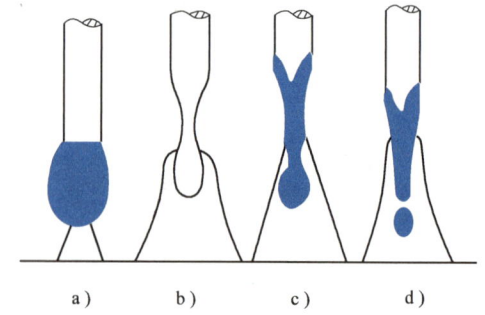

图 1-28 喷射过渡形成机理示意图

形成跳弧现象之后，焊丝末端已经存在的熔滴脱离焊丝，电弧随之变成图 1-28d 所示的圆锥形状。这种形态有利于形成较强的等离子流，使焊丝末端的液态金属被削成铅笔尖状。在各种电弧力作用下，铅笔尖状的液态金属以细滴状连续不断地冲向熔池。因这种喷射过渡熔滴细小，过渡频率及速度都较高，故通常也称为射流过渡。

2. 接触过渡

接触过渡是指焊丝（或焊条）端部的熔滴与熔池表面通过接触而过渡的方式。根据接触之前熔滴的大小不同，该过渡方式又可分为两种形态：小滴时电磁收缩力的作用大于表面张力，通常形成短路过渡（见图1-27b中的4）；大滴时表面张力作用大于电磁收缩力，靠熔滴和熔池表面接触后所产生的表面张力使之过渡，称为搭桥过渡（见图1-27b中的5）。

（1）短路过渡 电弧引燃后，随着电弧的燃烧，焊丝（或焊条）端部熔化形成熔滴并逐步长大。当电流较小、电弧电压较低时，弧长较短，熔滴未长成大滴就与熔池接触形成液态金属短路，电弧熄灭，随之熔滴过渡到熔池中去。熔滴脱落之后电弧重新引燃，如此交替进行，这种过渡形式称为短路过渡。在熔化极电弧焊中，使用碱性焊条的焊条电弧焊及细丝（直径≤1.6mm）气体保护电弧焊，熔滴过渡形式主要为短路过渡。

想一想 短路过渡与细滴过渡在应用上有何区别？为什么？

1) 短路过渡过程。短路过渡由燃弧和熄弧（短路）两个交替的阶段组成，电弧燃烧过程是不连续的。图1-29所示为短路过渡过程及其电弧电压和焊接电流动态波形图。

2) 短路过渡的特点

① 短路过渡是燃弧、熄弧交替进行的。燃弧时电弧对工件加热，熄弧时熔滴形成缩颈过渡到熔池。通过对短路过渡电弧的燃烧及熄灭时间进行调节，就可调节对工件的热输入，控制焊缝形状（主要是焊缝厚度）。

② 短路过渡时，平均焊接电流较小，而短路电流峰值又相当大，这种电流形式既可避免薄板的焊穿，又可保证熔滴过渡的顺利进行，有利于薄板焊接或全位置焊接。

③ 短路过渡时，一般使用小直径的焊丝或焊条，电流密度较大，电弧产热集中，焊丝或焊条熔化速度快，因而焊接速度快。同时，短路过渡的电弧弧长较短，工件加热区较小，可减小焊接接头热影响区宽度和焊接变形量，提高焊接接头质量。

（2）搭桥过渡 搭桥过渡时，焊丝在电弧热作用下熔化形成熔滴与熔池接触，在表面张力、重力和电弧力作用下，熔滴进入熔池，如图1-30所示。搭桥过渡出现在非熔化极填丝电弧焊或气焊中。因焊丝一般不通电，因此不称为短路过渡。

3. 渣壁过渡

渣壁过渡是熔滴沿着熔渣的壁面流入熔池的一种过渡形式。这种过渡方式只出现在埋弧焊和焊条电弧焊中。埋弧焊时，熔滴沿熔渣壁过渡（图1-27c中的6）；焊条电弧焊时，熔滴沿药皮套筒壁过渡（图1-27c中的7）。

埋弧焊时，电弧在熔渣形成的空腔内燃烧，熔滴主要通过渣壁流入熔池，只有少量熔滴通过空腔内的电弧空间进入熔池。埋弧焊的熔滴过渡频率及熔滴尺寸与极性、电弧电压和焊接电流有关。直流反接时，若电弧电压较低，则气泡较小，形成的熔滴较细小，沿渣壁以小滴状过渡，频率较高，每秒可以达几十滴；直流正接时，以粗滴状过渡，频率较小，每秒仅10滴左右。熔滴过渡频率随电流的增加而增大，这一特点在直流反接时表现得尤为明显。

焊条电弧焊时，熔滴过渡形式可能有四种：渣壁过渡、粗滴过渡、细滴过渡和短路过渡，过渡形式取决于药皮成分和厚度、焊接参数、电流种类和极性等。当采用厚药皮焊条焊接时，焊芯比药皮熔化快，使焊条端头形成有一定角度的药皮套筒，控制熔滴沿套筒壁落入熔池，形成渣壁过渡。

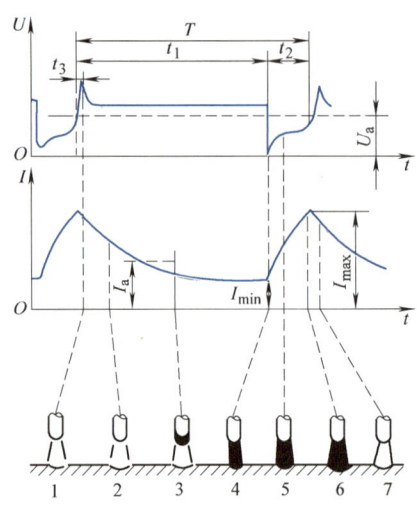

图 1-29　短路过渡过程及其电弧电压和焊接电流动态波形图

T—短路周期　t_1—燃弧时间　t_2—短路时间

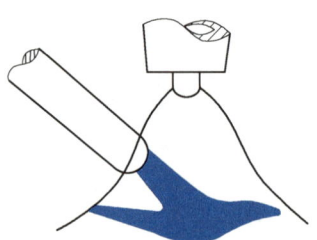

图 1-30　搭桥过渡示意图

【综合训练】

（一）填空

1. 熔滴过渡过程十分复杂，主要过渡形式有_____、_____和_____三种。
2. 电弧焊时，作用在熔滴上的作用力有_____、_____、_____、_____和_____。
3. 立焊和仰焊时，促使熔滴过渡的力有_____、_____和_____。
4. 熔化极电弧焊时，熔化焊条（焊丝）的热量有_____和_____，其中_____起主要作用。

（二）判断

（　）1. 任何焊接位置，电磁力都是促使熔滴向熔池过渡的。

（　）2. 熔滴的重力在任何焊接位置都是促使熔滴向熔池过渡的。

（　）3. 斑点压力总是阻碍熔滴过渡的力。

（　）4. 采用小电流焊接的同时，降低电弧电压，熔滴会出现细滴过渡形式。

（三）简答

1. 什么是熔化特性？影响熔化特性的因素有哪些？
2. 熔滴上的作用力主要有哪些？它们各有什么特点？
3. 短路过渡是如何形成的？它有什么特点？

模块三 母材熔化与焊缝成形

导入案例

钢结构集装箱装卸桥是集装箱港口主要的装卸机械，其焊缝质量对于钢结构能否正常发挥功效以至于集装箱装卸桥能否正常运行和安全生产有着重要的意义。经 X 射线照相检测，该焊接结构常易出现未熔合、未焊透等焊缝成形缺陷，因此必须对即将投入使用的装卸桥主要钢结构件焊缝进行缺陷检测，以便及时发现问题，排除故障，防止严重的生产事故发生。

一、焊缝形成过程

在电弧热的作用下，焊丝与母材被熔化，在工件上形成一个具有一定形状和尺寸的液态熔池。随着电弧的移动，熔池前端的母材金属不断被熔化进入熔池中，熔池后部则不断冷却结晶形成焊缝，如图 1-31 所示。熔池的形状不仅决定了焊缝的形状，而且对焊缝的组织、力学性能和焊接质量有重要的影响。

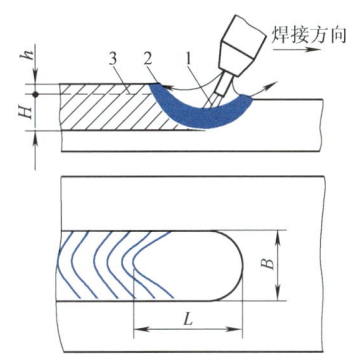

图 1-31 熔池形状与焊缝成形示意图
1—电弧　2—熔池金属　3—焊缝金属
L—熔池长度　H—熔池深度　B—熔池宽度　h—余高

由于熔池中各部分与电弧热源中心距离及熔池周围散热条件不同等原因，使熔池各区域的温度分布不均匀，决定了熔池的凝固有先后之分。处于电弧正下方（称为头部）的部位温度高，而离电弧稍远部位（称为尾部）的温度低。对于一定的工件来说，熔池的体积主要由电弧的热作用确定，而熔池的形状却主要决定于电弧对熔池的作用力。它包括电弧的静态和动态电磁压力、熔滴过渡的冲击力、液体金属的重力和表面张力等。在电弧压力的作用下，可在熔池表面形成凹坑，且电流密度越高，电弧动压力越大，则熔池表面的凹坑将越深。熔滴过渡的机械冲击力也会对熔池表面形状产生很大的影响，由于喷射过渡时的冲击力比较大，因此会使熔池形成很深的凹坑。

焊缝的结晶过程与熔池的形状有密切的联系，因而对焊缝的组织和质量有重要的影响。焊缝结晶总是从熔池边缘处母材的原始晶粒开始，沿着熔池散热的相反方向进行，直至熔池中心与从不同方向结晶而来的晶粒相遇时为止。因此，所有的结晶晶粒方向都与熔池的池壁相垂直，如图 1-32 所示。从横截面（图 1-32a、b）上看，当熔池深而窄时，焊缝的枝晶会在焊缝中心交叉，易使低熔点杂质聚集在焊缝中心而产生裂纹、气孔和夹渣等缺陷；从水平截面（图 1-32c、d）上看，熔池尾部的形状决定了晶粒的交角，尾部越细长，两侧的晶粒在焊缝中心相交时的夹角越大，焊缝中心的杂质偏析便越严重，产生纵向裂纹的可能性也越大。这通常发生在焊接速度过快的条件下，而当焊接速度较低，使熔池尾部呈椭圆形时，杂质的偏析程度便要轻微得多，因而产生裂纹的可能性也较小。

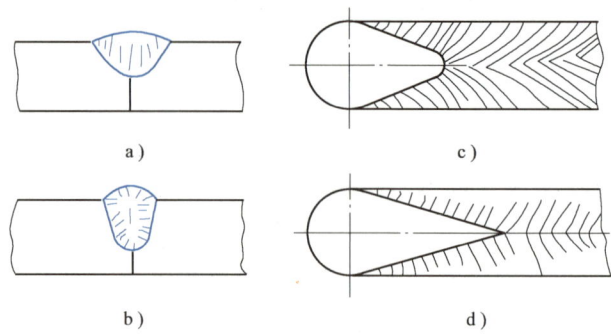

图 1-32　熔池形状对焊缝结晶的影响示意图

二、焊缝形状与焊缝质量的关系

焊缝的形状即指工件熔化区横截面的形状，它可用焊缝有效厚度（熔深）H、焊缝宽度（熔宽）B 和余高 h 三个参数来描述。图 1-33 所示为对接和角接接头的焊缝形状以及各参数的意义。合理的焊缝形状要求 H、B 和 h 之间有适当的比例，生产中常用焊缝成形系数 $\varphi = B/H$ 和余高系数 $\psi = B/h$ 来表征焊缝成形的特点。

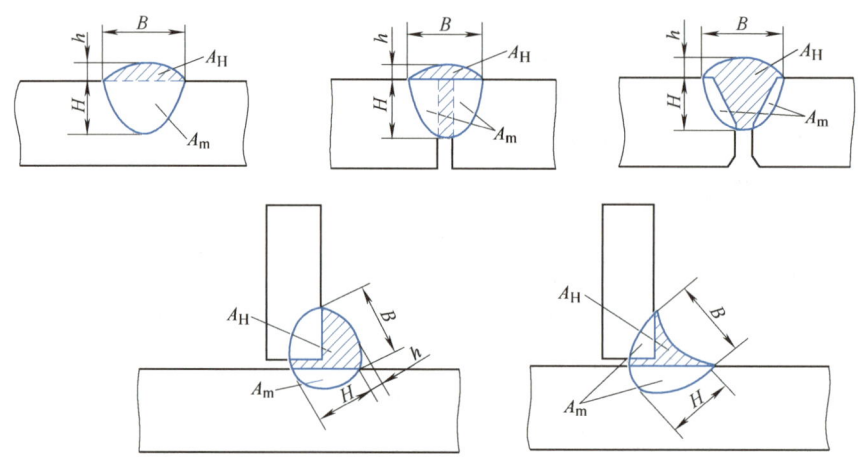

图 1-33　对接和角接接头的焊缝形状及尺寸

小知识　埋弧焊时一般要求焊缝成形系数 $\varphi > 1.25$；而堆焊时，在保证堆焊成分的前提下，可使焊缝成形系数 $\varphi = 10$。

焊缝有效厚度是焊缝质量优劣的主要指标，焊缝宽度和余高则应与焊缝有效厚度有合理的比例。焊缝成形系数 φ 小，表示焊缝深而窄，既可缩小焊缝宽度方向的无效加热范围，又可提高热效率和减小热影响区，因而从热利用的角度来看是十分有利的。若想得到焊缝成形系数小的焊缝，就必须有热量集中的热源，获得较高的能量密度。但若 φ 过小，焊缝截面过窄，则不利于气体从熔池中逸出，容易在焊缝中产生气孔，且使结晶条件恶化，增大产生夹渣和裂纹的倾向。因此，实际焊接时，在保证焊透（或达到足够焊缝厚度）的前提下，焊缝成形系数大小应根据焊缝产生裂纹和气孔的敏感性来确定。

除了对焊缝成形系数有要求外，理想的焊缝成形其表面应该是与工件平齐的，即余高 h 为零。因为有余高，焊缝和母材连接处不能平滑过渡，焊接接头承载时在突起处就会产生应力集中，降低焊接结构的承载能力。但是理想的无余高又无凹陷的焊缝是不可能在焊后直接获得的，因此为了保证焊缝的强度，对一般焊缝允许具有适当的余高，通常对接接头允许 $h=0\sim3mm$。对于特别重要的承受动载负荷的结构，在不允许存在余高时，可先焊出带有余高的焊缝，而后用人工磨平。角接接头从承受动载的角度来看，也不希望有余高，最好有呈微凹的平滑过渡的形状。所以，对于重要的角接构件，也应焊出余高后再打磨成凹形。

表征焊缝横截面形状特征的另一个重要参数就是焊缝的熔合比。焊缝金属的化学成分一方面与冶金反应时从焊丝和焊剂中过渡的合金含量有关，另一方面也与母材本身的熔化量有关，即与焊缝的熔合比有关。所谓熔合比，是指单道焊时，在焊缝横截面上母材熔化部分所占的面积与焊缝全部面积之比。熔合比越大，则焊缝的化学成分越接近于母材本身的化学成分。显然，工件的坡口形式、焊接参数都会影响焊缝的熔合比。所以，在电弧焊工艺中，特别是焊接中碳钢、合金钢和非铁金属时，调整焊缝的熔合比常常是控制焊缝化学成分、防止焊接缺陷和提高焊缝力学性能的重要手段。

三、焊接工艺参数对焊缝成形的影响

电弧焊的焊接工艺参数包括焊接参数和工艺因数等，不同的焊接工艺参数对焊缝成形的影响也不同。通常将对焊接质量影响较大的焊接工艺参数（焊接电流、电弧电压、焊接速度、热输入等）称为焊接参数。其他工艺参数（焊丝直径、电流种类与极性、电极和工件倾角、保护气等）称为工艺因数。此外，工件的结构因数（坡口形状、间隙、工件厚度等）也会对焊缝成形造成一定的影响。

1. 焊接参数的影响

焊接参数决定焊缝输入的能量，是影响焊缝成形的主要因素。焊接参数对焊缝有效厚度 H、焊缝宽度 B 和余高 h 的影响如图 1-34 所示。

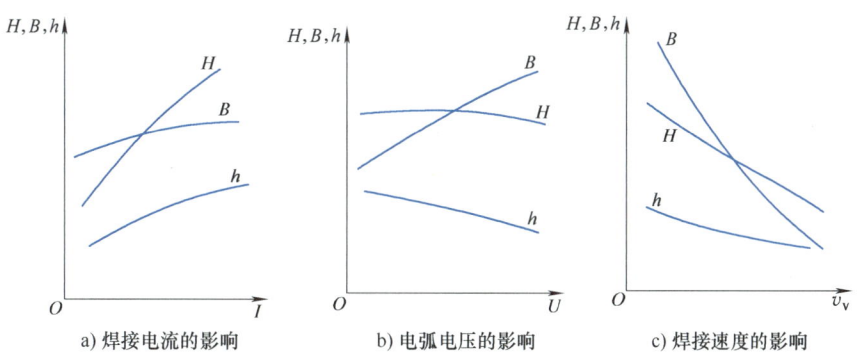

图 1-34　焊接参数对焊缝有效厚度、焊缝宽度和余高的影响

（1）焊接电流　焊接电流主要影响焊缝有效厚度。其他条件一定时，随着电流的增大，

电弧力和电弧对工件的热输入量及焊丝的熔化量（熔化极电弧焊）增大，焊缝有效厚度和余高增加，而焊缝宽度几乎不变，焊缝成形系数减小，如图 1-34a 所示。

（2）电弧电压 电弧电压主要影响焊缝宽度。其他条件一定时，随着电弧电压的增大，焊缝宽度显著增加，而焊缝有效厚度和余高略有减小，如图 1-34b 所示。

（3）焊接速度 焊接速度的快慢主要影响母材的热输入。其他条件一定时，提高焊接速度，单位长度焊缝的热输入及焊丝金属的熔敷量均减小，故焊缝有效厚度、焊缝宽度和余高都减小，如图 1-34c 所示。

> **小知识** 增大焊接速度是提高焊接生产率的主要途径之一。但为保证一定的焊缝尺寸，必须在提高焊接速度的同时相应地提高焊接电流和电弧电压。

2. 工艺因数的影响

影响焊缝成形的工艺因数很多，这里只讨论焊接中具有共性的一些因数，其他工艺因素（如保护气、焊剂、焊条药皮等）将在具体焊接方法中讨论。

（1）电流种类和极性 电流种类和极性对焊缝形状的影响与焊接方法有关。熔化极气体保护焊和埋弧焊采用直流反接时，工件（阴极）产生热量较多，焊缝厚度、焊缝宽度都比直流正接大。交流焊接时，焊缝厚度、焊缝宽度介于直流正接与直流反接之间。

（2）焊丝直径和伸出长度 焊接电流、电弧电压及焊接速度给定时，焊丝直径越细（钨极氩弧焊时，钨极端部几何尺寸越小），电流密度越大，对工件加热越集中；同时电磁收缩力增大，焊丝熔化量增多，使得焊缝有效厚度、余高均增大。

焊丝伸出长度增加，电阻增大，电阻热增加，焊丝熔化速度加快，余高增加，焊缝有效厚度略有减小。焊丝电阻率越高，直径越细，伸出长度越长，这种影响越大。

（3）电极倾角 电弧焊时，根据电极倾斜方向和焊接方向的关系，分为电极前倾和电极后倾两种，如图 1-35a、b 所示。电极前倾时，焊缝有效厚度、余高均减小。前倾角 α 越小，这种现象越突出，如图 1-35c 所示。焊条电弧焊时，通常采用电极后倾法，倾角 α 为 65°~80°较合适。

（4）工件倾角 实际焊接时，有时因焊接结构等条件的限定，工件摆放存在一定的倾斜，重力作用使熔池中的液态金属有向下流动的趋势，在不同的焊接方向产生不同的影响。下坡焊时，重力作用阻止熔池金属流向熔池尾部，电弧下方液态金属变

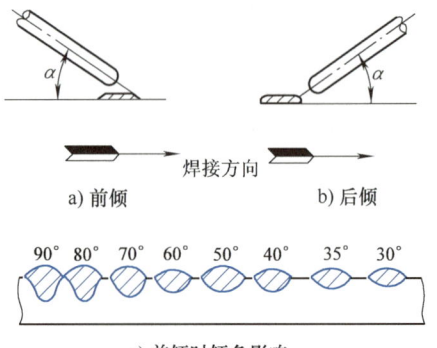

图 1-35 电极倾角对焊缝成形的影响

厚，电弧对熔池底部金属的加热作用减弱，焊缝有效厚度减小，余高和焊缝宽度增大。上坡焊时，熔池金属在重力及电弧力的作用下流向熔池尾部，电弧正下方液体金属层变薄，电弧对熔池底部金属的加热作用增强，因而焊缝有效厚度和余高均增大，焊缝宽度减小，如图 1-36 所示。

3. 结构因数的影响

工件的结构因数通常指工件的材料和厚度、工件的坡口和间隙等。在一定条件下，工件的结构因数也会对焊缝成形造成影响。

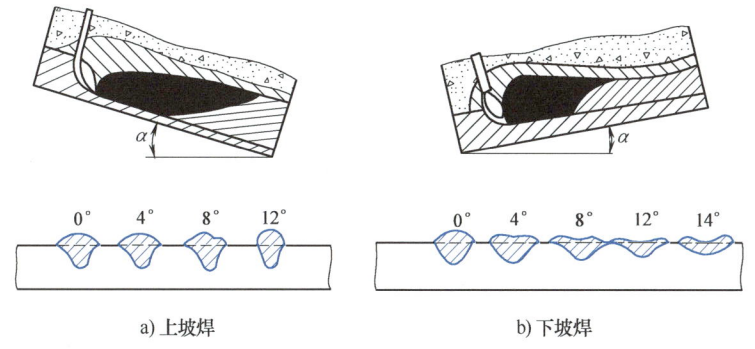

图 1-36 工件倾角对焊缝成形的影响

（1）**工件材料和厚度** 不同的工件材料，其热物理性能不同。相同条件下，导热性好的材料熔化单位体积金属所需热量多，在热输入一定时，它的焊缝厚度和焊缝宽度就小。工件材料的密度或液态黏度越大，则电弧对熔池液态金属的排开越困难，焊缝有效厚度越小。其他条件相同时，工件厚度越大，散热越多，焊缝有效厚度和焊缝宽度越小。

（2）**坡口和间隙** 工件是否要开坡口，是否要留间隙及留多大尺寸，均应视具体情况确定。采用对接形式焊接薄板时，不需留间隙，也不需开坡口；板厚较大时，为了焊透工件，需留一定间隙或开坡口，此时余高和熔合比随坡口或间隙尺寸的增大而减小，如图 1-37 所示。因此，焊接时常采用开坡口的方法来控制余高和熔合比。

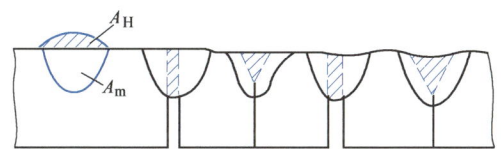

图 1-37 工件的坡口和间隙对焊缝成形的影响

总之，影响焊缝成形的因素很多，要想获得良好的焊缝成形，需根据工件的材料和厚度、焊缝的空间位置、接头形式、工作条件、对接头性能和焊缝尺寸要求等，选择合适的焊接方法和焊接工艺参数。否则就可能造成焊缝的成形缺陷。

4. 焊缝成形缺陷的产生及防止

电弧焊时，因受焊接方法、焊接材料及焊接工艺等因素的影响，会产生不同类型的缺陷。其中气孔、夹渣、裂纹等缺陷主要受冶金因素的影响，这部分内容的具体介绍请参见相关书籍。这里主要讲述因焊接参数选择不当或工艺因数不合适造成的焊缝成形缺陷。

（1）**焊缝外形尺寸不符合要求** 焊缝外形尺寸不符合要求主要有焊缝表面高低不平、焊缝波纹粗劣、纵向宽度不均匀、余高过高或过低等几种表现，如图 1-38 所示。上述不符合要求的外形尺寸，除造成焊缝成形不美观外，还影响焊缝与母材金属的结合强度。余高过高，易在焊缝与母材连接处形成应力集中；余高过低，则焊缝承载面积减小，降低接头的承载能力。

造成焊缝尺寸不符合要求的主要原因有工件所开坡口角度不当、装配间隙不均匀、焊接参数选择不合适、操作人员技术不熟练等。为防止上述缺陷，应正确选择坡口角度、装配间隙及焊接参数，熟练掌握操作技术，严格按设计规定进行施工。

（2）**咬边** 由于焊接参数选择不当，或操作方法不正确，沿焊脚的母材部位产生的沟槽或凹陷称为咬边，如图 1-39 所示。咬边是电弧将焊缝边缘熔化后，没有得到填充金属的

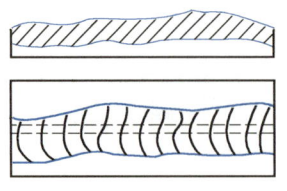
a) 焊缝表面高低不平、宽度不匀、波纹粗劣

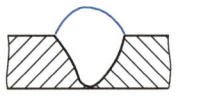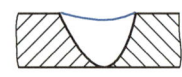
b) 余高过高或过低

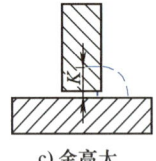  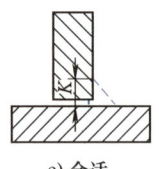
c) 余高大　　　　　　d) 过渡不圆滑　　　　　　e) 合适

图 1-38　焊缝外形尺寸不符合要求的几种情形

补充而留下的缺口。咬边一方面使接头承载截面减小，强度降低；另一方面造成咬边处应力集中，接头承载后易引起裂纹。

当采用大电流高速焊接或焊角焊缝时，一次焊接的焊脚尺寸过大、电压过高或焊枪角度不当，都可能产生咬边现象。可见，正确选择焊接参数、熟练掌握焊接操作技术是防止咬边的有效措施。

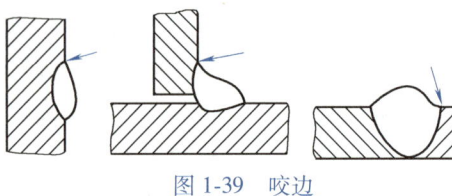
图 1-39　咬边

　想一想　未焊透和未熔合在本质上有何区别？为什么？

（3）未焊透和未熔合　焊接时，焊接接头根部未完全熔透的现象称为未焊透；焊道与母材之间或焊道与焊道之间未能完全熔化结合的现象，称为未熔合，如图 1-40 所示。未焊透和未熔合处易产生应力集中，使接头力学性能下降。形成未焊透和未熔合的主要原因是焊接电流过小、焊速过高、坡口尺寸不合适及焊丝偏离焊缝中心或受磁偏吹影响等，工件清理不良，杂质阻碍母材边缘与根部之间以及焊层之间的熔合，也易引起未焊透和未熔合。

为防止产生未焊透和未熔合，应正确选择焊接参数、坡口形式及装配间隙，并确保焊丝对准焊缝中心。同时，注意坡口两侧及焊道层间的清理，使熔敷金属与母材金属之间充分熔合。

（4）焊瘤　焊接过程中，熔化的金属流淌到焊缝之外未熔化的母材上所形成的金属瘤称为焊瘤，如图 1-41 所示。焊瘤会影响焊缝的外观成形，造成焊接材料的浪费。焊瘤部位往往还存在夹渣和未焊透。

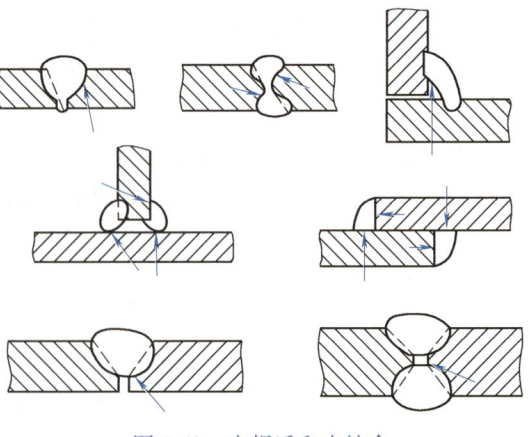
图 1-40　未焊透和未熔合

焊瘤主要是由于填充金属量过多引起的。坡口尺寸过小、焊接速度过慢、电弧电压过

低、焊丝偏离焊缝中心及焊丝伸出长度过长等都可能产生焊瘤。在各种焊接位置中，平焊时产生焊瘤的可能性最小，而立焊、横焊、仰焊则易产生焊瘤。

防止产生焊瘤的主要措施是：尽量使焊缝处于水平位置，使填充金属量适当，焊接速度不宜过低，焊丝伸出长度不宜太长，注意坡口及弧长的选择等。

（5）焊穿及塌陷 焊缝上形成穿孔的现象称为焊穿。熔化的金属从焊缝背面漏出，使焊缝正面下凹、背面凸起的现象称为塌陷，如图1-42所示。

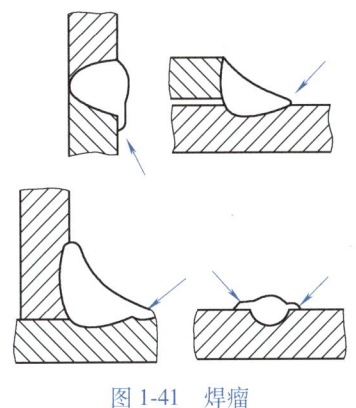

图1-41 焊瘤

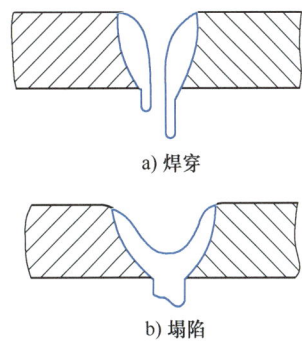

a) 焊穿

b) 塌陷

图1-42 焊穿及塌陷

形成焊穿及塌陷的原因主要是焊接电流过大、焊接速度过小或坡口间隙过大等。在气体保护电弧焊时，气体流量过大也可能导致焊穿。

为防止焊穿及塌陷，应使焊接电流与焊接速度适当配合。例如焊接电流较大时，应适当增大焊接速度，并严格控制工件的装配间隙。气体保护焊时，还应注意气体流量不宜过大，以免形成切割效应。

通常情况下，平焊易获得良好的焊缝成形。单面焊双面成形、曲面焊缝、垂直和横向焊缝以及全位置焊接时，获得好的焊缝成形较困难，往往需要根据具体情况，采取相应的措施才能达到。在后面的单元中，将结合具体方法介绍焊缝成形的控制措施。

【综合训练】

一、理论部分

（一）填空

1. 熔池的形状不仅决定了_____的形状，而且对_____、_____和_____有重要的影响。

2. 通常将_____、_____和_____等对_____影响较大的焊接工艺参数称为焊接参数。

3. 焊缝成形缺陷包括_____、_____、_____、_____和_____。

4. _____和_____是防止咬边的有效措施。

（二）判断

（　）1. 焊缝成形系数 φ 小，表示焊缝深而窄。

（　）2. 随着电流的增大，焊缝余高增加，焊缝成形系数减小。

（　）3. 提高焊接速度，焊缝有效厚度和余高都减小，而焊缝宽度几乎不变。

（　　）4. 焊丝伸出长度增加，余高增加，焊缝有效厚度会减小。

（　　）5. 熔合比随坡口或间隙尺寸的增大而减小。

（　　）6. 焊道与母材之间或焊道与焊道之间未能完全熔合的现象，称为未焊透。

（三）简答

1. 为什么说熔池的形状不仅决定了焊缝的形状，而且对焊接质量有重要的影响？
2. 如何表示焊缝的形状？焊缝成形系数和余高系数的大小与焊缝成形有什么关系？
3. 焊接熔池结晶的特点是什么？
4. 分析咬边、未熔合形成的原因，并提出防止的措施。

二、实践部分

观察实验室及生产实践中的各种焊缝成形缺陷。

第二单元 焊条电弧焊

[学习目标]

知识目标	1. 掌握焊条电弧焊的原理、特点及应用。 2. 了解焊接设备分类及焊接设备型号的编制方法；熟悉常用焊条电弧焊设备的构造、分类和特点。 3. 深入了解焊条电弧焊的工艺内容。
能力目标	1. 能对焊条电弧焊设备进行选用和调试。 2. 能按焊接安全、清洁和环境要求安装、使用和维护焊机。 3. 能正确选择焊条电弧焊的焊接参数。
素养目标	1. 培养学生耐心、专注、坚持的工匠特质。 2. 提升学生迎难而上、持之以恒的竞技素养。 3. 养成学生安全操作、文明守纪、热爱劳动的职业素养。

模块一 焊条电弧焊的原理及特点

导入案例

在国家体育场"鸟巢"钢结构焊接工程中，GS-20Mn5V+Q460E-Z35焊接由于是现场焊接，焊接位置存在一定难度。为提高焊接速度，保证焊接质量，仰焊采用焊条电弧焊（SMAW），其他位置采用焊条电弧焊打底、CO_2气体保护焊填充的工艺。发挥各项技术的特长，焊缝不仅成形良好，且一次合格率相当高。采用焊条电弧焊打底的目的是降低焊缝稀释率；减小焊接时因两侧金属稀释率不同，焊缝产生裂纹的可能性，从而提高焊接的质量。

焊条电弧焊是最常用的熔焊方法之一，它使用的设备简单、操作方便灵活，适于在各种条件下的焊接，特别适合于形状复杂的焊接结构的焊接。因此，焊条电弧焊仍然在国内外焊

小知识 焊条电弧焊是用手工操纵焊条进行焊接的电弧焊方法，英文缩写为SMAW。

接生产中占据着重要位置。

一、焊条电弧焊的基本原理

焊条电弧焊的原理及特点

焊条电弧焊是利用焊条与工件之间建立起来的稳定燃烧的电弧，使焊条和工件局部熔化，从而获得牢固焊接接头的工艺方法，其原理如图 2-1 所示。焊接过程中，焊条与工件之间燃烧的电弧热熔化焊条端部和工件的接缝处，在焊条端部迅速熔化的金属以细小熔滴经弧柱过渡到已经熔化的金属中，并与之熔合在一起形成熔池。焊条药皮不断地分解、熔化而生成气体及熔渣，保护焊条端部、电弧、熔池及其附近区域，防止大气对熔化金属的有害污染。随着电弧向前移动，熔池的液态金属逐步冷却结晶而形成焊缝，熔渣冷却凝固成渣壳，继续对焊缝起保护作用。

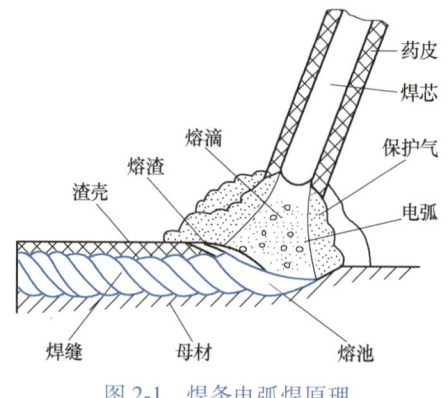

图 2-1 焊条电弧焊原理

二、焊条电弧焊的特点

焊条电弧焊与其他的熔焊方法相比，具有下列特点。

1. 优点

（1）**设备简单，维护方便** 焊条电弧焊可用交流焊机或直流焊机进行焊接，这些设备都比较简单，设备投资少，而且维护方便。

（2）**操作灵活，适应性强** 焊条电弧焊设备简单、移动方便，电缆长，焊钳轻，操作灵活，适应性强，可达性好，不受场地和焊接位置的限制，在焊条能达到的地方一般都能施焊。对于复杂结构、不规则形状的构件以及单件、非定型结构的制造，不用辅助工装、夹具等就可以焊接。在安装或修理部门因焊接位置不定，焊接工作量相对较小时，更宜采用焊条电弧焊。

（3）**待焊接头装配要求低** 由于焊接过程由焊工手工控制，可以适时调整电弧位置和运条姿势，修正焊接参数，以保证跟踪接缝和均匀熔透。因此，对焊接接头的装配精度要求相对降低。

（4）**应用范围广** 焊条电弧焊广泛应用于平焊、立焊、横焊、仰焊等各种空间位置和对接、搭接、角接、T 形接头等各种接头形式的焊接。选用合适的焊条不仅可以焊接碳素钢、合金钢、非铁金属等同种金属，而且可以焊接异种金属。还可在普通碳素钢上堆焊具有耐磨、耐腐蚀等特殊性能的材料，在造船、锅炉及压力容器、机械制造、化工设备等行业中得到广泛应用。

2. 缺点

（1）**对焊工操作技术要求高** 焊条电弧焊的焊接质量除选择合适的焊条、焊接参数及焊接设备外，主要依靠焊工的操作技术和经验保证。在相同的工艺条件下，操作技术高、经验丰富的焊工能焊出外形美观、质量优良的焊缝；而操作技术低、缺乏经验的焊工焊出的焊缝可能不合格。

（2）劳动条件差 焊条电弧焊主要依靠焊工的手工操作控制焊接的全过程，焊工不仅处在手脑并用、精神高度集中状态，并且在有毒烟尘及高温烘烤的环境中工作，劳动条件比较差，因此要加强劳动保护。

（3）生产率低 焊条电弧焊与其他电弧焊相比，由于其使用的焊接电流小，熔敷速度慢，每焊完一根焊条后必须更换焊条，并残留下一截焊条头而未被充分利用，以及因清渣而停止焊接等，故这种焊接方法的生产率低。

【综合训练】

一、理论部分

（一）填空

1. 焊条电弧焊是用_____操纵_____进行焊接的电弧焊方法。
2. 焊条药皮不断地分解、熔化而生成_____及_____，保护焊条端部、电弧、熔池及其附近区域，防止_____对熔化金属的有害污染。
3. 焊条电弧焊可以适时调整_____和_____，修正焊接参数。因此，对焊接接头的_____要求相对降低。

（二）简答

1. 为什么说焊条电弧焊是应用最广泛的电弧焊方法？
2. 焊条电弧焊生产率低、劳动条件差的原因是什么？

二、实践部分

参观焊条电弧焊的生产应用现场。

模块二 焊条电弧焊设备及工具

导入案例

近年来，我国焊接装备的技术水平和制造能力不断提高，绝大多数焊接装备能满足国内市场的需要。交流弧焊机的产量和构成比逐年下降，硅整流弧焊电源和逆变电源的产量和构成比稳步提高，自动焊和半自动焊设备的产量也大幅度上升，高效节能技术含量高的产品的比例也逐步提高。专用成套焊接设备的开发和制造能力逐步加强，也带动一些焊接装备制造企业迅猛发展。同时我国逆变焊机、气体保护焊机和专用成套焊接设备出口量也逐年增长。

焊条电弧焊的焊接设备主要有弧焊电源、焊钳和焊接电缆，此外，还有面罩、敲渣锤、钢丝刷和焊条保温筒等，后者统称为辅助设备或工具。图 2-2 所示为焊条电弧焊的基本焊接回路，它由交流或直流弧焊电源、焊钳、焊接电缆、焊条、电弧、工件及地线夹等组成。

一、弧焊电源

在电弧焊中，焊接电弧是焊接回路中的负载，弧焊电源则是为电弧负载提供电能并保证

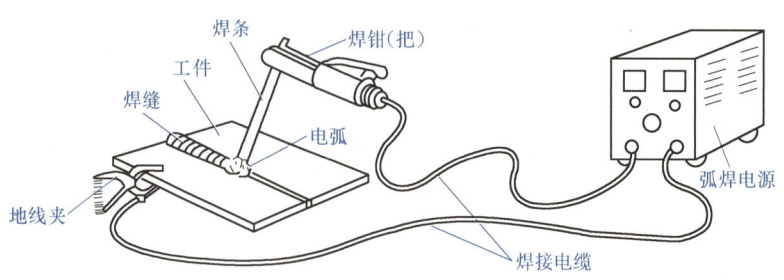

图 2-2　焊条电弧焊基本焊接回路

焊接工艺过程稳定的装置。电弧与一般的电阻负载不同,它在焊接过程中是时刻变化的,是一个动态的负载。因此,弧焊电源除了具有一般电力电源的特点,如结构简单、制造容易、消耗少、节省电能、成本低、安全可靠、维护容易等外,还必须具有适应电弧负载的特性,如引弧容易、保证电弧稳定、保证焊接参数稳定可调等。所以,弧焊电源性能的好坏,不仅影响电弧燃烧过程的稳定性,而且还影响焊接过程的稳定性,影响焊接质量。

1. 对弧焊电源的要求

弧焊电源是电弧焊设备的主要组成部分。电源外特性、动特性及焊接参数调节特性的优劣,直接影响电弧和焊接过程的稳定性,所以焊条电弧焊电源应满足下列要求。

（1）对弧焊电源外特性的要求　电弧焊时,弧焊电源与电弧组成一个供电和用电系统,在稳定状态下,弧焊电源的输出电压 U 与输出电流 I_h 之间的关系,即 $U=f(I_h)$ 称为弧焊电源的外特性。弧焊电源的外特性一般为下降特性和平特性（包括稍有上升特性）两类,如图 2-3 所示。图 2-3a、b、c 为下降特性;图 2-3d、e 为平特性。根据不同的焊接方法,可选择不同的外特性。

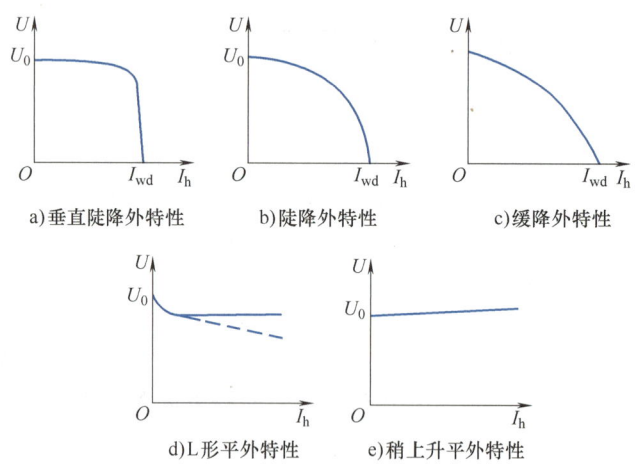

图 2-3　弧焊电源的几种外特性曲线

焊条电弧焊电极尺寸较大,电流密度低。在电弧稳定燃烧条件下,其电弧静特性处于 U 形曲线的水平段,故首先要求电源外特性曲线与电弧静特性曲线的水平段相交,即要求焊条电弧焊的电源应具有下降的外特性。再从焊接参数稳定性考虑,要求电源外特性形状陡降一些为好,因为对于相同的弧长变化,陡降外特性电源所引起的电流变化比缓降外特性电源所引起的电流变化小得多，如图 2-4 所示。焊条电弧焊过程中，弧长的变化是经常发生的，为了保证焊接参数稳定，从而获得均匀一致的焊缝，显然要求电源具有陡降的外特性。

垂降外特性能克服由于弧长波动所引起的电流变化，但其短路电流过小，不利于引弧。最理想的焊条电弧焊电源的外特性是具有垂降带外拖的外特性，如图 2-5 所示。在正常电弧电压范围内，弧长变化时焊接电流保持不变。当电弧电压低于拐点电压值时，外特性曲线向外倾斜，焊接电流变大，增大了熔滴过渡的推力。由于短路电流也相应增大，有利于引燃电弧。

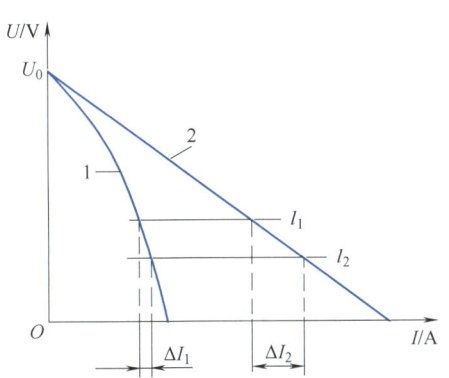

图 2-4 弧焊电源外特性形状对电流稳定性的影响
1—陡降外特性曲线 2—缓降外特性曲线

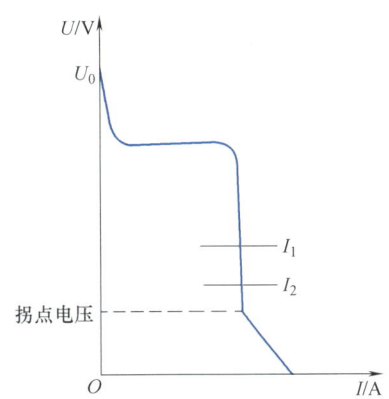

图 2-5 焊条电弧焊电源理想外特性

（2）对电源空载电压的要求　弧焊电源的空载电压是指弧焊电源处于非负载状态时的端电压，用 U_0 表示，它是弧焊电源的重要技术指标。在确定电源空载电压数值时，要考虑以下几个方面。

1）保证容易引弧。空载电压越高，则越有利于引弧。

2）保证电弧稳定燃烧。为确保交流电弧稳定燃烧，应使 $U_0 \geq (1.8 \sim 2.21)U_h$。

3）保证经济效益。空载电压越高，制造电源所消耗的铁、铜材料也越多，质量也随之增大，成本提高；同时，还会增加能量的耗损，降低弧焊电源的效率，故 U_0 不宜太高。

小知识　焊条电弧焊电源要具有一定的空载电压主要是为了易于引弧，一般为 50～100V。引燃后的电弧电压（即工作电压）为 16～40V。该电压由电弧长度和所用焊条类型决定。

4）保证人身安全。弧焊电源的空载电压越高，对操作者的安全越不利，故 U_0 不宜太高。

因此，在设计弧焊电源确定空载电压时，应在满足弧焊工艺需要的前提下，尽可能采用较低的空载电压。对于通用的交流和直流焊条电弧焊电源，其空载电压有如下规定：

弧焊变压器　　　　　　　　　　　　$U_0 \leq 80V$
弧焊整流器　　　　　　　　　　　　$U_0 \leq 85V$

一般情况下 U_0 不得超过 100V，在特殊用途中，若超过 100V 时必须备有自动防触电装置。

（3）对电源调节特性的要求 为了满足不同焊接工艺的要求，如不同的焊芯直径、焊接位置、工件厚度等，要求焊机有良好的调节特性。焊条电弧焊电源的调节是指调节焊接电流，实质上是改变电源的外特性。其调节特性有以下三种情况（图2-6）。

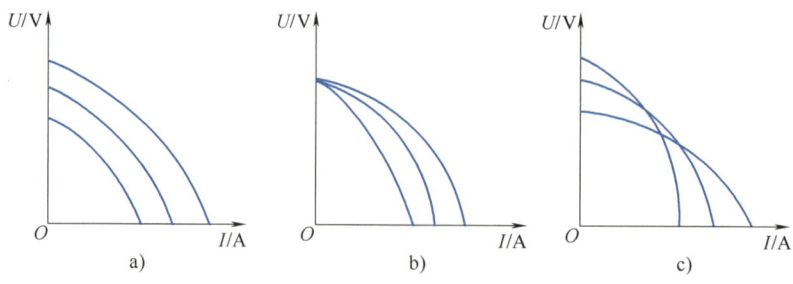

图2-6 焊机外特性在调节时的变化

1）焊接电流减小时，空载电压同时降低，如图2-6a所示。这种调节特性不够理想，当用小电流焊接时，U_0低不易引弧和保证电弧的稳定燃烧。

2）空载电压U_0不变，通过改变电源外特性陡降程度而实现焊接电流的改变，如图2-6b所示。这种调节特性是比较好的，用小电流焊接时，仍能保证引弧容易。

3）空载电压随焊接电流的减小而增大，随电流的增大而减小，如图2-6c所示，这种调节特性是最理想的，因为在小电流焊接时，由于U_0高，故引弧容易、电弧稳定。而在使用大电流焊接时，虽然U_0低，但焊接电流和短路电流大，引弧性能和稳弧性能仍然较好。

（4）对弧焊电源动特性的要求 焊接电弧对弧焊电源而言是一个动负载。形成动负载的主要原因是熔滴过渡时弧长发生频繁的变化。尤其短路过渡时这种变化尤为突出，使电弧的燃烧过程经常处于不稳定状态。这就要求弧焊电源具有良好的动态特性，从而适应焊接电流和电弧电压的瞬态变化。

2. 常用焊条电弧焊机简介

焊条电弧焊用的弧焊电源是一台额定电流在500A以下的具有下降外特性的弧焊电源，按电源种类可分为弧焊变压器、弧焊发电机和弧焊整流器三大类（常用焊接方法的电弧焊机型号编制方法见附录A）。这三大类焊机的比较见表2-1。

表2-1 三类焊条电弧焊机比较

项目	弧焊变压器	弧焊发电机	弧焊整流器
稳弧性	较差	好	较好
噪声	小	大	较小
硅钢片与铜导线需要量	少	多	较少
结构与维修	简单	复杂	较简单
功率因素	较低	较高	较高
空载电压	较大	较小	较小
成本	低	高	较高
质量	小	大	较小

(1) 弧焊变压器

1) 弧焊变压器的基本原理。弧焊变压器是目前常用的交流弧焊电源，是一种特殊的降压变压器，其基本工作原理与一般的电力变压器相同。但为了满足弧焊工艺的要求，它还应具有以下特点。

① 为保证交流电弧的稳定燃烧，要有一定的空载电压和较大的电感。

② 弧焊变压器主要用于焊条电弧焊、埋弧焊，应具有下降的外特性。

③ 弧焊变压器的内部感抗数值应可调，以进行焊接参数的调节。

弧焊变压器不同于普通变压器的主要之处，在于它的回路中有较大的感抗。因此，可以使变压器的总漏抗 X_L 很小（$X_L \approx 0$），靠串联电抗器 L_K 得到较大的漏抗 X_K 值；或使变压器具有较大的漏磁，以获得较大的总漏抗 X_Z，而不用串联电抗器。当焊接电流增加时，在感抗 $X_Z(X_L+X_K)$ 上产生较大的电压降，从而获得下降的外特性，满足焊接工艺的要求。当改变 X_L 或 X_K 时，可得到一系列陡降度不同的外特性，以便于焊接参数的调节。

想一想 用交流弧焊电源焊接时，是否需要考虑极性接法的影响？为什么？

2) 弧焊变压器的分类及特点。根据获得下降外特性的不同方法，可将弧焊变压器分为以下两类。

① 串联电抗器式弧焊变压器。它由一台正常漏磁（漏磁很少，可忽略）的变压器串联一个电抗器组成。由于这类电源常将变压器与电抗器组成一个整体，两者之间不仅有电的联系，而且有磁的联系，故称为同体式弧焊变压器。其变压器的容量较大，主要用作埋弧焊的交流电源，BX2 系列弧焊变压器就属于这种类型。图 2-7 为 BX2 系列同体式弧焊变压器的结构示意图和电路图。

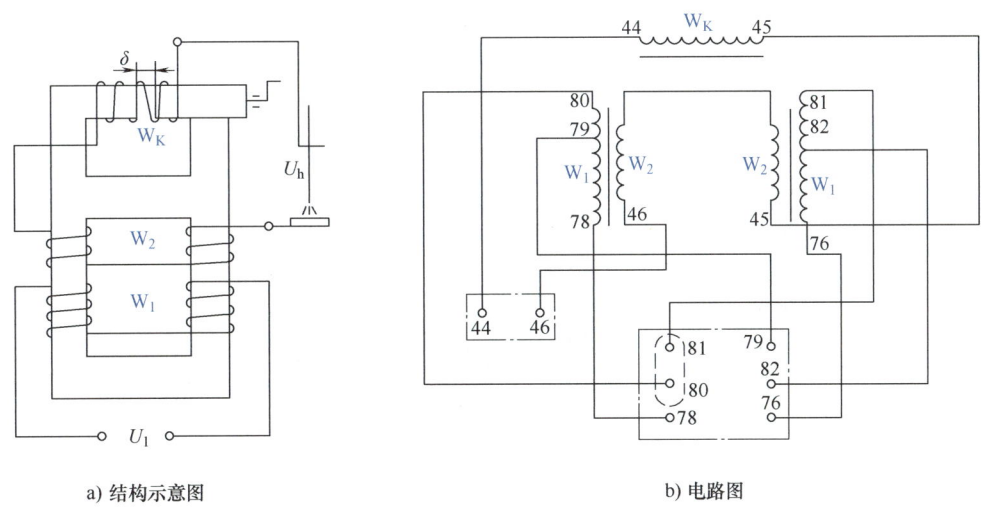

a) 结构示意图 b) 电路图

图 2-7　BX2 系列同体式弧焊变压器的结构示意图和电路图

② 增强漏磁式弧焊变压器。这类弧焊变压器是人为地增加变压器自身的漏磁，使变压器本身兼起电抗器的作用，而无须外加电抗器。根据增大漏磁的方式和其结构特点，这类交流弧焊变压器有动铁心式（BX1 系列）、动绕组式（BX3 系列）和抽头式（BX6 系列）等

类型,如图 2-8 所示。

a) 动铁心式　　　　　　b) 动绕组式　　　　　　c) 抽头式

图 2-8　增强漏磁式弧焊变压器

(2) 直流弧焊发电机　旋转式直流弧焊发电机通常是由一台电动机和一台弧焊发电机组成的机组,由电动机带动弧焊发电机发出直流焊接电流。一般常用直流弧焊发电机根据其磁极和励磁方式的不同,可分为裂极式(AX-320)、差复励式(AX1-500、AX7-500)、换向极去磁式(AX4-300)等几种。直流弧焊发电机与弧焊变压器相比,具有引弧容易、电弧稳定、过载能力强等优点;其缺点是效率低、空载损耗大、噪声大、造价高、维修难。在我国当前大力提倡节约能源的情况下不宜继续使用。

(3) 弧焊整流器　弧焊整流器是一种直流弧焊电源,与直流弧焊发电机相比,它具有制造方便、价格低、空载损耗少、噪声小等优点,而且大多数弧焊整流器可以远距离调节焊接参数,能自动补偿电网电压波动对输出电压和电流的影响。它可作为各种弧焊方法的电源。按主电路和整流器件的不同,弧焊整流器可分为硅弧焊整流器(ZXG、ZPG 系列)、晶闸管式弧焊整流器(ZX5 系列)和弧焊逆变器(ZX7 系列),如图 2-9 所示。

a) 硅弧焊整流器　　　　b) 晶闸管式弧焊整流器　　　　c) 弧焊逆变器

图 2-9　弧焊整流器

1) 硅弧焊整流器。硅弧焊整流器利用降压变压器将 50Hz 的交流电网电压,降为焊接时所需的低电压,经整流器整流和输出电抗器滤波,从而获得直流电,对焊接电弧提供电能。为了获得脉动小、较平稳的直流电,以及使电网三相负荷均衡,通常采用三相整流电路。其电路一般由主变压器、外特性调节机构、整流器、输出电抗器等部分组成,如图 2-10 所示。

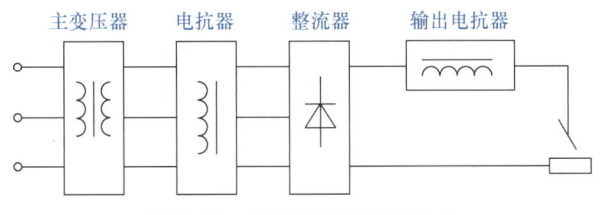

图 2-10 硅弧焊整流器的组成

① 主变压器。其作用是降压,把三相 380V 的交流电变换成几十伏的三相交流电。一般说来,它是一台三相整流变压器。

② 外特性调节机构。其作用是使弧焊整流器获得形状合适,并且可以调节的外特性,以满足焊接工艺的要求。磁饱和电抗器即为外特性调节机构的一种形式。

③ 整流器。其作用是把三相交流电变换成直流电,供给焊接使用。常采用三相桥式电路。

④ 输出电抗器。它是接在直流回路中的一个带铁心并有气隙的电感线圈。其作用主要是滤波和改善弧焊整流器的动特性。

此外,弧焊整流器中一般都装有风扇和指示仪表。风扇用以加强上述各部分,特别是整流器件的散热,仪表用以指示输出电流或电压值等。

2) 晶闸管式弧焊整流器。晶闸管式弧焊整流器用晶闸管作为整流元件,其组成如图 2-11 所示。由于晶闸管具有良好的可控性,因此,焊接电源外特性、焊接参数的调节,都可以通过改变晶闸管的导通角来实现。它的性能优于硅弧焊整流器。目前已成为一种主要的直流弧焊电源。我国生产的晶闸管式弧焊整流器有 ZX5 系列和 ZDK-500 型等。

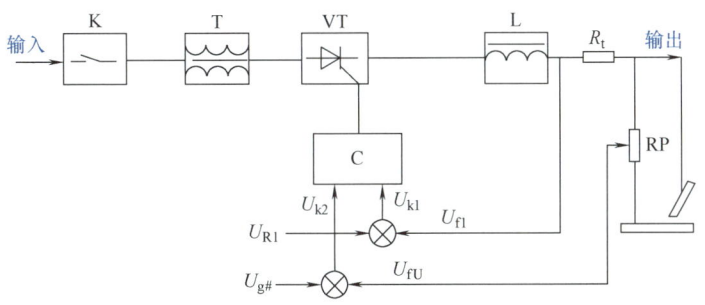

图 2-11 晶闸管式弧焊整流器的组成

3) 弧焊逆变器。这是一种新型的整流弧焊电源。图 2-12 所示为弧焊逆变器的原理框图。单相或三相 50Hz 的交流输入电压先经过整流器整流变为直流电,再经过大功率开关电子元件的交替开关作用,变成几千赫兹或几万赫兹的中频交流电;然后通过变压器降压至适于焊接的电压,再用输出整流器整流并经电抗器滤波,则可输出适于焊接的直流电。这种弧焊整流器的优点是:高效节能,效率可达 80%~90%,功率因素可提高到 0.99,空载损耗小,因此是一种节能效果极为显著的弧焊电源;质量小、体积小,整机质量仅为传统弧焊电源的1/10~1/5，体积也只有传统弧焊电源的1/3左右；具有良好的动特性和焊接工艺性能。目前我国生产的弧焊逆变器主要有晶闸管、IGBT、场效应晶体管等三种电子器件的弧焊逆变器，产品有ZX7系列如ZX7-400、ZX7-315ST等。

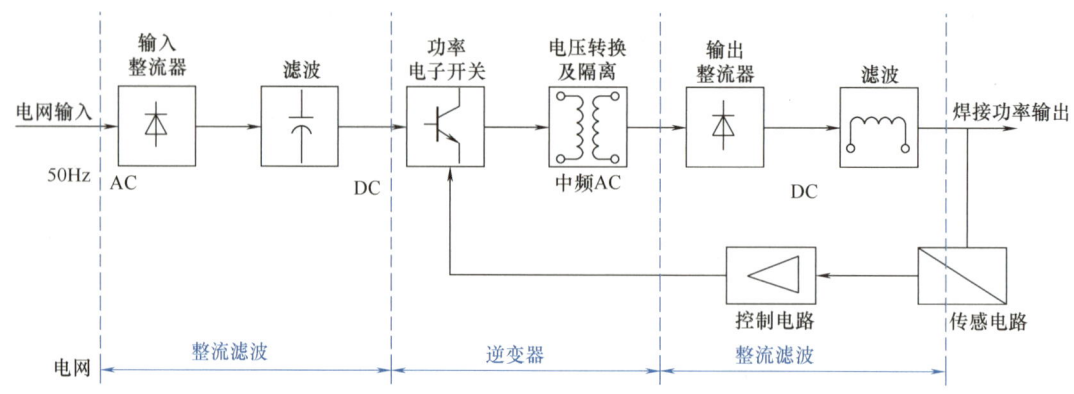

图2-12 弧焊逆变器的原理框图

表2-2为ZX7-400弧焊逆变器与前几代直流弧焊电源的技术指标比较。

表2-2 ZX7-400弧焊逆变器与前几代直流弧焊电源的技术指标比较

技术数据	弧焊发电机	硅弧焊整流器	晶闸管弧焊整流器	弧焊逆变器
	AX7-400	ZXG1-400	ZX5-400	ZX7-400
额定焊接电流/A	400	400	400	400
空载电压/V	60~90	71.5	63	70~80
额定负载持续率（%）	60	60	60	60
电网电压/V	380	380	380	380
相数	3	3	3	3
频率/Hz	50	50	50	50
功率因数 $\cos\varphi$	0.9	0.68	0.75	≥0.95
效率（%）	53	76.5	74	83
质量/kg	370	238	220	75
外形尺寸/mm×mm×mm	950×590×890	685×570×1075	594×495×1000	700×355×540

综上所述，弧焊变压器的优点是结构简单、使用可靠、维修容易、成本低、效率高；其缺点是电弧稳定性差、功率因数低。直流弧焊发电机已不宜继续使用，但在无电网供电时可用汽油机或柴油机驱动发电，故有其特殊用途。弧焊整流器与直流弧焊发电机相比，具有制造方便、价格低、空载损耗小、噪声低等优点，而且大多可以远距离调节，能自动补偿电网波动对焊接电压、电流的影响。弧焊逆变器具有高效节能、体积小、功率因数高、焊接性能好等独特优点，是较理想的弧焊电源换代产品，也是一种最有发展前途的焊条电弧焊机。

3. 弧焊电源的选择

前已述及，焊条电弧焊要求电源具有陡降的外特性、良好的动特性和合适的电流调节范围。除此以外，选择焊条电弧焊电源还应主要考虑以下因素。

(1) 弧焊电源电流种类的选择 焊条电弧焊采用的焊接电流既可以是交流也可以是直

流,所以焊条电弧焊电源既有交流电源也有直流电源。目前,我国焊条电弧焊用的电源主要有弧焊变压器和弧焊整流器(包括弧焊逆变器)两大类。前一种属于交流电源,后一种属于直流电源。弧焊电源电流的种类主要是根据所使用的焊条类型和所要焊接的焊缝形式进行选择。低氢钠型焊条必须选用直流弧焊电源,以保证电弧稳定燃烧。酸性焊条虽然交、直流均可使用,但一般选用结构简单且价格较低的交流弧焊电源。

弧焊变压器用以将电网的交流电变成适宜于弧焊的交流电。与直流弧焊电源相比,弧焊变压器具有结构简单、制造方便、使用可靠、维修容易、效率高和成本低等优点,在焊接生产应用中仍占很大的比例。弧焊整流器目前国内主要应用的是晶闸管式和逆变式,其引弧容易,性能柔和,电弧稳定,飞溅少,是理想的更新换代产品。

(2) **弧焊电源的容量选择** 用直流弧焊电源焊接时,工件和焊条与电源输出端正、负极的接法称为极性。工件接直流电源正极,焊条接负极时称为正接或正极性;工件接负极,焊条接正极时称为反接或反极性。不同类型的焊条要求不同的接法,一般在焊条说明书上都有规定。用交流弧焊电源焊接时,极性在不断变化,所以不用考虑极性接法。

焊条电弧焊时,应根据焊接产品所需的焊接电流范围和实际负载持续率来选择弧焊电源的容量,即弧焊电源的额定焊接电流。额定焊接电流是在额定负载持续率条件下允许使用的最大焊接电流,焊接过程中使用的焊接电流值如果超过这个额定焊接电流值,就要考虑更换额定电流值大一些的弧焊电源或者降低弧焊电源的负载持续率。

二、焊条电弧焊常用的工具和辅助工具

1. 焊钳

焊钳是用来夹持焊条、传导电流的工具。焊钳既是焊接设备的组成部分,又是焊条电弧焊的主要工具。焊钳有300A、500A两种规格,要求具有良好的绝缘性与隔热能力。焊条位于水平(0°)、45°、垂直(90°)等方向时焊钳都能夹紧焊条,并保证更换焊条安全方便、操作灵活,如图2-13所示。

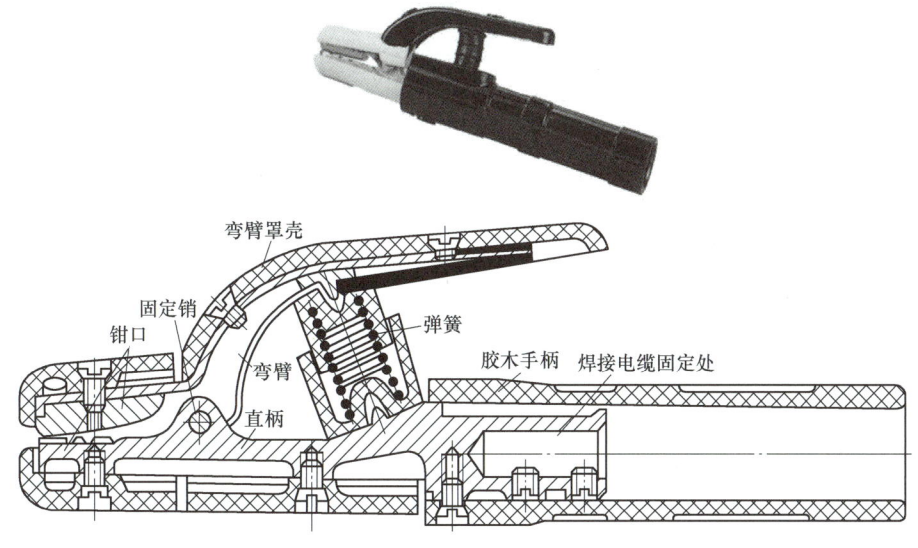

图2-13 焊钳

焊工面罩的安装与使用

2. 面罩和护目镜

面罩是防止焊接飞溅、弧光、高温对焊工面部及颈部灼伤的一种工具。面罩一般分为手持式和头盔式两种，有时也用光电式，如图 2-14 所示。面罩要求选用耐燃或不燃的绝缘材料制成，罩体应遮住焊工的整个面部，结构牢固，不漏光。

面罩正面安装有护目滤光片，即护目镜，起减弱弧光强度、过滤红外线和紫外线以保护焊工眼睛的作用。护目镜按亮度的深浅不同分为 6 个型号（7～12号），号数越大，色泽越深。在护目镜片外侧，应加一块尺寸相同的一般玻璃，以防止护目镜被金属飞溅污损。使用面罩护目镜也给焊工操作带来了不便，为此发展了一种光电式护目镜片，可解决这一问题。

3. 焊条保温筒

焊条保温筒是盛装已烘干的焊条，且能保持一定温度以防止焊条受潮的一种筒形容器，有立式和卧式两种，内装焊条 2.5～5kg，如图 2-15 所示。通常是利用弧焊电源二次电压对保温筒加热，温度一般为 100～450℃。

> **资料卡**
> **光电式护目镜片**
> 光电式护目镜片是利用光电转换原理制成的新型护目滤光片。起弧前是透明的，起弧后迅速变黑，起滤光作用。这样可以观察焊接操作全过程，杜绝电弧"打眼"和消除因盲目引弧而产生的焊接缺陷。

a) 手持式　　b) 头盔式　　c) 光电式

图 2-14　焊工面罩

图 2-15　焊条保温筒

使用低氢型焊条焊接重要结构时，焊条必须先放入烘箱烘焙，烘干温度和保温时间因材料和季节而异。焊条从烘箱内取出后，应储存在焊条保温筒内，焊工可随身携带到现场，随用随取。

【综合训练】

一、理论部分

（一）解释

1. 焊接极性
2. 额定焊接电流

3. 焊条保温筒

（二）填空

1. 焊条电弧焊的焊接设备主要由_____、_____和_____组成。

2. 工件接直流电源_____，焊条接_____时，称为正接或_____。

3. 护目镜起_____、过滤_____和_____以保护_____的作用。

4. 焊钳是用以_____、_____的工具；面罩是防止_____、_____、_____对焊工面部及颈部灼伤的一种工具。

（三）简答

1. 焊条电弧焊的基本焊接回路由哪些部分组成？
2. 分析焊条电弧焊采用交流或直流弧焊电源的选择依据及其优越性。
3. 焊条电弧焊为什么需要配用陡降外特性的电源？为何不能用恒流外特性的电源？

二、实践部分

参观实验室或实训场地，要求如下：

1）根据课堂教学内容，了解焊条电弧焊焊机的类型及所用工具的工作情况。
2）在教师的指导下进行焊机的接线、电流调整，并按正确的程序进行练习。

模块三　焊条电弧焊工艺

导入案例

2007年，中国长城铝业公司建设公司成功签约挪威海德鲁卡塔尔铝业电解铝项目，合同金额近6亿元人民币。在焊接阳极铝合金盖板时，工艺要求极高，要求焊缝高度在2~2.5mm范围内，也就意味着误差不能超过0.5mm，相当于铅笔尖般粗细，在常人看来这简直是一项不可能完成的任务，因为国家标准才是误差±2mm。焊工杨红雷经过无数次的艰辛磨炼，不仅掌握了娴熟的焊接技术，并且总结出了一套自己独特的焊接操作方法。他查阅了大量国内外资料，反复进行尝试，通过改变电焊机电流量和选用小直径的焊条有效控制了焊缝高度，终于成功破解了技术难题。

一、焊前准备

焊前准备主要包括坡口的选择与制备、焊接区域的清理、焊条烘干、工件的装配定位和焊前预热等。对上述工作必须给以足够的重视，否则会影响焊接质量，严重时还会造成焊后返工或使工件报废。因工件材料不同等因素，焊前准备工作也不相同。下面仅以碳素钢及普通低合金钢为例加以说明。

1. 坡口的选择与制备

坡口形式取决于焊接接头形式、工件厚度以及对接头质量的要求。根据板厚不同，焊条电弧焊接头常用的坡口类型有I形、Y形、X形、U形等。

坡口制备的方法很多，应根据工件的尺寸、形状与加工条件综合考虑进行选择。目前工厂中常用剪切、气割、刨边、车削、炭弧气刨等方法制备坡口。

2. 焊接区域的清理

它是指焊前对接头坡口及其附近（约20mm内）的表面被油、锈、漆和水等污染的清理。用碱性焊条焊接时，清理要求严格和彻底，否则极易产生气孔和延迟裂纹。酸性焊条对锈不很敏感，若锈蚀较轻，而且对焊缝质量要求不高，可以不清理。清理时，可根据被清物的种类及具体条件，分别选用钢丝刷刷、砂轮磨或喷丸处理等手工或机械方法，也可用除油剂（汽油、丙酮）清洗的化学方法，必要时，还可用氧乙炔焰烘烤清理的部位，以去除工件表面的油污和氧化皮。

3. 焊条烘干

焊条在出厂前经过高温烘干，并用防潮材料包装，起到一定的防止药皮吸潮作用，一般应在使用前拆封。考虑到焊条长期贮运过程中难免受潮，为确保焊接质量，用前仍须按产品说明书的规定进行再烘干。再烘干温度由药皮类型确定，一般酸性焊条取70~150℃，最高不超过250℃，保温1~1.5h；碱性焊条取300~400℃，保温1~2h。温度太低，达不到去除水分的目的；温度过高，容易引起药皮开裂，焊接时药皮成块脱落，而且药皮中的组成物会分解或氧化，直接影响焊接质量。

焊条烘干一般采用专用的烘箱，应遵循使用多少烘多少、随烘随用的原则。烘后的焊条不宜在露天放置过久，可放在低温烘箱或专用的焊条保温筒内。低氢型焊条对水分比较敏感，要求使用前一定烘干，原则上重复烘干不超过两次。酸性焊条药皮中允许的含水量较高，是否要烘干，可视焊条存放时间及受潮程度而定。

4. 工件的装配定位

焊前的装配定位主要是使工件定位对正，以及达到预定的坡口形状和尺寸。装配间隙的大小和沿接头长度上的均匀程度对焊接质量、生产率及制造成本影响很大，须引起重视。

经装配各工件的位置确定之后，可以用夹具或定位焊缝把它们固定起来，然后进行正式焊接。定位焊缝的质量直接影响焊缝的质量，它是正式焊缝的组成部分。又因其焊道短，冷却快，比较容易产生焊接缺陷，若缺陷被正式焊缝所覆盖而未被发现，将造成隐患。一般定位焊的焊接电流应比正常焊接的电流大15%~20%。

5. 焊前预热

预热是指焊接开始前对工件的整体或局部进行加热的工艺措施。预热的目的是降低焊接接头的冷却速度，以改善组织，减小应力，防止焊接裂纹等。工件是否需要预热及预热温度的选择，主要根据工件材料、结构形状与尺寸而定。对于刚度不大的低碳钢和强度级别较低的低合金高强度钢结构，一般不需预热。而对刚度大的或焊接性差而容易产生裂纹的结构，焊前必须预热。

工件整体预热一般在炉内进行；局部预热可用火焰加热、工频感应加热或红外线加热。

二、焊接参数及选择

焊条电弧焊的焊接参数通常包括焊条直径、焊接电流、电弧电压、焊接速度、焊接层数等。焊接参数选择得正确与否，直接影响焊缝形状、尺寸、焊接质量和生产率，因此选择合适的焊接参数是焊接生产中不可忽视的一个重要问题。

1. 焊条直径的选择

焊条直径是指焊芯直径。它是保证焊接质量和效率的重要因素。焊条直径一般根据工件厚度选择。同时还要考虑接头形式、施焊位置和焊接层数，对于重要结构，还要考虑焊接热输入的要求。在一般情况下，焊条直径与工件厚度之间关系的参考数据，见表2-3。

平对接焊条直径的选择

表2-3 焊条直径的选择 （单位：mm）

工件厚度	2	3	4~5	6~12	>13
焊条直径	2	3.2	3.2~4	4~5	4~6

在板厚相同的条件下，平焊位置的焊接所选用的焊条直径应比其他位置大一些，立焊、横焊和仰焊应选用较细的焊条，直径一般不超过4.0mm。第一层焊道应选用小直径焊条焊接，以后各层可以根据工件厚度，选用较大直径的焊条。T形接头、搭接接头都应选用较大直径的焊条。

2. 焊接电流的选择

选择焊接电流时，应根据焊条类型、焊条直径、工件厚度、接头形式、焊接位置和层数等因素综合考虑。如果焊接电流过小，会使电弧不稳，造成未焊透、夹渣以及焊缝成形不良等缺陷。反之，如果焊接电流过大，易产生咬边、焊穿，增加工件变形和金属飞溅量，也会使焊接接头的组织由于过热而发生变化。所以，焊接时要合理选择焊接电流。

在相同焊条直径的条件下，平焊时焊接电流可大些，其他位置焊接电流应小些。在相同条件的情况下，碱性焊条使用焊接电流一般可比酸性焊条小10%左右，否则焊缝中易产生气孔。对于一定直径的焊条，有一个合适的焊接电流范围，可参考表2-4选择。

表2-4 焊接电流和焊条直径的关系

焊条直径/mm	1.6	2	2.5	3.2	4	5	6
焊接电流/A	25~40	40~65	50~80	100~130	160~210	200~270	260~300

3. 焊接层数的选择

在工件厚度较大时，往往需要进行多层焊。对于低碳钢和强度等级较低的低合金钢多层焊时，若每层焊缝厚度过大，则对焊缝金属的塑性（主要表现在冷弯上）有不利影响。因此，对质量要求较高的焊缝，每层厚度最好不大于5mm。

焊接层数主要根据钢板厚度、焊条直径、坡口形式和装配间隙等来确定，可作如下近似估算

$$n = \delta / d$$

式中，n 为焊接层数；δ 为工件厚度（mm）；d 为焊条直径（mm）。

4. 电弧电压与焊接速度的控制

焊条电弧焊的电弧电压主要由电弧长度来决定：电弧长度越大，电弧电压越高；电弧长度越短，电弧电压越低。在焊接过程中，应尽量使用短弧焊接。立焊、仰焊时，弧长应比平焊更短些，以利于熔滴过渡，防止熔化金属下滴。碱性焊条焊接时，应比酸性焊条弧长短些，以利于电弧的稳定和防止气孔。

焊接过程中，焊接速度应该均匀适当，既要保证焊透又要保证不焊穿，同时还要使焊缝宽度和余高符合设计要求。如果焊速过快，熔化能量不够，易造成未熔合、焊缝成形不良等缺陷；如果焊接速度过慢，使高温停留时间增长，热影响区宽度增加，焊接接头的晶粒变粗，力学性能降低，同时使工件变形量增大。当焊接较薄工件时，易形成烧穿。

焊接速度直接影响焊接生产率，所以在保证不焊穿和成形良好的条件下，应尽量采用较大的焊条直径和焊接电流，并适当提高焊接速度，以提高生产率。

三、焊条电弧焊的基本操作技术

1. 引弧

焊条电弧焊的基础操作技能

电弧焊开始时，引燃焊接电弧的过程称为引弧。焊条电弧焊通常采用接触引弧法，它是先将焊条与工件接触形成短路，再拉开焊条引燃电弧的方法。根据操作手法不同，接触引弧法又可分为直击引弧法和划擦引弧法，如图2-16所示。

直击引弧法是使焊条与工件表面垂直地接触，当焊条的末端与工件表面轻轻一碰后，便迅速提起焊条，并保持一定距离，而将电弧引燃的方法，如图2-16a所示。

划擦引弧法与划火柴有些类似，先将焊条末端对准工件，然后将焊条在工件表面划擦一下，当电弧引燃后立即将焊条末端与被焊工件表面距离保持在2~4mm，电弧就能稳定地燃烧，如图2-16b所示。

以上两种接触式引弧方法中，划擦法比较容易掌握，但在狭小工作面上或不允许工件表面有划痕时，应采用直击法。在使用碱性焊条时，为防止引弧处出现气孔，宜采用划擦法。

引弧的位置应选在焊缝起点前约10mm处。引燃后将电弧适当拉长并迅速移到焊缝的起点，同时逐渐将电弧长度调到正常范围。这样做的目的是对焊缝起点处起预热作用，以保证焊缝始端熔深正常，并有消除引弧点气孔的作用。重要的结构往往需增加引弧板。

2. 运条

焊接过程中，焊条相对焊缝所做的各种动作的总称称为运条。运条包括沿焊条轴线方向的送进、沿焊缝轴线方向的纵向移动和横向摆动三个动作，如图2-17所示。

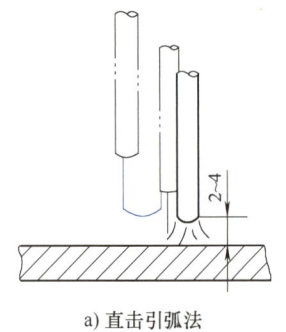

a) 直击引弧法　　b) 划擦引弧法

图2-16　接触引弧法

图2-17　运条的基本动作
1—沿焊条轴线方向的送进　2—横向摆动
3—沿焊缝轴线方向的纵向移动

第二单元 焊条电弧焊

焊条轴线方向的送进的作用是保证焊条在不断熔化时电弧的长度保持一定，因此送进的速度应该等于焊芯熔化的速度。焊条沿焊接方向运动的作用是形成一定长度、一定尺寸的焊缝，其运动速度实际上就是焊接速度。为了保证焊缝的宽度，焊条还必须做横向摆动。适当的横向摆动不仅可以保证焊缝的宽度，而且还可根据焊缝的位置及要求，合理控制电弧对各部分的加热程度，从而获得良好的焊缝成形。

> **小知识** 焊接时三个基本运动必须配合得当，以保证焊接电弧长度稳定，焊速适当而均匀，摆幅前后一致，才能得到外观与尺寸合格的焊缝。

运条的方法很多，选用时应根据接头的形式、装配间隙、焊缝的空间位置、焊条直径与性能、焊接电流及焊工技术水平等方面而定。常用运条方法及适用范围见表2-5，表中所示的运条形式，实际上是焊条前进与摆动的合成。其中以锯齿形和月牙形应用较多。

表2-5 常用运条方法及适用范围

运条方法		运条示意图	适用范围
直线形运条法		→	(1) 3~5mm厚度，I形坡口对接平焊 (2) 多层焊的第一层焊道 (3) 多层多道焊
直线往返形运条法		∽∽∽∽	(1) 薄板焊 (2) 对接平焊（间隙较大）
锯齿形运条法		∧∧∧∧	(1) 对接接头（平焊、立焊、仰焊） (2) 角接接头（立焊）
月牙形运条法		(((((((	同锯齿形运条法
三角形运条法	斜三角形	≷≷≷	(1) 角接接头（仰焊） (2) 对接接头（开V形坡口横焊）
	正三角形	△△△	(1) 角接接头（立焊） (2) 对接接头
圆圈形运条法	斜圆圈形	⊙⊙⊙	(1) 角接接头（平焊、仰焊） (2) 对接接头（横焊）
	正圆圈形	○○○	对接接头（厚焊件平焊）
八字形运条法		∞∞∞	对接接头（厚焊件平焊）

3. 焊缝的连接

由于受焊条长度的限制，焊缝前后两段出现连接接头是不可避免的，但焊缝接头应力求均匀，防止产生过高、脱节、宽窄不一致等缺陷。焊缝的连接有以下四种情况，如图2-18所示。

(1) 中间接头　后焊的焊缝从先焊的焊缝尾部开始焊接,如图2-18a所示。要求在弧坑前约10mm附近引弧,电弧长度比正常焊接时略长些,然后回移到弧坑,压低电弧,稍作摆动,再向前正常焊接。这种接头的方法是使用最多的一种,适用于单层焊及多层焊的表层接头。

(2) 相背接头　两条焊缝在起头处相接,如图2-18b所示。要求先焊焊缝起头处略低些,后焊焊缝必须在前焊焊缝始端稍前处引弧,然后稍拉长电弧将电弧逐渐引向前条焊缝的始端,并覆盖前条焊缝的端头,待焊平后,再向焊接方向移动。

(3) 相向接头　两条焊缝在收尾处相接,如图2-18c所示。当后焊的焊缝焊到先焊的焊缝收尾处时,焊接速度应稍慢些,填满先焊焊缝的弧坑后,以较快的速度再向前焊一段,然后熄弧。

(4) 分段退焊接头　先焊焊缝的起头和后焊焊缝的收尾相接,如图2-18d所示。要求后焊的焊缝焊至靠近前条焊缝始端时,改变焊条角度,使焊条指向前条焊缝的始端,拉长电弧,待形成熔池后,再压短电弧,往回移动,最后返回原来熔池处收弧。

接头连接得平整与否,不仅和焊工操作技术有关,同时还和接头处的温度高低有关。温度越高,接头处越平整。因此,中间接头要求电弧中断的时间要短,换焊条动作要快。多层焊时,层间接头处要错开,以提高焊缝的致密性。除中间焊缝接头焊接时可不清理焊渣外,其余接头连接处必须先将焊渣打掉,必要时还可将接头处先打磨成斜面后再接头。

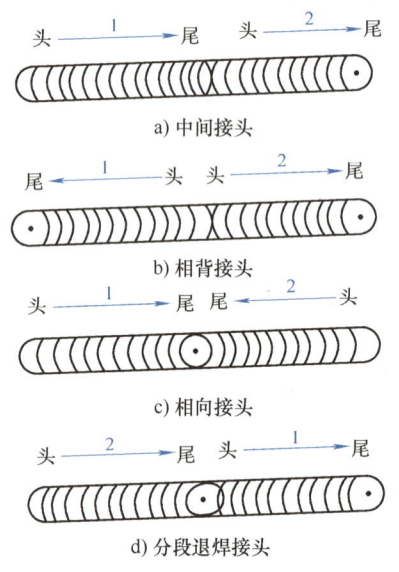

图2-18　焊缝连接的四种情况
1—先焊焊缝　2—后焊焊缝

4. 收尾

焊缝的收尾是指一条焊缝焊完后如何收弧。焊接结束时,如果将电弧突然熄灭,则焊缝表面留有凹陷较深的弧坑,会降低焊缝收尾处的强度,并容易引起弧坑裂纹。过快拉断电弧,液体金属中的气体来不及逸出,还容易产生气孔等缺陷。为克服弧坑缺陷,可采用下述方法收尾。

(1) 反复收尾法　焊条移到焊缝终点时,在弧坑处反复熄弧、引弧数次,直到填满弧坑为止,此方法适用于薄板和大电流焊接时的收尾,不适用于碱性焊条。

(2) 划圈收尾法　焊条移到焊缝终点时,在弧坑处做圆圈运动,直到填满弧坑再拉断电弧,此方法适用于厚板。

(3) 转移收尾法　焊条移到焊缝终点时,在弧坑处稍作停留,将电弧慢慢拉长,引到焊缝边缘的母材坡口内,这时熔池会逐渐缩小,凝固后一般不出现缺陷,此方法适用于换焊条或临时停弧时的收尾。

【综合训练】

一、理论部分

(一) 填空

1. 焊前准备主要包括_____、_____、_____、_____和_____等。

2. 一般酸性焊条烘干温度取_____℃范围，最高不超过_____℃，保温_____h；碱性焊条取_____℃范围，保温_____h。

3. 预热的目的是_____，以_____，_____，_____等。

4. 焊接接头连接得平整与否，不仅和_____有关，同时还和_____有关。

（二）判断

（　）1. 低氢型焊条要求使用前一定烘干，原则上重复烘干不超过三次。

（　）2. 对接接头的强度比搭接接头高。

（　）3. 开坡口的目的是保证工件可以在厚度方向上全部焊透。

（　）4. 焊接接头根部留有钝边的作用是减小应力。

（　）5. 焊接电流主要影响焊缝的熔深，焊接电流的选择只与焊条直径有关。

（　）6. 采用低氢型焊条焊接时，焊条接直流电源的负极。

（　）7. 焊条电弧焊在进行立焊、仰焊时应选择较小的焊接电流。

（　）8. 焊条电弧焊应尽量采用长弧焊接，因为长弧焊时电弧的范围大，保护效果好。

（　）9. 焊缝标注辅助符号中的黑旗表示焊缝为重要焊缝。

（　）10. 焊条电弧焊采用多层多道焊时，有利于提高焊缝金属的塑性和韧性。

（三）简答

1. 焊前为什么要对焊接区域进行清理？

2. 选择焊接电流时应注意什么？

3. 直击引弧法和划擦引弧法有什么区别？

二、实践部分

1. 训练目标

1）了解焊条电弧焊设备及辅助工具的使用方法。

2）学习焊条电弧焊的基本操作技能。

2. 训练准备

1）人员准备：分组进行，每组由8~10人组成。

2）资料准备：实训指导书。

3. 训练地点

实验室或实训场地。

4. 训练方法

在实训教师的指导下，按下列程序进行操作练习。

1）焊条电弧焊设备及用具使用练习。

2）焊条电弧焊的引弧、运条和熄弧练习。

3）低碳钢平对接焊条电弧焊的基本操作练习。

第三单元

埋 弧 焊

[学习目标]

知识目标	1. 掌握埋弧焊的原理、特点及应用。 2. 了解埋弧焊设备的自动调节原理及其作用；熟悉常用埋弧焊设备的构造和原理。 3. 深入了解埋弧焊的焊接材料、冶金特性和工艺要点。 4. 了解埋弧焊的相关标准，并对其他的埋弧焊方法有一定的了解。
能力目标	1. 能正确选择埋弧焊的焊接参数。 2. 能对埋弧焊设备进行选用和调试；能按焊接安全的要求安装、使用和维护焊机。 3. 知道埋弧焊常见缺陷产生的原因，并能提出解决的方法。
素养目标	1. 树立学生的家国情怀和职业荣誉感。 2. 培养学生爱岗敬业、团结协作精神。 3. 遵守生产工艺规范，加强质量意识。

模块一 埋弧焊的原理及特点

导入案例

西气东输二线工程为我国重要的能源通道，全长 8678km。该工程建成后，可将我国新疆生产以及中亚地区进口的天然气输往沿线中西部地区以及长三角地区，对于促进我国能源结构和产业结构调整，保障能源供应安全具有十分重要的意义。中石油在西二线工程上首次大规模运用全自动埋弧焊技术。这项技术不仅比原有的半自动焊技术速度快、质量高，而且对焊工身体伤害小。正是这项技术，令西二线工程自 2008 年 2 月 22 日开工以来，管道焊接一次合格率达 98.6%，以高出招投标 8.6 个百分点的成绩书写了我国长输大口径管道焊接工程质量的最高水平，将中国的焊接水平提高到了国际水准。

第三单元 埋弧焊

埋弧焊是目前广泛使用的一种生产率较高的机械化焊接方法。它与焊条电弧焊相比,虽然灵活性差一些,但焊接质量好,效率高,成本低,劳动条件好。

小知识 埋弧焊是指电弧掩埋在焊剂层下燃烧进行焊接的方法。由于电弧光不外露,因此被称为埋弧焊,英文缩写为SAW。

一、埋弧焊的工作原理

埋弧焊的焊接过程如图3-1所示。焊接时电源的两极分别接在导电嘴和焊件上,焊丝通过导电嘴与焊件接触,在焊丝周围撒上焊剂,然后接通电源,则电流经过导电嘴、焊丝与焊件构成焊接回路。焊接时,焊机的起动、引弧、送丝、机头(或焊件)移动等过程全由焊机进行机械化控制,焊工只需按动相应的按钮即可完成工作。

当焊丝和焊件之间引燃电弧后,电弧的热量使周围的焊剂熔化,部分焊剂分解、蒸发成气体,形成一个气泡,电弧就在这个气泡中燃烧。连续送入电弧的焊丝在电弧作用下加热熔化,与熔化的母材混合形成金属熔池。熔池上覆盖着一层熔渣,熔渣外层是未熔化的焊剂,它们一起保护着熔池,使其与周围空气隔离,并使有碍操作的电弧光辐射不能散射出来。电弧向前移动时,电弧力将熔池中的液态金属排向后方,则熔池前方的金属就暴露在电弧的强烈辐射下而熔化,形成新的熔池,而电弧后方的熔池金属则冷却凝固成焊缝,熔渣也凝固成渣壳覆盖在焊缝表面。熔渣除了对熔池和焊缝金属起机械保护作用外,焊接过程中还与熔化金属发生冶金反应,从而影响焊缝金属的化学成分。由于熔渣的凝固温度低于液态金属的结晶温度,熔渣总是比液态金属凝固迟一些。这就使溶解在液态金属中的气体和冶金反应中产生的气体能够不断地逸出,使焊缝不易产生夹渣和气孔等缺陷。未熔化的焊剂不仅具有隔离空气、屏蔽电弧光的作用,也提高了电弧的热效率。

埋弧焊的原理及特点

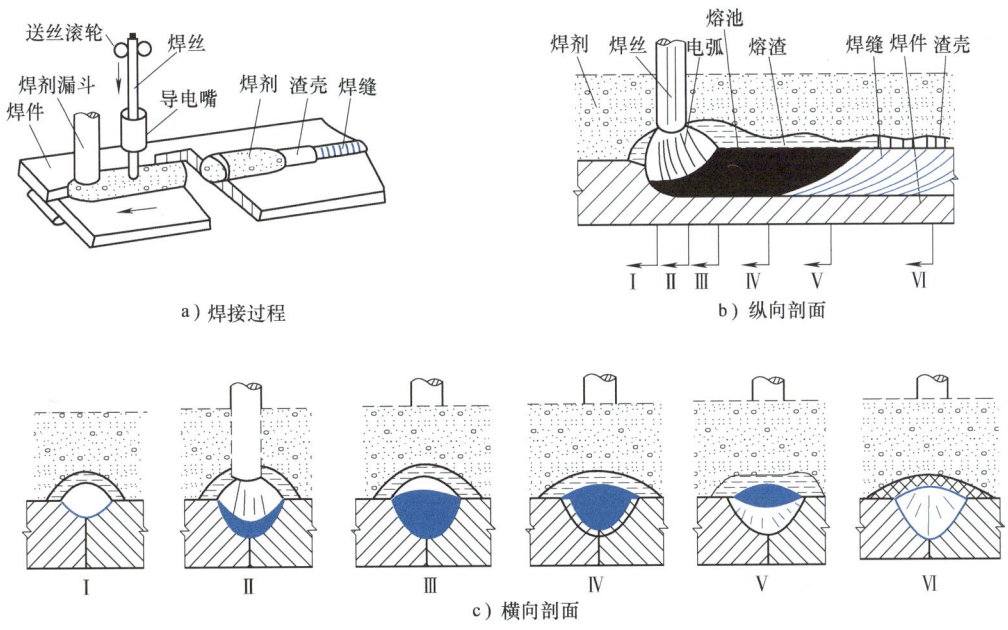

a) 焊接过程　　b) 纵向剖面

c) 横向剖面

图3-1　埋弧焊焊接过程

二、埋弧焊的特点

1. 埋弧焊的主要优点

（1）**焊接生产率高** 这主要是因为埋弧焊是经过导电嘴将焊接电流导入焊丝的，与焊条电弧焊相比，不仅焊丝可以较高的速度自动给送，而且导电的焊丝长度短，其表面又无药皮包覆，不存在药皮成分受热分解的限制，所以允许使用比焊条电弧焊大得多的电流（表3-1），使得埋弧焊的电弧功率、熔透深度及焊丝的熔化速度都相应增大。在特定条件下，可实现20mm以下钢板不开坡口一次焊透。另外，由于焊剂和熔渣的隔热作用，电弧基本上没有热的辐射散失，金属飞溅也小，虽然用于熔化焊剂的热量损耗较大，但总的热效率仍然大大增加（表3-2），因此使埋弧焊的焊接速度大大提高（可达60~150m/h，而焊条电弧焊则不超过8m/h），故埋弧焊与焊条电弧焊相比有更高的生产率。

表3-1 焊条电弧焊与埋弧焊的焊接电流和电流密度比较

焊芯或焊丝直径/mm	焊条电弧焊		埋弧焊	
	焊接电流/A	电流密度/(A/mm²)	焊接电流/A	电流密度/(A/mm²)
φ1.6	25~40	12.5~20.0	150~400	74.6~199.0
φ2.0	40~65	12.7~20.7	200~600	63.7~191.0
φ2.5	50~80	10.2~16.3	260~700	53.0~142.7
φ3.2	100~130	12.4~16.2	300~900	37.3~112.0
φ4.0	160~210	14.4~16.7	400~1000	31.8~79.6
φ5.0	200~270	10.2~13.8	520~1100	26.5~56.0
φ5.8	260~300	9.8~11.4	600~1200	22.7~45.4

表3-2 焊条电弧焊与埋弧焊的热量平衡比较

焊接方法	产热（%）		耗热（%）					
	两个极区	弧柱	辐射	飞溅	熔化焊条	熔化母材	母材传热	熔化药皮或焊剂
焊条电弧焊	66	34	22	10	23	8	30	7
埋弧焊	54	46	1	1	27	45	3	25

（2）**焊缝质量好** 这首先是因为埋弧焊时电弧及熔池均处在焊剂与熔渣的保护之中，保护效果比焊条电弧焊好。从其电弧气氛组成来看（表3-3），主要成分为CO和H_2气体，是具有一定还原性的气体，因而可使焊缝金属中氮含量、氧含量大大降低。其次，焊剂的存在也使熔池金属凝固速度减缓，液态金属与熔化的焊剂之间有较多的时间进行冶金反应，减少了焊缝中产生气孔、裂纹等缺陷的可能性。此外，埋弧焊时，焊接参数可通过自动调节保持稳定，焊缝质量对焊工技艺水平的依赖程度也可大大降低。焊缝成分稳定，表面成形美观，力学性能好。

表 3-3　焊条电弧焊与埋弧焊电弧区的气体成分

焊接方法	电弧中的气体成分 φ[①] (%)					焊缝中含氮量 w_N[②] (%)
	CO	CO_2	H_2	N_2	H_2O	
焊条电弧焊（钛型）	46.7	5.3	34.5		13.5	0.02
埋弧焊（HJ431）	89~93		7~9	≤1.5		0.002

① φ 为体积分数。
② w_N 为氮的质量分数。

（3）焊接成本较低　这首先是由于埋弧焊使用的焊接电流大，可使焊件获得较大的熔深，故埋弧焊时焊件可不开坡口或开小坡口，因而既节约了因加工坡口而消耗掉的焊件金属和加工工时，也减少了焊缝中焊丝的填充量。而且，由于焊接时金属飞溅极少，又没有焊条头的损失，因此也节约了填充金属。此外，埋弧焊的热量集中，热效率高，故在单位长度焊缝上所消耗的电能也大大减少。正是由于上述原因，在使用埋弧焊焊接厚大焊件时，可获得较高的经济效益。

（4）劳动条件好　由于埋弧焊实现了焊接过程的机械化和自动化，操作较简便，焊接过程中操作者只是监控焊机，因此大大减轻了焊工的劳动强度。另外，埋弧焊时电弧是在焊剂层下燃烧的，没有弧光的有害影响，放出的烟尘和有害气体也较少，所以焊工的劳动条件好。

2. 埋弧焊的主要缺点

（1）难以在空间位置施焊　这主要是因为采用颗粒状焊剂，而且埋弧焊的熔池也比焊条电弧焊大得多，为保证焊剂、熔池金属和熔渣不流失，埋弧焊通常用于平焊或倾斜度不大位置的焊接。其他位置的埋弧焊须采用特殊措施，保证焊剂能覆盖焊接区时才能进行焊接。

（2）对工件装配质量要求高　由于电弧埋在焊剂层下，操作人员不能直接观察电弧与坡口的相对位置，当工件装配质量不好时易焊偏而影响焊接质量。因此，埋弧焊时工件装配必须保证接口中间隙均匀，工件平整无错边现象。

（3）不适合焊接薄板和短焊缝　这是由于埋弧焊电弧的电场强度较高，电流小于100A时电弧稳定性不好，故不适合焊接太薄的工件。另外，埋弧焊由于受焊车的限制，机动灵活性差，一般只适合焊接长直焊缝或大圆弧焊缝；对于弯曲、不规则的焊缝或短焊缝的焊接则比较困难。

三、埋弧焊的分类及应用

1. 分类

近年来，埋弧焊作为一种高效、优质的焊接方法有了很大的发展，已演变出多种埋弧焊工艺方法，并在工业生产中得到实际应用。埋弧焊按送丝方式、焊丝数目及形状、焊缝成形条件等分成多种类型，见表3-4。

表 3-4　埋弧焊工艺方法

分类依据	分类名称	应用范围
按送丝方式	等速送丝埋弧焊	细焊丝高电流密度
	变速送丝埋弧焊	粗焊丝低电流密度

(续)

分类依据	分类名称	应用范围
按焊丝数目或形状	单丝埋弧焊	常规对接、角接，筒体纵缝、环缝
	双丝埋弧焊	高生产率对接、角接
	多丝埋弧焊	螺旋焊管等超高生产率对接
	带极埋弧焊	耐磨耐蚀合金堆焊
按焊缝成形条件	双面埋弧焊	常规对接焊
	单面焊双面一次成形埋弧焊	高生产率对接焊，难以双面焊的对接焊

2. 应用

（1）焊缝类型和工件厚度 凡是焊缝可以保持在水平位置或倾斜度不大的工件，不管是对接、角接和搭接接头，都可以用埋弧焊焊接，如平板的拼接缝、圆筒形焊件的纵缝和环缝、各种焊接结构中的角缝和搭接缝等。

埋弧焊可焊接的焊件厚度范围很大。除了厚度在 5mm 以下的焊件由于容易烧穿，埋弧焊用得不多外，较厚的焊件都适于用埋弧焊焊接。目前，埋弧焊焊接的最大厚度已达 650mm。

（2）被焊材料的种类 随着焊接冶金技术和焊接材料生产技术的发展，适合埋弧焊的材料已从碳素结构钢发展到低合金结构钢、不锈钢、耐热钢以及某些非铁金属，如镍基合金、铜合金等。此外，埋弧焊还可在基体金属表面堆焊耐磨或耐蚀的合金层。铸铁因不能承受高热输入量引起的热应力，一般不能用埋弧焊焊接。铝、镁及其合金因没有适用的焊剂，目前还不能使用埋弧焊焊接。铅、锌等低熔点金属材料也不适合用埋弧焊焊接。

可以看出，适宜于埋弧焊的范围是很广的。最能发挥埋弧焊快速、高效特点的生产领域是造船、锅炉、化工容器、大型金属结构和工程机械等工业制造部门，埋弧焊是当今焊接生产中普遍使用的焊接方法之一。

埋弧焊还在不断发展之中，如多丝埋弧焊能达到厚板一次成形；窄间隙埋弧焊可使特厚板焊接提高生产率，降低成本；埋弧堆焊，能使焊件在满足使用要求的前提下节约贵重金属或提高使用寿命。这些新的、高效率的埋弧焊方法的出现，更进一步拓展了埋弧焊的应用范围。

【综合训练】

一、理论部分

（一）填空

1. 埋弧焊是利用_____在焊剂层下_____的热量，熔化_____金属而形成焊缝的_____电弧焊方法。

2. 铸铁因_____引起的热应力，一般不能用埋弧焊焊接。铝、镁及其合金因_____，目前还不能使用埋弧焊焊接。

(二) 判断

（　　）1. 埋弧焊时对焊接电弧区的保护方式是气-渣联合保护。
（　　）2. 埋弧焊由于焊接电流大，又要熔化焊剂，因此电能浪费大。
（　　）3. 埋弧焊由于焊接机构复杂，只能用来焊接对接焊缝，对于角焊缝无能为力。

(三) 简答

1. 埋弧焊有哪些优点？请说明原因。
2. 为什么埋弧焊时允许使用比焊条电弧焊大得多的电流和电流密度？

二、实践部分

观察生产生活中埋弧焊的应用场合。

模块二　埋弧焊设备

导入案例

在西气东输工程建设中，科研和工程技术人员自主研发了 X70 管线钢焊接工艺及配套施工技术，特别是 110 台具有自主知识产权、堪与国外同类产品媲美的 PAW2000 全位置自动埋弧焊机在施工中大显身手，焊接管道 1000km，一次合格率超过 98%。配套研制的管端坡口整形机、气动内对口器和管道内环缝自动焊机等施工装备，也实现了国产化。

一、埋弧焊机的功能和结构特点

1. 埋弧焊机的主要功能

一般电弧焊的焊接过程包括有起动引弧、焊接和熄弧停焊三个阶段。焊条电弧焊时，这几个阶段都是由焊工用手工完成的；而埋弧焊时，就要将这三个阶段由机械来自动完成。为此，埋弧焊设备（焊机）应具有如下主要功能。

1）建立焊接电弧，并向电弧供给电能。
2）连续不断地向焊接区送进焊丝，并自动保持确定的弧长和焊接参数不变，使电弧稳定燃烧。
3）使电弧沿接缝移动，并保持确定的行走速度。
4）在电弧前方不断地向焊接区铺撒焊剂。
5）控制焊机的引弧、焊接和熄弧停机的操作过程。

2. 埋弧焊机的分类

常用的埋弧焊机有等速送丝式和变速送丝式两种类型。按照不同的工作需要，埋弧焊机可做成不同的形式。常见的有焊车式、悬挂式、车床式、悬臂式和门架式等。图 3-2 所示为常见埋弧焊机（不带焊接电源）的形式。表 3-5 为常用国产埋弧焊机的主要技术数据（常用电焊机型号编制方法见附录 A）。

表 3-5 常用国产埋弧焊机的主要技术数据

技术规格	型号							
	NZA-1000	MZ-1000	MZ1-1000	MZ2-1500	MZ3-500	MZ6-2-500	MU-2×300	MU1-1000
送丝方式	变速送丝	变速送丝	等速送丝	等速送丝	等速送丝	等速送丝	等速送丝	变速送丝
焊机结构特点	埋弧、明弧两用焊车	焊车	焊车	悬挂式自动机头	电磁爬行焊车	焊车	堆焊专用焊机	堆焊专用焊机
焊接电流/A	200~1200	400~1200	200~1000	400~1500	180~600	200~600	160~300	400~1000
焊丝直径/mm	3~5	3~6	1.6~5	3~6	1.6~2	1.6~2	1.6~2	焊带宽30~80 厚0.5~1
送丝速度/(cm/min)	50~600（弧压反馈控制）	50~200（弧压35V）	87~672	47.5~375	180~700	250~1000	160~540	25~100
焊接速度/(cm/min)	3.5~130	25~117	26.7~210	22.5~187	16.7~108	13.3~100	32.5~58.3	12.5~58.3
焊接电流种类	直流	直流或交流	直流或交流	直流或交流	直流或交流	交流	直流	直流
送丝速度调整方法	用电位器无级调速（用改变晶闸管导通角来改变电动机转速）	用电位器调整直流电动机转速	调换齿轮	调换齿轮	用自耦变压器无级调节直流电动机转速	用自耦变压器无级调节直流电动机转速	调换齿轮	用电位器无级调节直流电动机转速

3. 埋弧焊机的结构特点

埋弧焊机主要由送丝机构、焊车行走机构、焊接电源和控制系统等部分组成。

（1）送丝机构 送丝机构包括送丝电动机及传动系统、送丝滚轮和矫直滚轮等，如图 3-3 所示。它应能可靠地送进焊丝并具有较宽的调速范围，以保证电弧稳定。

（2）焊车行走机构 焊车行走机构包括行走电动机及传动系统、行走轮及离合器等，如图 3-4 所示。行走轮一般采用橡胶绝缘轮，以免焊接电流经车轮而短路。离合器合上时由电动机拖动，脱离时焊车可用手推动。

（3）焊接电源 埋弧焊机可配用交流或直流弧焊电源。采用直流电源焊接，能更好地控制焊道形状、熔深和焊接速度，也更容易引燃电弧。通常直流电源适用于小电流、快速引弧、短焊缝、高速焊接以及所采用焊剂的稳弧性较差和对焊接参数稳定性有较高要求的场合。采用直流电源时，不同的极性将产生不同的工艺效果。正接时焊丝的熔敷效率高；反接时焊缝熔深大。采用交流电源时，焊丝熔敷效率及焊缝熔深介于直流正接与反接之间，而且电弧的磁偏吹最小。因此,交流电源多用于大电流埋弧焊和采用直流时磁偏吹严重的场合。

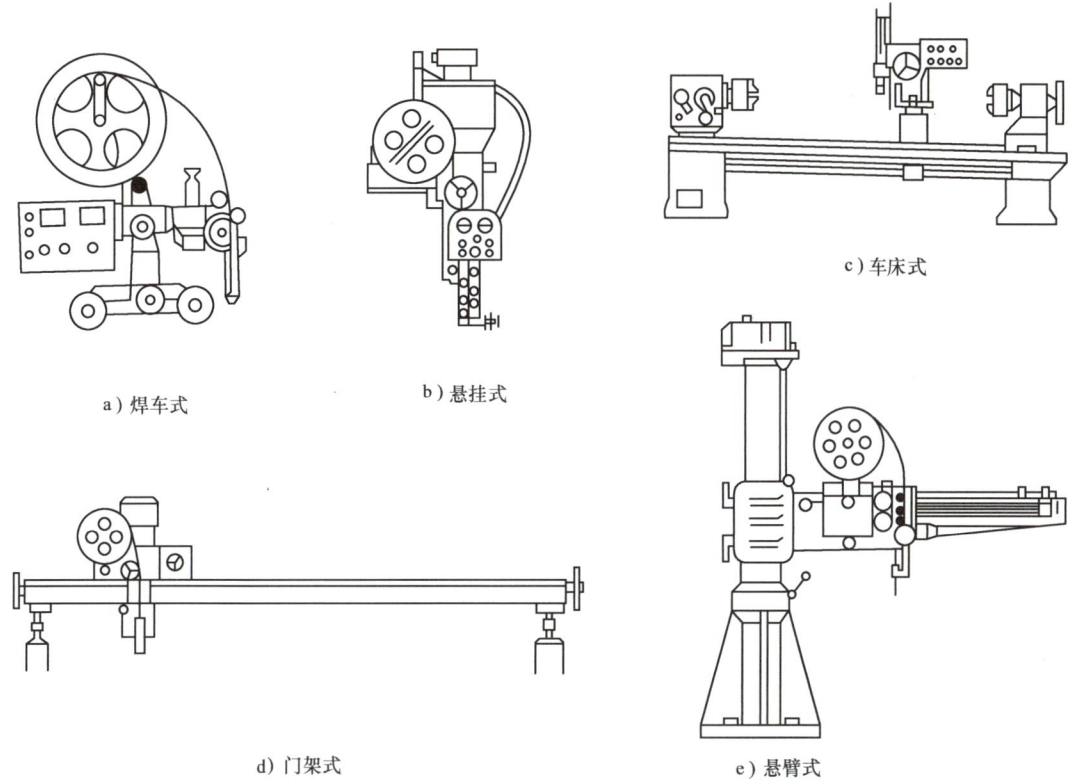

图 3-2 常见埋弧焊机的形式

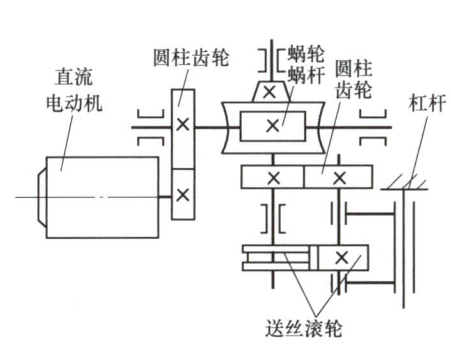

图 3-3 送丝机构示意图

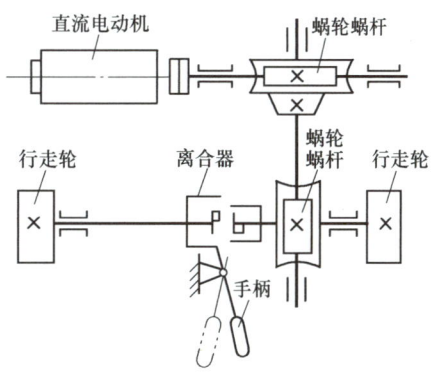

图 3-4 焊车行走机构示意图

埋弧焊电源的额定电流为 500~2000A(一般为 1000A),负载持续率为 100%。常用的交流电源为同体式弧焊变压器,直流电源为硅弧焊整流器。从发展看,矩形波交流弧焊电源、晶闸管式、逆变式弧焊整流器等电子弧焊电源在埋弧焊设备中的应用将日趋扩大。对于使用细焊

资料卡

负载持续率

负载持续率是表示焊机工作状态的参数,为焊机负载工作时间占规定工作时间周期的百分率。

丝的小电流埋弧焊,可选用焊条电弧焊电源代替(也可多台并联使用),但所用的电流上限不应超过按 100%负载持续率折算的数值。

(4)控制系统 常用的埋弧焊机控制系统包括送丝拖动控制、行走拖动控制、引弧和熄弧的自动控制等。大型专用焊机还包括横臂升降、收缩、主柱旋转、焊剂回收等控制系统。一般埋弧焊机常用一控制箱来安装主要控制电气元件,但也有一部分元件安装在焊车上的控制盒和电源箱内。在采用晶闸管等电子控制电路的新型埋弧焊机中已不单设控制箱,控制系统的电气元件就安装在焊车上的控制盒和电源箱内。

除上述主要组成部分外,埋弧焊机还有导电嘴、送丝滚轮、机头调整机构、焊丝盘、焊剂斗等易损件和辅助装置。

二、埋弧焊机的自动调节原理

1. 埋弧焊机自动调节的必要性和方法

想一想 在焊条电弧焊时,焊工是如何进行人工调节以保证焊接质量的?

(1)埋弧焊机自动调节的必要性 埋弧焊时,按下起动按钮后焊机就会按预先给定的焊接参数进行焊接,直到按下停止按钮结束焊接过程。为了保证获得稳定可靠的焊缝质量,要求焊接过程中焊接参数稳定,特别是焊接电流和电弧电压要能稳定不变。

但是,焊接过程中某些外界因素常会使焊接参数偏离预定值,导致焊接过程不稳定。焊接过程的外界干扰主要来自弧长波动和网压波动两个方面。弧长波动是在焊接过程中由于焊件不平整、装配不良或遇到定位焊点、送丝速度不均匀等原因引起的,它将使电弧静特性发生移动,从而影响焊接参数,如图 3-5 所示。网压波动的原因是焊机供电网路中负载突变,如附近其他电焊机等大容量用电设备突然起动或停止造成的网压突变等,它将使焊接电源的外特性发生变化。网压波动与焊接参数的关系如图 3-6 所示。

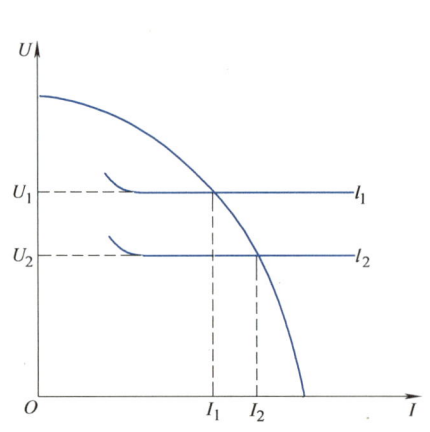

图 3-5 弧长波动与焊接参数的关系

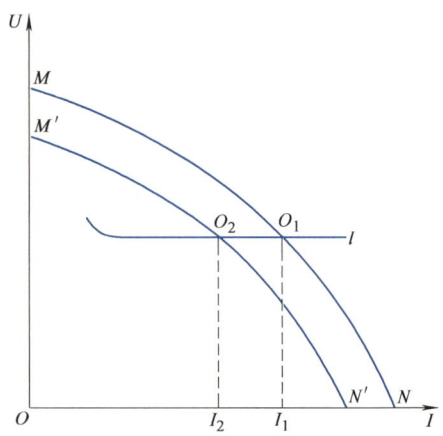

图 3-6 网压波动与焊接参数的关系

当埋弧焊过程受到上述干扰时,操作者往往来不及或不可能采取调整措施。因此,埋弧

第三单元 埋 弧 焊

焊机除了应具有各种动作功能外,还应具有自动调节的能力,以消除或减弱外界干扰的影响,保证焊接质量的稳定。而在上述的影响因素中,弧长波动最常见,发生变化最频繁,因此弧长变化对焊接电流和电弧电压稳定性的影响最为严重。所以,埋弧焊焊接过程的自动调节是以消除电弧长度变化的干扰作为自动调节的主要目标的。

(2) 埋弧焊自动调节的方法 在自动焊接状态下,电弧长度是由焊丝的送进速度和焊丝的熔化速度共同决定的。如果焊丝的送进速度等于熔化速度,就能达到平衡状态,电弧长度保持不变,否则,电弧长度就要发生变化。例如,焊丝的送进速度大于熔化速度时,电弧长度逐渐缩短,直至焊丝插入熔池而熄弧;而焊丝

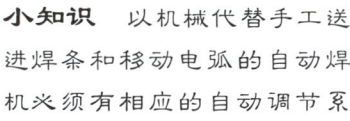

小知识 以机械代替手工送进焊条和移动电弧的自动焊机必须有相应的自动调节系统来取代人工调节。否则,遇到外界干扰时就不能保证电弧过程的稳定性。

的送进速度小于熔化速度时,电弧长度逐渐拉长,直至熄弧。当外界干扰使电弧长度发生变化时,可通过两种方法使电弧长度自动恢复到原来的长度。一种方法是自动调节焊丝的熔化速度,另一种方法是自动调节焊丝的送进速度。只要使焊丝的送进速度与熔化速度相等,焊接过程就能保持平衡状态,使电弧长度保持不变,从而达到稳定焊接电流和电弧电压的目的。

埋弧焊机的自动调节按送丝方式的不同分为两种调节系统:等速送丝式焊机采用电弧自身调节系统;变速送丝式焊机采用电弧电压反馈自动调节系统。

2. 熔化极电弧的自身调节系统

这种系统在焊接时,焊丝以预定的速度等速送进。它的调节作用是利用电弧焊时焊丝的熔化速度与焊接电流和电弧电压之间固有的关系这一规律而自动进行的。图3-7是这种调节系统的静特性曲线(图中 v_{f1}、v_{f2}、v_{f3} 为三种送丝速度,所对应的静特性曲线为 c_1、c_2、c_3)。它实际上就是焊接过程中电弧的稳定工作曲线,或称为等熔化速度曲线。电弧在这一曲线上任何一点工作时,焊丝熔化速度是不变的,并恒等于焊丝的送进速度,焊接过程稳定进行。电弧在此曲线以外的点上工作时,焊丝的熔化速度不等于焊丝的送进速度,因此,焊接过程不能稳定。当焊接条件改变时,系统的静特性曲线就会相应地改变。如送丝速度增加,曲线右移;焊丝直径减小,则曲线左移,如图3-7中 v_{f1}、v_{f2}、v_{f3} 所示。下面将分别讨论在弧长波动和网压波动两种干扰情况下,电弧自身调节系统的工作情况。

(1) 弧长波动 这种系统在弧长波动时,经过电弧自身调节作用可以使电弧完全恢复至波动前的长度,即能使焊接参数恢复至预定值,其调节过程可由图3-8说明。在弧长变化之前,电弧的稳定工作点为 O_0 点。O_0 点是电弧静特性曲线 l_0、电源外特性曲线 MN 和电弧自身调节系统静特性曲线 c 三者的交点。电弧以该点对应的焊接参数燃烧时焊丝的熔化速度等于焊丝的送进速度,焊接过程稳定。

如果外界干扰使弧长缩短,电弧静特性曲线变为 l_1,并与电源外特性曲线交于 O_1 点,电弧暂时移至此点工作。此时 O_1 点不在 c 曲线上而在其右侧,其实际电流 I_1 大于维持稳定燃烧所需的电流 I_0,因而焊丝的熔化速度大于焊丝送进速度,这将使弧长逐渐增加,直到恢复至 l_0。弧长拉长时的调节过程与此类似,最后都将使电弧工作点回到 O_0 点,焊接过程重新恢复稳定。可见,这种系统的调节作用是基于等速送丝时弧长变化导致焊接电流变化,进而导致焊丝熔化速度变化使弧长得以恢复的,所以应用于等速送丝式埋弧焊机。

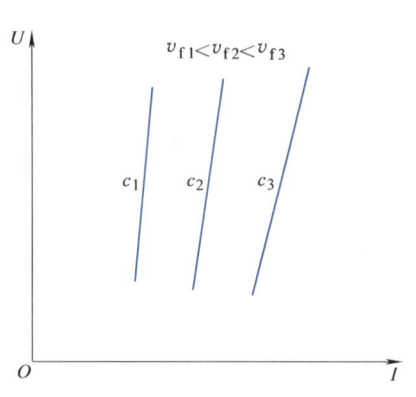

图 3-7 电弧自身调节系统的静特性曲线

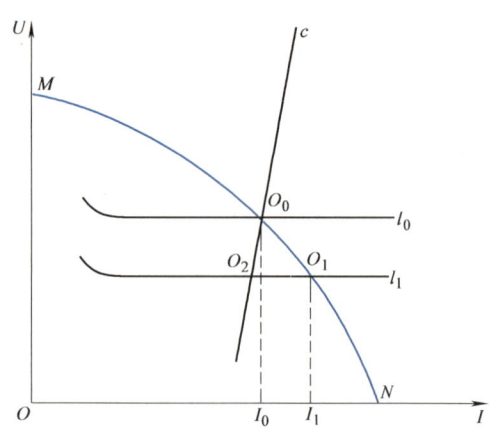

图 3-8 电弧自身调节系统的调节作用

（2）网压波动 网压波动将使焊接电源的外特性曲线发生移动，从而对电弧自身调节系统造成影响，如图 3-9 所示。当焊丝送进速度一定时，电弧自身调节系统静特性曲线 c、电弧静特性曲线 l_1 与网压波动前的电源外特性曲线 MN 交于 O_1 点，此点为电弧的稳定工作点。如果网压降低，将使焊接电源的外特性曲线由 MN 变到 $M'N'$，电弧工作点移至 O_2 点。显然，O_2 点的焊接参数满足焊丝熔化速度等于送丝速度的稳定条件，因而也是稳定工作点。此时电弧长度缩短，电弧静特性曲线变为 l_2。这种情况下，除非网压恢复至原先的值，否则，电弧将在 O_2 点稳定工作，而不能恢复到 O_1 点。因此，电弧自身调节系统的调节能力不能消除网压波动对焊接参数的影响。

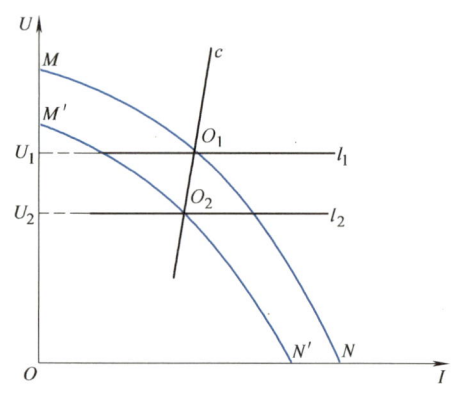

图 3-9 网压波动对电弧自身调节系统的影响

想一想 为什么说采用细焊丝焊接时电弧自身调节作用比采用粗焊丝好？

采用电弧自身调节系统的埋弧焊机适宜配用缓降或平外特性的焊接电源。这一方面是因为缓降或平外特性的电源在弧长发生波动时引起的电流变化大，导致焊丝熔化速度变化快，因而可提高电弧自身调节系统的调节速度；另一方面是缓降或平外特性电源在电网电压波动时，引起的弧长变化小，所以可减小网压波动对焊接参数，特别是对电弧电压的影响。

3. 电弧电压反馈自动调节系统

这种调节系统是利用电弧电压反馈来控制送丝速度的。在受到外界因素对弧长的干扰时，通过强迫改变送丝速度来恢复弧长，也称为均匀调节系统。图 3-10 是这种调节系统的静特性曲线 A。与电弧自身调节系统一样，电弧电压反馈调节系统静特性曲线上每一点都是稳定工作点，即电弧以曲线上任一点对应的焊接参数燃烧时，焊丝的熔化速度都等于焊丝的送进速度，焊接过程稳定进行。曲线与纵坐标的截距，决定于给定电压 U_g。焊接过程中，系统不断地检测电弧电压,并与给定电压进行比较。当电弧电压高于维持静特性曲线所需值而使电弧工作点位于曲线上方时,系统便会按比例加大送丝速度;反之,系统便会自动减慢送丝速度。只有当电弧电压与给定电压使电弧工作点位于静特性曲线上时,电弧电压反馈调节系统才不起作用,此时焊接电弧处于稳定工作状态。下面分别讨论弧长波动和网压波动两种干扰时电弧电压反馈调节系统的工作情况。

(1) 弧长波动 这种系统在弧长波动时的调节过程可由图 3-11 说明。图中 O_0 点是弧长波动前的稳定工作点,它由电弧静特性曲线 l_0、电源外特性曲线 MN 和电弧电压反馈调节系统静特性曲线 A 三条曲线的交点决定。电弧在 O_0 点工作时,焊丝的熔化速度等于其送丝速度,焊接过程稳定。

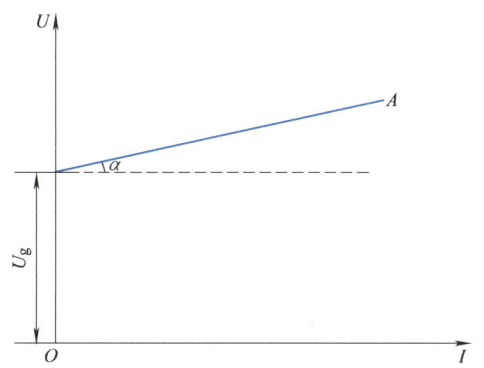

图 3-10 电弧电压反馈自动调节系统静特性曲线

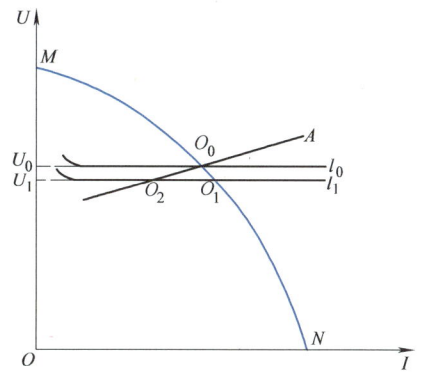

图 3-11 电弧电压反馈自动调节系统的调节作用

当外界干扰使弧长突然变短时,则电弧静特性降至 l_1,此时电弧静特性曲线与 A 曲线交于 O_2 点。焊丝的送进速度由 O_2 点的电压决定。因 O_2 点的电压低于 O_0 点,将使送丝速度减慢,电弧逐渐变长,电压沿着 A 曲线向 O_0 点靠近而逐渐升高,从而实现了电弧电压的自动调节,使弧长恢复到原值。在弧长变短的过程中,电弧静特性曲线还与电源外特性曲线相交于 O_1 点,即此时焊接电流有所增大,将使焊丝熔化速度加快,也就是说电弧的自身调节也对弧长的恢复起了辅助作用,从而加快了调节过程。可见,这种系统的调节作用是在弧长变化后主要通过电弧电压的变化而改变焊丝的送进速度,从而使弧长得以恢复的,因而应用于变速送丝式埋弧焊机。

(2) 网压波动 电网电压波动后焊接电源的外特性也随之产生相应的变化。图 3-12 所示为网压降低时电弧电压反馈调节系统的工作情况。随网压下降,焊接电源的外特性曲线从 MN 变为 $M'N'$。在网压变化的瞬间,弧长尚未变动,仍为 l_0,但电源的外特性曲线变为 $M'N'$ 后的电弧工作点随之移到 O_1 点,由于 O_1 点在 A 曲线的上方,因而它不是稳定工作点,即电弧

小知识 近年来,随着晶闸管式、逆变式、矩形波式等电子弧焊电源在埋弧焊设备中的应用,使网路电压波动几乎不影响焊机输出特性,由此产生的静态误差很小,电弧稳定性大大提高。

在 O_1 点处工作时焊丝的送进速度大于其熔化速度,因而电弧工作点沿曲线 $M'N'$ 移动,最终到达与 A 曲线的交点 O_2,O_2 点为新的稳定工作点。此点处与 O_0 点相比较,除电弧电压相

应降低外,焊接电流有较大波动,除非网压恢复为原来的值,否则这种调节系统不能使电弧恢复到原来的稳定状态(O_0点)。

电弧电压反馈自动调节系统在网压波动时,引起的焊接电流变化的大小与焊接电源外特性形状有关。陡降的外特性曲线在网压波动时引起的电流波动小;反之,缓降的外特性曲线则引起的电流波动较大。所以,为了防止因网压波动引起焊接电流波动过大,这种调节系统宜配用具有陡降外特性的焊接电源。同时,为了易于引弧和使电弧燃烧稳定,焊接电源应有较高的空载电压。

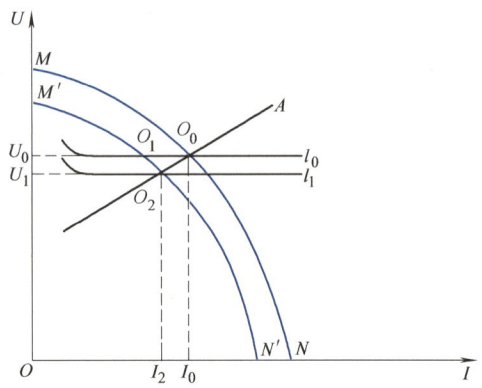

图 3-12 网压波动对电弧电压反馈自动调节系统的影响

4. 两种调节方法的比较

熔化极电弧的自身调节作用和电弧电压反馈自动调节作用的特点比较见表 3-6。由表中可以看出,这两种调节方法对焊接设备的要求、焊接参数的调节方法及适用场合是不相同的,选用时应予以注意。

表 3-6 两种调节方法的特点比较

比较内容	调节方法	
	电弧自身调节作用	电弧电压反馈自动调节作用
1. 控制电路及机构	简单	复杂
2. 采用的送丝方式	等速送丝	变速送丝
3. 采用的电源外特性	平特性或缓降特性	陡降或垂降特性
4. 电弧电压调节方法	改变电源外特性	改变送丝系统的给定电压
5. 焊接电流调节方法	改变送丝速度	改变电源外特性
6. 控制弧长恒定的效果	好	好
7. 网路电压波动的影响	产生静态电弧电压误差	产生静态焊接电流误差
8. 适用的焊丝直径/mm	0.8~3.0	3.0~6.0

三、典型埋弧焊机

目前国内使用较多的埋弧焊机是变速送丝式自动埋弧焊机。它有两种类型:MZ-1000 型和 MZ-1-1000 型。下面简要介绍其结构特点及自动调节原理。

1. MZ-1000 型埋弧焊机

MZ-1000 型自动埋弧焊机适合于水平位置或与水平面倾斜不大于 15°的各种有无坡口的对接、角接和搭接接头的焊接,也可借助滚轮转胎焊接圆筒形工件的内外环缝。

(1) **焊机结构** MZ-1000 型埋弧焊机主要由自动焊车、控制箱和焊接电源三部分组成,相互之间由焊接电缆和控制电缆连接在一起。

1) 自动焊车。MZ-1000 埋弧焊机配用的焊车是 MZT-1000 型,它由送丝机构、行走小车、机头调整机构、控制盒、焊丝盘和焊剂斗等部分组成。焊车的外形结构如图 3-13 所示。

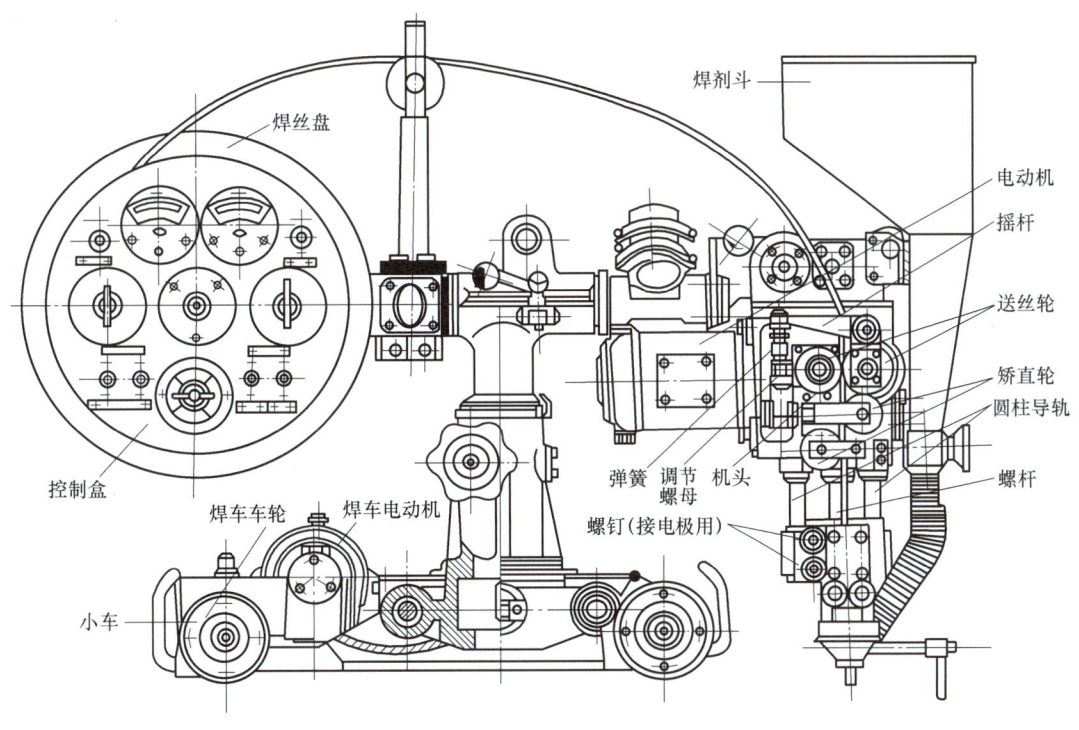

图 3-13 MZT-1000 型自动焊车

2)控制箱。MZ-1000 型埋弧焊机配用的控制箱是 MZP-1000 型。控制箱内装有电动机-发电机组、接触器、中间继电器、变压器、整流器、镇定电阻和开关等元件,用以和焊车上的控制元件配合,实现送丝和焊车拖动控制及电弧电压反馈自动调节。

3)焊接电源。MZ-1000 型埋弧焊机可配用交流或直流电源。配用交流电源时,一般用 BX2-1000 型同体式弧焊变压器;配用直流电源时,可配用 ZX5-1000 型或 ZXG-1000R 型弧焊整流器。

(2)焊机自动调节原理 MZ-1000 型自动埋弧焊机采用发电机-电动机反馈自动调节系统,其原理如图 3-14 所示。供给送丝电动机 M 转子电压的发电机 G 有两个励磁线圈 L_1 和 L_2。L_1 由电位器 RP 上取得一个给定电压 U_g,产生磁通 Φ_1;L_2 由电弧电压的反馈信号提供励磁电压 U_a,产生磁通 Φ_2。Φ_1 与 Φ_2 方向相反。当 Φ_1 单独作用时,发电机输出的电动势使电动机 M 向退丝方向转动;当 Φ_2 单独作用时,发电机输出的电动势使电动机 M 向送丝方向转动。Φ_1 与 Φ_2 合成磁通的方向和大小将决定发电机 G 输出电动势的方向和大小,并随之决定电动机 M 的转向与转速,即决定焊丝的送丝方向和速度。

在焊机起动后的瞬间,由于焊丝先与焊件接触而短路,故反馈电弧电压 U_a 为零,它使焊丝回抽而引燃电弧。随着电弧的产生与拉长,U_a 逐渐升高,使焊丝回抽逐渐减慢。当 U_a 增大到与给定电压 U_g 相等时,G 的输出电压也为零,M 停止转动。但这时电弧仍在燃烧,U_a 继续增大,因而使 G 输出电压反向,电动机 M 改变转向,焊丝下送。送丝速度随 U_a 的增大而提高。当送丝速度与焊丝熔化速度相等后,送丝速度不再增加,焊接过程进入稳定状态。与此同时,焊车也开始沿轨道移动,焊接过程便正常进行。

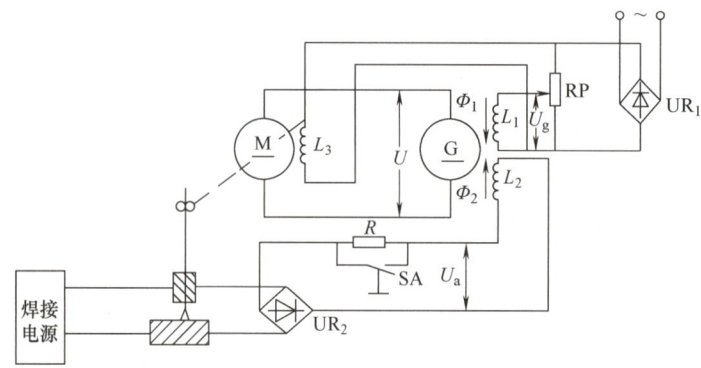

图 3-14　发电机-电动机反馈自动调节系统电路原理图

正常焊接时，电弧电压稳定，且 $Φ_2>Φ_1$，电动机 M 将以一个稳定的转速来送进焊丝。当弧长发生变化而改变了电弧电压时，L_2 的励磁电压（即反馈电弧电压）发生变化，使发电机 G 的输出电动势变化，导致电动机 M 的转速变化，因而改变了送丝速度，也就调节了弧长，使电弧电压恢复到稳定值，完成调节过程。

这种埋弧焊机的最大优点是可以利用同一电路实现电动机 M 的无触点正反转控制，因而可实现理想的回抽引弧控制。所以，MZ-1000 型自动埋弧焊机仍是目前变速送丝式埋弧焊机的主要应用形式。

2. MZ-1-1000 型埋弧焊机

MZ-1-1000 型埋弧焊机是 MZ-1000 型的改进型，外形如图 3-15 所示。焊机的自动调节灵敏度高，焊丝送给速度和焊接速度调节方便，可使用交流和直流电源，主要用于平焊位置的对接焊，也可用于船形位置的角焊缝等。

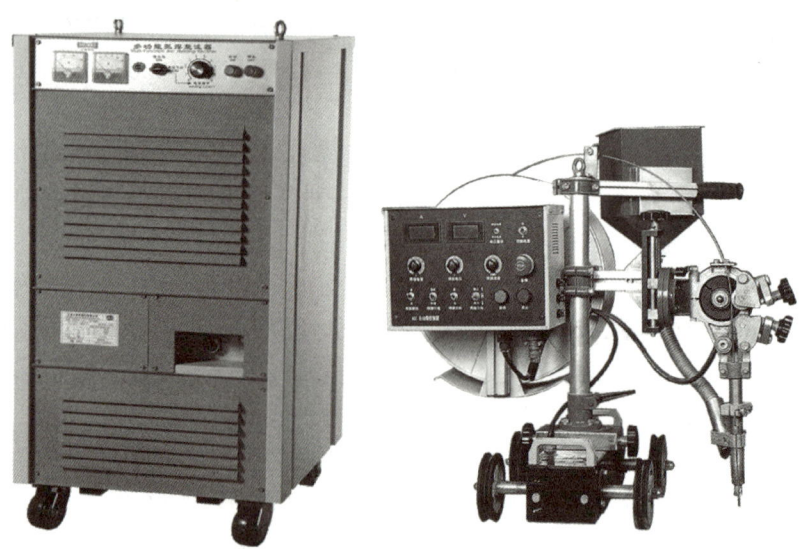

图 3-15　MZ-1-1000 型埋弧焊机的外形图

MZ-1000 型埋弧焊机由于采用发电机-电动机反馈自动调节系统，需由三相异步电动机拖动的直流发电机供电，结构复杂。MZ-1-1000 型埋弧焊机也是一种变速送丝式自动埋弧焊机，配用直流焊接电源，焊车式机头。由于采用晶闸管电弧电压反馈自动调节系统，取消了发电机-电动机组，将控制电路安装在电源箱或控制盘内，故不用控制箱，结构紧凑，体积小，成本低。

MZ-1-1000 型自动埋弧焊机采用晶闸管电弧电压反馈自动调节系统，其原理如图 3-16 所示。电动机 M 由硅整流电源 UR_1 供电，利用晶闸管 VH 控制 M 的电枢电压，只要在晶闸管触发电路中加入电弧电压反馈信号就可实现电弧电压反馈自动调节。电弧电压反馈控制信号 U_a 从电位器 RP_3 中取出，与从电位器 RP_1 中取出的给定控制信号 U_g 反极性串联后加在由 VT_1、VT_2、VU 等组成的单结晶体管触发电路上，再由脉冲变压器 T1 输出与电源电压有一定相位关系的触发脉冲信号，触发串联在电动机 M 电枢回路中的晶闸管 VH，即可使 M 得电送丝。当弧长变化引起 U_a 改变时，VH 的触发脉冲相位发生变化，使 M 的送丝速度改变而实现弧长的自动调节。

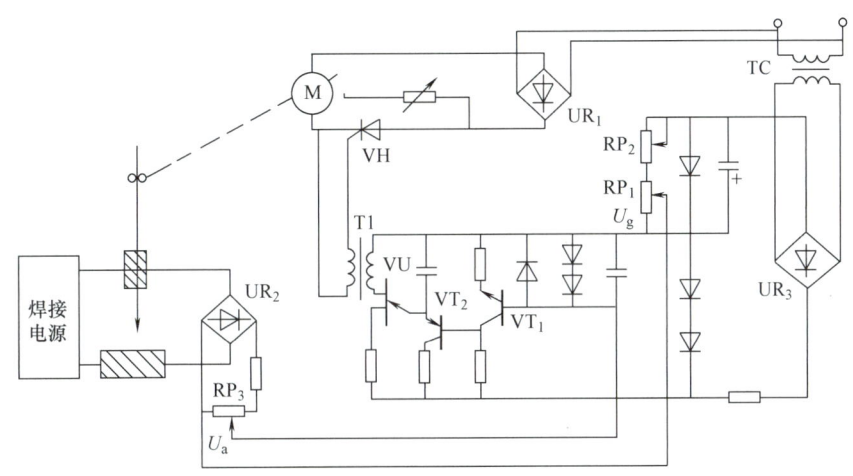

图 3-16　晶闸管电弧电压反馈自动调节系统电路原理图

MZ-1-1000 型埋弧焊机的基本控制方式与 MZ-1000 型埋弧焊机相同，另外增加了划擦起弧和定电压熄弧功能，图 3-17 是该机的控制电路工作框图。

划擦起弧是指焊机在不接触焊件情况下按下起动按钮时，焊丝慢速给送直至刮擦工件引起短路，然后电路执行反抽与下送焊丝起弧。定电压熄弧是在熄弧时，按下停止按钮，使焊丝停止输送，电弧的继续燃烧会使电弧电压升高，到一合适数值后，由电路中的电压继电器动作切断电源，实现熄弧。由于增加了划擦起弧与熄弧功能，使焊机的操作更方便，加上直流电弧稳定性好，故该焊机较受欢迎。这种焊机的缺点是电动机正反转需通过另外的继电器触点进行控制，因而对回抽引弧的可靠性及使用寿命有一定的影响，但其结构简单轻便，制造成本较低，故仍有较好的应用前景。

四、埋弧焊机的使用及维护

为保证焊接过程顺利进行、提高生产率和焊接质量、延长焊机寿命，应正确使用焊机，并对焊机进行经常性的保养维护，使其处于良好的工作状态。

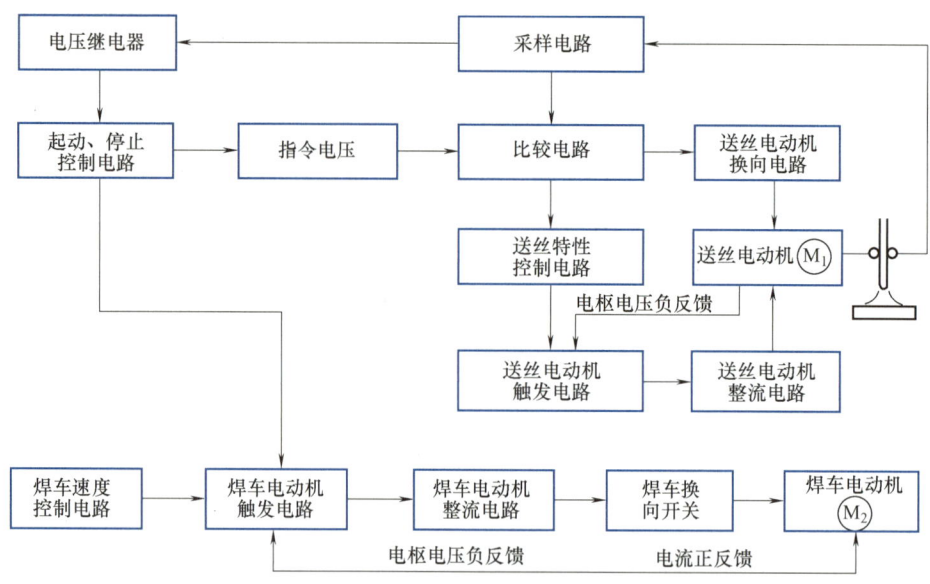

图 3-17 MZ-1-1000 型埋弧焊机的控制电路工作框图

埋弧焊机安装时,要仔细研读使用说明书,严格按照说明书中的要求进行安装接线。图 3-18 所示为 MZ-1000 型埋弧焊机使用交流电源时的外部接线图。要注意外接电网电压应与设备要求的电压一致。外接电缆要有足够的容量和良好的绝缘。连接部分的螺母要拧紧,尤其是地线连接的可靠性很重要,否则可能危及人身安全。通电前,应认真检查接线的正确性;通电后,应仔细观察设备的运行情况,如有无发热、有无声音异常等,并应注意运动部件的转向和测量仪表指示的方向是否正确无误等。若发现异常,应立即停机处理。

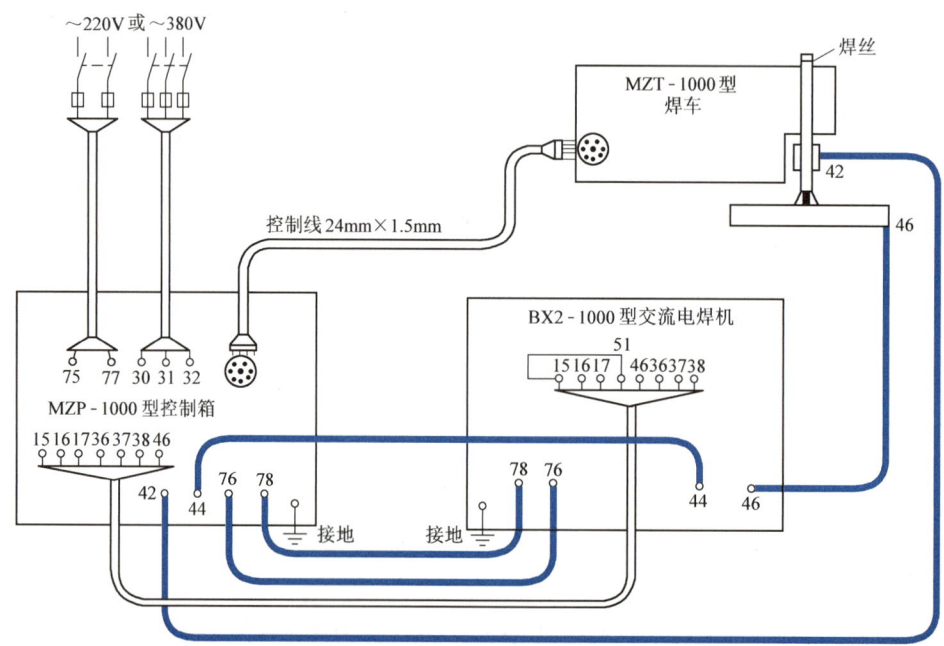

图 3-18 用交流电源时 MZ-1000 型埋弧焊机的外部接线图

电焊机制造厂生产的 MZ-1000 型埋弧焊机,一般是按交流电源接线出厂供货的,若要改用直流电源,需对焊机略加改装。需要改动的主要有三处:一是直流电源仅一极(应注意使用的极性)连接交流接触器的主触点,若单个触点通过电流能力不够,可用两个触点并联使用;二是将互感器改为分流器;三是将交流电流表和电压表改为直流电流表和电压表。

只有熟悉焊机的结构、工作原理和使用方法,才能正确使用和及时排除各种故障,有效地发挥设备的正常功能。在使用过程中,应对设备经常进行清理,严防异物落入电源或焊车的运动部件内,并应及时检查连接件是否因运动时的振动而松动。运动部件响声异常、电路引线不正常发热,往往就是由于连接件松动而引起的。若设备在露天工作,还要特别注意因下雨受潮而破坏焊机的绝缘等问题。但是任何设备工作一段时间后,发生某些故障总是难免的,因此对焊接设备必须进行经常性的检查和维护。

【综合训练】

一、理论部分

(一)解释

1. 熔化极电弧自身调节系统
2. 电弧电压反馈自动调节系统

(二)填空

1. 在自动埋弧焊焊接状态下,电弧长度是由_____和_____共同决定的。
2. 电弧自身调节系统的静特性曲线实际上就是焊接过程中的_____曲线,电弧在这一曲线上任何一点工作时,焊丝熔化速度_____焊丝的送进速度,焊接过程稳定进行。
3. 埋弧焊时若采用等速送丝,当弧长发生变化而引起焊接参数发生变化时,电弧自身会产生一种调节作用,使_____,这种特性称为焊接电弧的_____。

(三)判断

(   ) 1. 焊剂的作用主要是为了获得光滑美观的焊缝表面成形。
(   ) 2. 在电弧自身调节系统的静特性曲线上,焊接速度等于焊丝熔化速度。
(   ) 3. 埋弧焊的自动调节以消除工件表面不平、焊缝坡口不规则、装配质量不良等引起的弧长变化的干扰为目标。
(   ) 4. 埋弧焊焊接过程停止时,应先切断送丝电动机电源。
(   ) 5. 埋弧焊机短路回抽式起弧,应先按动"焊丝向下"按钮,使焊丝先接触工件。

(四)简答

1. 当弧长发生变化时,电弧自身调节系统如何进行调节?
2. 电弧自身调节系统为什么需要配用平或缓降外特性的电源?
3. 简述发电机-电动机电弧电压反馈自动调节系统的工作原理。

二、实践部分

1. 训练目标

1) 了解 MZ-1000 型埋弧焊机各组成部分特点及工作原理。
2) 掌握 MZ-1000 型埋弧焊机的焊接参数调节方法。

2. 训练准备

1）人员准备：分组进行，每组由 8~10 人组成。

2）资料准备：实训指导书。

3. 训练地点

实验室或实训场地。

4. 训练方法

1）根据课堂教学内容，对照实训所用的焊机，了解焊机的结构和各部分的组成及工作情况。

2）在教师的指导下进行焊机的调整，并按正确的程序进行操作练习。

模块三　埋弧焊的焊接材料与冶金过程

导入案例

"加氢反应器""核电"设备制造中，大量应用了埋弧焊技术。由于其自身的特点，对焊缝中的有害杂质含量，特别是硫、磷含量控制得很严。如"加氢"设备主焊缝化学成分对硫、磷的要求是：$w_S \leq 0.015\%$，$w_P \leq 0.012\%$。控制焊缝中硫、磷含量的方法，一是控制母材本身的硫、磷含量，二是控制焊接材料如焊丝（带）、焊剂、焊条中的硫、磷含量。母材、焊丝（带）及焊条钢芯中硫、磷含量的控制水平受钢铁冶炼水平的限制，回旋余地不大。但是，焊剂及焊条药皮中硫、磷杂质含量，除了对用于生产制造焊剂或焊条药皮的矿石粉料加以严格控制外，所选择的渣系对焊缝中的硫、磷含量也将产生影响。

一、埋弧焊的焊接材料及选用

埋弧焊的焊接材料包括焊丝和焊剂，它们相当于电焊条的焊芯和药皮。埋弧焊时焊丝和焊剂直接参与焊接过程中的冶金反应，因而它们的化学成分和物理特性都会影响焊接工艺过程，并通过焊接过程对焊缝金属的化学成分、组织和性能产生影响。正确选择焊剂和焊丝并合理地配合使用，是埋弧焊技术的一项重要内容。

1. 焊丝

焊丝在埋弧焊中是作为填充金属的，也是焊缝金属的组成部分，所以对焊缝质量有直接影响。根据焊丝的成分和用途可将其分为碳素结构钢焊丝、合金结构钢焊丝和不锈钢焊丝三大类。国产埋弧焊用焊丝已列入国家标准 GB/T 14957—1994。随着埋弧焊所焊金属种类的增加，焊丝的品种也在增加，目前生产中已在应用高合金钢焊丝、各种非铁金属焊丝和堆焊用的特殊合金焊丝等新品种焊丝。

埋弧焊焊接低碳钢时，常用的焊丝牌号有 H08、H08A、H15Mn 等，其中以 H08A 的应用最为普遍。当焊件厚度较大或对力学性能的要求较高时，则可选用含 Mn 量较高的焊丝。在对合金结构钢或不锈钢等合金元素较高的材料焊接时，则应考虑材料的化学成分和其他方面的要求，选用成分相似或性能上可满足材料要求的焊丝。

为适应焊接不同厚度材料的要求，同一牌号的焊丝可加工成不同的直径。埋弧焊常用的焊丝直径有2mm、3mm、4mm、5mm和6mm五种。使用时，要求将焊丝表面的油、锈等清理干净，以免影响焊接质量。有些焊丝表面有一薄层铜镀层，可防止焊丝生锈并使导电嘴与焊丝间的导电更为可靠，提高电弧的稳定性。

焊丝一般成卷供应，使用前要盘卷到焊丝盘上，在盘卷及清理过程中，要防止焊丝产生局部小弯曲或在焊丝盘中相互套叠。否则，会影响焊丝在焊接时的正常送进，破坏焊接过程的稳定，严重时会迫使焊接过程中断。

2. 焊剂

焊剂在埋弧焊中的主要作用是造渣，以隔绝空气对熔池金属的污染，控制焊缝金属的化学成分，保证焊缝金属的力学性能，防止气孔、裂纹和夹渣等缺陷的产生。同时，考虑实施焊接工艺的需要，还要求焊剂具有良好的稳弧性能，形成的熔渣应具有合适的密度、黏度、熔点、颗粒度和透气性，以保证焊缝获得良好的成形质量，最后熔渣凝固形成的渣壳具有良好的脱渣性能。

埋弧焊的焊剂可按制造方法、用途、化学成分、化学性质以及颗粒结构等分类。我国目前主要是按制造方法和化学成分分类的。按制造方法可将焊剂分为熔炼焊剂、非熔炼焊剂两大类。熔炼焊剂是按配方比例将原料干混均匀后入炉熔炼，然后经过水冷粒化、烘干、筛选而成为成品的焊剂；非熔炼焊剂是将原料粉按配方比例混拌均匀后，加入黏结剂调制湿料，再经烘干、粉碎、筛选而成的。按焙烧温度不同非熔炼焊剂又分为烧结焊剂和黏结焊剂，其不同点是烧结焊剂是在400～1000℃温度下烘干（烧结）而成的；而黏结焊剂则是在350～500℃的较低温度下烘干而成的。熔炼焊剂成分均匀，颗粒强度高，吸水性小，易储存，是国内生产中应用最多的一类焊剂。其缺点是焊剂中无法加入脱氧剂和铁合金，因为熔炼过程中烧损十分严重。表3-7列出了焊接钢时用熔炼焊剂的牌号、类型及其化

> **资料卡**
>
> **焊剂型号标注方法**
>
> GB/T 36037—2018 规定，埋弧焊用焊剂型号标注方法为：$S×_1×_2×_3$。其中，"S"表示适用于埋弧焊；"$×_1$"表示焊剂制造方法，"F"表示熔炼焊剂，"A"表示烧结焊剂，"M"表示混合焊剂；"$×_2$"表示焊剂类型代号，比如"CS"表示硅钙型、"MS"表示硅锰型、"RS"表示硅钛型等；"$×_3$"表示焊剂适用范围代号。除以上强制标注的内容外，根据供需双方协商，可在型号后依次附加可选代号：冶金性能代号、电流类型代号和扩散氢代号。

学成分。非熔炼焊剂由于制造过程中未经高温熔炼，焊剂中加入的脱氧剂和铁合金等几乎没有损失，可以通过焊剂向焊缝过渡大量合金成分，补充焊丝中合金元素的烧损。国外非熔炼焊剂，特别是烧结焊剂的应用较多，常用来焊接高合金钢或进行堆焊。另外，烧结焊剂脱渣性能好，所以大厚度焊件窄间隙埋弧焊时均用烧结焊剂。表3-8列出了焊接钢时用烧结焊剂的牌号、类型及其组成成分。

3. 焊剂和焊丝的选用与配合

焊剂和焊丝的正确选用及二者之间的合理配合，是获得优质焊缝的关键，也是埋弧焊工艺过程的重要环节，所以必须按工件的成分、性能和要求，正确、合理地选配焊剂和焊丝。

表3-7 埋弧焊焊接钢时用熔炼焊剂的牌号、类型及其化学成分

焊剂牌号	焊剂类型	化学成分（质量分数，%）											
		SiO_2	Al_2O_3	MnO	CaO	MgO	TiO_2	CaF_2	NaF	ZrO_2	FeO	S	P	R_2O
HJ130	无Mn高Si低F	35~40	12~16	—	10~18	14~19	7~11	4~7	—	—	2.0	≤0.05	≤0.05	—
HJ131	无Mn高Si低F	34~38	6~9	—	48~55	—	—	2~5	—	—	≤1.0	≤0.05	≤0.08	≤3.0
HJ150	无Mn中Si中F	21~23	28~32	—	3~7	9~13	—	—	—	—	—	≤0.08	≤0.08	—
HJ172	无Mn低Si高F	3~6	28~35	1~2	2~5	—	—	44~55	2~3	2~4	≤0.8	≤0.05	≤0.05	≤3.0
HJ230	低Mn高Si低F	40~46	10~17	5~10	8~14	10~14	—	7~11	—	—	≤1.5	≤0.05	≤0.05	—
HJ250	低Mn中Si中F	18~22	18~23	5~8	4~8	12~16	—	23~30	—	—	≤1.5	≤0.05	≤0.05	≤3.0
HJ251	低Mn中Si中F	18~22	18~23	7~10	3~6	14~17	—	23~30	—	—	≤1.0	≤0.05	≤0.05	—
HJ260	低Mn中Si中F	29~34	19~24	2~4	4~7	15~18	—	20~25	—	—	≤1.0	≤0.08	≤0.07	≤1.0
HJ330	中Mn高Si低F	44~48	≤4.0	22~26	≤3.0	16~20	—	3~6	—	—	≤1.5	≤0.07	≤0.08	—
HJ350	中Mn中Si中F	30~35	13~18	14~19	10~18	5~9	—	14~20	—	—	≤1.0	≤0.06	≤0.07	—
HJ360	中Mn高Si低F	33~37	11~15	20~26	4~7	—	—	10~19	—	—	≤1.0	≤0.1	≤0.1	—
HJ430	高Mn高Si低F	38~45	≤5	38~47	≤6	5~9	—	5~9	—	—	≤1.8	≤0.06	≤0.08	—
HJ431	高Mn高Si低F	40~44	≤4	34~38	≤6	5~8	—	3~7	—	—	≤1.8	≤0.06	≤0.08	—
HJ433	高Mn高Si低F	42~45	≤3	44~47	≤4	—	—	2~4	—	—	≤1.8	≤0.06	≤0.08	≤0.5

表 3-8　埋弧焊焊接钢时用烧结焊剂的牌号、类型及其组成成分

牌号	焊剂类型	组成成分（质量分数,%）
SJ101	氟碱型	SiO_2+TiO_2 25，$CaO+MgO$ 30，Al_2O_3+MnO 25，CaF_2 20
SJ301	硅钙型	SiO_2+TiO_2 40，$CaO+MgO$ 25，Al_2O_3+MnO 25，CaF_2 10
SJ401	硅锰型	SiO_2+TiO_2 45，$CaO+MgO$ 10，Al_2O_3+MnO 40
SJ501	铝钛型	SiO_2+TiO_2 30，Al_2O_3+MnO 55，CaF_2 5
SJ502	铝钛型	$MnO+Al_2O_3$ 30，TiO_2+SiO_2 45，$CaO+MgO$ 10，CaF_2 5

在焊接低碳钢和强度等级较低的合金钢时，选配焊剂和焊丝通常以满足力学性能要求为主，使焊缝与母材等强度，同时要满足其他力学性能指标要求。在此前提下，即可选用下面两种配合方式中的任何一种：用高锰高硅焊剂（如 HJ430、HJ431）配合低碳钢焊丝（如 H08A）或含锰焊丝（如 H08MnA）；用无锰高硅或低锰中硅焊剂（如 HJ130、HJ250）配合高锰焊丝（如 H10Mn2）。焊接低合金高强度钢时，除要使焊缝与母材等强外，要特别注意提高焊缝的塑性和韧性，一般选用中锰中硅或低锰中硅焊剂（如 HJ350、HJ250）配合相应钢种焊丝。焊接低温钢、耐热钢和耐蚀钢时，选择的焊剂和焊丝首先要保证焊缝具有与母材相同或相近的耐低温或耐热、耐蚀性能，为此可选用中硅或低硅型焊剂与相应的合金钢焊丝配合。焊接奥氏体不锈钢等高合金钢时，主要是保证焊缝与母材有相近的化学成分，同时满足力学性能和抗裂性能等方面的要求。由于在焊接过程中，铬、钼等主要合金元素会烧损，应选用合金含量比母材高的焊丝；焊剂要选用碱度高的中硅或低硅焊剂，防止焊缝增硅而使性能下降。如果只有合金成分较低的焊丝，也可以配用专门的烧结焊剂或黏结焊剂焊接，依靠焊剂过渡必要的合金元素，同样可以获得满意的焊缝成分和性能。

常用埋弧焊剂的用途及配用的焊丝见表 3-9。

表 3-9　常用埋弧焊剂的用途及配用的焊丝

焊剂类别	焊剂牌号	成分类型	用途	配用焊丝	适用电流种类	使用前焙烘/h×℃
熔炼型	HJ130	无 Mn 高 Si 低 F	低碳钢、普低钢	H10Mn2	交、直流	2×250
	HJ131	无 Mn 高 Si 低 F	Ni 基合金	Ni 基焊丝	交、直流	2×250
	HJ150	无 Mn 中 Si 中 F	轧辊堆焊	H2Cr13、H3Cr2W8	直流	2×250
	HJ151	无 Mn 中 Si 中 F	奥氏体不锈钢	相应钢种焊丝	直流	2×300
	HJ172	无 Mn 低 Si 高 F	含 Nb、Ti 不锈钢	相应钢种焊丝	直流	2×400
	HJ173	无 Mn 低 Si 高 F	Mn、Al 高合金钢	相应钢种焊丝	直流	2×250
	HJ230	低 Mn 高 Si 低 F	低碳钢、普低钢	H08MnA、H10Mn2	交、直流	2×250
	HJ250	低 Mn 中 Si 中 F	低合金高强度钢	相应钢种焊丝	直流	2×350
	HJ251	低 Mn 中 Si 中 F	珠光体耐热钢	CrMo 钢焊丝	直流	2×350
	HJ252	低 Mn 中 Si 中 F	Q390、14MnMoV、18MnMoNb	H08MnMoA、H10Mn2	直流	2×350
	HJ260	低 Mn 高 Si 中 F	不锈钢，轧辊堆焊	不锈钢焊丝	直流	2×400
	HJ330	中 Mn 高 Si 低 F	重要低碳钢、普低钢	H08MnA、H11Mn2Si、H10MnSi	交、直流	2×250

（续）

焊剂类别	焊剂牌号	成分类型	用途	配用焊丝	适用电流种类	使用前焙烘/h×℃
熔炼型	HJ350	中Mn中Si中F	重要低合金高强度钢	MnMo、MnSi及含Ni高强钢焊丝	交、直流	2×400
	HJ351	中Mn中Si中F	MnMo、MnSi及含Ni普低钢	相应钢种焊丝	交、直流	2×400
	HJ430	高Mn高Si低F	重要低碳钢、普低钢	H08A、H08MnA	交、直流	2×250
	HJ431	高Mn高Si低F	重要低碳钢、普低钢	H08A、H08MnA	交、直流	2×250
	HJ432	高Mn高Si低F	重要低碳钢、普低钢（薄板）	H08A	交、直流	2×250
	HJ433	高Mn高Si低F	低碳钢	H08A	交、直流	2×350
烧结型	SJ101	碱性（氟碱型）	重要普低钢	H08MnA、H08MnMoA、H08Mn2MoA、H10Mn2	交、直流	2×350
	SJ301	中性（硅钙型）	低碳钢、锅炉钢	H08MnA、H10Mn2、H08MnMoA	交、直流	2×350
	SJ401	酸性（锰硅型）	低碳钢、普低钢	H08A	交、直流	2×250
	SJ501	酸性（铝钛型）	低碳钢、普低钢	H08A、H08MnA	交、直流	2×350
	SJ502	酸性（铝钛型）	低碳钢、普低钢	H08A	交、直流	1×300

二、埋弧焊的冶金过程

1. 冶金过程的特点

埋弧焊的冶金过程是指液态熔渣与液态金属以及电弧气氛之间的相互作用，其中主要包括氧化、还原反应，脱硫、脱磷反应以及去除气体等过程。埋弧焊的冶金过程具有下列特点。

（1）空气不易侵入焊接区 埋弧焊时，电弧在焊剂层下燃烧，部分焊剂在电弧热作用下立即熔化，形成一层液态熔渣和气泡，包围了整个焊接区和液态熔池，隔绝了周围的空气，产生了良好的保护作用。以低碳钢焊缝的含氮量为例来分析，焊条电弧焊（用优质药皮焊条焊接）的焊缝金属 w_N 为 0.02%~0.03%，而埋弧焊焊缝金属 w_N 仅为 0.002%。故埋弧焊焊缝金属的塑性良好，具有较高的致密性和纯度。

（2）冶金反应充分 埋弧焊时，由于热输入大以及焊剂的作用，不仅使熔池体积大，同时由于焊接熔池和凝固的焊缝金属被较厚的熔渣层覆盖，焊接区的冷却速度较慢，使熔池金属凝固速度减缓，因此埋弧焊时金属熔池处于液态的时间要比焊条电弧焊长几倍，这样，液态金属与熔化的焊剂、熔渣之间有较多的时间进行相互作用，因而冶金反应充分，气体和杂质易析出，不易产生气孔、夹渣等缺陷。

（3）焊缝金属的成分均匀且易于控制 埋弧焊时，由于焊接过程是机械化操作，又有弧长自动调节系统，因此焊接参数（焊接电流、电弧电压及焊接速度）比焊条电弧焊稳定，即每单位时间内所熔化的金属和焊剂的数量较为稳定，从而焊缝金属的化学成分均匀。

 **小知识** 埋弧焊的冶金反应主要是液态金属中某一元素被焊剂中某元素取代的反应。

另外，埋弧焊过程中，高温熔渣具有较强的脱硫、脱磷作用，焊缝金属中的硫、磷含量可控制在很低的范围内；同时，熔渣还具有去除气体的作用，因而大大降低了焊缝金属中氢和氧的含量，提高了焊缝金属的纯度。埋弧焊焊接过程中还可以通过焊剂或焊丝对焊缝进行渗合金，因此焊缝金属的合金成分易于控制。

2. 低碳钢埋弧焊时的主要冶金反应

对于低碳钢埋弧焊来说，最主要的冶金反应有硅、锰的还原，碳的氧化（烧损）反应以及焊缝中氢和硫、磷含量的控制等。

(1) 焊缝中硅、锰的还原反应 硅、锰是低碳钢焊缝金属中最重要的合金元素。锰可以降低焊缝中产生热裂纹的危险性，提高焊缝力学性能；硅可镇静焊接熔池，加快其脱氧过程，并保证焊缝金属的致密性。因此，必须有效控制熔池的冶金过程，保证焊缝金属中适当的硅、锰含量。

低碳钢埋弧焊时，主要采用高锰高硅低氟型熔炼焊剂 HJ430 和 HJ431，并配用 H08 或 H08A 型焊丝。焊剂的主要成分是 MnO 和 SiO_2，它们的渣系为 $MnO\text{-}SiO_2$。因此，焊接时在熔渣与液态金属间将会发生如下反应：

$$2[Fe]+(SiO_2) \rightleftharpoons 2(FeO)+[Si]$$
$$[Fe]+(MnO) \rightleftharpoons (FeO)+[Mn]$$

式中，[ ] 表示在液态金属中含量；( ) 表示在熔渣中含量。由于 (SiO_2) 和 (MnO) 的浓度较高，因此该反应将向 Si、Mn 还原的方向进行。还原生成的 Si、Mn 元素则过渡到焊缝中去，而生成的 FeO 大部分进入熔渣，只有少量残留在焊缝金属中。埋弧焊时 Si、Mn 的还原程度以及向焊缝过渡的多少取决于焊剂成分、焊丝成分和焊接参数等因素。在上述诸因素的影响下，由试验得知，用高锰高硅低氟焊剂焊接低碳钢时，通常 Mn 的过渡量为 0.1%～0.4%（质量分数），而 Si 的过渡量为 0.1%～0.3%（质量分数）。在实际生产条件下，可以根据焊缝化学成分的要求，调节上述各种因素，以达到控制硅、锰含量的目的。

(2) 埋弧焊时碳的氧化（烧损） 低碳钢埋弧焊时，由于使用的熔炼焊剂中不含碳元素，因而碳只能从焊丝及母材进入焊接熔池。焊丝熔滴中的碳在过渡过程中发生非常剧烈的氧化反应：

$$C+O \rightleftharpoons CO$$

在熔池内也有一部分碳被氧化，其结果将使焊缝中碳元素烧损而出现脱碳现象。若增加焊丝中碳的含量，则碳的烧损量也增大。由于碳的剧烈氧化，熔池的搅动作用增强，使熔池中的气体容易逸出，有利于遏制焊缝中气孔的形成。由于焊缝中碳的含量对焊缝的力学性能有很大的影响，因此碳烧损后必须补充其他强化焊缝金属的元素，才可保证焊缝力学性能的要求，这正是焊缝中硅、锰元素一般都比母材高的原因。

(3) 硫、磷杂质的控制 硫、磷在金属中都是有害杂质。焊缝含硫量增加时会造成偏析形成低温共晶，使产生热裂纹的倾向增大；焊缝含磷量增加时会引起金属的冷脆性，降低其冲击韧度。因此，必须限制焊接材料中硫、磷的含量并控制其过渡。低碳钢埋弧焊所用的焊丝对硫、磷有严格的限制，一般要求 $w_{S,P} \leq 0.040\%$。低碳钢埋弧焊常用的熔炼型焊剂可以在制造过程中通过冶炼限制硫、磷含量，使焊剂中的硫、磷的质量分数控制在 0.1% 以下；而用非熔炼型焊剂焊接时焊缝中的硫、磷含量则较难控制。

想一想 气孔有多种，为什么埋弧焊时最容易产生氢气孔？

（4）熔池中的去氢反应 埋弧焊时对氢的敏感性比较大，经研究和试验证实，氢是埋弧焊时产生气孔和冷裂纹的主要原因。而防止气孔和冷裂纹的重要措施就是去除熔池中的氢。去氢的途径主要有两条：一是杜绝氢的来源，这就要求清除焊丝和焊件表面的水分、铁锈、油和其他污物，并按要求烘干焊剂；二是通过冶金手段去除已混入熔池中的氢。后一种途径对于焊接冶金来说非常重要，这可利用由焊剂中加入的氟化物分解出的氟元素和某些氧化物中分解出的氧元素，通过高温冶金反应与氢结合成不溶于熔池的化合物 HF 和 OH 来加以去除。

【综合训练】

一、理论部分

（一）填空

1. 埋弧焊的焊接材料包括_____和_____，它们相当于焊条的_____和_____。
2. 焊丝牌号 H08A 中，H 表示_____，08 表示_____，A 表示_____。
3. 埋弧焊的冶金过程是指_____与_____以及_____之间的相互作用。
4. 低碳钢埋弧焊时，主要采用_____焊剂，并配用_____焊丝。

（二）简答

1. 与焊条电弧焊相比，埋弧焊的冶金过程有哪些特点？
2. 强度等级较低的低合金钢埋弧焊时，焊剂与焊丝应如何配合？为什么？
3. 埋弧焊采用熔炼焊剂焊接时，为什么碳元素不向焊缝金属过渡而只烧损？
4. 埋弧焊时为什么容易产生氢气孔和冷裂纹？如何防止？

二、实践部分

1. 去实验室观察埋弧焊的焊剂、焊丝及应用场合。
2. 在做工艺实验时，注意焊件与焊丝的清理、焊剂的烘干等去氢措施。

模块四 埋弧焊工艺

导入案例

近年来，吉林石油集团有限责任公司建设公司对压力容器制造生产线全面进行更新改造，引进了新设备、新技术、新工艺。但在试生产中也出现了很多技术难题，其中外环缝埋弧焊接过程中出现了焊缝成形不良、焊穿、断弧等各类问题。经过对焊接设备和工艺的反复研究、改进和调整，解决了以上问题，使容器焊接合格率达到了95%以上。由此可见，选择合理的焊接工艺是压力容器制造的关键。

一、埋弧焊工艺的内容和编制

1. 埋弧焊工艺的主要内容

埋弧焊工艺主要包括焊接工艺方法的选择、焊接工艺装备的选用、焊接坡口的设计、焊接材料的选定、焊接参数的制订、焊件组装工艺编制、操作技术参数及焊接过程控制技术参数的制订、焊缝缺陷的检查方法及修补技术的制订、焊前预处理与焊后热处理技术的制订等内容。

2. 编制焊接工艺的原则和依据

首先要保证接头的质量完全符合焊件技术条件或标准的规定；其次是在保证接头质量的前提下，最大限度地降低生产成本，即以最高的焊接速度、最低的焊材消耗和能量消耗以及最少的焊接工时完成整个焊接过程。

编制焊接工艺的依据是焊件材料的牌号和规格、焊件的形状和结构、焊接位置以及对焊接接头性能的技术要求等。

3. 埋弧焊工艺规程及实例

根据上述基本原始资料，可编制出初步的工艺规程，即结合工厂生产车间现有的焊接设备和工艺装备，选择焊接工艺方法（如单丝焊或多丝焊、加焊剂衬垫或悬空焊、单面焊或双面焊、多层多道焊等）、焊接参数、焊剂与焊丝配合、焊丝直径、焊接坡口设计以及组装工艺等。各种电弧焊焊接工艺规程的基本形式已经标准化，欲了解相关内容，见 GB/T 19867.1—2005（附录 B 电弧焊焊接工艺规程）。

表 3-10 为某典型产品埋弧焊工艺规程实例。对于要求保证力学性能的接头，所编制的焊接工艺规程必须经过焊接工艺评定的检验加以验证。焊接工艺评定的程序是先由焊接技术部门根据产品的技术条件、施工设计图和有关的工艺试验报告，初步制订该焊接接头的焊接工艺设计书。在

小知识 为验证所拟订的焊件焊接工艺的正确性而进行的试验过程及对试验结果的评价，称为焊接工艺评定。

该设计书中，应当规定所有影响焊接接头力学性能的主要焊接参数以及接头各项检查项目和相应的合格标准。焊接试件由技术熟练的焊工在接近生产实际的条件下焊制。试板经无损检测合格后，按设计书规定的检验项目从试板中取出拉伸、弯曲和冲击试样。如果焊接试板所有试样的检验结果全部合格，则证明焊接工艺设计书中规定的焊接参数是合适的，并编写出焊接工艺评定报告。编制焊接工艺设计书的焊接技术部门根据焊接工艺评定报告编写正式的焊接工艺规程，经工厂技术负责人批准后发给施工单位使用。

表 3-10 埋弧焊工艺规程实例

产品零部件名称	水箱筒体纵缝	母材	牌号规格	Q355
焊接方法	埋弧焊			10~16mm
接头坡口形式				

(续)

焊前准备	1. 焊前将接缝两侧边缘氧化皮污垢等清理干净 2. 接缝装配错边不超过板厚的1/10 3. 采用E5015, φ4mm焊条定位焊 4. 焊剂在350~400℃烘干2h		焊接材料	焊条牌号 E5015　规格 φ4mm 焊丝牌号 H10Mn2　规格 φ5mm 焊剂牌号 HJ431　规格____ 保护气体____　流量____		
预热	预热温度____ 层间温度≤300℃		焊后热处理	后热____℃/h　消氢____℃/h 消除应力处理____℃/h		
焊接参数	板厚/mm	层次	焊接电流/A	电弧电压/V	送丝速度/(m/h)	焊接速度/(m/h)	电流种类
	12	1	650~700	36~38	68.5	34.5	交流
		2	700~750	38~40	68.5	29~35	
	16	1	800~850	38~40	81~87.5	27.5	交流
		2	850~900	38~40	81~87.5	25~28	

焊接设备型号	MZ-1-1000
操作技术	1. 双面单道焊 2. 第一层焊后，背面炭弧气刨 3. 第一层在焊剂垫上焊接
焊后检查	1. 外表检查，无焊瘤、咬边 2. X射线照相15%
编制	校对　　　审核

二、焊接参数的影响及选择

1. 焊接参数对焊缝质量的影响

埋弧焊焊接参数分主要参数和次要参数。主要参数是指那些直接影响焊缝质量和生产效率的参数，包括焊接电流、电弧电压、焊接速度、焊丝和焊剂的成分与配合、电流种类及极性和预热温度等。对焊缝质量产生有限影响或无多大影响的参数为次要参数，主要包括焊丝伸出长度、焊丝倾角、焊丝与焊件的相对位置、焊剂粒度、焊剂堆散高度和多丝焊的丝间距离等。这部分内容大多已在第一单元做过分析，这里不再赘述。现将它们对焊缝成形的影响列于表3-11中。

表3-11　埋弧焊焊接参数对焊缝成形的影响（用交流电焊接）

焊缝特征	下列各项值增大时焊缝特征的变化									
	焊接电流 ≤1500A	焊丝直径	电弧电压/V		焊接速度/(m/h)		焊丝后倾角度	焊件倾斜角		间隙和坡口	焊剂粒度
			22~34	35~60	10~40	40~100		下坡焊	上坡焊		
熔深 H	剧增	减	稍增	稍减	稍增	减	剧减	减	稍增	几乎不变	稍减
熔宽 B	稍增	增	增	剧增 （但直流正接时例外）	减		增	增	稍减	几乎不变	稍减

(续)

焊缝特征	下列各项值增大时焊缝特征的变化										
	焊接电流 ≤1500A	焊丝直径	电弧电压/V		焊接速度/(m/h)		焊丝后倾角度	焊件倾斜角		间隙和坡口	焊剂粒度
			22~34	35~60	10~40	40~100		下坡焊	上坡焊		
余高 h	剧增	减	减	减	稍增	稍增	减	减	增	减	稍减
成形系数 φ	剧减	增	增	剧增（但直流正接时例外）	减	稍减	剧减	增	减	几乎不变	增
余高系数 ψ	剧减	增	增	剧增（但直流正接时例外）	减	减	剧增	增	减	增	增
母材熔合比 γ	剧增	减	稍增	几乎不变	剧增	增	减	减	稍增	减	稍减

焊接参数从两方面决定了焊缝质量。一方面，焊接电流、电弧电压和焊接速度三个参数合成的焊接热输入影响着焊缝的强度和韧度；另一方面，这些参数分别影响到焊缝的成形，也就影响到焊缝的抗裂性、对气孔和夹渣的敏感性。对这些参数进行合理的匹配，才能焊出成形良好、无任何缺陷的焊缝。对于操作者来说，最主要的任务是正确选择和调整各焊接参数，控制最佳的焊道成形。

2. 焊接参数的选择方法

（1）焊接参数的选择依据 焊接参数的选择是针对将要投产的焊接结构施工图上标明的具体焊接接头进行的。根据产品图样和相应的技术条件，下列原始条件是已知的：

1）焊件的形状和尺寸（直径、总长度），接头的钢材种类与板厚。

2）焊缝的种类（纵缝、环缝）和焊缝的位置（平焊、横焊、上坡焊、下坡焊）。

3）接头的形式（对接、角接、搭接）和坡口形式（Y形坡口、X形坡口、U形坡口）。

4）对接头性能的技术要求，其中包括焊后无损检测方法、抽查比率以及对接头强度、冲击韧度、硬度和其他力学性能的合格标准。

5）焊接结构（产品）的生产批量和进度要求。

（2）焊接参数的选择程序 根据上列已知条件，通过对比分析，首先可选定埋弧焊工艺方法，单丝焊还是多丝焊，或其他工艺方法。同时根据焊件的形状和尺寸，可选定细丝埋弧焊还是粗丝埋弧焊。例如，小直径圆筒的内外环缝应采用 φ2mm 焊丝的细丝埋弧焊；厚板深坡口对接接头纵缝和环缝宜采用 φ4mm 焊丝的埋弧自动焊；船形位置厚板角接接头通常可采用 φ5mm、φ6mm 焊丝的粗丝埋弧焊。

焊接工艺方法选定后，即可按照钢材、板厚和对接头性能的要求，选择适用的焊剂和焊丝的牌号。对于厚板深坡口或窄间隙埋弧焊接头，应选择既能满足接头性能要求又具有良好工艺性和脱渣性的焊剂。

然后，根据所焊钢材的焊接性试验报告，选定预热温度、层间温度、后热温度以及焊后热处理温度和保温时间。由于埋弧焊的电弧热效率较高，焊缝及热影响区的冷却速度较慢，因此对于一般焊接结构，板厚 90mm 以下的接头可不作预热；厚度 50mm 以下的普通低合金结构钢，如施工现场的环境温度在 10℃ 以上，焊前也不必预热；抗拉强度 600MPa 以上的高强度钢或其他低合金钢，板厚 20mm 以上的接头应预热至 100~150℃。后热和焊后热处理通常只用于低合金钢厚板接头。

最后根据板厚、坡口形式和尺寸选定焊接参数（焊接电流、电弧电压和焊接速度）并配合其他次要参数。确定这些焊接参数时，必须以相应的焊接工艺试验结果或焊接工艺评定试验结果为依据，并在实际生产中加以修正后确定出符合实际情况的焊接参数。

三、埋弧焊技术

1. 埋弧焊的焊前准备

埋弧焊的焊前准备包括坡口的选择与制备、焊件的清理与装配、焊丝表面清理及焊剂烘干、焊机的检查与调试等工作。这些准备工作与焊接质量的好坏有着十分密切的关系，所以必须认真完成。

（1）坡口的选择与制备 由于埋弧焊可使用较大电流焊接，电弧具有较强穿透力，因此当焊件厚度不太大时，一般不开坡口也能将焊件焊透。但随着焊件厚度的增加，不能无限制地提高焊接电流，为了保证焊件焊透，并使焊缝有良好的成形质量，应在焊件上开坡口。坡口形式与焊条电弧焊时基本相同，其中以 Y 形、X 形、U 形坡口最为常用。当焊件厚度为 10~24mm 时，多为 Y 形坡口；厚度为 24~60mm 时，可开 X 形坡口；对一些要求高的厚大焊件的重要焊缝，如锅炉锅筒等压力容器，一般多开 U 形坡口。埋弧焊焊缝坡口的基本形式已经标准化，各种坡口适用的厚度、基本尺寸和标注方法见 GB/T 985.2—2008（附录 C）的规定。

坡口可用气割或机械加工方法制备。气割一般采用半自动或自动气割机可方便地割出直边（I 形）、Y 形和双 Y 形坡口。手工气割很难保证坡口边缘的平直和光滑，对焊接质量的稳定性有较大影响，尽可能不采用。如果必须采用手工气割加工坡口，一定要把坡口修磨到符合要求后才能装配焊接。用刨削、车削等机械加工方法制备坡口，可以达到比气割坡口更高的精度。目前，U 形坡口通常采用机械加工方法制备。

（2）焊件的清理与装配 焊件装配前，需将坡口及附近区域表面上的锈蚀、油污、氧化物、水分等清理干净。大量生产时可用喷丸处理方法；批量不大时也可用手工清理，即用钢丝刷、砂轮或钢丝轮等进行清除；必要时还可用氧乙炔火焰烘烤焊接部位，以烧掉焊件表面的污垢和油漆，并烘干水分。机械加工的坡口容易在坡口表面沾染切削液或其他油脂，焊前可用挥发性溶剂将污染部位清洗干净。

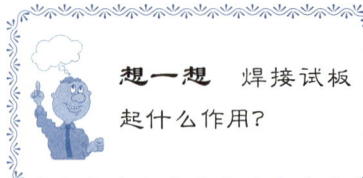

焊件装配时必须保证接缝间隙均匀，高低平整不错边，特别是在单面焊双面成形的埋弧焊中更应严格控制。装配时，焊件必须用夹具或定位焊缝可靠地固定。定位焊使用的焊条要与焊件材料性能相符，其位置一般应在第一道焊缝的背面，长度一般不大于 30mm。定位焊缝应平整，且不允许有裂纹、夹渣等缺陷。

对直缝的焊件装配，须在接缝两端加装引弧板和引出板。如果焊件带有焊接试板，应将其与焊件装配在一起。焊接试板、引弧板、引出板在焊件上的安装位置如图 3-19 所示。

加装引弧板和引出板是因为埋弧焊焊接速度快,刚引弧时焊件来不及达到热平衡,使引弧处质量不易保证。装上引弧板后,电弧在引弧板上引燃后进入焊件,可使焊件上焊缝端头保证质量。同理,焊件(包括试板)焊缝焊完后,将整个熔池引到引出板上再结束焊接,可防止收弧处熔池金属流失或留下弧坑,保证焊缝末端质量。引弧板和引出板的材质和坡口尺寸完全与所焊接的焊件相同,焊接结束后将引弧板和引出板割掉即可。焊接环焊缝时,引弧部位被正常焊缝重叠,收弧在已焊成的焊缝上进行,不需另外加装引弧板和引出板。

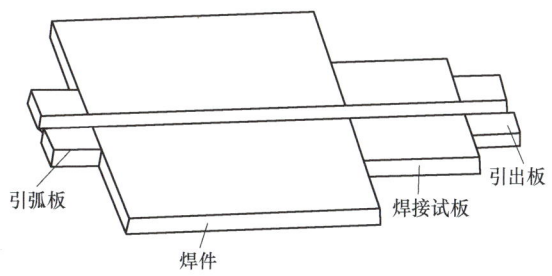

图 3-19　焊接试板、引弧板、引出板在焊件上的安装位置

(3) 焊丝表面清理与焊剂烘干　埋弧焊用的焊丝要严格清理,焊丝表面的油污、锈蚀及拔丝用的润滑剂都要清理干净,以免焊接时增大气孔倾向。

焊剂在运输及储存过程中容易吸潮,所以使用前应经烘干去除水分。一般焊剂须在250℃温度下烘干,并保温 1～2h。限用直流的焊剂使用前须经 350～400℃烘干,并保温 2h,烘干后应立即使用。回收使用的焊剂要过筛清除渣壳等杂质后才能使用。

(4) 焊机的检查与调试　焊前应检查接到焊机上的动力线、焊接电缆接头是否松动,接地线是否连接妥当。导电嘴是易损件,一定要检查其磨损情况和是否夹持可靠。

> **小知识**　实测埋弧焊的焊接速度时,应先测量 1min 内焊车移动或焊件转动过的距离,然后可计算出实际焊接速度。

焊机要作调试,检查仪表指示及各部分动作情况,并按要求调好预定的焊接参数。对于弧压反馈式埋弧焊机或在滚轮架上焊接的其他焊机,焊前应实测焊接速度。

2. 对接接头的埋弧焊技术

对接接头是焊接结构中应用最多的接头形式。对接接头埋弧焊时,可根据焊件厚度和结构分别采用单面焊或双面焊方法。

(1) 对接接头双面埋弧焊　双面埋弧焊是焊接对接接头最主要的焊接方法,适用于中厚板的焊接。这种方法须由焊件的两面分别施焊,焊完一面后翻转焊件再焊另一面。由于焊接过程全部在平焊位置完成,因而焊缝成形和焊接质量较易控制,对焊件装配质量的要求不是太高,一般都能获得满意的焊接质量。在焊接第一面时,既要保证一定的熔深,又要防止熔化金属的流溢或烧穿焊件。所以,焊接时必须采取一些必要的工艺措施,以保证焊接过程顺利进行。按采取的措施不同,可将双面埋弧焊分为以下几种。

1) 不留间隙双面焊。这种焊接法是在焊第一面时焊件背面不加任何衬垫或辅助装置,因此也叫悬空焊接法。为防止液态金属从间隙中流失或引起烧穿,要求焊件在装配时不留间隙或只留很小的间隙（一般不超过1mm）。第一面焊接时所用的焊接参数不能太大，只需使焊缝的熔深达到或略小于焊件厚度的一半即可。而焊接反面时，由于已有了第一面的焊缝作依托，且为了保证焊件焊透，便可用较大的焊接参数焊接，要求焊缝的熔深应达到焊件厚度的60%~70%。这种焊接法一般不用于厚度太大的焊件焊接，其焊接参数见表3-12。

表 3-12　不留间隙双面埋弧焊的焊接参数

钢板厚度/mm	焊丝直径/mm	焊接顺序	焊接电流/A	电弧电压/V	焊接速度/(m/h)
6	φ4	正	380~420	30	34.6
		反	430~470	30	32.7
8	φ4	正	440~480	30	30
		反	480~530	31	30
10	φ4	正	530~570	31	27.7
		反	590~640	33	27.7
12	φ4	正	620~660	35	25
		反	680~720	35	24.8
14	φ4	正	680~720	37	24.6
		反	730~770	40	22.5
15	φ5	正	800~850	34~36	38
		反	850~900	36~38	26
17	φ5	正	850~900	35~37	36
		反	900~950	37~39	26
18	φ5	正	850~900	36~38	36
		反	900~950	38~40	24
20	φ5	正	850~900	36~38	35
		反	900~1000	38~40	24
22	φ5	正	900~950	37~39	32
		反	1000~1050	38~40	24

2) 预留间隙双面焊。这种焊接法是在装配时，根据焊件的厚度预留一定的装配间隙，进行第一面的焊接。为防止熔化金属流溢，接缝背面应衬以焊剂垫（图3-20）或临时工艺垫板（图3-21），并须采取措施使其在焊缝全长都与焊件贴合，并且压力均匀。第一面的焊接参数应保证焊缝熔深达到焊件厚度的60%~70%；焊完第一面后翻转焊件，进行反面焊接，其焊接参数可与第一面焊接时相同，但必须保证完全熔透。对重要产品，在反面焊接前需进行清根处理，此时焊接参数可适当减小。预留间隙双面埋弧焊的焊接参数见表3-13。

表 3-13　预留间隙双面埋弧焊的焊接参数

钢板厚度/mm	装配间隙/mm	焊丝直径/mm	焊接电流/A	电弧电压/V	焊接速度/(m/h)
14	3~4	φ5	700~750	34~36	30
16	3~4	φ5	700~750	34~36	27
18	4~5	φ5	750~800	36~40	27
20	4~5	φ5	850~900	36~40	27

（续）

钢板厚度/mm	装配间隙/mm	焊丝直径/mm	焊接电流/A	电弧电压/V	焊接速度/(m/h)
24	4~5	φ5	900~950	38~42	25
28	5~6	φ5	900~950	38~42	20
30	6~7	φ5	950~1000	40~44	16
40	8~9	φ5	1100~1200	40~44	12
50	10~11	φ5	1200~1300	44~48	10

注：焊接用交流电，焊剂用 HJ431。

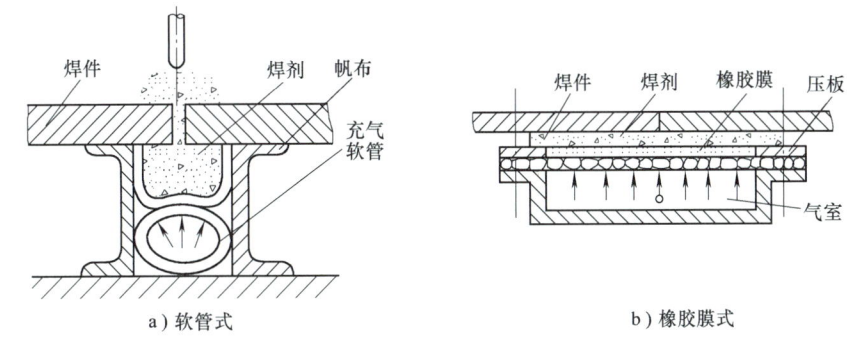

图 3-20 焊剂垫结构

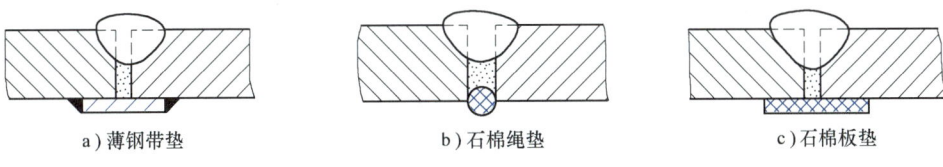

图 3-21 临时工艺垫板结构

3）开坡口双面焊。对于不宜采用较大热输入焊接的钢材或厚度较大的焊件，可采用开坡口双面焊。坡口形式由焊件厚度决定，通常焊件厚度小于 22mm 时开 Y 形坡口；大于 22mm 时开 X 形坡口。开坡口的焊件焊接第一面时，可采用焊剂垫。当无法采用焊剂垫时可用悬空焊，此时坡口应加工平整，同时保证坡口装配间隙不大于 1mm，以防止熔化金属流溢。开坡口双面埋弧焊的焊接参数见表 3-14。

表 3-14 开坡口双面埋弧焊的焊接参数

焊件厚度/mm	坡口形式	焊丝直径/mm	焊接顺序	坡口尺寸			焊接电流/A	电弧电压/V	焊接速度/(m/h)
				α/(°)	b/mm	p/mm			
14		φ5	正反	70	3	3	830~850 600~620	36~38 36~38	25 45
16		φ5	正反	70	3	3	830~850 600~620	36~38 36~38	20 45

（续）

焊件厚度/mm	坡口形式	焊丝直径/mm	焊接顺序	坡口尺寸 α/(°)	b/mm	p/mm	焊接电流/A	电弧电压/V	焊接速度/(m/h)
18		φ5	正反	70	3	3	830~860 600~620	36~38 36~38	20 45
22		φ6 φ5	正反	70	3	3	1050~1150 600~620	38~40 36~38	18 45
24		φ6 φ5	正反	70	3	3	1100 800	38~40 36~38	24 28
30		φ6	正反	70	3	3	1000 900~1000	36~40 36~38	18 20

4）焊条电弧焊封底双面焊。对无法使用衬垫或不便翻转的焊件，也可采用焊条电弧焊先仰焊封底，再用埋弧焊焊正面焊缝的方法。这类焊缝可根据板厚情况开或不开坡口。一般厚板焊条电弧焊封底焊的典型坡口如图 3-22 所示，保证封底厚度大于 8mm，以免埋弧焊时烧穿。由于焊条电弧焊熔深浅，因此在正面进行埋弧焊时必须采用较大的焊接参数，以保证焊件熔透。板厚大于 40mm 时宜采用多层多道埋弧焊，其焊接参数见表 3-15。此外，对于重要构件，常采用 TIG 焊打底，再用埋弧焊焊接的方法，以确保底层焊缝的质量。

表 3-15　厚板焊件多层多道埋弧焊的焊接参数

焊丝直径/mm	焊接电流/A	电弧电压/V 交流	直流	焊接速度/(m/h)
φ4	600~700	36~38	34~36	25~30
φ5	700~800	38~42	36~40	28~32

（2）对接接头单面埋弧焊　双面埋弧焊虽然获得广泛应用，但由于施焊时焊件需翻转，给生产带来很大麻烦，也使生产率大大降低。在对接接头中采用单面埋弧焊，可用强迫成形的方法实现单面焊双面成形，因而可免除焊件翻转带来的问题，大大提高生产率，减轻劳动强度，降低生产成本。但用这种方法焊接时，电弧功率和热输入大，接头的低温韧性较差，通常适用于中、薄板的焊接。

对接接头单面埋弧焊是使用较大焊接电流将焊件一次熔透的方法。由于焊接熔池较大，只有采用强制成形的衬垫，使熔池在衬垫上冷却凝固，才能达到一次成形。按衬垫的形式可将其分为以下几种。

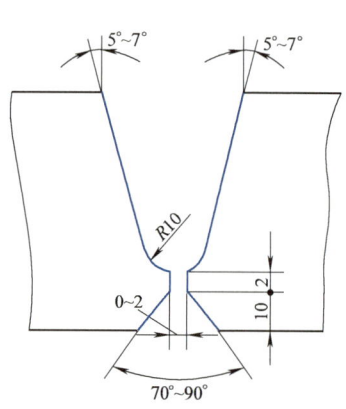

图 3-22　厚板焊件焊条电弧焊封底多层埋弧焊典型坡口

1）在铜衬垫上焊接。铜衬垫是有一定宽度和厚度的纯铜板，在其上加工出一道成形槽（截面形状如图 3-23 所示，截面尺寸见表 3-16），并采用机械方法使它贴紧在焊件接缝的下面，就能托住熔池金属，控制焊缝背面成形。

表 3-16　铜衬垫截面尺寸　　　　　　　　　　　　　　　　　（单位：mm）

焊件厚度	槽宽 b	槽深 h	槽曲率半径 r
4~6	10	2.5	7.0
6~8	12	3.0	7.5
8~10	14	3.5	9.5
10~14	18	4.0	12

焊接薄板时不留装配间隙，直接在铜衬垫上焊接。焊接更厚的焊件时，为了改善背面成形条件，常采用焊剂-铜垫法。使用这种方法时，焊件可以不开坡口，但要留合适的装配间隙。焊接前先在铜衬垫的成形槽中铺上一层薄焊剂，焊接时这部分焊剂既可避免因局部区段铜衬垫没有贴紧焊件而使熔池金属流溢，又可保护铜衬垫免受电弧的直接作用。这种焊接法对焊件装配质量、焊接参数要求不是十分严格，其焊接参数见表 3-17。根据铜衬垫尺寸及贴紧方式不同，在铜衬垫上焊接可分为龙门压力架固定式和随焊车联动的移动式两种。固定式需沿焊缝全长安置反面的成形铜衬垫，为使铜衬垫板贴紧焊件背面，除用龙门压力架压紧外，还可用压缩空气带动顶杆将铜衬垫向上顶紧，如图 3-24 所示。移动式则将一个长度较短的水冷铜衬垫安在接缝背面的拉紧滚轮架上，利用装在焊车上的钢制薄片通过坡口间隙使其贴紧并随焊车一起移动，其结构如图 3-25 所示。

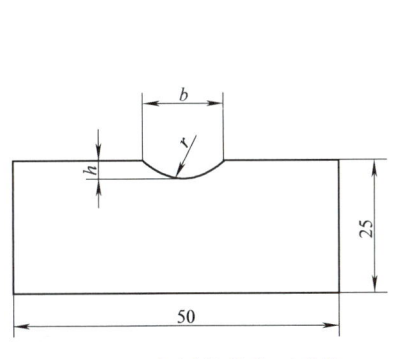

图 3-23　铜衬垫的截面形状

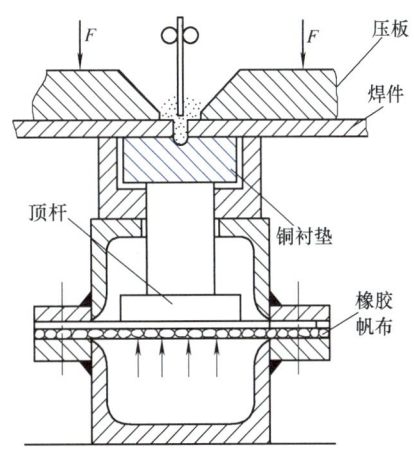

图 3-24　固定式铜衬垫顶紧机构

表 3-17　在铜衬垫上单面埋弧焊的焊接参数

焊件厚度/mm	装配间隙/mm	焊丝直径/mm	焊接电流/A	电弧电压/V	焊接速度/(m/h)
3	2	φ3	380~420	27~29	47
4	2~3	φ4	450~500	29~31	40.5
5	2~3	φ4	520~560	31~33	37.5
6	3	φ4	550~600	33~35	37.5

（续）

焊件厚度/mm	装配间隙/mm	焊丝直径/mm	焊接电流/A	电弧电压/V	焊接速度/(m/h)
7	3	φ4	640~680	35~37	34.5
8	3~4	φ4	680~720	35~37	32
9	3~4	φ4	720~780	36~38	27.5
10	4	φ4	780~820	38~40	27.5
12	5	φ4	850~900	39~41	23
14	5	φ4	880~920	39~41	21.5

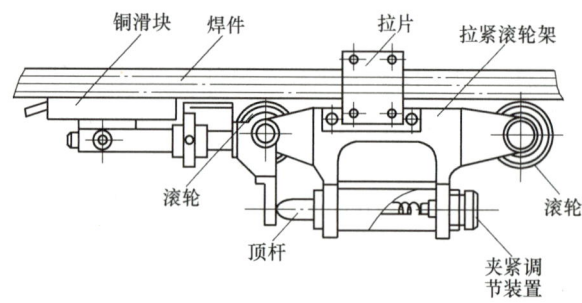

图 3-25　移动式水冷铜滑块结构

2）在焊剂垫上焊接。利用充气橡胶软管衬托的焊剂垫，也可防止熔池金属的流溢，达到单面焊双面成形的目的。用这种方法焊接时，使用的焊剂垫结构与前述图 3-20 相同。为使背面成形均匀整齐，要求焊剂垫的衬托压力必须适当且均匀，焊件装配间隙必须整齐。焊接薄板时，为防止因变形而造成焊剂垫贴紧程度变差，一般用压力架式电磁平台将焊件紧紧吸附在电磁平台上，使焊件保持平整。板厚 2~8mm 的对接接头在具有焊剂垫的电磁平台上焊接所用的焊接参数见表 3-18。

表 3-18　在电磁平台-焊剂垫上单面埋弧焊的焊接参数

板厚/mm	装配间隙/mm	焊丝直径/mm	焊接电源/A	电弧电压/V	焊接速度/(m/h)	电流种类	焊剂垫中焊剂颗粒	焊剂垫软管中的空气压力/kPa
2	0~1.0	φ1.6	120	24~28	43.5	直流（反接）	细小	81
3	0~1.5	φ1.6 φ2 φ3	275~300 275~300 400~425	28~30 28~30 25~28	44 44 70	交流	细小	81
4	0~1.5	φ2 φ4	375~400 525~550	28~30 28~30	40 50	交流	细小	101~152 101
5	0~2.5	φ2 φ4	425~450 575~625	32~34 28~30	35 46	交流	细小	101~152 101
6	0~3.0	φ2 φ4	475 600~650	32~34 28~32	30 40.5	交流	正常	101~152
7	0~3.0	φ4	650~700	30~34	37	交流	正常	101~152
8	0~3.5	φ4	725~775	30~36	34	交流	正常	101~152

对于焊件位置不固定的曲面焊缝，可采用热固化焊剂垫法焊接。这种方法是将热固化焊剂制成柔性板条，使用时将此板条紧贴在焊件接缝的背面，并用磁铁夹具等固定（见图 3-26）。采用该法时常用的焊接参数见表 3-19。

小知识 热固化焊剂垫中加入了一定比例的热固化物质，当温度升高到 100～150℃ 时，焊剂垫固化成具有一定刚性的板条，用以在焊接时支承熔池和帮助焊缝成形。

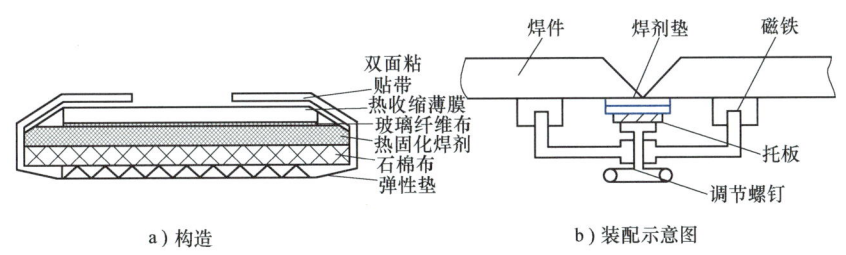

a）构造　　　　　　b）装配示意图

图 3-26　热固化焊剂垫构造和装配示意图

表 3-19　热固化焊剂垫单面埋弧焊的焊接参数

焊件厚度/mm	V 形坡口		焊件倾斜度		焊道顺序	焊接电流/A	电弧电压/V	金属粉末高度/mm	焊接速度/(m/h)
	角度/(°)	间隙/mm	垂直/(°)	横向/(°)					
9	50	0~4	0	0	1	720	34	9	18
12	50	0~4	0	0	1	800	34	12	18
16	50	0~4	3	3	1	900	34	16	15
19	50	0~4	0	0	1 2	850 810	34 36	15	15
19	50	0~4	3	3	1 2	850 810	34 36	15 0	15
19	50	0~4	5	5	1 2	820 810	34 36	15 0	15
19	50	0~4	7	7	1 2	800 810	34 34	15 0	15
19	50	0~4	3	3	1	960	40	15	12
22	50	0~4	3	3	1 2	850 850	34 36	15	15 12
25	50	0~4	0	0	1	1200	45	15	12
32	45	0~4	0	0	1	1600	53	25	12
22	40	2~4	0	0	前 后	960 810	35 36	12	18
25	40	2~4	0	0	前 后	990 840	35 38	15	15
28	40	2~4	0	0	前 后	900 900	35 40	15	15

3）在永久性垫板或锁底上焊接。当焊件结构允许焊后保留永久性垫板时，厚度在 10mm 以下的焊件可采用永久性垫板单面焊的方法。永久性垫板的尺寸见表 3-20。垫板必须紧贴待焊焊件表面，垫板与焊件板面的间隙不得超过 1mm。厚度大于 10mm 的焊件，可采用

锁底接头焊接的方法，如图 3-27 所示。

表 3-20 对接用的永久性垫板

板厚 δ/mm	垫板厚度	垫板宽度
2~6	0.5δ	$4\delta+5$
6~10	$(0.3~0.4)\delta$	

（3）**对接接头环缝埋弧焊** 环缝埋弧焊是制造圆柱形容器最常用的一种焊接形式，它一般先在专用的焊剂垫上焊接内环缝，如图 3-28 所示，然后再在滚轮转胎上焊接外环缝。由于筒体内部通风较差，为改善劳动条件，环缝坡口通常不对称布置，将主要焊接工作量放在外环缝，内环缝主要起封底作用。焊接

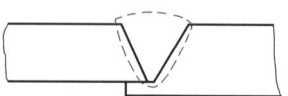

图 3-27 锁底对接接头

时，通常采用机头不动，让焊件匀速转动的方法进行焊接，焊件转动的切线速度即是焊接速度。环缝埋弧焊的焊接参数可参照平板双面对接的焊接参数选取（表 3-13 和表 3-14），焊接操作技术也与平板对接埋弧焊时的基本相同。

为了防止熔池中液态金属和熔渣从转动的焊件表面流失，无论焊接内环缝还是外环缝，焊丝位置都应逆焊件转动方向偏离中心线一定距离，使焊接熔池接近于水平位置，以获得较好成形。焊丝偏置距离随所焊筒体直径而变，一般为 30~80mm，如图 3-29 所示。

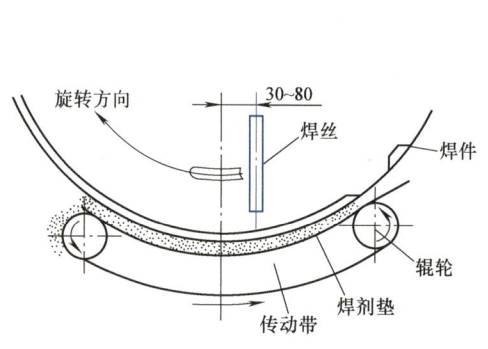

图 3-28 内环缝埋弧焊焊接示意图

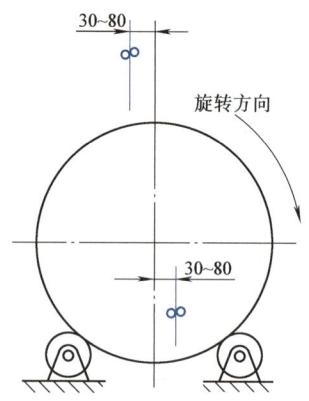

图 3-29 环缝埋弧焊焊丝偏移位置示意图

3. T 形接头和搭接接头的埋弧焊技术

T 形接头和搭接接头的焊缝均是角焊缝，用埋弧焊时可采用船形焊和平角焊两种形式。小焊件及焊件易翻转时多用船形焊；大焊件及焊件不易翻转时则用平角焊。

（1）**船形焊** 船形焊示意图如图 3-30 所示。由于焊丝为垂直状态，熔池处于水平位置，因此容易获得理想的焊缝形状。一次成形的焊脚尺寸较大，而且通过调整焊件旋转角度即

小知识 船形位置焊是将装配好的焊件旋转一定的角度，相当于在成 90°的 V 形坡口内进行平对接焊。

图 3-30 中的 α 角，就可有效地控制角焊缝两边熔合面积的比例。当板厚相等即 $\delta_1 = \delta_2$ 时，可取 $\alpha = \beta_1 = \beta_2 = 45°$，为对称船形焊，此时焊丝与接头中心线重合，熔池对称，焊缝在两板

上的焊脚相等；当板厚不相等，如 $\delta_1>\delta_2$ 时，取 $\alpha<45°$，此为不对称船形焊，焊丝与接头中心线不重合，使焊丝端头偏向厚板，因而熔合区偏向厚板一侧。

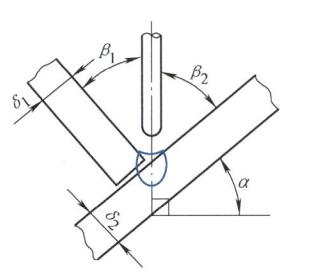 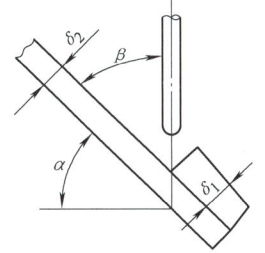

a）T形接头　　　　　　　　　　b）搭接接头

图 3-30　船形焊示意图

船形焊对接头的装配质量要求较高，要求接头的装配间隙不得超过 1.5mm。否则，便需采取工艺措施，如预填焊丝、预封底或在接缝背面设置衬垫等，以防止熔化金属从装配间隙中流失。选择焊接参数时应注意电弧电压不能过高，以免产生咬边。此外，焊缝成形系数不大于 2 才有利于焊缝根部焊透，也可避免咬边现象。船形焊的焊接参数见表 3-21。

表 3-21　船形焊的焊接参数（交流电源）

焊脚高度/mm	焊丝直径/mm	焊接电流/A	电弧电压/V	焊接速度/(m/h)
6	ϕ2	450~475	34~36	40
8	ϕ3	550~600	34~36	30
8	ϕ4	575~625	34~36	30
10	ϕ3	600~650	34~36	23
10	ϕ4	650~700	34~36	23
12	ϕ3	600~650	34~36	15
12	ϕ4	725~775	36~38	20
12	ϕ5	775~825	36~38	18

（2）**平角焊**　当采用 T 形接头和搭接接头焊件太大，不便翻转或因其他原因不能进行船形焊时，可采用焊丝倾斜布置的平角焊来完成，其示意图如图 3-31 所示。平角焊在生产中应用很广，其优点是对接头装配间隙不敏感，即使间隙达到 2~3mm，也不必采取防止液态金属流失的措施，因而对接头装配质量要求不严格。平角焊时由于熔池不在水平位置，熔池中的液体金属因自重的关系不利于立板侧的焊缝成形，使焊接时可能达到的焊脚高度受到限制，因而单道焊的焊脚高度很难超过 8mm，更大的焊脚需采用多道焊焊接。

平角焊时焊丝与焊件的相对位置对焊缝成形影响很大，当焊丝位置不当时，易产生咬边或使立板产生未熔合。为保证焊缝的良好成形，焊丝与立板的夹角 α 应保持在15°~45°范围内（一般为 20°~30°）。选择焊接参数时，应注意电弧电压不宜太高，这样可减少焊剂的熔化量而使熔渣减少，以防止熔渣流溢。使用较细焊丝可减小熔池体积，有利于防止熔池金属的流溢，并能保证电弧燃烧的稳定。平角焊的焊接参数见表 3-22。

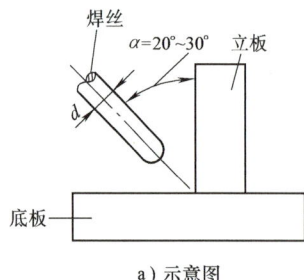
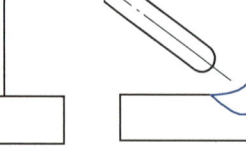
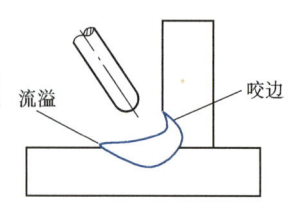

a) 示意图　　　　　　　b) 焊丝与立板间距过大　　　　　c) 焊丝与立板间距过小

图 3-31　平角焊示意图

表 3-22　平角焊的焊接参数（交流电源）

焊脚高度/mm	焊丝直径/mm	焊接电流/A	电弧电压/V	焊接速度/(m/h)
3	φ2	200~220	25~28	60
4	φ2	280~300	28~30	55
4	φ3	350	28~30	55
5	φ2	375~400	30~32	55
5	φ3	450	28~30	55
7	φ2	375~400	30~32	28
7	φ3	500	30~32	28

四、埋弧焊的常见缺陷及防止方法

埋弧焊常见缺陷有焊缝成形不良、咬边、未焊透、气孔、裂纹、夹渣、焊穿等。这部分内容已在第一单元做过分析。现将它们产生的原因及防止的方法列于表 3-23 中。

表 3-23　埋弧焊常见缺陷的产生原因及防止方法

缺陷名称		产生原因	防止方法
焊缝表面成形不良	宽度不均匀	1. 焊接速度不均匀 2. 焊丝给送速度不均匀 3. 焊丝导电不良	1. 找出原因排除故障 2. 找出原因排除故障 3. 更换导电嘴衬套（导电块）
	堆积高度过大	1. 焊接电流太大而电弧电压过低 2. 上坡焊时倾角过大 3. 环缝焊位置不当（相对于焊件的直径和焊接速度）	1. 调节焊接参数 2. 调整上坡焊倾角 3. 相对于一定的焊件直径和焊接速度，确定适当的焊接位置
	焊缝金属满溢	1. 焊接速度过慢 2. 电弧电压过大 3. 下坡焊时倾角过大 4. 环缝焊位置不当 5. 焊接时前部焊剂过少 6. 焊丝向前弯曲	1. 调节焊接速度 2. 调节电弧电压 3. 调整下坡焊倾角 4. 相对一定的焊件直径和焊接速度，确定适当的焊接位置 5. 调整焊剂覆盖状况 6. 调整焊丝矫直部分
	中间凸起而两边凹陷	焊剂圈过低并有粘渣，焊接时熔渣被粘渣拖压	提高焊剂圈，使焊剂覆盖高度达30~40mm

第三单元　埋　弧　焊

（续）

缺陷名称	产生原因	防止方法
气孔	1. 接头未清理干净 2. 焊剂潮湿 3. 焊剂（尤其是焊剂垫）中混有垃圾 4. 焊剂覆盖层厚度不当或焊剂斗阻塞 5. 焊丝表面清理不够 6. 电弧电压过高	1. 接头必须清理干净 2. 焊剂按规定烘干 3. 焊剂必须过筛、吹灰、烘干 4. 调节焊剂覆盖层高度、疏通焊剂斗 5. 焊丝必须清理，清理后应尽快使用 6. 调整电弧电压
裂纹	1. 焊件、焊丝、焊剂等材料配合不当 2. 焊丝中含碳、硫量较高 3. 焊接区冷却速度过快而致热影响区硬化 4. 多层焊的第一道焊缝截面过小 5. 焊缝成形系数太小 6. 角焊缝熔深太大 7. 焊接顺序不合理 8. 焊件刚度大	1. 合理选配焊接材料 2. 选用合格焊丝 3. 适当降低焊接速度以及焊前预热和焊后缓冷 4. 焊前适当预热或减小电流，降低焊接速度（双面焊适用） 5. 调整焊接参数和改进坡口 6. 调整焊接参数和改变极性（直流） 7. 合理安排焊接顺序 8. 焊前预热及焊后缓冷
焊穿	焊接参数及其他工艺因素配合不当	选择适当焊接参数
咬边	1. 焊丝位置或角度不正确 2. 焊接参数不当	1. 调整焊丝 2. 调节焊接参数
未熔合	1. 焊丝未对准 2. 焊缝局部弯曲过甚	1. 调整焊丝 2. 精心操作
未焊透	1. 焊接参数不当（如焊接电流过小、电弧电压过高） 2. 坡口不合适 3. 焊丝未对准	1. 调整焊接参数 2. 修正坡口 3. 调节焊丝
内部夹渣	1. 多层焊时，层间清渣不干净 2. 多层分道焊时，焊丝位置不当	1. 层间清渣彻底 2. 每层焊后发现咬边夹渣必须清除修复

【综合训练】

一、理论部分
（一）填空

1. 编制焊接工艺的原则是首先要保证_____的规定；其次是在_____的前提下，最大限度地_____。

2. 埋弧焊焊接环缝时为了防止_____从转动的焊件表面流失，焊丝位置都应_____。

（二）选择

1. 埋弧焊时，欲增加焊缝的余高，在其他焊接参数不变时，可以_____。

a. 增加焊接速度　　　　　　　　b. 增加焊丝直径
c. 增加电弧电压　　　　　　　　d. 增加焊丝伸出长度

2. 埋弧焊时，如果焊丝未对准，焊缝容易产生_____。
   a. 气孔　　　　b. 夹渣　　　　c. 裂纹　　　　d. 未焊透
3. 埋弧焊主要适用于_____位置。
   a. 平焊　　　　b. 仰焊　　　　c. 立焊　　　　d. 横焊
4. 埋弧焊时，若其他焊接参数不变，焊件的装配间隙增加，焊缝的熔深将_____。
   a. 增加　　　　b. 减少　　　　c. 不变
5. 埋弧焊时，欲增加焊缝的熔深，在其他焊接参数不变时，可以_____。
   a. 增加焊接速度　　　　　　　　b. 增加焊丝直径
   c. 增加电弧电压　　　　　　　　d. 增加焊接电流
6. 在埋弧焊双面焊时，背面焊接前采用炭弧气刨清根是为了_____。
   a. 防止产生气孔　　　　　　　　b. 防止产生裂纹
   c. 防止未焊透　　　　　　　　　d. 防止咬边
7. 埋弧焊时焊接电流增加，焊缝的_____基本不变。
   a. 熔深　　　　b. 宽度　　　　c. 余高
8. 埋弧焊时，若其他焊接参数不变，焊件上坡焊的倾角增加，焊缝的熔深将_____。
   a. 增加　　　　b. 减少　　　　c. 不变
9. 埋弧焊时，若其他焊接参数不变，焊丝的伸出长度增加，焊缝的熔深将_____。
   a. 增加　　　　b. 减少　　　　c. 不变
10. 埋弧焊时电弧电压增加，焊缝的_____也增加。
    a. 熔深　　　　b. 宽度　　　　c. 余高

（三）简答

1. 埋弧焊时焊前应做些什么准备工作？其目的是什么？
2. 电流种类和极性对埋弧焊过程和焊缝质量有何影响？
3. 试比较双面对接埋弧焊和单面焊双面成形埋弧焊的优缺点。

二、实践部分

1. 训练目标

1）学习埋弧焊的操作方法。

2）了解埋弧焊主要焊接参数对焊缝几何形状的影响。

2. 训练准备

1）人员准备：分组进行，每组由8~10人组成。

2）资料准备：实训指导书。

3. 训练地点

实验室或实训场地。

4. 训练方法

在教师的示范指导下进行训练，并按指导书的程序学习操作。

第三单元 埋弧焊

模块五 埋弧焊的其他方法

导入案例

国内某公司承接的哈萨克斯坦扎那诺尔第三油气处理厂脱硫装置的关键设备胺液吸收塔，公称直径为3800mm、塔体总高度为38822mm、主体壁厚为124mm，重达521t。由于受运输条件限制，该设备只能分片在现场组焊。现场采用窄间隙埋弧焊方法，焊接一次合格率为99.9%。胺液吸收塔的现场组焊成功，填补了中国石油工程建设特大型压力容器现场制造的空缺。

前面所述的埋弧焊都是以单丝埋弧焊为例介绍的，它是一种传统的焊接方法。在长期的应用中，为适应工业生产发展的需要，又研究、发展了一些新的、高效率的埋弧焊方法。本模块将介绍几种较为重要的埋弧焊新方法。

一、窄间隙埋弧焊

窄间隙埋弧焊是近年来新发展起来的一种高效节能的焊接方法。它主要适用于一些厚板对接结构，如厚壁压力容器、原子能反应堆外壳、涡轮机转子等的焊接。这些工件壁厚很大，若采用常规埋弧焊方法，需开U形或双U形坡口，这种坡口的加工量及焊接量都很大，生产率低且不易保证焊接质量。采用窄间隙埋弧焊时，坡口形状通常为简单的I形或接近I形，不仅可大大减小坡口加工量，而且由于坡口截面积小，焊接时可减小焊缝的热输入和熔敷金属量，节省焊接材料和电能，同时还可改善接头韧性，减少焊接变形，从而提高焊接质量。

窄间隙埋弧焊一般为单丝焊，间隙大小取决于所焊工件的厚度。当工件厚度为50~200mm时，间隙宽度为14~20mm；当工件厚度为200~350mm时，间隙宽度为20~30mm。焊接时可采用"中间一道"法或"两道一层"法，如图3-32所示。"两道一层"法容易保证焊缝侧壁熔合良好，得到质量优良的焊接接头，因此应用较多。

资料卡

窄间隙焊

在焊接厚板对接接头时，焊前不开坡口或只开小角度坡口，并留有窄而深的间隙，采用埋弧焊或气体保护焊的多层焊完成整条焊缝的高效率焊接法。

由于窄间隙焊的装配间隙窄，在底层焊接时焊渣不易脱落，故需采用具有良好脱渣性的专用焊剂（常用烧结焊剂）。另外，窄间隙埋弧焊时，为使焊嘴能伸进窄而深的间隙中，须将焊嘴的主要组成部分（导电嘴、焊剂喷嘴等）制成窄的扁形结构，如图3-33所示。为了保证焊嘴与焊缝间隙的绝缘及焊接参数在较高的温度和长时间的焊接过程中保持恒定，铜导电嘴的整个外表面须涂上耐热的绝缘陶瓷层，导电嘴内部还要有水冷却系统。窄间隙埋弧焊所用的焊接电源，根据所焊材料不同，可选择交流电源，也可用直流电源。

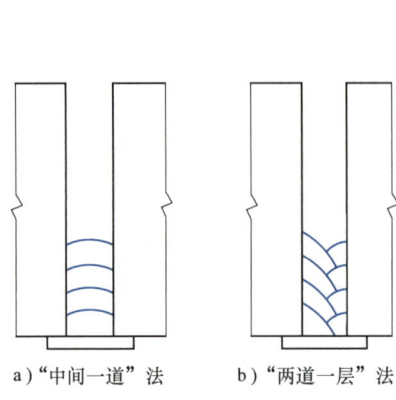
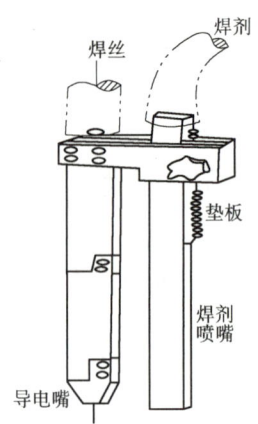

图 3-32 窄间隙埋弧焊示意图　　图 3-33 窄间隙埋弧焊焊嘴结构示意图

但是，窄间隙埋弧焊对装配质量和焊接技能要求高，要有精确的焊丝位置（能自动对中）。当出现缺陷时，进行焊接修补困难。为进一步提高焊接质量，目前已在窄间隙埋弧焊中应用了焊接过程自动检测、焊嘴在焊接间隙内自动跟踪导向及焊丝伸出长度自动调整等技术，以保证焊丝和电弧在窄间隙中的正确位置及焊接过程的稳定。这些措施已大大拓展了窄间隙埋弧焊的应用范围。

二、多丝埋弧焊

多丝埋弧焊是一种既能保证合理的焊缝成形和良好的焊接质量，又可以提高焊接生产率的有效方法。采用多丝单道埋弧焊焊接厚板时可实现一次焊透，其总的热输入量要比单丝多层焊时少。因此，多丝埋弧焊与单丝埋弧焊相比具有焊接速度快、耗能省、效率高等优点。

多丝埋弧焊主要用于厚板材料的焊接，通常应用在工件背面使用衬垫的单面焊双面成形焊接工艺中。目前生产中应用最多的是双丝埋弧焊。按焊丝的排列方式可分为纵列式、横列式和直列式三种，如图 3-34 所示。从焊缝的成形看，纵列式的焊缝深而窄；横列式的焊缝浅而宽；直列式的焊缝熔合比小。

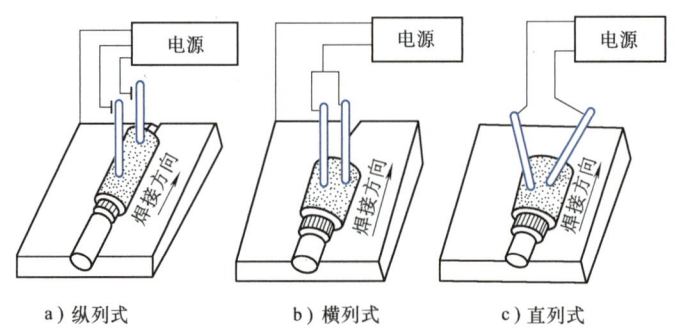

图 3-34 双丝埋弧焊示意图

双丝埋弧焊可以合用一个焊接电源，也可以用两个独立的焊接电源。前者设备简单，但其焊接过程稳定性差（因为电弧是交替燃烧和熄灭），要单独调节每一个电弧的功率较困难；后者设备较复杂，但两个电弧都可以单独调节功率，而且还可以采用不同的电流种类和极性，焊接过程稳定，可获得更理想的焊缝成形。双丝埋弧焊应用较多的是纵列式。用这种方法焊接时，前导电弧可用足够大的电流以保证熔深；后随电弧则采用较小电流和稍高电压，主要用来改善焊缝成形。这种方法不仅可大大提高焊接速度，而且还因熔池体积大，存在时间长，冶金反应充分而使产生气孔的倾向显著减小。此外，这种方法还可通过改变焊丝之间的距离及倾角来调整焊缝形状。

多丝埋弧焊主要用在厚壁钢管、H型钢及厚壁压力容器的生产中，最多的焊丝可达8~12根，使焊接速度提高到120m/h以上。可见，随焊丝数目的增加，焊接生产率大为提高。

三、带极埋弧焊

带极埋弧焊是由多丝（横列式）埋弧焊发展而成的。它用矩形截面的钢带取代圆形截面的焊丝作电极，不仅可提高填充金属的熔化量，提高焊接生产率，而且可增大焊缝成形系数，即在熔深较小的条件下大大增加焊道宽度，很适合于多层焊时表层焊缝的焊接，尤其适合于埋弧堆焊，因而具有很大的实用价值。

带极埋弧焊的焊接过程示意图如图3-35所示。焊接时，工件与带极间形成电弧，电弧热分布在整个电极宽度上。带极熔化形成熔滴过渡到熔池中，冷凝后形成焊道。由于带极伸出部分的刚度较小，因此要配用专门的带极送进装置，使得焊接过程中带极能顺畅、均匀地连续送进，以保证焊接过程的稳定进行。

带极埋弧焊主要特点归纳如下。

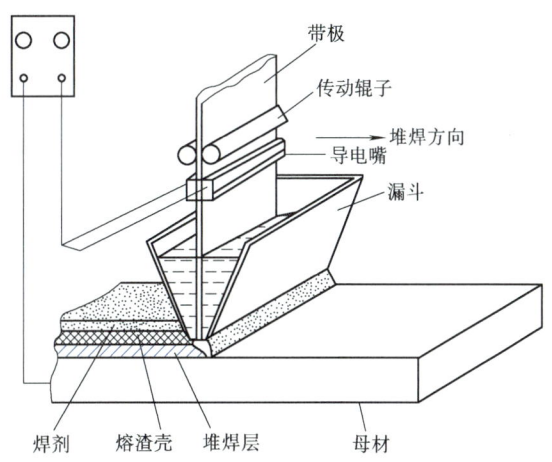

图3-35 带极埋弧焊的焊接过程示意图

（1）**使用的焊接电流大** 这是因为丝极埋弧焊时如果使用太大的焊接电流，则熔深增加较大，即焊缝成形系数减小，容易产生裂纹。而用带状电极焊时，电弧在电极端面上快速往返移动，使热量分散，焊缝成形系数得以提高，焊缝产生裂纹的可能性较小。因此，与丝极埋弧焊相比，带极埋弧焊可以采用更大的焊接电流。

（2）**熔敷金属量大，效率高** 这一方面是由于电弧热分布在整个电极宽度上使其熔化，熔敷面积大；另一方面也是由于使用的电流大，带状电极熔化快，因而熔敷金属量大，熔敷效率高。

> **资料卡**
>
> **带极埋弧焊**
>
> 带极埋弧焊用于堆焊时,常用来修复一些设备表面的磨损部分,也可以在一些低合金钢制造的化工容器、核反应堆等容器的内表面上堆焊耐磨、耐蚀的不锈钢层,以代替整体不锈钢的结构,这样既可以保证耐磨、耐蚀的要求,又可以节省不锈钢材料,降低成本。

(3) **易控制焊道成形** 带极埋弧焊时,熔化的金属与电极宽度方向成直角流动,将电极偏转一个角度,就可以使焊道移位,因此,用这种方法可以控制焊道的形状和熔深。在坡口中多层焊时,交替地、对称地改变电极偏转角,有可能获得均匀分布的焊道。

带极埋弧焊所用设备与丝极埋弧焊几乎相同,只需对送丝装置、导电嘴等作适于带极需要的修改即可。可以使用直流或交流焊接电源,用直流电源焊接时多用直流平特性电源,利用反接以减少夹渣和咬边等缺陷,但有磁偏吹问题。使用交流电源时,电弧不大稳定,但磁偏吹小。

【综合训练】

(一) 填空

1. 窄间隙埋弧焊的坡口形状通常为_____,当工件厚度为 50～200mm 时,间隙宽度为_____ mm;当工件厚度在 200～350mm 时,间隙宽度为_____ mm。
2. 双丝埋弧焊按焊丝的排列方式可分为_____、_____和_____三种。
3. 带极埋弧焊适合于_____的焊接,尤其适合于_____。

(二) 简答

1. 窄间隙埋弧焊有哪些特点?
2. 多丝埋弧焊有何优越性?它适合用在哪些场合?
3. 带极埋弧焊有何特点?适用于什么场合?

第四单元 熔化极气体保护电弧焊

[学习目标]

知识目标	1. 掌握熔化极气体保护焊的原理、特点及应用。 2. 深入了解熔化极气体保护焊的焊接材料、冶金特性和工艺要点。 3. 了解熔化极气体保护焊设备的工作原理，熟悉常用 CO_2 气体保护焊设备的构造。 4. 了解熔化极气体保护焊的相关标准。
能力目标	1. 能正确选择熔化极气体保护焊的焊接参数。 2. 能操作熔化极气体保护焊；能正确选择熔化极气体保护焊的焊接参数。 3. 能按焊接安全的要求安装和维护焊机。 4. 知道熔化极气体保护焊常见缺陷产生的原因，并能提出解决的方法。
素养目标	1. 增强学生的节能环保、绿色焊接意识。 2. 培养学生热爱劳动，安全文明生产的职业精神。 3. 使学生树立标准意识、质量意识。 4. 引导学生坚持守正创新，以科学的态度对待科学、以真理的精神追求真理。

模块一 熔化极气体保护焊的特点和应用

 导入案例

苏州娄门桥钢制闸门重60t、宽24m、高3.5m，分3块拼接而成。在闸门与底轴的连接处布满了密密麻麻的螺帽，共600多个，每个螺帽直径约3cm。3块闸门要保持在一条轴线上，校位必须十分精准。由于闸门体积大、精确度要求高，安装起来难度很大。该产品要求全部固定后采用熔化极气体保护焊，将所有接口进行无缝焊接，这种焊接技术有强度高、无气孔、不易氧化等优点。施工人员经过艰苦、细致的焊接工作，保质保量地完成了任务。

熔化极气体保护电弧焊是指使用熔化电极，用外加气体作为电弧介质并保护电弧和焊接区的电弧焊，通常简称为熔化极气体保护焊（GMAW）。作为熔化电极的焊丝，有实心和药芯两类，前者一般含有脱氧用的和焊缝金属所需要的合金元素；后者的药芯成分及作用与焊条的药皮相似。其焊接示意图如图4-1所示。

熔化极气体保护焊

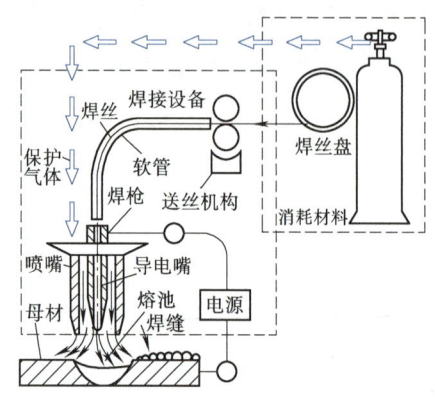

图4-1 熔化极气体保护焊示意图

一、熔化极气体保护焊的分类及特点

1. 熔化极气体保护焊的分类

按使用保护气体和焊丝的种类不同，熔化极气体保护焊分类如图4-2所示。

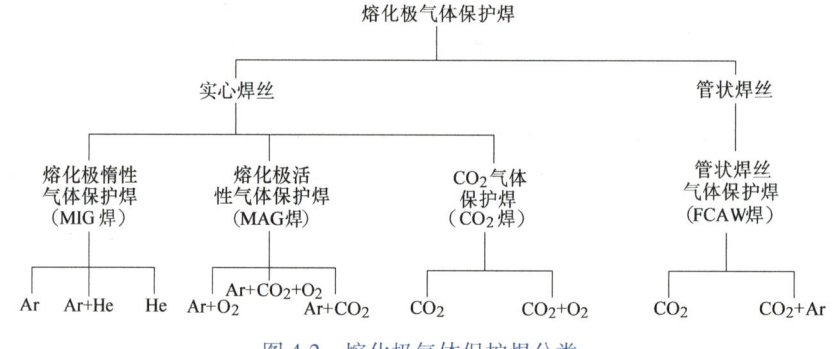

图4-2 熔化极气体保护焊分类

2. 熔化极气体保护焊的特点

与焊条电弧焊和埋弧焊相比，熔化极气体保护焊的主要优缺点如下。

（1）优点

1）焊接生产率高，焊接变形小。

2）可以获得含氢量较焊条电弧焊低的焊缝金属。

3）烟雾少，可以减轻对通风的要求。

4）在相同电流下，熔深比焊条电弧焊大。

5）明弧焊接，焊工可以观察到电弧和熔池的状态和行为。

6）可以进行全位置焊接。不像埋弧焊难以在空间位置焊接。

7）无须清渣。

（2）缺点

1）焊接过程受环境制约。为了确保焊接区获得良好的气体保护，在室外操作需有防风装置。

2）半自动焊枪比焊条电弧焊焊钳重，不轻便，操作灵活性较差。对于狭小空间的接头，焊枪不易接近。

3）设备较复杂，对使用和维护要求较高。

> **资料卡**
> **熔化极气体保护焊方法**
> 熔化极气体保护焊中，利用 CO_2 作为保护气体时，称为 CO_2 气体保护焊，简称 CO_2 焊；利用 Ar 或 He 作为保护气体时，称为熔化极惰性气体保护焊，简称 MIG 焊；利用 $Ar+O_2$、$Ar+CO_2$、$Ar+CO_2+O_2$ 等作为保护气体时，称为熔化极活性气体保护焊，简称 MAG 焊。

二、熔化极气体保护焊的应用

1. 适焊的材料

被焊金属材料的范围受保护气体性质、焊丝供应和制造成本等因素的影响。熔化极惰性气体保护焊使用惰性气体，既可以焊接钢铁材料又可以焊接非铁金属，但从焊丝供应以及制造成本考虑，主要用于铝、铜、钛及其合金以及不锈钢、耐热钢的焊接。熔化极活性气体保护焊和 CO_2 气体保护焊主要用于焊接碳素钢和低合金高强度钢。熔化极活性气体保护焊常焊接较为重要的金属结构，CO_2 气体保护焊则广泛用于焊接普通的金属结构。

对低熔点的金属如铅、锡和锌等，不宜采用熔化极气体保护焊。表面包覆这类金属的涂层钢板也不适宜采用这类焊接方法。

> **想一想** 气体保护焊在应用上和其他电弧焊方法有何不同？

2. 焊接位置

熔化极气体保护焊适应性较好，可进行全位置焊接，其中以平焊位置和横焊位置焊接效率最高，其他焊接位置的效率也比焊条电弧焊高。

3. 可焊厚度

熔化极气体保护焊可焊接的金属厚度范围很广，最薄可焊至 1mm 以下，最厚几乎不受限制。

【综合训练】

一、理论部分

（一）解释

1. 熔化极气体保护电弧焊
2. MIG 焊

（二）填空

1. 熔化极气体保护电弧焊的焊丝，有_____和_____两类。
2. MAG 焊是_____的英文缩写。

(三) 简答

1. 熔化极气体保护焊的优点是什么？
2. 简述熔化极气体保护焊的适用范围。

二、实践部分

参观实验室或实训场地，了解熔化极气体保护焊的方法种类及适用范围。

模块二 熔化极气体保护焊设备

导入案例

某电焊机厂家引进先进专用控制电路和电子元器件生产的晶闸管系列 CO_2/MAG 焊机，具有功能多、高稳定性、焊接飞溅少、引弧成功率100%等工艺性能；还拥有短路、过热、防潮、防滴、防尘等高可靠性保护功能，确保焊机适合于各种恶劣环境下工作。1998年湖南、湖北发生了特大洪灾，有几家用户的 CO_2 焊机淹没在大水中，洪水退后，仅将焊机做简单清理和吹干，焊机仍正常焊接，无任何故障，得到用户特殊的赞誉。

一、设备组成及要求

熔化极气体保护焊所用的设备有半自动焊机和自动焊机两类，常用熔化极气体保护焊焊机型号编制方法见附录A（电焊机型号编制方法）。在实际生产中，半自动焊机使用较多。焊机主要由焊接电源、送丝系统、焊枪及行走机构（自动焊）、供气系统和水冷系统等部分组成。图4-3为半自动熔化极气体保护焊焊机示意图。

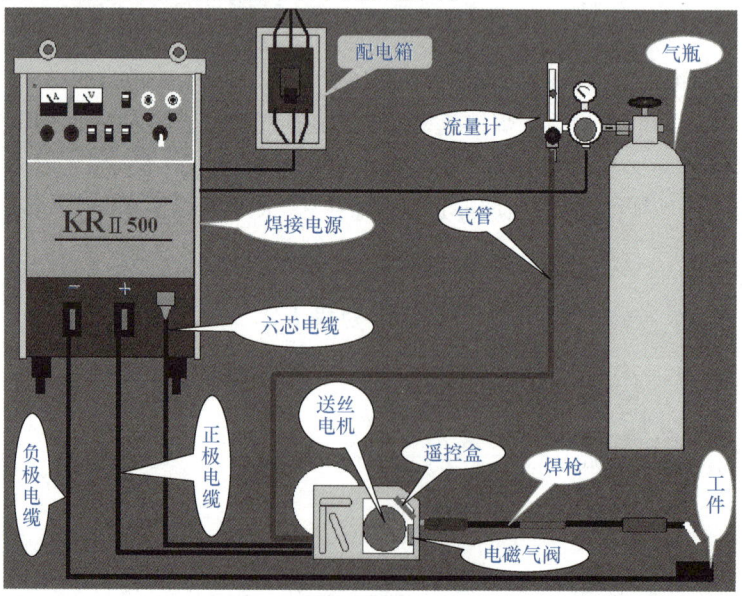

图 4-3 半自动熔化极气体保护焊焊机示意图

1. 焊接电源

熔化极气体保护焊焊机一般配用直流弧焊电源。各种类型的弧焊整流器均可采用。通常焊接电流为15~500A，空载电压为55~80V，负载持续率为60%~100%。

(1) 电源外特性 与埋弧焊机相类似，焊接电源外特性须与送丝方式相配合。

1) 平特性电源。这种电源必须和等速送丝机配合使用，可通过改变电源空载电压调节电弧电压，通过改变送丝速度调节焊接电流。这种电源适用于焊丝直径小于或等于 $\phi1.6mm$、用纯 Ar 或富 Ar 和氧化性气体作保护气体的焊接，因为细焊丝的电弧自身调节作用较强。

2) 下降外特性电源。这种电源必须和变速送丝机配合使用，适用于焊丝直径大于 $\phi2.0mm$ 的焊接。因为粗丝电弧自身调节作用弱，难以保证稳定焊接过程，需要通过弧压的变化及时反馈到送丝控制系统来自动调节送丝速度，以维持稳定的弧长。

(2) 电源主要技术参数 焊接过程中电源的主要技术参数是电弧电压和焊接电流。

1) 电弧电压。电弧电压是指焊丝端与工件之间的电压降，而不是电源端的输出电压。电弧电压的预调节，平特性电源主要通过调节空载电压来实现；下降外特性电源主要通过改变外特性斜率来实现。

2) 焊接电流。平特性电源主要通过调节送丝速度来调节电流的大小，有时也适当调节空载电压进行电流的少量调节；下降外特性电源主要通过调节电源外特性的斜率来实现。

2. 送丝系统

送丝系统通常由送丝机构（图4-4）、送丝软管、焊丝盘等组成。熔化极气体保护焊焊机的送丝系统根据其送丝方式的不同，通常可分为三种类型。

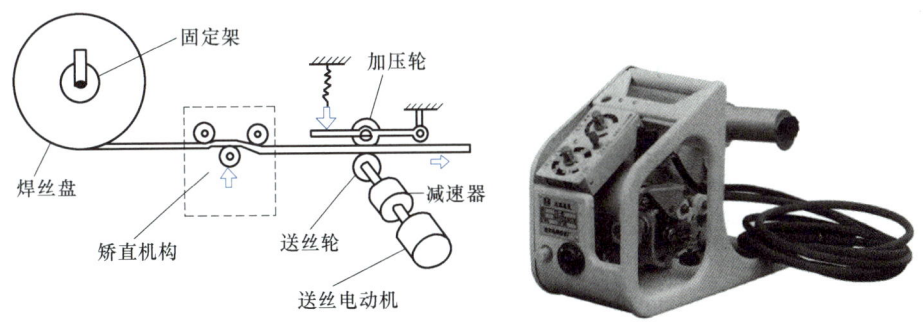

图 4-4 送丝机构组成

(1) 推丝式 这种送丝方式的焊枪结构简单、轻便，操作与维修方便，是应用最广的一种送丝方式，如图 4-5a 所示。但焊丝进入焊枪前要经过一段较长的送丝软管，阻力较大。而且随着软管长度加长，送丝稳定性也将变差，所以送丝软管不能太长，一般在 3~5m。

(2) 拉丝式 主要用于直径小于或等于 0.8mm 的细焊丝，因为细焊丝刚度小，难以推丝。它又分为两种形式，一种是焊丝盘和焊枪分开，两者用送丝软管联系起来，如图 4-5b 所示；另一种是将焊丝盘直接装在焊枪上，如图 4-5c 所示。后者由于去掉了送丝软管，增加了送丝稳定性，但焊枪质量增加。

(3) 推拉丝式 此方式把上述两种方式结合起来，克服了使用推丝式焊枪操作范围小的缺点，送丝软管可加长到 15m 左右，如图 4-5d 所示。推丝电动机是主要的送丝动力，而拉丝机只是将焊丝拉直，以减小推丝阻力。推力和拉力必须很好地配合，通常拉丝速度应稍快于推丝速度。这种方式虽有一些优点，但由于结构复杂，调整麻烦，同时焊枪较重，因此实际应用不多。

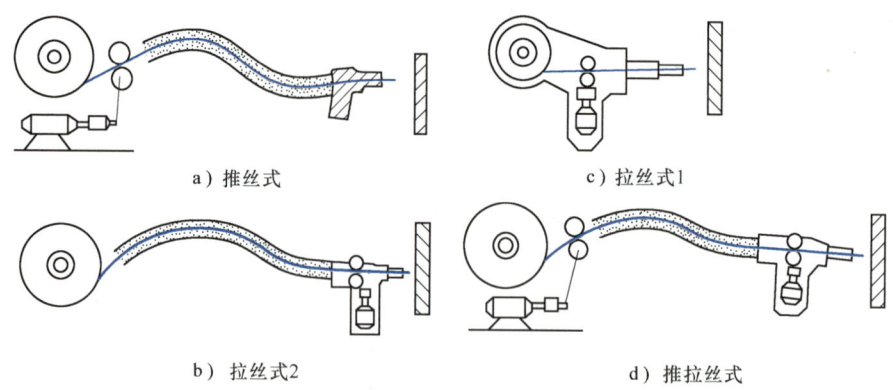

图 4-5 半自动焊机送丝方式示意图

3. 焊枪

（1）对焊枪的要求 焊枪应起到送气、送丝和导电的作用。对焊枪有下列要求：

1) 送丝均匀，导电可靠和气体保护良好。
2) 结构简单，经久耐用和维修简便。
3) 使用性能良好。

 **小知识** 焊枪按用途分为半自动焊枪和自动焊枪。前者是手握式，后者安装在有行走机构的机头上。

（2）焊枪的类型 焊枪按用途分为半自动焊枪和自动焊枪。

1) 半自动焊枪。一般按焊丝送给的方式不同，半自动焊枪可分为推丝式和拉丝式两种。

① 推丝式焊枪。推丝式焊枪常用的形式有两种：一种是鹅颈式焊枪，如图4-6所示；另一种是手枪式焊枪，如图4-7所示。这些焊枪的主要特点是结构简单，操作灵活，但焊丝经过软管产生的阻力较大，故所用的焊丝不宜过细，多用于直径1mm以上焊丝的焊接。焊枪的冷却方法一般采用自冷式，水冷式焊枪不常用。

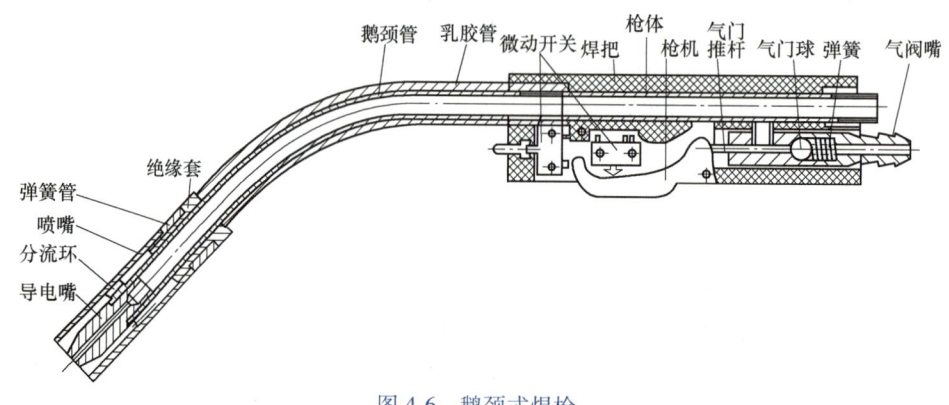

图 4-6 鹅颈式焊枪

第四单元 熔化极气体保护电弧焊

> **小知识** 焊枪有水冷和气冷两种方式，使用氩气或氦气保护时，气冷式通常焊接电流只限于 200A 以下。而 CO_2 气体保护焊时，在断续负载下，电流可高达 600A。

② 拉丝式焊枪。拉丝式焊枪的结构如图 4-8 所示。其主要特点是一般均做成手枪式，送丝均匀稳定，引入焊枪的管线少，焊接电缆较细，尤其是其中没有送丝软管，所以管线柔软，操作灵活。但因为送丝部分（包括微电动机、减速器、送丝滚轮和焊丝盘等）都安装在枪体上，所以焊枪比较笨重，结构较复杂。通常适用于直径 $\phi 0.5 \sim \phi 0.8mm$ 的细丝焊接。

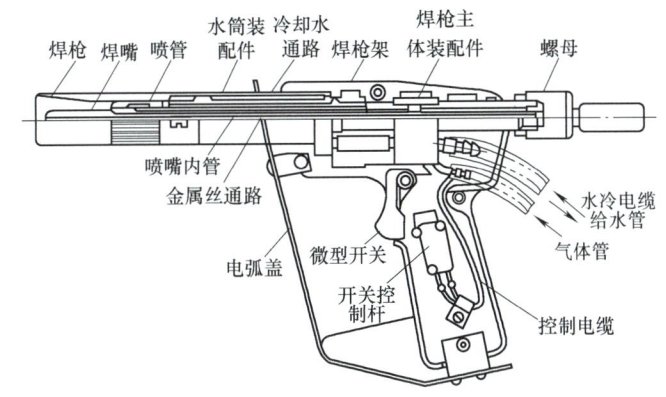

图 4-7 水冷手枪式焊枪的构造

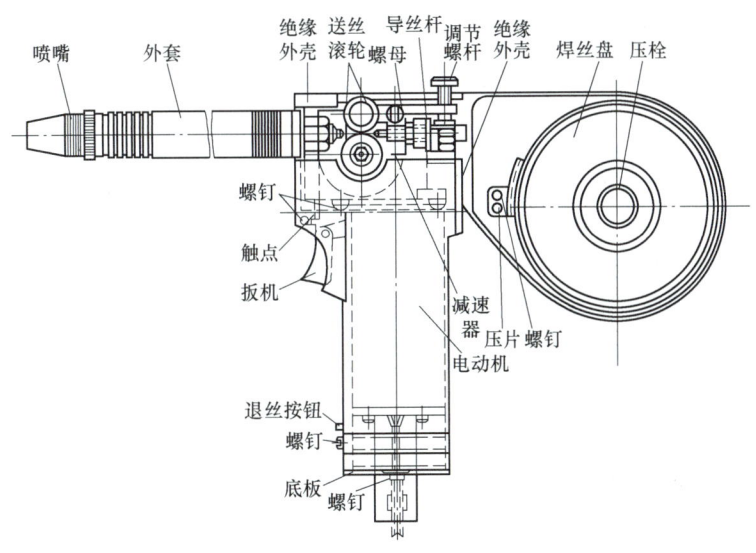

图 4-8 拉丝式焊枪

2）自动焊枪。自动熔化极气体保护焊焊机如图 4-9 所示。自动焊枪安装在自动焊机的焊接小车或焊接操作机上，不需要手工操作。自动焊多用于大电流情况，所以枪体尺寸都比较大，以便提高气体保护和水冷效果；枪头部分与半自动焊枪类似。

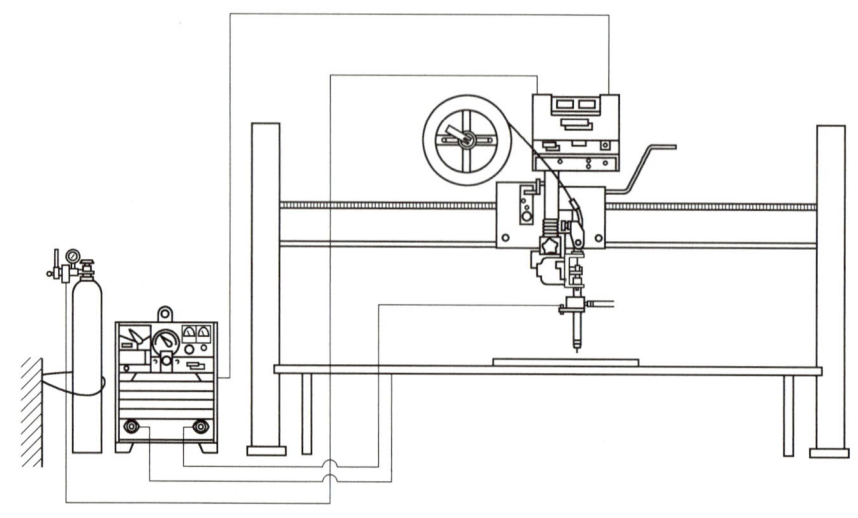

图 4-9　自动熔化极气体保护焊焊机示意图

（3）焊枪的喷嘴和导电嘴　喷嘴是焊枪上的重要零件，其作用是向焊接区域输送保护气体，以防止焊丝端头、电弧和熔池与空气接触。喷嘴形状多为圆柱形，也有圆锥形，喷嘴内孔直径与电流大小有关，通常为 12~24mm。电流较小时，喷嘴直径也小；电流较大时，喷嘴直径也大。喷嘴采用纯铜或陶瓷材料制作。

导电嘴的材料要求导电性良好、耐磨性好和熔点高，一般选用纯铜、铬青铜或钨青铜。导电嘴孔径的大小对送丝速度和焊丝伸出长度有很大影响。如孔径过大或过小，会造成工艺参数不稳定而影响焊接质量。

喷嘴和导电嘴都是易损件，需要经常更换，所以应便于装拆。并且应结构简单，制造方便，成本低廉。

4. 供气与水冷系统

（1）供气系统　熔化极气体保护焊焊机的供气系统由气瓶、减压器、流量计、电磁气阀等组成。但 CO_2 气体保护焊焊机一般还需在 CO_2 气瓶出口处安装预热器和干燥器，如图 4-10 所示。

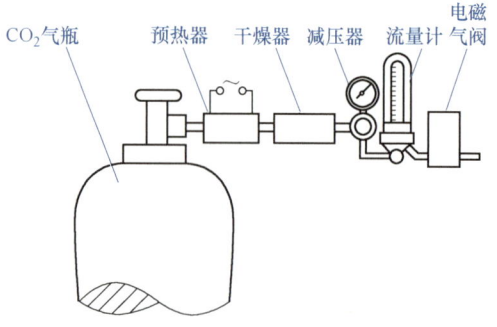

图 4-10　CO_2 气体保护焊焊机
供气系统示意图

由于液态 CO_2 转变成气态时将吸收大量的热，再经减压后，气体体积膨胀，会使温度下降。为防止气路冻结，在减压之前要将 CO_2 气体通过预热器进行预热。预热器采用电阻加热式，一般采用 36V 交流供电，功率为 75~100W。

在 CO_2 气体纯度较高时，不需要干燥。只有当含水量较高时，才需要加装干燥器。干燥器内装有干燥剂，如硅胶、脱水硫酸铜和无水氯化钙等。无水氯化钙吸水性较好，但它不能重复使用；硅胶和脱水硫酸铜吸水后颜色发生变化，经过加热烘干后还可以重复使用。

减压器的作用是将高压 CO_2 气体变为低压气体。流量计用于调节并测量 CO_2 气体的流量。电磁气阀是用来接通或切断保护气体的装置。

（2）水冷系统　用水冷式焊枪，必须有水冷系统，一般由水箱、水泵和冷却水管及水压开关组成。冷却水可循环使用。水压开关的作用是保证当冷却水没流经焊枪时，焊接系统不能起动，以达到保护焊枪的目的。

 **想一想**　熔化极氩弧焊的供气系统和 CO_2 焊供气系统是一样的吗？

二、典型控制电路

熔化极气体保护焊的控制系统由基本控制系统和程序控制系统两部分组成。基本控制系统的作用主要是在焊前或焊接过程中调节焊接参数；程序控制系统的主要作用是对整套设备的各组成部分按照预先设计好的焊接工艺程序进行控制，以便协调地完成焊接。

这里介绍的是 NZC-1000 型 CO_2 气体保护自动焊机的程序控制电路，如图 4-11 所示。其动作过程如下：按下 SB1 起动按钮，继电器 K1 动作，接通电磁气阀 DQ，HL2 灯亮并自锁，同时 KT1 动作，接通焊接整流器主回路及气体时间继电器 KT2 回路。延时约 1s 后 KT2 动作，接通送丝继电器 K2，焊丝以低速向工件送进，与工件接触引燃电弧。来自焊接整流器常开触点的信号使 K3 动作，于是 K3 使送丝转换到给定送丝速度或改由电弧电压控制，焊车开始行走。焊接过程正常进行。结束时，按下停止按钮 SB2，继电器 K1 断电，切断送丝继电器 K2，焊丝立即停止送进，但焊接整流器主回路经时间继电器 KT1 延时大于 0.5s 切断，此时返烧，使焊丝不致黏在熔池中。保护气体滞后大于 2s 关闭 DQ，焊接过程结束。

表 4-1 列出了部分常用国产熔化极气体保护焊焊机的型号及技术数据。

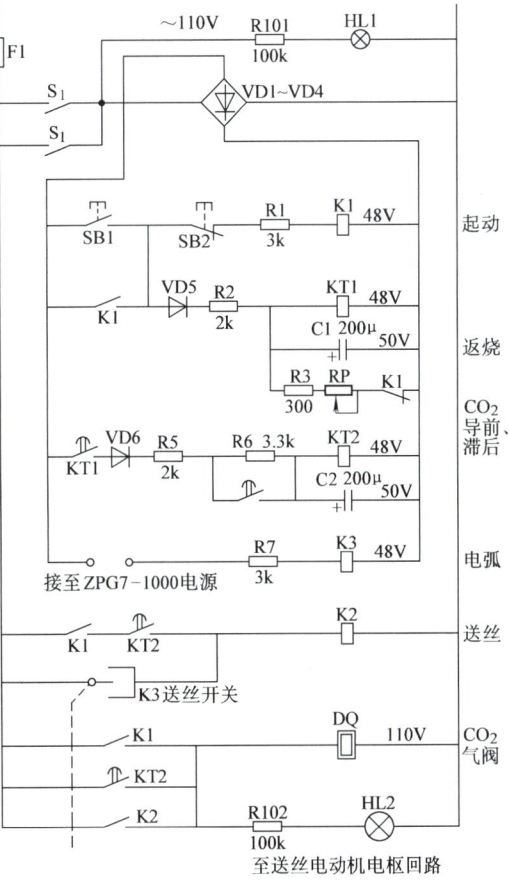

图 4-11　NZC-1000 型 CO_2 气体保护自动焊机程序控制电路

113

表 4-1 常用国产熔化极气体保护焊焊机型号及技术数据

焊机		焊接电源						送丝机构			焊枪行走小车	应用特点
型号	名称	输入电压/V	相数	空载电压/V	外特性	额定输出电流/A	额定负载持续率(%)	其他	焊丝直径/mm	送丝速度/(m/min)	送丝方式		
NBC-160	半自动CO_2焊机	380	3	18.5~28	硅整流、平	160 124	60 100	额定工作电压22V	0.6 0.8 1.0	3~11	拉丝	Q-11型空冷枪带焊丝盘	适于薄板(0.6~3mm)短路过渡
NBC-200	半自动CO_2焊机	380	3	17.5~28.5	硅整流、平	200	60	工作电压17~24V 电流范围60~200A	0.8~1.2		推丝	鹅颈式焊枪	可焊钢
NBC1-250	半自动CO_2焊机	380	3	18~36	硅整流、平	250 198	60 100	额定工作电压27V	1.0~1.2	2~12	推丝	Q-12型气冷鹅颈式焊枪SS-6单主动轮推丝式	适于焊1.5~5mm钢板短路过渡、全位置焊
NBC1-500-1	半自动CO_2焊机	380	3	75	硅整流、平	500	75	工作电压15~40V 电流范围100~500A	1.2~2.0	8	推丝	鹅颈式焊枪	可焊低碳钢、不锈钢
NBA1-500	半自动氩弧焊机	380	3	65	硅整流、平	500	60	工作电压20~40V 电流范围60~500A	2~3	1~14	推丝	水冷	焊接厚度为8~30mm的铝及铝合金板

(续)

焊机		焊接电源						送丝机构			应用特点
型号	名称	输入电压/V	相数	空载电压/V	外特性	额定输出电流/A	额定负载持续率(%)	其他	焊丝直径/mm	送丝速度/(m/min)	送丝方式	焊枪行走小车	
NBA2-200	半自动氩弧焊机	380	3	75	硅整流,平	200	60	工作电压30V 电流范围10~200A	1.4~2.0(Al)	1~14	推丝	Q-3型手枪式水冷	铝及不锈钢半自动全位置焊接
NB-500	熔化极CO_2/MIG/MAG焊机	380	3	53	晶闸管整流,平	500	60	工作电压7~39V 电流范围50~500A	0.8~2.4		推丝	鹅颈式焊枪	焊钢、铝
YM500KR	半自动CO_2焊机	380	3		晶闸管整流,平	500	60	工作电压16~45V 电流范围60~500A	1.0~1.6	2~16	推丝	鹅颈式焊枪	CO_2和MAG焊
MM-350	MAG脉冲半自动焊机	380	3		晶体管整流	350							可进行碳素钢MAG脉冲焊;不锈钢MIG脉冲焊;低碳钢MAG短路焊、CO_2焊
NZA-1000	自动氩弧焊机	380	3		硅整流、缓降	1000		工作电压25~45V	3~5(Al, Cu)	1~6	拉丝	焊车行走速度:3.5~130cm/min	可进行8~40mm厚铝铜行动氩弧焊,效率高。更换焊枪后可用于低碳钢、低合金钢、不锈钢埋弧焊

【综合训练】

一、理论部分

（一）填空

1. 熔化极气体保护焊焊机的送丝系统根据其送丝方式的不同，通常可分为三种类型，即_____、_____、_____。
2. 熔化极气体保护电弧焊所用的设备有_____和_____两类。
3. 熔化极气体保护电弧焊的控制系统由_____和_____两部分组成。
4. 送丝系统通常由_____、_____、_____等组成。

（二）简答

1. 熔化极气体保护焊的焊接设备主要由哪些部分组成？
2. 半自动焊枪分为几种？各有什么优缺点？

二、实践部分

1. 训练目标

1）了解熔化极气体保护焊设备的结构。
2）熟悉熔化极气体保护焊设备的操作方法。

2. 训练准备

1）人员准备：分组进行，每组由 8~10 人组成。
2）资料准备：实训指导书。

3. 训练地点

实验室或实训场地。

4. 训练方法

1）了解熔化极气体保护焊设备的类型及结构。
2）起动焊机，让学生自己调试参数试焊，学习操作方法。

模块三 CO_2 气体保护焊

导入案例

在国家体育场"鸟巢"钢结构焊接工程中，GS-20Mn5V+Q460E-Z35 焊接由于是现场焊接，焊接位置存在一定难度。为提高焊接速度，保证焊接质量，仰焊采用焊条电弧焊（SMAW）；其他位置采用焊条电弧焊（SMAW）打底、CO_2 气体保护焊（GMAW）填充的工艺。通过发挥各项技术的特长，焊缝不仅成形良好，且一次合格率相当高。

CO_2 气体保护焊是利用 CO_2 作为保护气体的熔化极气体保护焊方法，简称为 CO_2 焊。CO_2 焊是目前焊接钢铁材料的重要焊接方法之一，在许多金属结构的生产中已逐渐取代了焊条电弧焊和埋弧焊。

一、CO_2焊的原理、特点及应用

1. CO_2焊的原理

CO_2焊是利用CO_2气体使焊接区与周围空气隔离，防止空气中的氧、氮对焊接区的有害作用，从而获得优良的机械保护性能。因为CO_2气体具有氧化性，一旦焊缝金属被氧化和氮化，脱氧是较容易实现的，而脱氮就很困难。另外CO_2气体高温分解，体积增加，增强了保护效果，因此可用CO_2作保护气体。CO_2焊的原理示意图如图4-12所示。

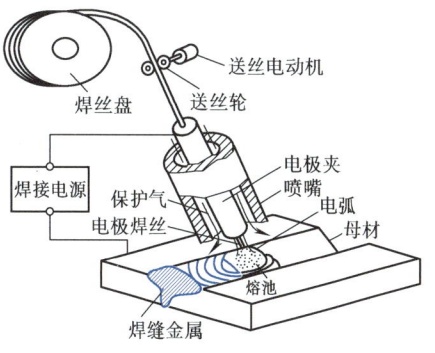

图4-12 CO_2焊的原理示意图

2. CO_2焊的工艺特点

1）CO_2的穿透能力强，厚板焊接时可增加坡口的钝边和减小坡口；焊接电流密度大（通常为100~300A/mm^2），故焊丝熔化率高；焊后一般无须清渣，所以CO_2焊的生产率比焊条电弧焊高1~3倍。

2）CO_2气体来源广，价格便宜，而且电能消耗少，故使焊接成本降低。通常CO_2焊的成本只有埋弧焊或焊条电弧焊的40%~50%。

3）可实现全位置焊接，并且对于薄板、中厚板甚至厚板都能焊接。由于电弧加热集中，工件受热面积小，同时CO_2气流有较强的冷却作用，因此焊接变形小，特别适宜于薄板焊接。

4）对铁锈敏感性小，焊缝含氢量少，抗裂性能好。

5）飞溅率较大，并且焊缝表面成形较差。特别当焊接参数匹配不当时，更为严重。

6）电弧气氛有很强的氧化性，不能焊接易氧化的金属材料。抗侧向风能力较弱，室外作业需有防风措施。

7）焊接弧光较强，特别是大电流焊接时，要注意对操作人员防弧光辐射保护。

3. CO_2焊的应用

CO_2焊主要用于焊接低碳钢及低合金钢等钢铁材料。对于不锈钢，由于焊缝金属有增碳现象，影响抗晶间腐蚀性能，因此只能用于对焊缝性能要求不高的不锈钢工件。CO_2焊还可用于耐磨零件的堆焊、铸钢件的焊补以及电铆焊等方面。此外，CO_2焊还可以用于水下焊接。CO_2焊所能焊接的材料厚度范围较大，目前最薄的可焊到0.8mm，最厚的已经焊到250mm左右。目前CO_2焊已在石油化工、汽车制造、机车和车辆制造、农业机械、矿山机械等部门得到了广泛的应用。

二、CO_2焊的冶金特性

CO_2焊所用的CO_2气体是一种氧化性气体，在高温下进行分解，具有强烈的氧化作用，把合金元素氧化烧损或造成气孔和飞溅。

1. 合金元素的氧化

CO_2气体在电弧高温作用下会发生分解：

$$CO_2 \rightarrow CO + O$$

CO_2、CO 和 O 这三种成分在电弧空间同时存在，CO 气体在焊接中不溶解于金属，也不与金属发生反应。CO_2 和 O 则能与铁和其他元素发生如下氧化反应。

（1）直接氧化

$$Fe + CO_2 = FeO + CO \uparrow$$
$$Si + 2CO_2 = SiO_2 + 2CO \uparrow$$
$$Mn + CO_2 = MnO + CO \uparrow$$

与高温分解的氧原子作用

$$Fe + O = FeO$$
$$Si + 2O = SiO_2$$
$$Mn + O = MnO$$
$$C + O = CO \uparrow$$

FeO 可溶于液体金属内，成为杂质或与其他元素发生反应，SiO_2 和 MnO 成为熔渣能浮出，生成的 CO 从液体金属中逸出。

（2）间接氧化　与氧结合能力比 Fe 大的合金元素把氧从 FeO 中置换出来而自身被氧化，其反应如下：

$$2FeO + Si = 2Fe + SiO_2$$
$$FeO + Mn = Fe + MnO$$
$$FeO + C = Fe + CO$$

生成的 SiO_2 和 MnO 变成熔渣浮出，其结果是液体金属中 Si 和 Mn 被烧损而减少。生成的 CO 在电弧高温下急剧膨胀，使熔滴爆破而引起金属飞溅。在熔池中的 CO 若逸不出来，便成为焊缝中的气孔。

所以直接和间接氧化的结果造成了焊缝金属力学性能降低，产生气孔和金属飞溅。

合金元素烧损、CO 气孔和飞溅是 CO_2 焊中三个主要问题。它们都与 CO_2 的氧化性有关，因此必须在冶金上采取脱氧措施予以解决。但应指出，金属飞溅除和 CO_2 气体的氧化性有关外，还和其他因素有关。

> **小知识**　解决 CO_2 焊氧化性的措施是脱氧。具体做法是在焊丝中（或在药芯焊丝的芯料中）加入一定量的脱氧剂。

（3）脱氧措施及焊缝金属合金化　从上述内容中可以看出，在 CO_2 焊中，溶入液态金属中的 FeO 是引起气孔、飞溅的主要因素。同时，FeO 残留在焊缝金属中将使焊缝金属的含氧量增加而降低力学性能。如果能使 FeO 脱氧，并在脱氧的同时对烧损掉的合金元素给予补充，则 CO_2 气体的氧化性所带来的问题基本上可以解决。

CO_2 焊所用的脱氧剂，主要有 Si、Mn、Al、Ti 等合金元素。实践表明，用 Si、Mn 联合脱氧时效果更好，可以焊出高质量的焊缝。目前国内广泛应用的 H08Mn2Si 焊丝，就是采用 Si、Mn 联合脱氧的。

加入到焊丝中的 Si 和 Mn，在焊接过程中一部分直接被氧化和蒸发，一部分耗于 FeO 的脱氧，剩余的部分则留在焊缝中，起焊缝金属合金化作用，所以焊丝中加入的 Si 和 Mn，需要有足够的数量。但是焊丝中 Si、Mn 的含量过多也不行。Si 含量过高会降低焊缝的抗热裂纹能力；Mn 含量过高会使焊缝金属的冲击韧度下降。

此外，Si 和 Mn 之间的比例还必须适当，否则不能很好地结合成硅酸盐浮出熔池，而会有一部分 SiO_2 或者 MnO 夹杂物残留在焊缝中，使焊缝的塑性和冲击韧度下降。

根据试验，焊接低碳钢和低合金钢用的焊丝，Si 的质量分数一般在 1% 左右。经过在电弧中和熔池中烧损和脱氧后，还可在焊缝金属中剩下 0.4%~0.5%。至于 Mn，焊丝中的质量分数一般为 1%~2%。

2. CO_2 焊的气孔

CO_2 焊时，由于熔池表面没有熔渣覆盖，CO_2 气流又有冷却作用，因而熔池凝固比较快。此外，CO_2 焊所用电流密度大，焊缝窄而深，气体逸出时间长，故增加了产生气孔的可能性。可能出现的气孔有 CO 气孔、氮气孔和氢气孔。

(1) CO 气孔　在焊接熔池开始结晶或结晶过程中，熔池中的 C 与 FeO 反应生成的 CO 气体来不及逸出，而形成 CO 气孔。这类气孔通常出现在焊缝的根部或接近表面的部位，且多呈针尖状。

CO 气孔产生的主要原因是焊丝中脱氧元素不足，并且含碳量过多。要防止产生 CO 气孔，必须选用含足够脱氧剂的焊丝，且焊丝中的含碳量要低，抑制 C 与 FeO 的氧化反应。如果母材的含碳量较高，则在工艺上应选用较大热输入的焊接参数，增加熔池停留的时间，以利于 CO 气体的逸出。

因此，只要焊丝中有足够的脱氧元素，并限制焊丝中的含碳量，就能有效地防止 CO 气孔。

(2) 氮气孔　在电弧高温下，熔池金属对 N_2 有很大的溶解度。但当熔池温度下降时，N_2 在液态金属中的溶解度便迅速减小，就会析出大量 N_2，若未能逸出熔池，便生成 N_2 气孔。N_2 气孔常出现在焊缝近表面的部位，呈蜂窝状分布，严重时还会以细小气孔的形式广泛分布在焊缝金属之中。这种细小气孔往往在金相检验中才能被发现，或者在水压试验时被扩大成渗透性缺陷而表露出来。

想一想　几种气孔出现的部位和形状有何不同？

氮气孔产生的主要原因是保护气层遭到破坏，使大量空气侵入焊接区。造成保护气层破坏的因素有：使用的 CO_2 保护气体纯度不合要求；CO_2 气体流量过小；喷嘴被飞溅物部分堵塞；喷嘴与工件距离过大及焊接场地有侧向风等。要避免氮气孔，必须改善气层保护效果。要选用纯度合格的 CO_2 气体，焊接时采用适当的气体流量参数；要检验从气瓶至焊枪的气路是否有漏气或阻塞；要增加室外焊接的防风措施。此外，在野外施工中最好选用含有固氮元素（如 Ti、Al）的焊丝。

(3) 氢气孔　氢气孔产生的主要原因是由于在高温时溶入了大量氢气，在结晶过程中又不能充分排出，留在焊缝金属中成为气孔。

氢的来源是工件、焊丝表面的油污及铁锈，以及 CO_2 气体中所含的水分。油污为碳氢化合物，铁锈是含结晶水的氧化铁。它们在电弧的高温下都能分解出氢气。氢气在电弧中还会被进一步电离，然后以离子形态很容易溶入熔池。熔池结晶时，由于氢的溶解度陡然下降，析出的氢气如不能排出熔池，则在焊缝金属中形成圆球形的气孔。

要避免氢气孔，就要杜绝氢的来源。应去除工件及焊丝上的铁锈、油污及其他杂质，更重要的是要注意 CO_2 气体中的含水量。因为 CO_2 气体中的水分常常是引起氢气孔的主要原因。

3. CO_2 焊的飞溅及防止措施

小知识 CO_2 气体具有氧化性，可以抑制氢气孔的产生，只要焊前对 CO_2 气体进行干燥处理，去除水分，清除焊丝和工件表面的杂质，则产生氢气孔的可能性就会很小。所以 CO_2 焊是公认的低氢焊接方法。

（1）飞溅产生的原因 飞溅是 CO_2 焊最主要的缺点，严重时甚至会影响焊接过程的正常进行。产生飞溅的主要原因如下。

1）由冶金反应引起。熔滴过渡时，由于熔滴中的 FeO 与 C 反应产生的 CO 气体在电弧高温下急剧膨胀，使熔滴爆破而引起金属飞溅。

2）由电弧的斑点压力引起。因 CO_2 气体高温分解吸收大量电弧热量，对电弧的冷却作用较强，使电弧电场强度提高，电弧收缩，弧根面积减小，增大了电弧的斑点压力，熔滴在斑点压力的作用下十分不稳定，形成大颗粒飞溅。用直流正接法时，熔滴受斑点压力大，飞溅也大。

3）由于短路过渡不正常引起。当熔滴与熔池接触时，由熔滴把焊丝与熔池连接起来，形成液体小桥。随着短路电流的增加，液体小桥金属被迅速加热，最后导致小桥汽化爆断，引起飞溅。

4）由于焊接参数选择不当引起。主要是因为电弧电压升高，电弧变长，易引起焊丝末端熔滴长大，产生无规则的晃动，而出现飞溅。

（2）减少金属飞溅的措施

1）合理选择焊接参数。当采用不同熔滴过渡形式焊接时，要合理选择焊接参数，以获得最小的飞溅。

2）细滴过渡时在 CO_2 中加入 Ar 气。CO_2 气体的性质决定了电弧的斑点压力较大，这是 CO_2 焊产生飞溅的最主要原因。在 CO_2 气体中加入 Ar 气后，改变了纯 CO_2 气体的物理性质。随着 Ar 气比例增大，飞溅逐渐减少。

3）合理选择焊接电源特性，并匹配合适的可调电感。短路过渡 CO_2 焊时，当熔滴与熔池接触形成短路后，如果短路电流的增长速率过快，使液桥金属迅速地加热，就会造成热量聚集，导致金属液桥爆裂而产生飞溅。合理选择焊接电源特性，并匹配合适的可调电感，以便当采用不同直径的焊丝时，能调得合适的短路电流增长速度，从而使飞溅减少。

想一想 为什么稀土金属或碱土金属的化合物能提高焊丝金属发射电子的能力？

4）采用低飞溅率焊丝。在短路过渡或细滴过渡的 CO_2 焊中，采用超低碳的合金钢焊丝，能够减少由 CO 气体引起的飞溅。选用药芯焊丝，药芯中加入脱氧剂、稳弧剂及造渣剂等，形成气-渣联合保护，电弧稳定，飞溅少，通常药芯焊丝 CO_2 焊的飞溅率约为实心焊丝的 1/3。采用活化处理焊丝，在焊丝的表面涂有极薄的活化涂料，如 Cs_2CO_3 与 K_2CO_3 的混合物，这种稀土金属或碱土金属的化合物能提高焊丝金属发射电子的能力,从而改善 CO_2 电弧的特性,使飞溅大大减少。

三、CO_2 焊的焊接材料

1. CO_2 气体

(1) CO_2 气体的性质　气体来源广,可由专门生产厂提供,也可从食品加工厂(如酒精厂)的副产品中获得。用于焊接的气体,其纯度要求大于 99.5%(体积分数)。

CO_2 有固态、液态和气态三种形态。CO_2 气体是无色、无味和无毒气体。在常温下它的密度为 $1.98kg/m^3$,约为空气的 1.5 倍。在常温时很稳定,但在高温时发生分解,至 5000K 时几乎能全部分解。常压冷却时,CO_2 气体将直接变成固态的干冰。固态的干冰在温度升高时直接变成气态,而不经过液态的转变。但是,固态 CO_2 不适于在焊接中使用,因为空气中的水分会冷凝在干冰的表面上,使 CO_2 气体中带有大量的水分。因此,用于 CO_2 焊的是由瓶装液态 CO_2 所产生的 CO_2 气体。

气体在较高压力下能变成液体,液态 CO_2 的密度随温度有很大变化。当温度低于 -11℃ 时密度比水大,而当温度高于 -11℃ 时密度比水小。由于 CO_2 由液态变为气态的沸点很低,为 -78.9℃,因此工业用 CO_2 都是使用液态的,常温下它自己就汽化。在 0℃ 和 101.3kPa(1 个大气压)下,1kg 液态 CO_2 可以汽化成 509L 的气态 CO_2。通常容量为 40L 的标准钢瓶内,可以灌入 25kg 的液态 CO_2,约占钢瓶容积的 80%,其余 20% 左右的空间则充满汽化了的 CO_2。一瓶液态 CO_2 可以汽化成 12725L 气体。若焊接时气体流量为 15L/min,则可以连续使用 14h 左右。

气瓶的压力与环境温度有关,当温度为 0~20℃ 时,瓶中压力为 $(4.5 \sim 6.8) \times 10^6 Pa$(40~60 大气压);当环境温度在 30℃ 以上时,瓶中压力急剧增加,可达 $7.4 \times 10^6 Pa$(73 大气压)以上。所以,气

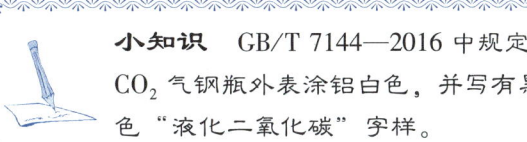

小知识　GB/T 7144—2016 中规定,CO_2 气钢瓶外表涂铝白色,并写有黑色"液化二氧化碳"字样。

瓶不得放在火炉、暖气等热源附近,也不得放在烈日下暴晒,以防发生爆炸。

(2) 提高 CO_2 气体纯度的措施　当厂家生产的 CO_2 气体纯度不稳定时,为确保 CO_2 气体的纯度,可采取如下措施。

1)将新灌气瓶倒立静置 1~2h,以便使瓶中自由状态的水沉积到瓶口部位,然后打开阀门放水 2~3 次,每次放水间隔 30min,放水结束后,把钢瓶恢复放正。

2)放水处理后,将气瓶正置 2h,打开阀门放气 2~3min,放掉一些气瓶上部的气体,因这部分气体通常含有较多的空气和水分,然后再套接输气管。

3)可在焊接供气的气路中串接高压和低压干燥器,用以干燥含水较多的 CO_2 气体,用过的干燥剂经烘干后还可重复使用。

4)当瓶中气体压力低于 $1 \times 10^6 Pa$(10 个大气压)时,CO_2 气体的含水量急剧增加,这将引起在焊缝中形成气孔。所以低于该压力时,气瓶不得再继续使用。

使用瓶装液态 CO_2 时,注意设置气体预热装置,因瓶中高压气体经减压器降压而体积膨胀时要吸收大量的热,使气体温度降到 0℃ 以下,会引起 CO_2 气体中的水分在减压器内结冰而堵塞气路,故在 CO_2 气体未减压之前须经过预热。

2. 焊丝

CO_2 焊的焊丝既要保证一定的化学成分和力学性能，又要保证具有良好的导电性和工艺性能。对焊丝的要求如下。

1) 焊丝必须含有足够的脱氧元素。
2) 焊丝的含碳量要低，要求 $w_C<0.11\%$。
3) 要保证焊缝具有满意的力学性能和抗裂性能。

目前国内常用的焊丝直径为 0.6mm、0.8mm、1.0mm、1.2mm、1.6mm、2.0mm 和 2.4mm。近年又发展了直径为 3~4mm 的粗焊丝。焊丝应保证有均匀外径，还应具有一定的硬度和刚度。一方面防止焊丝被送丝滚轮压扁或压出深痕，另一方面焊丝要有一定的挺直度。因此，无论是何种送丝方式，都要求焊丝以冷拔状态供应，不能使用退火焊丝。

表 4-2 为常用 CO_2 焊焊丝牌号、化学成分及用途。

选择焊丝时要考虑工件的材料性质、用途以及焊接接头强度的设计要求，根据表 4-2，选用适当牌号的焊丝。通常在焊接低碳钢或低合金钢时，可选用的焊丝较多，一般首选的是 H08Mn2Si，也可选用其他的焊丝，如 H11MnSi，比较便宜，与前者相比其含碳量稍高，而含硅、锰量较低，故焊缝金属强度略高，但焊缝金属的塑性和冲击韧度稍差。

合金钢用的焊丝冶炼和拔制困难，故 CO_2 焊用的合金钢焊丝逐渐向药芯焊丝方向发展。

四、CO_2 焊工艺

在 CO_2 焊中，为了获得稳定的焊接过程，可根据工件要求采用短路过渡和细滴过渡两种熔滴过渡形式，其中短路过渡焊接应用最为广泛。CO_2 焊工艺规程的选择指南见附录 D。

1. 短路过渡焊接工艺

（1）短路过渡焊接的特点 短路过渡时，采用细焊丝、低电压和小电流。熔滴细小而过渡频率高，电弧非常稳定，飞溅小，焊缝成形美观，主要用于焊接薄板及全位置焊接。焊接薄板时，生产率高，变形小，焊接操作容易掌握，对焊工技术水平要求不高，因而短路过渡的 CO_2 焊易于在生产中得到推广应用。

（2）焊接参数的选择 焊接参数主要有焊丝直径、焊接电流、电弧电压、焊接速度、保护气体流量、焊丝伸出长度及电源极性等。

1) 焊丝直径。短路过渡焊接主要采用细焊丝，常用焊丝直径为 $\phi0.6\sim\phi1.6$mm，随着焊丝直径的增大，飞溅颗粒和数量相应增大。直径大于 $\phi1.6$mm 的焊丝，如再采用短路过渡焊接，飞溅将相当严重，所以生产上很少应用。

焊丝的熔化速度随焊接电流的增加而增加，在相同电流下，焊丝越细，其熔化速度越高。在细焊丝焊接时，若使用过大的电流，也就是使用很大的送丝速度，将引起熔池翻腾和焊缝成形恶化，因此各种直径焊丝的最大电流要有一定的限制。

2) 焊接电流。焊接电流是重要的焊接参数，是决定焊缝熔深的主要因素。电流大小主要决定于送丝速度。随着送丝速度的增加，焊接电流也增加，大致成正比关系。焊接电流的大小还与焊丝的外伸长及焊丝直径等有关。短路过渡形式焊接时，由于使用的焊接电流较小，因此焊接飞溅较小，焊缝熔深较浅。

表 4-2 常用 CO_2 焊焊丝牌号、化学成分及用途

焊丝牌号	合金元素含量（质量分数,%）											用途
	C	Si	Mn	Cr	Ni	Mo	Cu	V	S	P		
H09MnSi	0.06~0.15	0.45~0.75	0.90~1.40	≤0.15	≤0.15	≤0.15	≤0.20	≤0.03	≤0.025	≤0.025		焊接低碳钢和低合金钢
H08MnSi	≤0.11	0.40~0.70	1.20~1.50	≤0.20	≤0.30	—	≤0.20	—	≤0.030	≤0.030		焊接低碳钢和低合金钢
H08Mn2Si	≤0.11	0.65~0.95	1.80~2.10	≤0.20	≤0.30	—	≤0.20	—	≤0.030	≤0.030		焊接低碳钢和低合金钢
H11MnSi	0.06~0.15	0.65~0.85	1.00~1.50	≤0.15	≤0.15	≤0.15	≤0.20	≤0.03	≤0.025	≤0.025		焊接低碳钢和低合金钢
H10MnSiMo	≤0.14	0.70~1.10	0.90~1.20	≤0.20	≤0.30	0.15~0.25	≤0.20	—	≤0.030	≤0.030		焊接低合金高强钢
H08MnSiCrMo	0.06~0.10	0.60~0.90	1.20~1.70	0.90~1.20	≤0.25	0.45~0.65	≤0.20	—	≤0.025	≤0.030		焊接低合金高强钢
H08MnSiCrMoV	0.06~0.10	0.60~0.90	1.20~1.60	1.00~1.30	≤0.25	0.50~0.70	≤0.20	0.20~0.40	≤0.025	≤0.030		焊接低合金高强钢
H10SiCrMo	0.07~0.12	0.40~0.70	0.40~0.70	1.20~1.50	≤0.20	0.40~0.65	≤0.20	—	≤0.025	≤0.025		焊接低合金高强钢

3）电弧电压。电弧电压的选择与焊丝直径及焊接电流有关，它们之间存在着协调匹配的关系。细丝 CO_2 焊的电弧电压与焊接电流的匹配关系如图 4-13 所示。

短路过渡时，不同直径焊丝相应选用的焊接电流、电弧电压的数值范围，见表 4-3。

表 4-3　不同直径焊丝选用的焊接电流与电弧电压

焊丝直径/mm	电弧电压/V	焊接电流/A
0.6	17~19	30~70
0.8	18~21	50~100
1.0	18~22	70~120
1.2	19~23	90~200
1.6	22~26	140~300

4）焊接速度。焊接速度对焊缝成形、接头的力学性能及气孔等缺陷的产生都有影响。在焊接电流和电弧电压一定的情况下，焊接速度加快时，焊缝的熔深、熔宽和余高均减小。

焊接速度过快时，会在焊趾部出现咬边，甚至出现驼峰焊道，而且保护气体向后拖，影响保护效果。相反，速度过慢时，焊道变宽，易产生烧穿和焊缝组织变粗的缺陷。

通常半自动焊时，熟练焊工的焊接速度为 30~60cm/min。

5）保护气体流量。气体保护焊时，保护效果不好将产生气孔，甚至使焊缝成形变坏。在正常焊接情况下，保护气体流量与焊接电流有

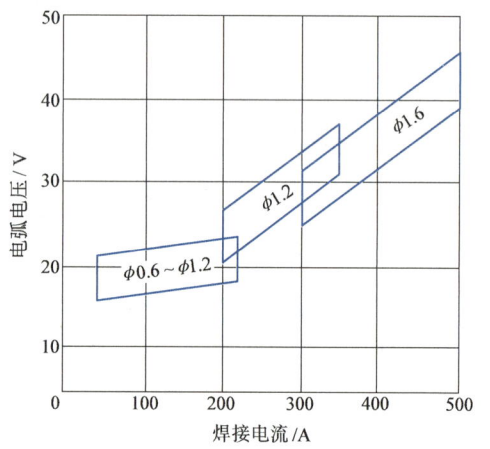

图 4-13　合适的电弧电压与焊接电流范围

关，在 200A 以下薄板焊接时为 10~15L/min，在 200A 以上厚板焊接时为 15~25L/min。

影响气体保护效果的主要因素是保护气体流量，喷嘴高度，喷嘴上附着的飞溅物和强风。特别是强风的影响十分显著，在强风的作用下，保护气流被吹散，使得熔池、电弧甚至焊丝端头暴露在空气中，破坏保护效果。风速在 1.5m/s 以下时，对保护作用无影响。当风速大于 2m/s 时，焊缝中的气孔明显增加，所以规定施焊环境在没有采取特殊措施时，风速一般不得超过 2m/s。

6）焊丝伸出长度。短路过渡焊接时采用的焊丝都比较细，因此焊丝伸出长度对焊丝熔化速度的影响很大。在焊接电流相同时，随着伸出长度增加，焊丝熔化速度也增加。换句话说，当送丝速度不变时，焊丝伸出长度越大，则电流越小，将使熔滴与熔池温度降低，造成热量不足，而引起未焊透。直径越细、电阻率越大的焊丝，这种影响越大。

另外，焊丝伸出长度太大，电弧不稳，难以操作，同时飞溅较大，焊缝成形恶化，甚至破坏保护而产生气孔。相反，焊丝伸出长度过小时，会缩短喷嘴与工件间的距离，飞溅金属容易堵塞喷嘴。同时，还妨碍观察电弧，影响焊工操作。

适宜的焊丝伸出长度与焊丝直径有关。也就是焊丝伸出长度大约等于焊丝直径的 10 倍，在 10~20mm 范围内。

7）电源极性。CO_2焊一般都采用直流反极性。这时电弧稳定，飞溅小，焊缝成形好，并且焊缝熔深大，生产率高。而正极性时，在相同电流下，焊丝熔化速度大大提高，大约为反极性时的1.6倍，而熔深较浅，余高较大且飞溅很大。只有在堆焊及铸铁补焊时，才采用正极性，以提高熔敷速度。

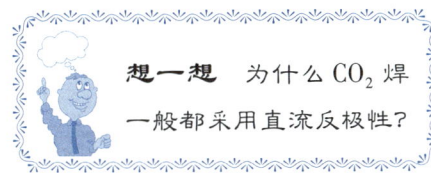

想一想　为什么CO_2焊一般都采用直流反极性？

2. 细滴过渡焊接工艺

（1）细滴过渡焊接的特点　细滴过渡CO_2焊的特点是电弧电压比较高，焊接电流比较大。此时电弧是持续的，不发生短路熄弧的现象。焊丝的熔化金属以细滴形式进行过渡，所以电弧穿透力强，母材熔深大。适合于进行中等厚度及大厚度工件的焊接。

（2）焊接参数的选择

1）电弧电压与焊接电流。焊接电流可根据焊丝直径来选择。对应于不同的焊丝直径，实现细滴过渡的焊接电流下限是不同的。表4-4列出了几种常用焊丝直径的电流下限值。这里也存在着焊接电流与电弧电压的匹配关系，在一定焊丝直径下，选用较大的焊接电流，就要匹配较高的电弧电压。因为随着焊接电流增大，电弧对熔池金属的冲刷作用增加，势必会恶化焊缝的成形。只有相应地提高电弧电压，才能减弱这种冲刷作用。

表4-4　滴状过渡的电流下限及电压范围

焊丝直径/mm	电流下限/A	电弧电压/V
1.2	300	
1.6	400	
2.0	500	34~45
3.0	650	
4.0	750	

2）焊接速度。细滴过渡CO_2焊的焊接速度较高。与同样直径焊丝的埋弧焊相比，焊接速度高0.5~1倍。常用的焊接速度为40~60m/h。

3）保护气流量。应选用较大的气体流量来保证焊接区的保护效果。保护气流量通常比短路过渡的CO_2焊提高1~2倍。常用的气体流量范围为25~50L/min。

3. CO_2焊技术

（1）焊前准备　CO_2焊时，为了获得最好的焊接效果，除选择好焊接设备和焊接参数外，还应做好焊前准备工作。

1）坡口形状。CO_2焊时，推荐使用的坡口形状见表4-5。细焊丝短路过渡的CO_2焊主要焊接薄板或中厚板，一般开I形坡口；粗焊丝细滴过渡的CO_2焊主要焊接中厚板及厚板，可以开较小的坡口。开坡口不仅为了熔透，而且要考虑到焊缝成形的形状及熔合比。坡口角度过小易形成指状熔深，在焊缝中心可能产生裂纹。尤其在焊接厚板时，由于拘束应力大，这种倾向很强，必须十分注意。

2）坡口加工方法与清理。加工坡口的方法主要有机械加工、气割和炭弧气刨等。坡口精度对焊接质量影响很大。坡口尺寸偏差会造成未焊透和未焊满等缺陷。CO_2焊时对坡口精度的要求比焊条电弧焊时更高。

表 4-5　CO_2 焊推荐坡口形状

坡口形状		板厚/mm	有无垫板	坡口角度 α/(°)	根部间隙 b/mm	钝边高度 p/mm
I 形		<12	无	—	0~2	—
			有	—	0~3	—
半 V 形		<60	无	45~60	0~2	0~5
			有	25~50	4~7	0~3
V 形		<60	无	45~60	0~2	0~5
			有	35~60	0~6	0~3
K 形		<100	无	45~60	0~2	0~5
X 形		<100	无	45~60	0~2	0~5

焊缝附近有污物时，会严重影响焊接质量。焊前应将坡口周围 10~20mm 范围内的油污、油漆、铁锈、氧化皮及其他污物清除干净。

3）定位焊。定位焊是为了保证坡口尺寸，防止由于焊接而引起的变形。通常，CO_2 焊与焊条电弧焊相比，要求更坚固的定位焊缝。定位焊缝本身易生成气孔和夹渣，它们是随后进行 CO_2 焊时产生气孔和夹渣的主要原因，所以必须细致地焊接定位焊缝。

小知识　用焊条电弧焊焊接的定位焊缝处残留的渣易引起电弧不稳和产生缺陷，所以焊前应清除残渣。

焊接薄板时，定位焊缝应该细而短，长度为 3~10mm，间距为 30~50mm。它可以防止变形及焊道不规整。焊接中厚板时，定位焊缝间距较大，达 100~150mm，为增加定位焊的强度，应增大定位焊缝长度，一般为 15~50mm。若为熔透焊缝时，定位焊缝处难以实现反面成形，应从反面进行定位焊。

（2）引弧与收弧

1）引弧工艺。半自动焊时，喷嘴与工件间的距离不好控制。对于焊工来说，操作不当时极易出现这样的情况，也就是当焊丝以一定速度冲向工件表面时，往往把焊枪顶起，结果使焊枪远离工件，从而破坏了正常保护。所以，焊工应该注意保持焊枪到工件的距离。

半自动焊时，通常的引弧方式是在焊丝端头与焊接处划擦的过程中按焊枪按钮，通常称为划擦引弧。这时引弧成功率较高。引弧后必须迅速调整焊枪位置、焊枪角度及导电嘴与工件间的距离。

引弧处由于工件的温度较低，熔深都比较浅，特别是在短路过渡时容易引起未焊透。为防止产生这种缺陷，可以采取倒退引弧法，如图4-14所示。引弧后快速返回工件端头，再沿焊缝移动，在焊道重合部分进行摆动，使焊道充分熔合，完全消除弧坑。

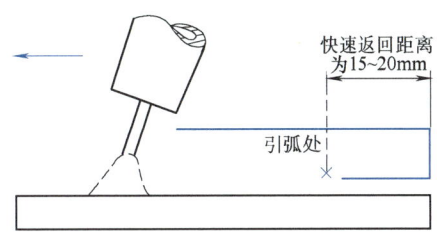

图4-14　倒退引弧法

2）收弧方法。焊道收尾处往往出现凹陷，它被称为弧坑。CO_2焊比一般焊条电弧焊使用的电流大，所以弧坑也大，弧坑处易产生火口裂纹及缩孔等缺陷。因此，应该设法减小弧坑尺寸。目前主要应用的方法如下。

① 采用带有电流衰减装置的焊机时，填充弧坑电流较小，一般只为焊接电流的50%～70%，易填满弧坑。最好以短路过渡的方式处理弧坑。这时，电弧沿火口的外沿移动焊枪，并逐渐缩小回转半径，直到中间停止。

② 没有电流衰减装置时，在火口未完全凝固的情况下，应在其上进行几次断续焊接。这时只是交替按压与释放焊枪按钮，而焊枪在弧坑填满之前始终停留在火口上，电弧燃烧时间应逐渐缩短。

③ 使用工艺板，也就是把弧坑引到工艺板上，焊完之后去掉它。

【综合训练】

一、理论部分

（一）解释

1. CO_2气体保护焊

2. 脱氧

（二）填空

1. CO_2焊时氧化有两种形式：_____和_____。

2. CO_2焊所用的脱氧剂主要有_____、_____、_____和_____等合金元素。其中常用_____和_____进行联合脱氧。

3. CO_2有_____、_____和_____三种形态。

（三）简答

1. 简述CO_2焊的特点。

2. CO_2焊对焊丝有何要求？

3. 提高CO_2气体纯度的措施有哪些？

4. CO_2焊有可能产生什么样的气孔？

5. 简述CO_2焊飞溅的形成原因及其防止措施。

二、实践部分

1. 训练目标

1）现场了解 CO_2 焊设备。

2）学习 CO_2 焊的操作方法。

2. 训练准备

1）人员准备：分组进行，每组由 8~10 人组成。

2）资料准备：实训指导书。

3. 训练地点

实验室或实训场地。

4. 训练方法

1）了解 CO_2 焊设备的结构。

2）起动焊机，让学生自己调试参数并进行简单焊接操作。

3）观察焊缝情况并分析产生缺陷的原因。

模块四 熔化极惰性气体保护焊

导入案例

高强度铝合金具有很高的室温强度及良好的高温和超低温性能，广泛用作航空、航天及其他运载工具的结构材料，如运载火箭的液体燃料箱材料、超音速飞机和汽车的结构件材料以及轻型战车的装甲材料等。目前常用于铝合金连接的主要焊接方法有交流钨极氩弧焊（TIG）和直流反极性熔化极惰性气体保护焊（MIG）。试验研究发现，MIG 焊时，焊丝作为阳极，可采用比 TIG 焊更大的焊接电流，电弧功率大，焊接效率高，故特别适合于中厚板铝合金的焊接。

熔化极惰性气体保护焊是采用惰性气体作为保护气，使用焊丝作为熔化电极的气体保护焊方法，通常按其英文缩写简称为 MIG 焊。MIG 焊是目前常用的气体保护焊方法之一。本模块主要讲述 MIG 焊的特点和应用范围、熔滴过渡形式及特点、保护气体种类及焊接工艺等内容。

一、MIG 焊的原理、特点及应用

1. MIG 焊的基本原理

MIG 焊时采用惰性气体（氩气或氦气）或它们的混合气体作为保护气体，由于惰性气体本身既不溶于金属，又不和金属反应，因此具有良好的保护效果。焊接时保护气体从焊枪的喷嘴中连续喷出，在电弧周围形成保护层隔绝空气，保护电极和焊接熔池以及临近热影响区，以形成优质的焊接接头。使用的焊丝既作为电极又作为填充金属，在焊接过程中焊丝不断熔化并过渡到熔池中去，成为焊缝金属的一部分。在焊接结构生产中，特别是在高合金材料和非铁金属及其合金材料的焊接生产中，MIG 焊占有很重要的地位。

2. MIG 焊的特点

由于 MIG 焊采用的是惰性气体作为保护气体，与埋弧焊、焊条电弧焊等其他熔化极电弧焊相比，它具有以下特点。

（1）焊接质量好 由于采用惰性气体作保护气体，MIG 焊保护效果好，焊接过程稳定，变形小，飞溅极少或根本无飞溅。采用直流反极性焊接铝及铝合金时，有良好的阴极破碎作用。

（2）焊接生产率高 由于是用焊丝作电极，可采用大的电流密度焊接，因而母材熔深大，焊丝熔化速度快，焊接大厚度铝、铜及合金时比钨极惰性气体保护焊的生产率高。与焊条电弧焊相比，能够连续送丝，节省材料和时间，焊缝不需要清渣，可采用大的电流密度进行焊接，使母材获得大的熔深，生产率高。

（3）适用材料范围广 由于采用惰性气体作保护，不与熔池金属发生反应，几乎所有的金属材料都可以焊接。但由于惰性气体生产成本高，价格贵，目前主要用于焊接非铁金属及其合金、不锈钢及某些低合金钢等材料。

> **小知识** 标准中规定，在采用气体保护焊方法焊接时，若风速超过 $2m/s$，则应该采取防护措施才能焊接。用焊条电弧焊焊接的定位焊缝处残留的渣易引起电弧不稳和产生缺陷，所以，焊前应清除残渣。

MIG 焊的缺点在于无脱氧去氢作用，因此对母材及焊丝上的油、锈很敏感，易形成缺陷，所以对焊接材料表面清理要求特别严格；另外，MIG 焊抗侧向风能力差，不适于野外焊接；焊接设备也较复杂。

3. MIG 焊的应用

MIG 焊适合于焊接低碳钢、低合金钢、耐热钢、不锈钢、非铁金属及其合金。低熔点或低沸点金属材料如铅、锡、锌等，不宜采用熔化极惰性气体保护焊。目前在中等厚度、大厚度铝及铝合金板材的焊接中，已广泛地应用了 MIG 焊。

MIG 焊可分为半自动焊和自动焊两种。自动 MIG 焊适用于较规则的纵缝、环缝及水平位置的焊接；半自动 MIG 焊大多用于定位焊、短焊缝、断续焊缝以及铝容器中封头、管接头、加强圈等工件的焊接。

二、MIG 焊的焊接材料

MIG 焊的焊接材料主要包括保护气体和焊丝。

1. 保护气体

MIG 焊常用的保护气体有氩气、氦气和它们的混合气体，现将它们的特性及其应用范围介绍如下。

> **小知识** 在惰性气体保护焊中，纯氩气主要用作焊接非铁金属及其合金、活性金属及其合金、高温合金的保护气。

（1）氩气（Ar） 氩气是一种惰性气体，在高温下不分解吸热，不与金属发生化学反应，也不溶解于金属中，其密度比空气大，不易飘浮散失，而比热容和热导率比空气小，这些性能使氩气在焊接时能起到良好的保护作用。氩气保护的优点是电弧燃烧非常稳定，进行 MIG 焊时焊丝金属很容易呈稳定的轴向射流过渡，飞溅极小。缺点是焊缝易成"指状"焊缝。

（2）氦气（He） 和氩气一样，氦气也是一种惰性气体，但氦气的电离电压很高，焊接时引弧较困难。和氩气相比，氦气的电离电压高，热导率大，所以在相同的焊接电流和弧长条件下，氦气的电弧电压比氩气的高，使电弧具有较大的功率，对母材热输入也较大。但是，由于氦气的相对密度比空气小，要有效地保护焊接区，需要的流量应比氩气高 2~3 倍，而且，氦气比较昂贵，所以一般很少使用。

（3）氩气+氦气（Ar+He） 采用 Ar+He 混合气体具有 Ar 和 He 所有的优点，电弧功率大，温度高，熔深大。可用于焊接导热性强、厚度大的非铁金属，如铝、钛、锆、镍、铜及其合金。在焊接大厚度铝及铝合金时，可改善焊缝成形、减少气孔及提高焊接生产率，He 所占的比例随着工件厚度的增加而增大。在焊接铜及其合金时，He 所占比例一般为 50%~70%。

2. 焊丝

MIG 焊使用的焊丝成分通常应与母材的成分相近，它应具有良好的焊接工艺性，并能提供良好的接头性能。在某些情况下，为了顺利地进行焊接并获得满意的焊缝金属性能，需要采用与母材成分完全不同的焊丝。例如：用于焊接高强度铝合金和合金钢的焊丝，在成分上通常完全不同于母材，其原因在于某些合金元素在焊缝金属中将产生不利的冶金反应而导致产生缺陷或显著降低焊缝金属性能。

MIG 焊使用的焊丝直径一般为 0.8~2.5mm。焊丝直径越小，焊丝的表面积与体积的比值越大，即焊丝加工过程中进入焊丝表面上的拔丝剂、油或其他的杂质相对较多。这些杂质可能引起气孔、裂纹等缺陷。因此，焊丝使用前必须经过严格的清理。另外，由于焊丝需要连续而流畅地通过焊枪送进焊接区，因此焊丝一般以焊丝卷或焊丝盘的形式供应。

三、MIG 焊工艺

1. 熔滴过渡特点

MIG 焊熔滴过渡的形式主要有短路过渡、射流过渡、脉冲射流过渡。在用 MIG 焊焊接铝及铝合金时，如果采用射流过渡的形式，因焊接电流大，电弧功率高，对熔池的冲击力太大，造成焊缝形状为"蘑菇"形，容易在焊缝根部产生气孔和裂纹等缺陷。同时，由于电弧长度较大，会降低气体的保护效果。所以为了解决以上问题，在焊接铝及铝合金时，常采用亚射流过渡。

想一想 亚射流过渡与短路过渡有什么区别？

亚射流过渡是介于短路过渡和射流过渡之间的一种特殊形式，习惯上称为亚射流过渡。亚射流过渡采用较小的电弧电压，弧长较短，当熔滴长大并将以射流过渡形式脱离焊丝端部时，即与熔池短路接触，电弧熄灭，熔滴在电磁力及表面张力的作用下产生颈缩断开，电弧复燃完成熔滴过渡。

亚射流过渡的特点如下。

1）短路时间很短，短路电流对熔池的冲击力很小，过程稳定，焊缝成形美观。

2）焊接时，焊丝的熔化系数随电弧的缩短而增大，从而使亚射流过渡焊可采用等速送丝配以恒流外特性电源进行焊接，弧长由熔化系数的变化实现自身调节。

3）由于亚射流过渡时电弧电压、焊接电流基本保持不变，因此焊缝熔宽和熔深比较均匀。同时，电弧下潜熔池之中，热利用率高，加速焊丝的熔化，对熔池的底部加热也加强了，从而改善了焊缝根部熔化状态，有利于提高焊缝的质量。

4）由于采用的弧长较短，因此可提高气体保护效果，降低焊缝产生气孔和裂纹的倾向。

2. 焊接参数的选择

MIG焊可分为半自动焊和自动焊两种。自动焊适用于较规则的纵缝、环缝及水平位置的焊接；半自动焊大多用于定位焊、短焊缝、断续焊缝以及铝容器中封头、管接头、加强圈等各种内件的焊接。

MIG焊的焊接参数主要有焊丝直径、焊接电流、电弧电压、焊接速度、保护气流量、焊丝的位置、喷嘴直径等。

（1）焊丝直径　焊丝直径应根据工件的厚度及施焊位置来选择。细焊丝（直径小于或等于$\phi1.2mm$）以短路过渡为主，较粗焊丝以射流过渡为主。细焊丝主要用于焊接薄板和全位置焊接，而粗焊丝多用于厚板平焊位置焊接。焊丝直径的选择见表4-6。

表4-6　焊丝直径的选择

焊丝直径/mm	工件厚度/mm	施焊位置	熔滴过渡形式
0.8	1~3	全位置	短路过渡
1.0	1~6	全位置、单面焊双面成形	
1.2	2~12	全位置、单面焊双面成形	
1.2	中等厚度、大厚度	打底	
1.6	6~25	平焊、横焊或立焊	射流过渡
1.6	中等厚度、大厚度	平焊、横焊或立焊	
2.0	中等厚度、大厚度		

在平焊位置焊接大厚度板时，可采用直径为3.2~5.6mm的焊丝，这时焊接电流可调节到500~1000A。这种粗丝大电流焊的优点是熔透能力强，焊道层数少，焊接生产率高，焊接变形小。

（2）焊接电流　焊接电流是最重要的焊接参数，应根据工件厚度、焊接位置、焊丝直径及熔滴过渡形式来选择。焊丝直径一定时，可以通过选用不同的焊接电流范围以获得不同的熔滴过渡形式，如要获得连续喷射过渡，其电流必须超过某一临界电流值。焊丝直径增大，其临界电流值也会增加。

在焊接铝及铝合金时，为获得优质的焊接接头，MIG焊一般采用亚射流过渡，此时电弧发出"咝咝"兼有熔滴短路时的"啪啪"声，且电弧稳定，气体保护效果好，飞溅少，熔深大，焊缝成形美观，表面鱼鳞纹细密。

表4-7列出了低碳钢MIG焊所用的焊接电流范围。

表 4-7 低碳钢 MIG 焊的焊接电流范围

焊丝直径/mm	焊接电流/A	熔滴过渡方式	焊丝直径/mm	焊接电流/A	熔滴过渡方式
φ1.0	40~150	短路过渡	φ1.2	80~220	脉冲射流过渡
φ1.2	80~180		φ1.6	100~270	
φ1.2	220~350	射流过渡	φ1.6	270~500	射流过渡

（3）电弧电压　电弧电压主要影响熔滴的过渡形式及焊缝成形，要想获得稳定的熔滴过渡，除了正确选用合适的焊接电流外，还必须选择合适的电弧电压与之相匹配。图 4-15 表示 MIG 焊时电弧电压和焊接电流之间的关系。若超出图中所示范围，容易产生焊接缺陷。如电弧电压过高，则可能产生气孔和飞溅；电弧电压过低，则有可能短接。

（4）焊接速度和喷嘴直径　由于 MIG 焊对熔池的保护要求较高，焊接速度又高，如果保护不良，焊缝表面便易起皱皮，因此喷嘴直径比钨极氩弧焊的要大，为 20mm 左右。氩气流量也大，为 30~60L/min。自动 MIG 焊的焊接速度一般为 25~150m/h，半自动 MIG 焊的焊接速度一般为 5~60m/h。

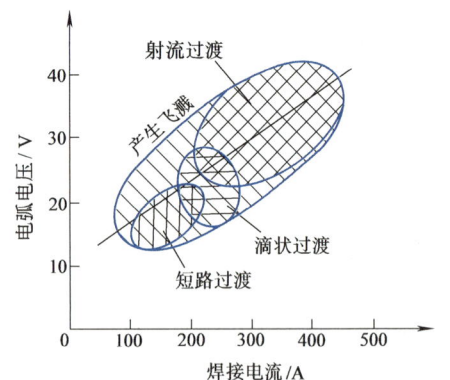

图 4-15　MIG 焊时电弧电压和焊接电流之间的关系

喷嘴端部至工件的距离也应保持在 12~22mm 之间。从气体保护效果方面来看，距离越近越好，但距离过近容易使喷嘴接触到熔池表面，反而恶化焊缝成形。喷嘴高度应根据电流大小选择，见表 4-8。

表 4-8　喷嘴高度推荐值

电流大小/A	<200	200~250	350~500
喷嘴高度/mm	10~15	15~20	20~25

（5）焊丝的位置　焊丝和焊缝的相对位置会影响焊缝成形，焊丝的相对位置有前倾、后倾和垂直三种，焊丝位置示意图如图 4-16 所示。当焊丝处于前倾焊法时，形成的熔深小，焊道较宽，余高小；当处于后倾焊法时，形成的熔深大，余高也大；垂直焊法介于两者之间。对于半自动焊 MIG 焊，焊接时一般采用左焊法，便于操作者观察熔池。

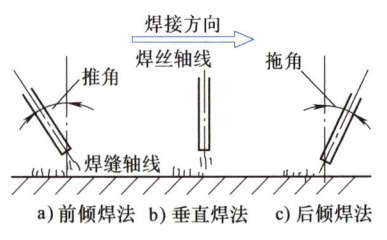

图 4-16　焊丝位置示意图

综上所述，在选择 MIG 焊的焊接参数时，应先根据工件厚度、坡口形状选择焊丝直径，再由熔滴过渡形式确定焊接电流，并配以合适的电弧电压，其他焊接参数的选择应以保证焊接过程稳定及焊缝质量为原则。各焊接参数之间并不是独立的，而是需要互相配合，以获得稳定的焊接过程及良好的焊接质量为目的。

表 4-9、表 4-10、表 4-11 分别列出了铝及铝合金、不锈钢 MIG 焊的焊接参数。

表 4-9 铝及铝合金 MIG 焊的焊接参数

板材牌号	焊丝牌号	板材厚度/mm	坡口形式	钝边/mm	坡口角度/(°)	间隙/mm	焊丝直径/mm	喷嘴孔径/mm	氩气流量/(L/min)	焊接电流/A	电弧电压/V	焊接速度/(m/h)	备注
5A05	SAl5556（AlMg5Mn1Ti）	5	—	—	—	—	2.0	22	28	240	21~22	42	单面焊双面成形
1060 1050A	SAl1070（Al99.7）	6	V	—	100	0~0.5	2.5	22	30~35	230~260	26~27	25	
		8	V	4	100	0~0.5	2.5	22	30~35	300~320	26~27	24~28	
		10	V	6	100	0~1	3.0	28	30~35	310~330	27~28	18	
		12	V	8	100	0~1	3.0	28	30~35	320~340	28~29	15	
		14	V	10	100	0~1	4.0	28	40~45	380~400	29~31	18	
		16	V	12	100	0~1	4.0	28	40~45	380~420	29~31	17~20	正反面均焊一层
		20	V	16	100	0~1	4.0	28	50~60	450~500	29~31	17~19	
		25	V	21	100	0~1	4.0	28	50~60	490~550	29~31	—	
		28~30	X	16	100	0~1	4.0	28	50~60	560~570	29~31	13~15	
5A02 5A03	SAl3103（AlMn1）	12	V	8	120	0~1	3.0	22	30~35	320~350	28~30	24	
		18	V	14	120	0~1	4.0	28	50~60	450~470	29~30	18.7	
		20	V	16	120	0~1	4.0	28	50~60	450~470	28~30	18	
		25	V	16	120	0~1	4.0	28	50~60	490~520	29~31	16~19	
2A11	SAl4043（AlSi5）	50	X	6~8	75	0~0.5	4.2	28	50	450~500	24~27	15~18	也可采用双面U形坡口，钝边6~8mm

表 4-10 不锈钢的 MIG 焊（短路过渡）的焊接参数

板厚/mm	坡口形式	焊丝直径/m	焊接电流/A	电弧电压/V	送丝速度/(m/min)	保护气体（体积分数）	气体流量/(L/min)
1.6	I	0.8	85	21	4.5	He90%+Ar7.5%+$CO_2$2.5%	14
2.4	I	0.8	105	23	5.5	He90%+Ar7.5%+$CO_2$2.5%	14
3.2	I	0.8	125	24	7	He90%+Ar7.5%+$CO_2$2.5%	14

表 4-11 不锈钢的 MIG 焊（射流过渡）的焊接参数

板厚/mm	坡口形式	焊丝直径/mm	焊接电流/A	电弧电压/V	送丝速度/(m/min)	保护气体（体积分数）	气体流量/(L/min)
3.2	I（带垫板）	1.6	225	24	3.3	Ar98%+$O_2$2%	14
6.4	Y（60°）	1.6	275	26	4.5	Ar98%+$O_2$2%	16
9.5	Y（60°）	1.6	300	28	6	Ar98%+$O_2$2%	16

【综合训练】

一、理论部分

（一）解释

1. 亚射流过渡

2. 射流过渡

（二）填空

1. MIG 焊熔滴过渡的形式主要有_____、_____、_____。

2. 焊丝和焊缝的相对位置会影响焊缝成形，焊丝的相对位置有_____、_____和_____三种。

3. 焊接电流是最重要的焊接参数，应根据_____、_____、_____及_____来选择。

（三）简答

1. MIG 焊有哪些特点？

2. MIG 焊常用的保护气体有哪些？

二、实践部分

1. 训练目标

1）了解 MIG 焊接线方法。

2）熟悉 MIG 焊的操作方法。

2. 训练准备

1）人员准备：分组进行，每组由 8~10 人组成。

2）资料准备：实训指导书。

3. 训练地点

实验室或实训场地。

4. 训练方法
1) 了解 MIG 焊机的结构。
2) 起动焊机，让学生自己调试参数试焊并进行简单焊接操作。
3) 观察焊缝情况并分析产生缺陷的原因。

模块五 熔化极活性气体保护焊

导入案例

某单位对 Q235A、Q355A 钢进行 MAG 焊工艺试验，将焊缝金属成分及力学性能进行比较后，在工艺试验基础上对装载机驾驶室上采用瓶装 Ar80%+CO₂20% 混合气体的 MAG 焊进行焊接。试验结果证明 MAG 焊电弧稳定，熔滴细化，过渡频率增加，飞溅大大减少（飞溅率为 1%~3%，采用射流过渡时几乎无飞溅），焊缝成形美观。此外，采用 MAG 焊还可以改善熔深外形，使未焊透和裂纹等缺陷大大减少，并能减少焊后清理工作量，节能降耗，改善操纵环境。由此说明推广 MAG 焊具有十分广阔的应用远景。

熔化极活性气体保护焊是在惰性气体中加入一定量的活性气体，如 O_2、CO_2 等作为保护气体的一种熔化极气体保护电弧焊方法，通常简称为 MAG 焊。

一、MAG 焊的特点

MAG 焊可以采用短路过渡、射流过渡和脉冲射流过渡等形式，可用于平焊、立焊、横焊和仰焊以及全位置焊，适于焊接碳素钢、合金钢和不锈钢等钢铁材料。

采用活性气体保护的 MAG 焊具有以下效果：
1) 提高熔滴过渡的稳定性。
2) 稳定阴极斑点，提高电弧燃烧的稳定性。
3) 改善焊缝形状及外观。
4) 增大电弧的热功率。
5) 控制焊缝的冶金质量，减少焊接缺陷。
6) 降低焊接成本。

想一想　MIG 焊与 MAG 焊有何不同？

二、常用活性混合气体及其适用范围

1. Ar+O₂

这种混合气体具有一定的氧化性，一方面能降低液体金属的表面张力，具有熔滴均匀、电弧稳定、焊缝成形规则等特点；另一方面由于保护气体具有氧化性，可以在熔池表面不断地生成氧化膜，生成的氧化物可以降低电子逸出功，故能稳定阴极斑点，克服阴极斑点飘忽不定的缺点，增加电弧的稳定性，同时也有利于增加液体金属的流动性，细化熔滴，改善焊缝成形。

但是焊接不锈钢时，氧的加入量不能太高，一般控制在 1%~5%（体积分数）范围内，

否则合金元素氧化烧损多,引起夹渣和飞溅等问题。焊接低碳钢和低合金钢时,在 Ar 中 O_2 的加入量可达 20%(体积分数)。

2. Ar+CO_2

在 Ar 中加入 CO_2 的体积分数小于或等于 15% 时,其作用与 Ar 中加入 2%~5%(体积分数)的 O_2 相似。若加入 CO_2 的体积分数大于 25%,其工艺特征就接近纯 CO_2 焊,但飞溅相对较少,可以改善呈蘑菇状的焊缝截面形状,以减少气孔的生成。这种混合气体具有电弧稳定、飞溅小、容易获得轴向射流过渡等优点,又因其具有氧化性,能稳定电弧,有较好的熔深和焊缝成形,焊接质量好,可用于射流过渡、短路过渡及脉冲射流过渡形式的熔化极气体保护焊。目前,广泛应用于焊接低碳钢及低合金钢,也可焊接不锈钢。在 Ar 中加入 CO_2 会提高临界电流,其熔滴过渡特性随着 CO_2 量的增加而恶化,飞溅也增大。通常 CO_2 加入量在 5%~30%(体积分数)范围内。

3. Ar+CO_2+O_2

在 Ar 气中加入适量的 CO_2 和 O_2 焊接低碳钢、低合金钢,比采用上述两种混合气体作气体保护焊接的焊缝成形、接头质量、金属熔滴过渡和电弧稳定性好。

小知识 加入 CO_2 气体会对母材产生渗碳作用,因此,焊接含碳量低的钢材(如超低碳不锈钢)时,要注意检查其增碳的可能性。

在熔化极及钨极气体保护焊中,常见的焊接用保护气体及其适用范围见表 4-12。

表 4-12 焊接用保护气体及其适用范围

被焊材料	保护气体(体积分数)	工件厚度/mm	特点
铝及铝合金	Ar100%	0~25	较好的熔滴过渡,电弧稳定,飞溅极小
	Ar35%+He65%	25~75	热输入比纯氩大,改善 Al-Mg 合金的熔化特性,减少气孔
	Ar25%+He75%	76	热输入高,增加熔深,减少气孔,适于焊接厚铝板
镁	Ar100%	—	良好的清理作用
钛	Ar100%	—	良好的电弧稳定性,焊缝污染小,在焊缝区域的背面要求惰性气体保护以防空气危害
铜及铜合金	Ar100%	≤3.2	能产生稳定的射流过渡,良好的润湿性
	Ar+He50%~70%	—	热输入比纯氩大,可以减少预热温度
镍及镍合金	Ar100%	≤3.2	能产生稳定的射流过渡、脉冲射流过渡及短路过渡
	Ar+He15%~20%	—	热输入高于纯氩
不锈钢	Ar99%+$O_2$1%	—	改善电弧稳定性,用于射流过渡及脉冲射流过渡,能较好控制熔池,焊缝形状良好,焊较厚的材料时产生的咬边较小
	Ar98%+$O_2$2%	—	较好的电弧稳定性,可用于射流过渡及脉冲射流过渡,焊缝形状良好,焊接较薄工件比加 1%(体积分数)O_2 的混合气体有更高的速度

(续)

被焊材料	保护气体（体积分数）	工件厚度/mm	特点
低合金高强度钢	Ar98%+O₂2%	—	最小的咬边和良好的韧性，可用于射流过渡及脉冲射流过渡
低碳钢	Ar+O₂3%~5%	—	改善电弧稳定性，用于射流过渡及脉冲射流过渡，能较好地控制熔池，焊缝形状良好，咬边较小，比纯氩的焊速更高
	Ar+O₂10%~20%	—	电弧稳定，可用于射流过渡及脉冲射流过渡，焊缝成形好，飞溅较小，可进行高速焊接
	Ar80%+CO₂15%+O₂5%	—	电弧稳定，可用于射流过渡及脉冲射流过渡，焊缝成形好，熔深较大
	Ar65%+He26.5%+CO₂8%+O₂0.5%	—	电弧稳定，尤其在大电流时可得到稳定的射流过渡，能实现大电流下的高熔敷率，φ1.2mm焊丝的最高送丝速度可达50m/min，焊缝冲击韧度好

三、MAG焊工艺

MAG焊的工艺内容和焊接参数的选择原则与MIG焊相似。不同之处是在Ar气中加入了一定量的具有脱氧去氢能力的活性气体，因而焊前清理就没有MIG焊要求那么严格。

MAG焊主要适用于碳素钢、合金钢和不锈钢等钢铁材料的焊接，尤其在不锈钢的焊接中得到广泛的应用。焊接不锈钢时，通常采用直流反接短路过渡或射流过渡MAG焊，保护气体为Ar+O₂（O₂的体积分数为1%~5%）。根据具体情况，需决定是否采用预热和焊后热处理、喷丸、锤击等其他工艺措施。表4-13和表4-14分别给出了短路过渡和射流过渡MAG焊的焊接参数。

表4-13 短路过渡MAG焊的焊接参数

母材厚度/mm	焊丝直径/mm	焊接电流（DC）/A	电弧电压/V	送丝速度/(m/h)	焊接速度/(m/h)	保护气体流量/(L/min)
0.6	φ0.8	30~50	15~17	130~152	18~30	7~9
0.8	φ0.8	40~60	15~17	137~198	27~35	7~9
0.9	φ0.9	55~85	15~17	107~183	53~61	7~9
1.3	φ0.9	70~100	16~19	152~244	53~61	7~9
1.6	φ0.9	80~110	17~20	183~274	46~53	9~12
2.0	φ0.9	100~130	18~20	244~335	38~46	9~12
3.2	φ0.9	120~160	19~22	320~442	30~38	9~12
3.2	φ1.1	180~200	20~24	320~366	41~49	9~12
4.7	φ0.9	140~160	19~22	320~442	21~29	9~12

（续）

母材厚度/mm	焊丝直径/mm	焊接电流(DC)/A	电弧电压/V	送丝速度/(m/h)	焊接速度/(m/h)	保护气体流量/(L/min)
4.7	φ1.1	180~205	20~24	320~373	27~34	9~12
6.4	φ0.9	140~160	19~22	366~442	17~23	9~12
6.4	φ1.1	180~225	20~24	320~442	18~27	9~12

注：1. 焊接位置为平焊和平角焊，对立焊或仰焊减小电流 10%~15%。
2. 角焊缝尺寸等于母材厚度，坡口焊缝装配间隙等于板厚的 1/2。
3. 保护气体为 Ar75%+$CO_2$25% 或 O_2（体积分数）。

表 4-14 射流过渡 MAG 焊的焊接参数

母材厚度/mm	焊缝形式	层数	焊丝直径/mm	焊接电流/A	电弧电压/V	送丝速度/(m/h)	焊接速度/(m/h)	保护气体流量/(L/min)
3.2	I 形坡口对缝或角缝	1	φ1.6	300	24	251	53	19~24
4.8	I 形坡口对缝或角缝	1	φ1.6	350	25	351	49	19~24
6.4	角缝	1	φ1.6	350	25	351	49	19~24
6.4	角缝	1	φ2.4	400	26	152	49	19~24
6.4	V 形坡口对缝	2	φ1.6	375	25	396	37	19~24
6.4	V 形坡口对缝	1	φ2.4	325	24	320	49	19~24
9.5	V 形坡口对缝	2	φ2.4	450	29	182	43	19~24
9.5	角缝	2	φ1.6	350	25	351	30	19~24
12.7	V 形坡口对缝	3	φ2.4	425	27	168	46	19~24
12.7	角缝	3	φ1.6	350	25	351	37	19~24
19.1	双面 V 形坡口对缝	4	φ2.4	425	27	168	37	19~24
19.1	角缝	5	φ1.6	350	25	351	37	19~24
24.1	角缝	6	φ2.4	425	27	168	40	19~24

注：1. 上列参数只用于平焊和平角焊。
2. 保护气体为 Ar+$O_2$1%~5%（体积分数）。

【综合训练】

一、理论部分

（一）填空

1. MAG 焊可以采用_____、_____和_____等熔滴过渡形式。
2. 焊接不锈钢时，_____的加入量不能高，一般控制在_____范围内，否则_____氧化烧损多，引起_____和_____等问题。

（二）简答

1. 采用活性保护气体的 MAG 焊具有什么优点？

2. 简述 MAG 焊的适用范围。

二、实践部分

1. 训练目标

1）了解 MAG 焊设备接线方法。

2）熟悉 MAG 焊的操作方法。

2. 训练准备

1）人员准备：分组进行，每组由 8~10 人组成。

2）资料准备：实训指导书。

3. 训练地点

实验室或实训场地。

4. 训练方法

1）了解焊机的结构。

2）起动焊机，让学生自己调试参数试焊并进行简单焊接操作。

模块六 熔化极气体保护焊的其他方法

导入案例

湖北省职工焊接技术协会首届焊接精英献艺活动，在位于武汉国博中心的"洲际酒店"进行。该酒店工程独特设计的连廊"星空会所"（距地面约 100m 高）呈椭圆形钢结构建筑，总质量约 1400t，材质为 Q355B、Q390B，板厚 20~130mm，全部采用药芯焊丝 CO_2 气体保护焊工艺方法焊接。该项目施工难度很大，由于构件呈椭圆形结构，接点各异，加之又多是中厚板焊接，焊缝质量都要求达到 1 级焊缝，无疑增加了焊接难度。10 位一线焊接劳模、技术能手按照该工程技术要求对九个异形接点进行施焊，凭着焊接工作者精湛的技艺和品质稳定的药芯焊丝 CO_2 气体保护焊焊机的保障，活动结果不负众望，完美收官。

一、药芯焊丝气体保护焊

利用药芯焊丝作熔化极的电弧焊称为药芯焊丝电弧焊，英文缩写为 FCAW。有两种焊接形式：一种是焊接过程中使用外加气体（一般是纯 CO_2 或 CO_2+Ar）的焊接，称为药芯焊丝气体保护电弧焊，它与普通熔化极气体保护电弧焊基本相同；另一种是不用外加保护气体，只靠焊丝内部的芯料燃烧与分解所产生的气体和渣作保护的焊接，称为自保护电弧焊。自保护电弧焊与焊条电弧焊相似，不同的是使用盘状的焊丝，连续不断地送到电弧中。

1. 药芯焊丝气体保护焊的特点

1）采用气渣联合保护，电弧稳定，飞溅少且颗粒细，容易清理；熔池表面覆有熔渣，焊缝成形美观。

2）焊丝熔敷速度快，熔敷效率为 85%~90%，生产率为焊条电弧焊的 3~5 倍。

3）焊接各种钢材的适应性强，通过调整焊剂的成分与比例，可提供所要求的焊缝金属化学成分。

4）焊丝制造过程复杂。

小知识　药芯焊丝气体保护焊熔池表面覆盖有熔渣，焊缝成形类似于焊条电弧焊，焊缝外观比实心焊丝 CO_2 焊美观。

5）送丝较困难，需要特殊的送丝机构。

6）焊丝外表容易锈蚀，其内部粉剂易吸潮。

2. 药芯焊丝

药芯焊丝的截面形状种类较多，典型的焊丝截面形状如图 4-17 所示，可以分成两大类：简单断面的 O 形和复杂断面的折叠形。折叠形中又分为 T 形、E 形、梅花形和中间填丝形等。

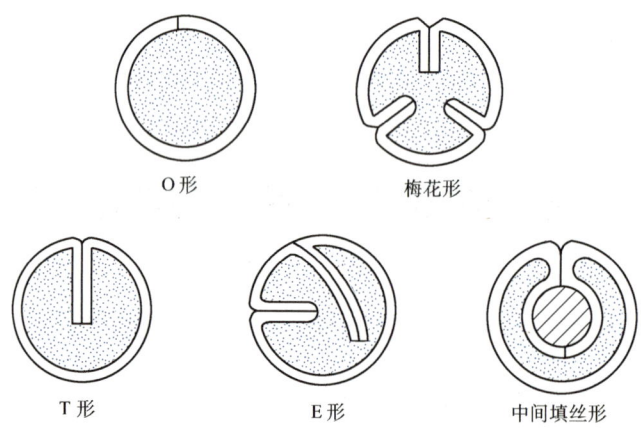

图 4-17　药芯焊丝的截面形状

O 形断面的焊丝通常又叫管状焊丝。管状焊丝由于芯部粉剂不导电，电弧容易沿四周的钢皮旋转，电弧稳定性较差。而折叠焊丝因钢皮在整个断面上分布比较均匀，焊丝芯部也能导电，所以电弧燃烧稳定，焊丝熔化均匀，冶金反应完善。

由于小直径折叠焊丝制造较困难，因此，一般 $d \leq 2.4mm$ 时，焊丝制成 O 形，$d > 2.4mm$ 时，焊丝制成折叠形。

药芯焊丝芯部粉剂的成分和焊条的药皮类似，含有稳弧剂、脱氧剂、造渣剂和铁合金等，起着造渣保护熔池、渗合金、稳弧等作用。按填充药粉的成分可分为钛型（酸性渣）、钛钙型（中性或弱碱性渣）和碱性（碱性渣）药芯焊丝。粉剂的粒度应大于 0.015mm（100目），不应含吸湿性强的物质并有良好的流动性。

3. 焊接参数的选择

焊接参数主要有焊接电流和电弧电压、焊丝伸出长度、保护气体流量等。

（1）焊接电流和电弧电压　由于药芯焊丝 CO_2 电弧焊使用的焊剂成分改变了电弧特性，因此，直流、交流，平特性或下降特性电源均可以使用。但通常采用直流平特性电源。当其他条件不变时，焊接电流与送丝速度成正比。当焊接电流变化时，电弧电压需作相应的变化，以保证电弧电压与焊接电流的最佳匹配关系。纯 CO_2 气体保护时，通常采用长弧焊接。

（2）焊丝伸出长度　焊丝伸出长度对电弧的稳定性、熔深、焊丝熔敷速度、电弧能量等均有影响。对于给定的焊接速度，焊丝伸出长度随焊接电流的增加而减小。焊丝伸出长度太长会使电弧不稳且飞溅过大；焊丝伸出长度太短会使电弧弧长过短，过多的飞溅物易堵塞焊嘴，使气体保护不良，焊缝中会产生气孔。通常焊丝伸出长度为19～38mm。

（3）保护气体流量 正确的流量由焊枪喷嘴形式和直径、喷嘴到工件的距离以及焊接环境决定。通常在静止空气中焊接时，流量在16～21L/min范围内，若在流动空气环境中或喷嘴到工件距离较长时流量应加大，最高能达到26L/min。

二、脉冲熔化极惰性气体保护焊

利用脉冲电流进行焊接的熔化极惰性气体保护电弧焊称为脉冲熔化极惰性气体保护焊。这种焊接方法的焊接电流特征是，在较低的基值电流上周期性地叠加高峰值的脉冲电流，而脉冲电流的波形及其基本参数可以在较宽的范围内进行调节与控制。由于采用可控的脉冲电流取代恒定的直流电流（见图4-18），可以方便可靠地调节电弧能量，从而扩大了应用范围，提高了焊接质量，特别适合于热敏金属材料和薄、超薄板工件及薄壁管子的全位置焊接。

1. 脉冲熔化极惰性气体保护焊的特点

（1）具有较宽的焊接参数调节范围 由于焊接电流由较大的脉冲电流I_p和较小的基值电流I_b组成，在平均电流I_a小于连续射流过渡临界电流I_c时，也可实现稳定的射流过渡焊接，而且电流的调节范围可以为几十安到几百安。

（2）可以精确控制电弧的能量 对于脉冲熔化极惰性气体保护焊来说，焊接电流可以由以下四个参数来进行调节，即脉冲电流I_p、基值电流I_b、脉冲电流持续时间t_p、基值电流时间t_b。这样，可以在保证焊缝成形的前提下，降低焊接电流的平均值，减小电弧的热输入，焊缝热影响区和工件变形都较小，因此，适合于焊接热敏感性较大的金属材料。

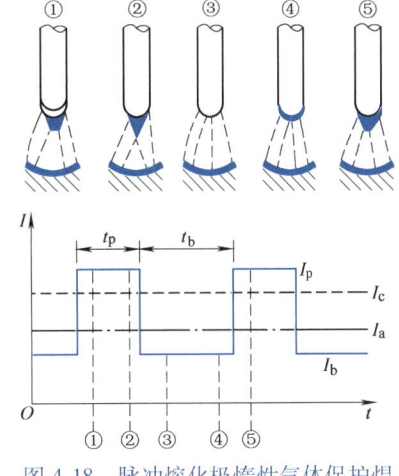

图4-18 脉冲熔化极惰性气体保护焊
电流波形及熔滴过渡示意图
I_p—脉冲电流 I_b—基值电流
t_p—脉冲电流持续时间 t_b—基值电流时间
I_a—平均电流 I_c—射流过渡临界电流

（3）适于焊接薄板和全位置焊 采用脉冲熔化极惰性气体保护焊焊时，无论仰焊或立焊，熔滴都呈轴向过渡，飞溅小。另外，平均电流小，熔池体积小，且熔池在基值电流期间可冷却结晶，所以液体金属不易流失，焊接热输入可精确控制，因而可用于焊接铝合金薄板（厚度1.6～2.0mm）及全位置焊接。

2. 焊接参数的选择

脉冲熔化极惰性气体保护焊的焊接参数有脉冲电流、基值电流、脉冲电流持续时间、脉冲频率、脉宽比、焊丝直径、焊接速度等。选择脉冲熔化极惰性气体保护焊的焊接参数必须考虑母材的性质、种类以及焊缝的空间位置。

（1）脉冲电流 脉冲电流是决定熔池形状及熔滴过渡形式的主要参数，为了保证熔滴呈射流过渡，必须使脉冲电流值高于连续射流过渡的临界电流值，但也不能过高，以免引起旋转电流现象。

在平均电流和送丝速度不变的情况下,随着脉冲电流的增大,熔深也相应增大;反之,熔深减小。因此,可以通过调节脉冲电流的大小来调节熔深的大小,随着工件厚度增加,为了保证焊缝根部焊透,脉冲电流也应增大。

(2) 基值电流 基值电流主要作用是在脉冲电流休止期间,维持电弧稳定燃烧。同时有预热母材和焊丝的作用,为脉冲电流期间熔滴过渡作准备。调节基值电流也可调节母材的热输入,基值电流增大,母材热输入增加;反之则减小。

(3) 脉冲电流持续时间 脉冲电流持续时间和脉冲电流一样是控制母材热输入的主要参数,时间长,母材的热输入就大;反之,热输入就小。在其他参数不变的条件下,只改变脉冲电流和脉冲电流持续时间,就可获得不同的熔池形状。

(4) 脉冲频率 脉冲频率的大小主要由焊接电流来决定,应该保证熔滴过渡形式呈射流过渡,力求一个脉冲至少过渡一个熔滴。脉冲频率的选择有一定范围,过高会失去脉冲焊接的特点,过低焊接过程不稳定。熔化极脉冲氩弧焊的频率范围一般为 30~120 次/s。

(5) 脉宽比 脉宽比就是脉冲电流持续时间和脉冲周期之比,反映脉冲焊接特点的强弱。脉宽比过大,特点不明显;脉宽比过小,影响电弧稳定性。

三、窄间隙熔化极活性气体保护焊

窄间隙熔化极活性气体保护焊是焊接大厚板对接焊缝的一种高效率的特种焊接技术。接头形式为对接接头,不开坡口或开小角度 V 形坡口,间隙范围为 6~15mm,采用单道多层或双道多层焊,可焊厚度为 30~300mm,如图 4-19 所示。

想一想 窄间隙熔化极活性气体保护焊与窄间隙埋弧焊有何不同?

1. 特点及应用

(1) 特点

1) 窄间隙熔化极活性气体保护焊时,因接头不需开坡口,减少了填充金属量,焊后又不清渣,故可节省时间和材料,提高焊接生产率。

2) 焊缝热输入较低,热影响区小,焊接应力和工件变形都小,裂纹倾向小,焊缝力学性能高。

3) 窄间隙熔化极活性气体保护焊可以应用于平焊、立焊、横焊及全位置焊接。

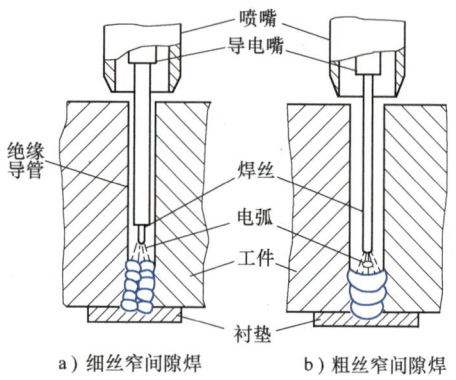
图 4-19 窄间隙熔化极活性气体保护焊示意图

4) 窄间隙熔化极活性气体保护焊时,熔池和电弧观察比较困难,要求焊枪的位置能方便地进行调整。

(2) 应用范围 窄间隙熔化极活性气体保护焊可以焊接钢铁材料和非铁金属,目前主要用于焊接低碳钢、低合金高强度钢、高合金钢、镍基合金、铜及铜合金等。应用领域以锅炉、石油化工行业的压力容器为最多,其次是机械制造和建筑结构以及管道、造船等行业。

2. 焊接工艺

窄间隙熔化极活性气体保护焊可分为两种：细丝窄间隙焊和粗丝窄间隙焊。

(1) 细丝窄间隙焊 细丝窄间隙焊一般采用的焊丝直径为 $\phi0.8\sim\phi1.6mm$，接头间隙为 6~9mm。为了提高生产率，采用双丝或三丝，每根焊丝都有独立的送丝系统、控制系统和焊接电流。

焊接电源一般采用的是直流反极性，熔深大，能够保证焊透，裂纹倾向性小。

细丝窄间隙焊由于焊丝细，必须采用导电嘴在坡口内的焊枪，且导电管要求绝缘，水冷。另外，由于接头坡口深而窄，向坡口底部输送保护气体有困难，为了提高保护效果，必须采用特殊的送气装置，否则，保护效果差，易产生气孔。保护气体一般采用的是混合气体，混合体积比大约为 Ar（>80%）+CO_2（<20%）。

细丝窄间隙焊由于热输入低，熔池体积小，可以全位置焊接，且残留应力和工件变形都小。采用的是多道焊，后道焊缝对前道焊缝有回火作用，而前道焊缝对后道焊缝又有预热作用，所以焊缝金属的晶粒细小均匀，焊缝的力学性能好。

为了保证每一道焊层与坡口两侧均匀熔合，焊丝在坡口内应采取摆动措施。常用的送丝方式如图 4-20 所示。

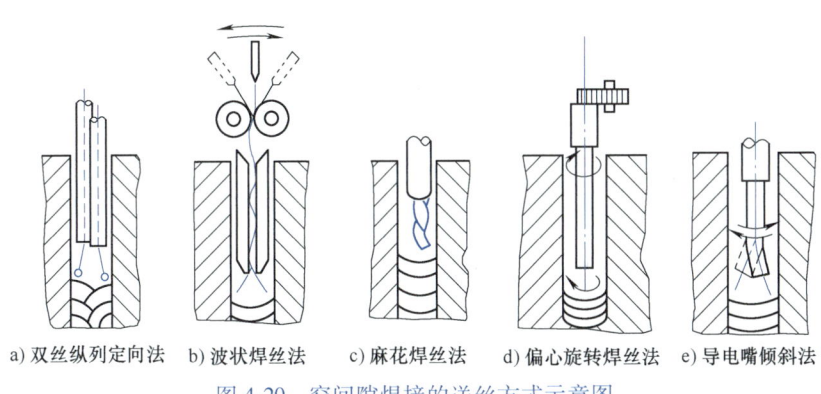

a) 双丝纵列定向法　b) 波状焊丝法　c) 麻花焊丝法　d) 偏心旋转焊丝法　e) 导电嘴倾斜法

图 4-20　窄间隙焊接的送丝方式示意图

(2) 粗丝窄间隙焊 粗丝窄间隙焊一般采用焊丝直径为 $\phi2\sim\phi3mm$，接头间隙为 10~15mm。焊丝可以用单丝，也可用多丝。

粗丝窄间隙焊焊接时，导电嘴可不伸入间隙，为了保证焊丝的伸出长度不变，导电嘴应随着焊缝的上升而提高，但喷嘴应始终保持在坡口的上表面，这样气体保护效果才好。保护气体为 CO_2 或 Ar 和 CO_2 的混合气体。焊接电源一般采用直流正极性，熔滴细小且过渡平稳，飞溅小，焊缝成形系数大，裂纹倾向性小。若用反极性，则熔深大，焊缝成形系数小，容易产生裂纹。

粗丝窄间隙焊焊接时，因导电嘴在坡口表面，焊丝的伸出长度较长，焊接参数也较大，故热输入大，焊接生产率高。由于受焊丝的伸出长度的限制，所焊工件厚度小于 300mm，只适合于平焊位置的焊缝。

3. 焊接参数

窄间隙焊接的焊接参数必须根据它的母材性质、焊接位置、焊缝性能和焊接变形等进行选择。表 4-15 列出了钢材窄间隙焊接的典型焊接参数。

表 4-15　钢材窄间隙焊接的典型焊接参数

送丝方式	波状焊丝法	波状焊丝法	麻花焊丝法	偏心旋转焊丝法	双丝纵列定向法	导电嘴倾斜法
焊接位置	平	平	平	平	横	横角
焊丝直径/mm	1.2	1.2	2.0×2	1.2	1.2, 1.6	1.6
保护气体（体积分数）	$Ar+CO_2$20%	$Ar+CO_2$20%	$Ar+CO_2$10%~20%	$Ar+CO_2$20%	$Ar+CO_2$20%	CO_2
坡口形状（间隙）	I形（9mm）	V形（1°~4°）	I形（14mm）	I形（16~18mm）	I形（10~14mm）	I形（13mm）
焊接电流/A	280~300	260~280	480~550	300	前丝 170 后丝 140	320~380
电弧电压/V	28~32	29~30	30~32	33	21~23	32~38
焊接速度/(cm/min)	22~25	18~22	20~35	25	18~20	25~35
摆动	—	250~900 次/min	—	最大 150Hz	—	45 次/min

【综合训练】

一、理论部分

（一）解释

1. FCAW
2. 脉冲熔化极惰性气体保护焊

（二）填空

1. 药芯焊丝的截面形状种类可以分成两大类：_____、_____。
2. 脉冲熔化极惰性气体保护焊时，焊接电流由较大的_____和较小的_____组成。
3. 窄间隙熔化极活性气体保护焊可分为两种：_____和_____。

（三）简答

1. 药芯焊丝气体保护焊的特点有哪些？
2. 脉冲熔化极惰性气体保护焊的特点有哪些？
3. 简述窄间隙熔化极活性气体保护焊的特点及应用。

二、实践部分

观察了解药芯焊丝气体保护焊的原理。

第五单元 钨极惰性气体保护焊

[学习目标]

知识目标	1. 掌握钨极惰性气体保护焊的原理、特点及应用。 2. 深入了解钨极惰性气体保护焊的各种方法及应用要点。 3. 熟悉常用钨极惰性气体保护焊设备的构造，了解相关标准。 4. 了解钨极惰性气体保护焊的焊接材料、冶金特性和工艺要点。
能力目标	1. 能操作钨极惰性气体保护焊并会调节焊接参数。 2. 能根据焊件情况合理选择焊材及使用焊接设备。 3. 能分析常见缺陷产生的原因，并能提出解决的方法。
素养目标	1. 增强学生问题意识，及时发现问题、科学分析问题、正确解决问题。 2. 培养学生精益求精的工匠精神，提升职业使命感。 3. 帮助学生建立专业知识体系，增强专业报国信心。

模块一 TIG焊的特点及应用

导入案例

随着焊接技术的不断发展，手工钨极氩弧焊以其焊接质量可靠、电弧热量集中、焊接热影响区窄、表面成形美观等优点，得到了越来越广泛的应用。在高压管线的打底焊中大量采用手工钨极氩弧焊，取得了很好的效果。山西电建四公司焊接超厚壁大径管异种钢时，在钨极氩弧焊打底时保证充氩良好，最终确保获得性能优良的焊接接头。机组投运后正常稳定运行，取得了较好的经济效益和社会效益。

145

小知识 钨极惰性气体保护焊也可按英文缩写简称为 GTAW。

钨极惰性气体保护焊是指使用纯钨或钨合金作电极的非熔化极惰性气体保护焊方法，简称为 TIG 焊。TIG 焊可用于几乎所有金属及其合金的焊接，可获得高质量的焊缝。但由于其成本较高，生产率低，多用来焊接铝、镁、钛、铜等非铁金属及合金以及不锈钢、耐热钢等材料。

一、TIG 焊的基本原理

TIG 焊原理及特点

TIG 焊是在惰性气体的保护下，利用钨极与工件间产生的电弧热熔化母材和填充焊丝（也可以不加填充焊丝），形成焊缝的焊接方法，如图 5-1 所示。焊接时保护气体从焊枪的喷嘴中连续喷出，在电弧周围形成保护层隔绝空气，保护电极和焊接熔池以及邻近热影响区，以形成优质的焊接接头。

TIG 焊分为手工和自动两种。

焊接时，用难熔金属钨或钨合金制成的电极基本上不熔化，故容易维持电弧长度的恒定。填充焊丝在电弧前方添加，当焊接薄工件时，一般不需开坡口和填充焊丝；还可采用脉冲电流，以防止烧穿工件。焊接厚大工件时，也可以将焊丝预热后，再添加到熔池中去，以提高熔敷速度。

TIG 焊一般采用氩气作保护气体，称为钨极氩弧焊。在焊接厚板、高热导率或高熔点金属等时，也可采用氦气或氦-氩混合气作保护气体。在焊接不锈钢、镍基合金和镍铜合金时可采用氩-氢混合气作保护气体。

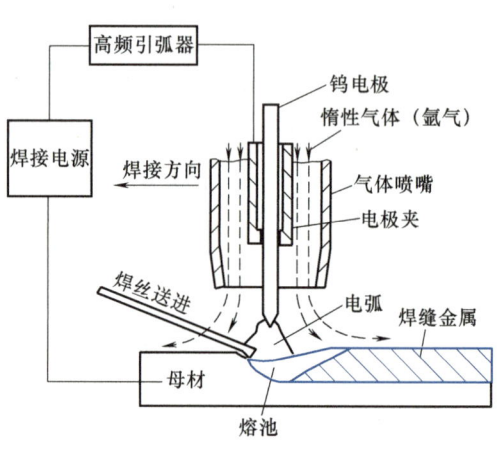

图 5-1 TIG 焊示意图

二、TIG 焊的特点

TIG 焊与其他焊接方法相比有如下主要特点。

（1）**焊接质量好** 这是由于保护气对电弧及熔池的可靠保护完全排除了氧、氮、氢等气体对焊接金属的侵害，钨电极与母材间产生的电弧在惰性气体中极为稳定，焊缝很美观、很平滑。

（2）**可焊金属多** 氩气能有效隔绝焊接区域周围的空气，它本身又不溶于金属，不与金属反应；TIG 焊过程中，电弧还有自动清除工件表面氧化膜的作用。因此，可成功地焊接其他焊接方法不易焊接的易氧化、氮化、化学性质活泼的非铁金属、不锈钢和各种合金。

（3）**适应能力强** 钨极电弧稳定，即使在很小的焊接电流下也能稳定燃烧；不会产生飞溅，焊缝成形美观；热源和焊丝可分别控制，因而热输入量容易调节，特别适合于薄件、超薄件的焊接；可进行各种位置的焊接，易于实现机械化和自动化焊接。

（4）**焊接生产率低** 钨极承载电流能力较差，过大的电流会引起钨极熔化和蒸发，其颗粒可能进入熔池，造成夹钨，因此 TIG 焊使用的电流小，焊缝熔深浅，熔敷速度小，生产率低。

（5）**生产成本较高** 由于惰性气体较贵，与其他焊接方法相比，TIG 焊生产成本高，故主要用于要求较高的产品的焊接。

三、TIG 焊的应用

TIG 焊几乎可用于所有钢材、非铁金属及其合金的焊接，特别适合于化学性质活泼的金属及其合金，常用于不锈钢，高温合金，铝、镁、钛及其合金以及难熔的活泼金属（如锆、钽、钼、铌等）和异种金属的焊接。

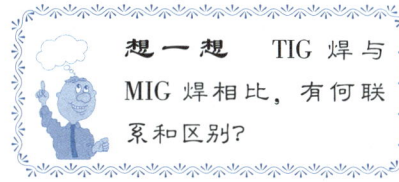

TIG 焊容易控制焊缝成形及实现单面焊双面成形，主要用于薄件焊接或厚件的打底焊。脉冲 TIG 焊特别适宜于焊接薄板和全位置管道对接焊。但是，由于钨极的载流能力有限，电弧功率受到限制，致使焊缝熔深浅，焊接速度低。TIG 焊一般只用于焊接厚度在 6mm 以下的工件。

【综合训练】

一、理论部分

（一）填空

1. TIG 焊就是_____，当采用氩气作保护气体时，一般称为_____。
2. 由于钨极的_____能力有限，TIG 焊一般只用于焊接厚度在_____以下的工件。

（二）简答

请说一说 TIG 焊的特点。

二、实践部分

观察生产生活中 TIG 焊的应用场合。

模块二 TIG 焊的电流种类和极性

导入案例

核电站控制棒的质量对反应堆的安全性和经济性都至关重要。在秦山核电站控制棒制造中，宜宾核燃料元件厂对 06Cr18Ni11Ti 冷作奥氏体不锈钢为原材料的控制棒采用脉冲钨极氩弧焊焊接方法，与采用直流 TIG 焊相比，它可以有效控制裂纹及未焊透等缺陷，使成品控制棒质量完全达到设计要求，圆满完成了我国核电燃料组件的出口任务。

一、直流 TIG 焊

直流 TIG 焊时，电流极性没有变化，电弧连续而稳定，按电源极性的不同接法，又可将直流 TIG 焊分为直流正极性法和直流反极性法两种方法。

1. 直流正极性法

直流正极性法焊接时，工件接电源正极，钨极接电源负极。由于钨极熔点很高，热发射能力强，电弧中的带电粒子绝大多数是从钨极上以热发射形式产生的电子。这些电子撞击工件（正极），释放出全部动能和位能（逸出功），产生大量热能加热工件，从而形成深而窄的焊缝，如图5-2a所示。这种方法生产率高，工件收缩应力和变形小。另一方面，由于钨极上接受正离子撞击时放出的能量比较小，而且由于钨极在发射电子时需要付出大量的逸出功，因此钨极上总的产热量比较小，因而钨极不易过热，烧损少；对于同一焊接电流，可以采用直径较小的钨极。再者，由于钨极热发射能力强，采用小直径钨棒时，电流密度大，有利于电弧稳定。

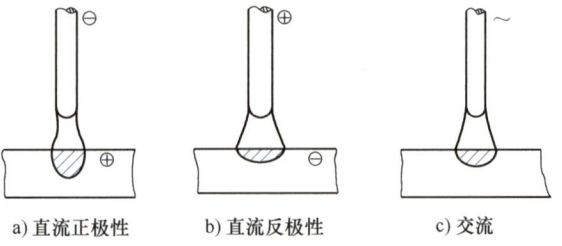

图5-2 TIG焊电流种类与极性对焊缝形状的影响

综上所述，直流正极性法有如下特点。

1）熔池深而窄，焊接生产率高，工件的收缩应力和变形都小。
2）钨极许用电流大，寿命长。
3）电弧引燃容易，燃烧稳定。

总之，直流正极性法优点较多，所以除铝、镁及其合金的焊接以外，TIG焊一般都采用直流正极性法焊接。

2. 直流反极性法

直流反极性法焊接时，工件接电源负极，钨极接正极。这时工件和钨极的导电和产热情况与直流正极性法相反。由于工件一般熔点较低，电子发射比较困难，往往只能在工件表面温度较高的阴极斑点处发射电子，而阴极斑点总是出现在电子逸出功较低的氧化膜处。当阴极斑点受到弧柱中来的正离子流的强烈撞击时，温度很高，氧化膜很快被汽化破碎，显露出洁净的工件金属表面，电子发射条件也由此变差。这时阴极斑点会自动转移到附近有氧化膜存在的地方，如此下去，就会把工件焊接区表面的氧化膜清除掉，这种现象称为阴极破碎（或称阴极雾化）现象。

阴极破碎现象对于焊接工件表面存在难熔氧化物的金属有特殊的意义，如铝是易氧化的金属，它的表面有一层致密的Al_2O_3氧化层，其熔点为2050℃，比铝的熔点（657℃）高很多，用一般的方法很难去除铝的表面氧化层，使焊接过程难以顺利进行。若用直流反极性TIG焊则可获得弧到膜除的显著效果，使焊缝表面光亮美观，成形良好。

 **想一想** 为什么直流正极性法没有阴极破碎现象？

但是，直流反极性法焊接时钨极处于正极，TIG焊阳极产热量多于阴极（有关资料指出：2/3的热量产生于阳极，1/3的热量产生于阴极），大量电子撞击钨极，放出大量热量，很容易使钨极过热而烧损，使用同样直径的电极时，就必须减小许用电流，或者为了满足焊接电流的要求，就必须使用更大直径的电极（表5-1）；另一方面，由于在工件上放出的热量不多，因此焊缝熔深浅（图5-2b），生产率低。所以，TIG焊中，除了铝、镁及其合金的薄件焊接外，很少采用直流反极性法。

表 5-1 电流种类和极性不同时纯钨极的许用电流

电流种类和极性	钨极直径/mm				
	1~2	3	4	5	6
	许用电流/A				
交流	20~100	100~160	140~220	220~280	250~360
直流正极性	65~150	140~180	250~340	300~400	350~450
直流反极性	10~30	20~40	30~50	40~80	60~100

二、交流 TIG 焊

交流 TIG 焊时，电流极性每半个周期交换一次，因而兼备了直流正极性法和直流反极性法两者的优点。当工件在交流负极性半周里，工件金属表面氧化膜会因"阴极破碎"作用而被清除；在交流正极性半周里，钨极又可以得到一定程度的冷却，可减轻钨极烧损，且此时发射电子容易，有利于电弧的稳定燃烧。交流 TIG 焊时，焊缝形状也介于直流正极性与直流反极性之间，如图 5-2c 所示。实践证明，用交流 TIG 焊焊接铝、镁及其合金能获得满意的焊接质量。

但是，由于交流电弧每秒钟要 100 次过零点，加上交流电弧在正负半周里导电情况的差别，又出现了交流电弧过零点后复燃困难和焊接回路中产生直流分量的问题。必须采取适当的措施，才能保证焊接过程的稳定进行。

小知识 在交流电弧中产生直流分量的现象称为交流 TIG 焊的整流作用。

1. 过零点复燃及稳弧措施

交流电流过零点时，电弧熄灭，弧柱温度下降，促进电弧空间带电粒子的复合，电弧空间的电离度随之下降。特别是工件作阴极的半周，因电子发射能力较低，电流过零点后电弧的复燃特别困难。为了解决这一问题，必须采取稳弧措施。

TIG 焊中广泛采用的稳弧措施是利用脉冲稳弧器，在交流电流过零点进入负极性半周瞬时施加高压脉冲（其值通常在 1500V 以上），帮助电弧重新引燃。这种方法易保证稳弧相位要求，稳弧效果良好。

2. 焊接回路中的直流分量及消除

在使用交流 TIG 焊焊接时，由于电极和工件的电、热物理性能以及几何尺寸等方面存在差异，造成电弧电压在正、负半周不对称，如图 5-3a 所示。正半周（钨极作阴极）时因为钨极的熔点高，可加热到很高温度，同时钨极的热导率低，尺寸小，因传导而损失的热量少，有利于钨极的热电子发射，所以弧柱的导电性好，电弧电流大而电弧电压低；负半周（工件作阴极）时，情况恰好相反，工件熔点低，尺寸大，散热容易，不易加热到较高温度，不利于工件的电子发射，因而电弧电流小而电弧电压高。同时，正负半周的导电时间也不对称。工件和电极的热、电物理性能相差越大，这种不对称的现象就越严重，在焊接铝及其合金时这种现象就特别突出。

这种电流不对称的现象相当于电弧电流由两部分组成，一部分是交流电流；另一部分是叠加在交流部分上的直流电流，如图 5-3b 所示。后者称为直流分量，它的方向是由工件流向钨极，相当于在焊接回路中存在一个正极性焊接电源。这种在交流电弧中产生直流分量的

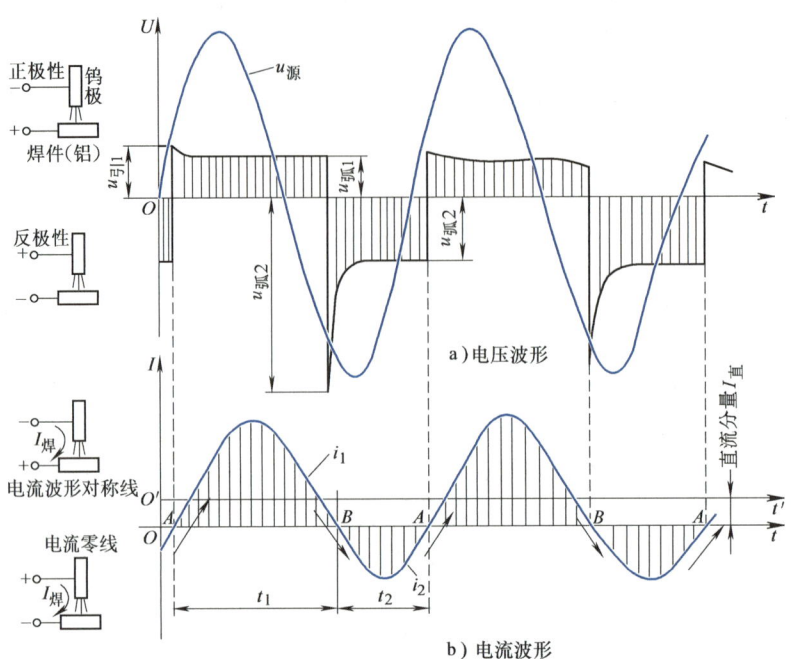

图 5-3 交流 TIG 焊时电弧电压和电弧电流波形及直流分量示意图

现象,称为交流 TIG 焊的整流作用。

直流分量的出现首先会使负极性(工件为负极)半周的电流幅值减小且作用时间缩短,因而减弱了阴极破碎作用;同时直流分量使焊接变压器的工作条件恶化,造成焊接变压器发热,甚至烧毁。因此,必须限制或消除直流分量,才能保证焊接过程的顺利进行。

在 TIG 焊中,常用在焊接回路中串联电容的方法限制或消除直流分量。这种方法是利用电容器隔直流、通交流的作用来消除直流分量的。这种方法能有效消除直流分量,使用和维护方便,所以得到了广泛的应用。但是,如果要通过较大的焊接电流,则需要很大的电容量,加大了设备成本。

综上所述,TIG 焊既可以使用交流电,也可以使用直流电进行焊接,对于直流电流,还有极性选择的问题。焊接时应根据被焊材料来选择适当的电流和极性。表 5-2 列出被焊材料与电流种类或极性的选择。

表 5-2 被焊材料与电流种类或极性的选择

材料	直流		交流
	正极性	反极性	
铝(2.4mm 以下)	×	○	△
铝(2.4mm 以上)	×	×	△
铝青铜、铍青铜	×	○	△
铸铝	×	×	△
黄铜、铜基合金	△	×	○
铸铁	△	×	○

（续）

材料	直流		交流
	正极性	反极性	
异种金属	△	×	○
合金钢堆焊	○	×	△
低碳钢、高碳钢、低合金钢	△	×	○
镁（3mm 以下）	×	○	△
镁（3mm 以上）	×	×	△
镁铸件	×	○	△
高合金、镍及镍基合金、不锈钢	△	×	○
钛	△	×	○

注：△最佳；○良好；×最差。

三、脉冲 TIG 焊

薄件、超薄件焊接要求较小的焊接电流，但此时电弧不稳定，甚至很难正常焊接。而若采用脉冲 TIG 焊，在脉冲焊接电流期间，电弧稳定，电弧压力大，易使母材熔化，在较低的基值电流期间可维持电弧不灭，使熔池凝固结晶。这样，大、小电流不断交替，既可避免大电流烧穿的现象，又能克服小电流电弧不稳的问题，可保证焊接过程的顺利进行。

脉冲 TIG 焊与一般 TIG 焊的区别在于采用可控的脉冲电流来加热工件，以较小的基值电流来维持电弧稳定燃烧。当每一次脉冲电流（也称峰值电流）通过时，工件上就产生一个点状熔池，当脉冲电流停歇时，点状熔池就冷却结晶。因此，只要合理地调节脉冲间歇时间，保证焊点间有一定的重叠量，就可获得一条连续气密的焊缝。

脉冲 TIG 焊有交流、直流之分，而根据波形不同又有矩形波、正弦波、三角波三种基本波形。无论哪种波形，脉冲 TIG 焊都具有以下基本特点。

(1) **电弧压力大，挺度好，可明显地改善电弧的稳定性** 在一定范围内，脉冲频率越高，电弧指向性及稳定性就越好。通常是电流密度高，电弧压力大，电弧挺度好，稳定性也好；电流密度低，电弧压力小，指向性不好，电弧不稳定。脉冲电弧焊时，电弧电流在峰值、基值间周期性地变化，低电流时的电弧挺度差，不稳定现象可在高电流时得到恢复。脉冲频率增大时，即意味着峰值电流出现的次数增多，使热惯性跟不上电流的变化，故电弧的挺度、稳定性均好于同一平均电流的连续电流。

(2) **可控制对母材的热输入及焊缝成形** 通过对脉冲焊接参数的调节可精确控制电弧能量及其分布，从而控制母材的热输入，获得均匀的熔深，使焊缝根部均匀熔透，能很好地实现全位置焊接和单面焊双面成形。

(3) **脉冲电流对熔池的搅拌作用可改善焊缝组织及外观成形** 脉冲 TIG 焊时，电流的变化造成电弧压力的变化，对熔池的搅拌作用增强，使焊缝金属组织细密并有利于消除气孔、咬肉等缺陷。

(4) **电弧热输入低，裂纹倾向小** 采用脉冲电流可减小焊接电流的平均值，获得较低的热输入。焊接过程熔池金属冷却快，高温停留时间短，可减少热敏感材料焊接时产生裂纹的倾向。

由于上述特点，使脉冲 TIG 焊特别适于焊接热敏感性强的金属材料或薄件、超薄件、全位置、窄间隙以及中厚板开坡口多层焊的第一层封底焊。

【综合训练】

（一）填空

1. 直流正极性法焊接时，工件接电源_____，钨极接电源_____。
2. TIG 焊采用_____焊接时，钨极是_____极，温度高，消耗快，寿命短，所以很少采用。

（二）简答

1. TIG 焊按电流种类和极性可分为哪几种？试述每种方法的优缺点。
2. 焊接铝合金时，应采用何种电源？为什么？

模块 三 TIG 焊设备

导入案例

脉冲弧焊电源广泛应用于钨极氩弧焊设备中，如松下 TSP300 型直流脉冲 TIG 焊机。对薄板、热敏感材料结构、小直径管等易变形结构进行焊接时，采用普通焊接方法及设备极易产生不可矫正的焊接变形。如果在焊接的过程中采用脉冲电流进行焊接，由于焊接过程存在基值和脉冲两种大小不同的电流，整个焊接过程平均电流值较低，产热总量少，不但能减小焊接热影响区，而且使焊接变形得到有效控制。

一、TIG 焊机的分类及组成

TIG 焊设备按焊接电源不同又可分为交流 TIG 焊机（包括矩形波 TIG 焊机）、直流 TIG 焊机以及脉冲 TIG 焊机；按操作方式可分为手工 TIG 焊机和自动 TIG 焊机两类。手工 TIG 焊机主要由焊接电源、焊枪、供气和供水系统以及控制系统等部分组成。自动 TIG 焊机则在手工 TIG 焊机的基础上，再增加焊接小车（或转动设备）和焊丝送给机构（常用钨极惰性气体保护电弧焊机型号编制方法见附录 A）。下面主要以手工 TIG 焊机为例，介绍 TIG 焊设备。

1. 焊接电源

TIG 焊机可以采用直流、交流或交、直流两用电源。无论是直流电源还是交流电源都应具有陡降外特性或垂直下降外特性，以保证在弧长发生变化时，减小焊接电流的波动。目前，交流焊机电源常用矩形波弧焊电源，已基本取代正弦波交流电源。直流电源可用晶闸管式整流电源或逆变式弧焊电源，而磁饱和电抗器式弧焊整流器已基本淘汰。

矩形波交流电流与正弦波交流电流比较，主要特点是电流过零点时上升与下降的速率高，电弧稳定；其次是通过电子控制电路使正、负半波通电时间比和幅值比均可以自由调节，把它用在铝及其合金的 TIG 焊时，工艺上具有许多优点，如电弧稳定，电流过零点时重新引弧容易；通过调节正、负半波通电时间比，在保证阴极雾化作用的条件下增大正极性电流，从而可获得最佳熔深，提高生产率和延长钨极寿命等。

2. 焊枪

TIG 焊焊枪的作用是夹持电极、导电及输送保护气体。目前国内使用的焊枪大体上有两种：一种是气冷式焊枪，用于小电流（最大电流不超过 150A）焊接；另一种是水冷式焊枪，供焊接电流大于 150A 时使用，其结构如图 5-4 所示。气冷式焊枪利用保护气流冷却导电部件，不带水冷系统，结构简单，使用轻巧灵活。水冷式焊枪结构比较复杂，质量稍大，使用时两种焊枪皆应注意避免超载工作，以延长焊枪寿命。

> **小知识** TIG 焊焊枪应满足下列要求：①导电可靠，气体保护良好；②枪体有良好的气密性和水密性（用水冷时）；③枪体能被充分冷却；④喷嘴与钨极之间有良好绝缘；⑤质量小、结构紧凑，可达到性好，装拆维修方便。

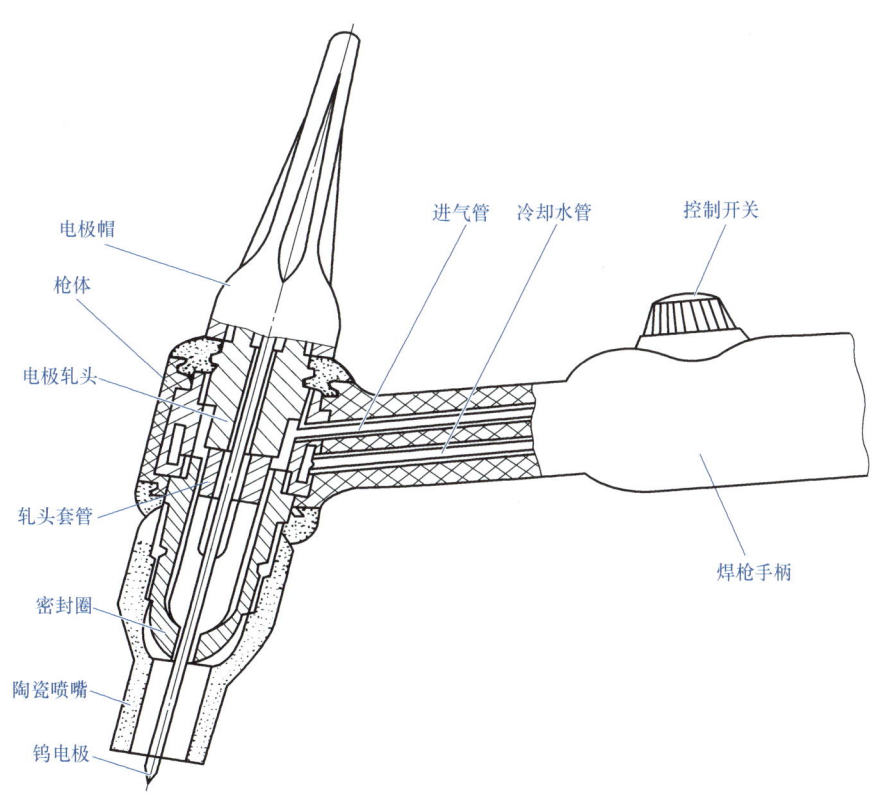

图 5-4　水冷式 TIG 焊焊枪结构

TIG 焊焊枪的标志由形式符号及主要参数组成。焊枪的形式符号由两位字母表示，主要表示其冷却方式："QQ"表示气冷；"QS"表示水冷。在形式符号后面的数字表示焊枪参数。例如：

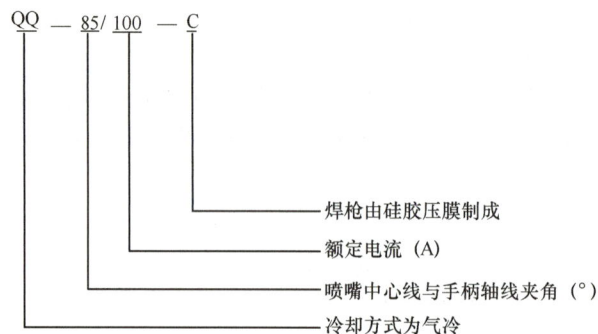

3. 控制系统

TIG 焊设备的控制系统由引弧器、稳弧器、行车（或转动）速度控制器、程序控制器、电磁气阀和水压开关等构成。

（1）对控制系统的要求

1）提前送气和滞后停气，以保护钨极和引弧、熄弧处的焊缝。
2）自动控制引弧器、稳弧器的起动和停止。
3）手工或自动接通和切断焊接电源。
4）焊接电流能自动衰减。

图 5-5 所示为典型的钨极氩弧焊程序流程。

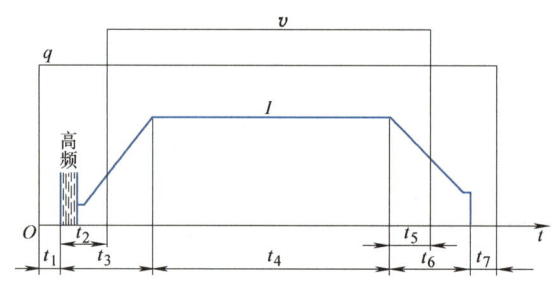

图 5-5　钨极氩弧焊程序流程图

q—保护气体流量　v—焊接速度　I—焊接电流　t_1—提前送气时间　t_2—高频引弧时间
t_3—电流递增时间　t_4—焊接时间　t_5—熄弧时焊枪运动时间
t_6—电流衰减时间　t_7—滞后停气时间

（2）引弧器和稳弧器

1）引弧器。TIG 焊要求采用引弧器实现非接触引弧。引弧器有高频振荡式和高压脉冲式两种。

高频振荡引弧器的电气原理图如图 5-6 所示，它是一个高频高压发生器，其输出电压一般为 2000～3000V，频率为 150～260kHz。T_1 是高漏抗升压变压器，P 是火花放电器，由两小段钨棒构成，两者之间留有 1mm 左右的可调间隙；C_1 为高压振荡电容；L 为振荡电感兼高频输出变压器 T_2 的一次

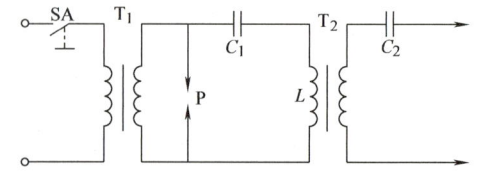

图 5-6　高频振荡引弧器的电气原理图

绕组；T_2 为高频升压变压器。

高频振荡器工作原理是：当合上电源开关 SA 后，变压器 T_1 二次电压可达 2500～3000V。在升压过程中，电容 C_1 充电，端电压不断升高，当达到 P 的击穿电压时，其空气间隙被击穿而产生火花放电，这时 P 处于短路状态。于是 C_1 通过 P 和 L 构成的 L-C 振荡电路放电而使电路发生振荡，产生的高频高压通过 T_2 输出至焊接回路用于引弧。

为保证安全，振荡器电路中设有开关 SA 和保护电容 C_2，只有振荡器机壳门关上后开关 SA 才接通，这样可以避免操作者与低频高压的带电部分接触。

到目前为止，高频振荡器仍是非接触式引弧的一种常用装置，引弧效果也很好。但它也存在一些缺点：第一，产生的高频电磁波对周围工作的电子仪器有干扰作用；第二，当窜入焊接电源或控制电路中时，可能造成电器元件的损坏或电路失控；第三，对长期在高频磁场中工作的人员的身体健康有某种不利影响。因此，必须对高频振荡器采取隔离屏蔽等措施。

高压脉冲引弧器是为消除高频振荡器的上述缺点而出现的一种引弧器，如 NSA-500-1 型手工钨极交流氩弧焊机上就采用了这种引弧器。那么这个高压脉冲应在什么时候加入呢？前已述及，钨极氩弧焊时，由于电极与工件材料的物理性质相差较大，因而工件处于负极性的半周时，引燃电弧比较困难，特别是使用交流钨极氩弧焊焊接铝、镁及其合金时，这种情况更突出。因此，为了使高压脉冲引弧可靠，应当在工件处于负极性半周的峰值时，叠加高压引弧脉冲，效果最佳。引弧脉冲电压与电源电压瞬时值间的相位关系如图 5-7 所示。

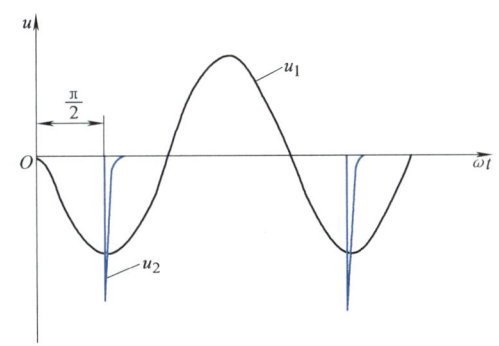

图 5-7　引弧脉冲电压与电源电压瞬时值间的相位关系
u_1—电源电压　u_2—引弧脉冲电压

2）稳弧器。从前面分析可知，当用 TIG 焊焊接铝合金时，电流由正极性到负极性的过零瞬间，电弧重新引燃比较困难。为解决这个问题，可以采用高压脉冲稳弧器。高压脉冲稳弧器的主电路与引弧器共用，如图 5-8 所示。

变压器 T_1 的一个二次绕组输出 800V 的交流电压，此电压经整流桥 UR_2 整流后，经过电阻 R_1 向电容 C_{13} 充电达最大值。C_{13} 储存的这部分能量作为高压脉冲的能源。在工件为负极性的半周内，当空载电压瞬时值达极大值时，晶闸管 VH_{20} 被触发导通，于是 C_{13} 向 T_2 的一次绕组放电。因此在 T_2 的二次绕组感应出一高压脉冲，叠加在钨极与工件之间，以供引弧之用。

电弧引燃后，电容 C_{13} 放电很快结束，晶闸管 VH_{20} 即自行关断，于是 C_{13} 又再次开始充电至电压最大值。当工件由正极性向负极性转变的时刻，控制电路将使晶闸管 VH_{20} 再次触发导通，向弧隙提供一高压脉冲来帮助电弧重燃。稳弧脉冲与电源电压和电弧电流之间的相

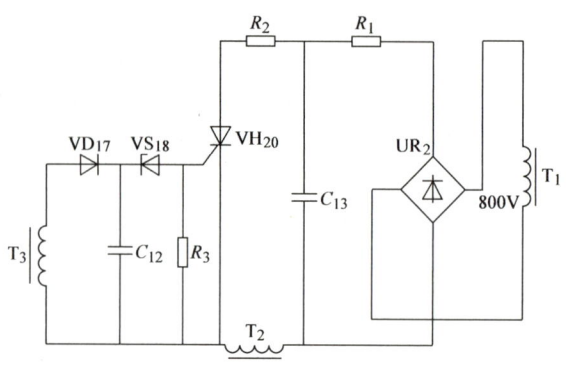

图 5-8 脉冲引弧、稳弧主电路

位关系如图 5-9 所示。这一方法简单易行，成本不高而且效果好。将电弧的引燃和过零点复燃都让高压脉冲来完成，可以简化焊接设备，完全消除高频振荡器的缺点。

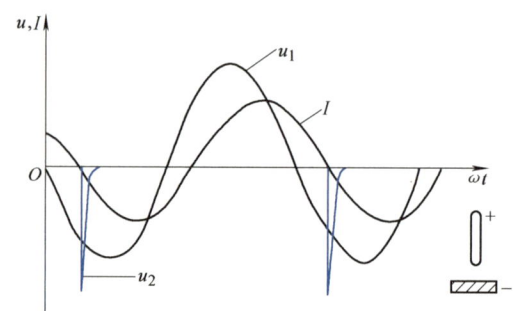

图 5-9 稳弧脉冲与电源电压和电弧电流之间的相位关系

u_1—电源电压 u_2—稳弧脉冲电压 I—电弧电流

4. 供气和供水系统

TIG 焊机的供气系统主要包括氩气瓶、减压器、气体流量计及电磁气阀，其组成如图 5-10 所示。

（1）**氩气瓶** 氩气瓶的构造和氧气瓶相似，外表涂为银灰色，并标以深绿色"氩"字样。氩气瓶最大压力通常为 15MPa，容积一般为 40L。氩气在钢瓶中呈气态，从钢瓶中引出后，不需要预热和干燥。

（2）**减压器和气体流量计** 减压器用以将高压气瓶中气体压力降至焊接所要求的压力，通常采用氧气减压器即可。气体流量计是调节和标示通过气体流量大小的装置。目前采用的 301-1 型浮标式流量计将减压器和流量计制成一体，使用方便可靠。

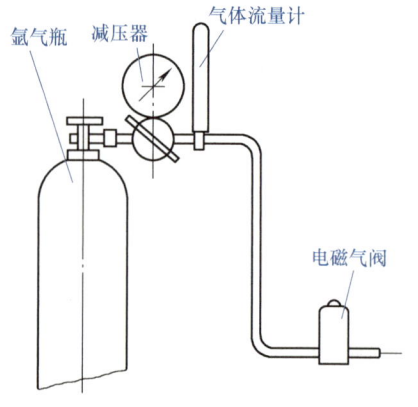

图 5-10 TIG 焊机气路系统

（3）电磁气阀　电磁气阀的开启和关闭受控于控制系统，从而达到提前送气和滞后断气的目的。它为一般的通用元件，与 CO_2 气路上的一样。

供水系统主要用来冷却焊接电缆、焊枪和钨棒。如果焊接电流小于 150A，就不需要水冷。为保证冷却水可靠接通并有一定的压力起动焊接设备，通常在氩弧焊机中设有保护装置——水压开关，如 NSA-500-1 型焊机中就设有这种装置。

二、典型 TIG 焊机

这里以 WSE-300 型手工交直流两用钨极氩弧焊机为例来介绍 TIG 焊机的主要功能。该机主要由焊接电源、控制系统（与焊接电源合为一体）、焊枪和供气系统等部分组成，焊机结构如图 5-11 所示。

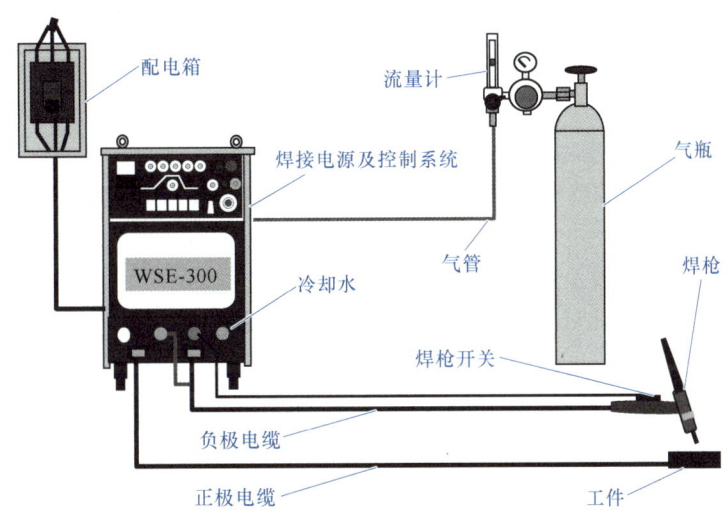

图 5-11　WSE-300 型钨极氩弧焊机结构示意图

该机焊接电源采用晶闸管控制的交直流两用脉冲弧焊电源，额定焊接电流为 300A，具有陡降外特性。控制箱面板示意图如图 5-12 所示，控制系统功能如下。

1. 提前送气、滞后停气功能

保证整个焊接过程都在气体保护下进行，防止焊缝的始、尾端出现气孔。提前送气时间为 0.3s，滞后停气时间为 2~23s。滞后停气时间可通过面板上滞后停气时间调节旋钮进行设定。

2. 收弧"无""有"和收弧"重复"功能

1) 收弧"无"。适用于工件的点固、短焊缝焊接等场合。用收弧"无"方式焊接时，需设定焊接电流和滞后停气旋钮。

2) 收弧"有"。用小电流防止引弧时烧穿工件，焊接结束时变为小电流以填满弧坑。用收弧"有"方式焊接时，需设定起始电流、上升时间、焊接电流、下降时间、收弧电流和滞后停气旋钮。

3) 收弧"重复"。工作过程和各旋钮的设定与收弧"有"基本相同，区别在于收弧结束，松开焊枪开关后，又变为焊接电流，以后按焊枪开关为收弧电流，松开关为焊接电流，周而复始，焊接结束需提起焊炬拉断电弧，此功能可适用于焊缝间隙大小不均匀等场合。

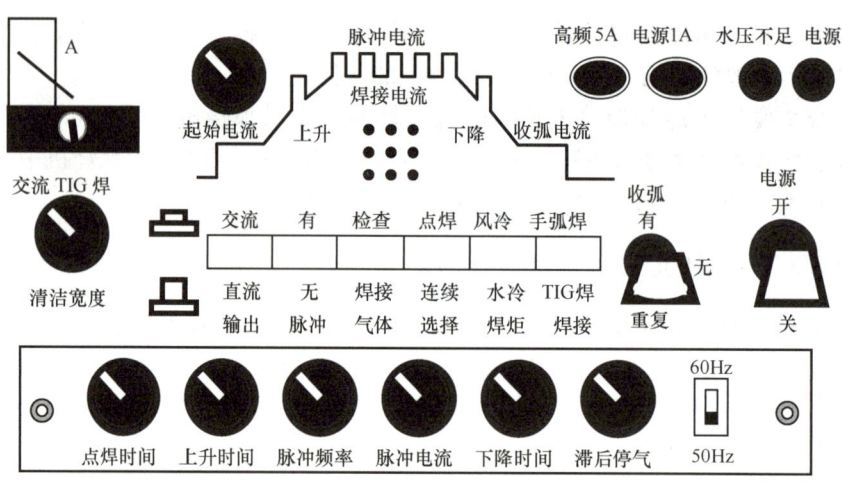

图 5-12　WSE-300 型钨极氩弧焊机控制箱面板示意图

3. 焊接电流缓升、缓降功能

TIG 焊时，对一些热敏感的材料，为了保证焊接质量，需要使工件的温度缓慢上升或下降，即在焊接开始时由起始电流缓升到焊接电流，焊接结束时由焊接电流缓降到收弧电流，其缓升、缓降的速率可通过上升时间或下降时间旋钮进行设定。300TSP 焊机在收弧有或收弧重复时具备此功能。上升时间和下降时间调节范围均为 0.2~10s。

4. 脉冲焊接功能

脉冲钨极氩弧焊和一般钨极氩弧焊的主要区别在于它采用低频调制的直流或交流脉冲电流加热工件。电流幅值按一定频率周期地变化，脉冲电流时工件上形成熔池，基值电流时熔池凝固，焊缝由许多焊点相互重叠而成。交流脉冲氩弧焊用于铝镁及其合金等表面易形成高熔点氧化膜的材料，直流脉冲氩弧焊用于其他金属。调节脉冲电流、基值电流幅值，脉冲电流、基值电流的持续时间，可对焊接热输入进行控制，从而更精确地控制焊缝及热影响区的尺寸和质量。

在交流 TIG 焊焊接铝时，为了更好地清除金属表面的氧化膜，增加了一个清洁宽度调节旋钮。除此之外，该焊机还具有三相电缺相保护，外电压动补偿，焊接电流缓升、缓降等功能，这里不再一一赘述。

WSE-300 型钨极氩弧焊机主要技术数据见表 5-3。

表 5-3　WSE-300 型钨极氩弧焊机主要技术数据

项目	技术数据
输入电压	AC 380V，3 相，50/60（Hz）
输入容量/kV·A（kW）	16.1（13.5）
额定负载持续率（%）	40
最高空载电压/V	57
始动电压/V	105
输出电流/A	5~300
输出电压/V	TIG 焊：16~20；焊条电弧焊：20~32

(续)

项目	技术数据
提前送气时间/s	0.3
滞后停气时间/s	2~23
脉冲频率/Hz	0.5~15
流量调节范围/(L/min)	1~25
循环冷却水容量/(L/min)	2.2/2.6（300A，4m 水冷 TIG 焊炬）

三、TIG 焊设备的保养和常见故障的排除

TIG 焊机除应注意埋弧焊机、CO_2 焊机的使用保养要求外，还必须注意以下几点：焊机在使用前，必须检查水管、气管的连接，保证焊接时能正常供水、供气（特别是大电流 TIG 焊机应更加重视），定期检查焊枪的弹性钨极夹头的夹紧状况和喷嘴的绝缘性能是否良好。NSA-500-1 型 TIG 焊机控制线路较复杂，发生故障检修前，应使清除直流分量的电容器先行放电，以防止触电。

NSA-500-1 型 TIG 焊机常见故障产生原因及排除方法见表 5-4。

表 5-5 列出了部分国产 TIG 焊设备的主要技术数据及适用范围。

表 5-4　NSA-500-1 型 TIG 焊机常见故障产生原因及排除方法

故障现象	产生原因	排除方法
合上电源开关，电源指示灯不亮，拨动焊把开关，无任何动作	① 电源开关接触不良或损坏 ② 熔丝烧断 ③ 指示灯损坏	① 更换开关 ② 更换熔丝 ③ 更换指示灯
电源指示灯亮，水流开关指示灯不亮，拨动焊把开关，无任何动作	① 水流开关失灵或损坏 ② 水流量小	① 更换或修复水流开关 SW ② 增大水流量
电源及水流指示灯均亮，拨动焊把开关，无任何动作	① 焊把开关损坏 ② 继电器 KA_2 损坏	① 更换焊把开关 ② 更换 KA_2
焊机起动正常，但无保护气输出	① 气路堵塞 ② 电磁气阀损坏或气阀线圈接入端接触不良	① 清理气路 ② 检修电磁气阀或更换气阀 ③ 检修接线处
拨动焊把开关，无引弧脉冲	引弧触发回路或脉冲发生主回路发生故障	① 检修 T_2 输出侧与焊接主回路连接处 ② 检修引弧触发回路及输入、输出端 ③ 检修脉冲主回路和脉冲旁路回路
有引弧脉冲，但不能引弧	引弧脉冲相位不对或焊接电源不工作	① 对调焊接电源输入或输出端 ② 调节 RP_{16} 使引弧脉冲加在电源空载电压 90°处 ③ 检修接触器 KM 或焊接电源输入端接线
引弧后无稳弧脉冲	稳弧脉冲触发电路发生故障	先切断引弧触发脉冲，然后检修稳弧脉冲触发回路

(续)

故障现象	产生原因	排除方法
接通焊机电源,即有脉冲产生	晶闸管中的一个或两个正向阻断电压过低	更换晶闸管
引弧脉冲和稳弧脉冲互相干扰	引弧脉冲相位偏差过大	调节 RP_{16} 使引弧脉冲加在电源空载电压 90°处
稳弧脉冲时有时无	晶闸管一只击穿,另一只正向阻断电压低	更换击穿或特性差的晶闸管
引弧及稳弧脉冲弱,工作不可靠	高压整流电压过低或 R_2 阻值偏大	① 检修 VC_1 是否有一桥臂损坏而成为半波整流 ② 减小 R_2 的阻值

表 5-5 部分国产 TIG 焊设备主要技术数据及适用范围

类别	手工交流钨极氩弧焊机	手工交直流钨极氩弧焊机	手工直流钨极氩弧焊机	自动交直流钨极氩弧焊机	手工脉冲钨极氩弧焊机
型号	WSJ-400-1	WSES-315	WS-300	W2E-500	WSM-250
电网电压/V	380(单相)	380(单相)	380(单相)	380(单相)	380(单相)
空载电压/V	70~75	80	72	68(直流) 80(交流)	55
额定焊接电流/A	400	315	300	500	脉冲峰值电流 50~250
电流调节范围/A	50~400	30~315	20~300	50~500	基值电流 25~60
引弧方式	脉冲	高频高压	高频高压	脉冲	高频高压
稳弧方式	脉冲	脉冲(交流)	—	脉冲	—
消除直流分量方法	电容	—	—	电容(交流)	—
钨极直径/mm	1~7	1~6	1~5	2~7	1.6~4
额定负载持续率(%)	60	35	60	60	60
焊接速度/(cm/min)	—	—	—	8~130	—
送丝速度/(cm/min)	—	—	—	33~1700	—
焊接电流衰减时间/s	—	0~10	0~5	5~15	0~15
气体滞后时间/s	—	0~15	0~15	0~15	0~15
氩气流量/(L/min)	25	25	15	50	15
冷却水流量/(L/min)	1	1	1	1	1
配用焊枪	PQI-150 PQI-350 PQI-500	PQI-150 PQI-350	QQ-0-90/75 QS-65/300	—	QS-85/250
用途	焊接铝、铝合金	焊接铝、铝合金、不锈钢、高合金钢、纯铜等	焊接不锈钢、耐热钢、铜等	焊接不锈钢、耐热钢及各种非铁金属	焊接不锈钢、耐热合金、钛合金等

第五单元　钨极惰性气体保护焊

（续）

类别	手工交流钨极氩弧焊机	手工交直流钨极氩弧焊机	手工直流钨极氩弧焊机	自动交直流钨极氩弧焊机	手工脉冲钨极氩弧焊机
备注	配用 BX3-400 弧焊变压器	交流为矩形波电流，SP%① 调节范围30%~70%	—	配用 ZX5-500 弧焊整流器及 BX3-500 交流电源各一台	脉冲峰值时间 0.02~3s 基值电流时间 0.025~3s

① SP%—交流矩形波正负半周宽度可调值，即 K_R。

【综合训练】

一、理论部分

（一）填空

1. 手工 TIG 焊机由＿＿＿＿、＿＿＿＿、＿＿＿＿和＿＿＿＿等部分组成。
2. 手工 TIG 焊的供气系统由＿＿＿＿、＿＿＿＿、＿＿＿＿和＿＿＿＿组成。

（二）简答

1. 为什么 TIG 焊要采用陡降外特性的电源？
2. TIG 焊焊接时为什么要提前供气和滞后停气？

二、实践部分

1. 训练目标

了解 TIG 焊机的结构。通过观察实物，对 TIG 焊机有初步的认识和了解。

2. 训练准备

1）人员准备：每组 10 人左右，分成若干小组。
2）资料准备：有关 TIG 焊机的资料。

3. 训练地点

实验室。

4. 训练方法

观察焊机的各个组成部分，并了解焊机的内部构造。

模块四　TIG 焊工艺

导入案例

随着电力工业的不断发展，电站锅炉、压力容器、压力管道逐渐向高容量、高参数转变，特别是核电技术的引进和发展对焊接技术提出了更高的要求。摇摆滚动手工钨极氩弧焊最初是由法国人在我国大亚湾核电站使用的，用摇摆滚动的焊接方法对焊接熔池温度进行控制，使熔池温度的最高点位置不断改变，并使熔池不断向前移动，焊缝背面及表面成形良好，是一种新颖的焊接方法，其先进的操作技术和稳定的焊接质量逐渐被中国同行所采用。

TIG 焊工艺主要包括焊前清理、焊接参数的选择和操作技术等几个方面。

一、焊前清理

TIG 焊常用氩气作为保护气体。氩气是惰性气体，在焊接过程中，既不与金属起化学反应，也不溶解于金属中，为获得高质量焊缝提供了良好条件。但是氩气不像还原性气体或氧化性气体那样，它没有脱氧去氢的能力。为了确保焊接质量，焊前对工件及焊丝必须清理干净，不应残留油污、氧化皮、水分和灰尘等。如果采用工艺垫板，同样也要进行清理，否则它们就会从内部破坏氩气的保护作用，这往往是造成焊接缺陷（气孔）的重要原因。TIG 焊常用的清理方法有以下几种。

资料卡

TIG 焊的有害因素

TIG 焊的有害因素包括以下方面。

① 放射性。钍钨极中的钍是放射性元素，但由于钍含量很小，危害不大。

② 高频电磁场。采用高频引弧时产生较强的电磁场，但由于时间短，对人体影响不大。如果频繁引弧，则会成为有害因素之一。

③ 有害气体。如臭氧和氮氧化物，尤其臭氧的浓度较高，所以应采用有效的通风措施。

1. 清除油污、灰尘

常用汽油、丙酮等有机溶剂清洗工件与焊丝表面。也可按焊接生产说明书规定的其他方法进行。

2. 清除氧化膜

常用的方法有机械清理和化学清理两种，或两者联合进行。

机械清理主要用于工件，有机械加工、吹砂、磨削及抛光等方法。对于不锈钢或高温合金工件，常用砂布打磨或抛光法，将工件接头两侧 30~50mm 宽度内的氧化膜清除掉；铝及其合金由于材质较软，不宜用吹砂清理，可用细钢丝轮、钢丝刷或刮刀将工件接头两侧一定范围的氧化膜除掉。但这些方法生产率低，所以成批生产时常用化学法。

化学法对于铝、镁、钛及其合金等非铁金属的工件与焊丝表面氧化膜的清理效果好，且生产率高。不同金属材料所采用的化学清理剂与清理程序是不一样的，可按焊接生产说明书的规定进行。铝及其合金的化学清理工序见表 5-6。

清理后的工件与焊丝必须妥善放置与保管，一般应在 24h 内焊接完。如果存放中弄脏或放置时间太长，其表面氧化膜仍会增厚并吸附水分。因此，为保证焊缝质量，必须在焊前重新清理。

表 5-6 铝及其合金的化学清理工序

材料	碱洗			冲洗	光化			冲洗	干燥/℃
	w_{NaOH}（%）	温度/℃	时间/min		w_{HNO_3}（%）	温度/℃	时间/min		
纯铝	15	室温	10~15	冷净水	30	室温	2	冷净水	60~110
	4~5	6~70	1~2						
铝合金	8	5~60	5	冷净水	30	室温	2	冷净水	60~110

二、焊接参数的影响及选择

TIG 焊的焊接参数有：焊接电流、电弧电压（电弧长度）、焊接速度、填丝速度与焊丝直径、保护气体流量与喷嘴孔径、钨极直径与端部形状等。合理的焊接参数是获得优质焊接接头的重要保证。

1. 焊接参数对焊缝成形和焊接过程的影响

TIG 焊时，可采用填充焊丝或不填充的方法形成焊缝。不填充焊丝法，主要用于薄板焊接。如厚度在 3mm 以下的不锈钢板，可采用不留间隙的卷边对接，焊接时不加填充焊丝，而且可实现单面焊双面成形。填充或不填充焊丝焊接时，焊缝成形的差异如图 5-13 所示。

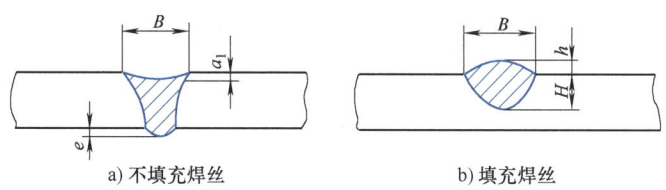

a) 不填充焊丝　　　　b) 填充焊丝

图 5-13　TIG 焊焊缝截面

（1）**焊接电流**　焊接电流是 TIG 焊的主要参数。在其他条件不变的情况下，电弧能量与焊接电流成正比；焊接电流越大，可焊接的材料厚度越大。因此，焊接电流是根据工件的材料性质与厚度来确定的。随着焊接电流的增大（或减小），凹陷深度 a_1、背面焊缝余高 e、熔深 H 以及熔宽 B 都相应地增大（或减小），而焊缝余高 h 相应地减小（或增大），如图 5-13 所示。当焊接电流太大时，易引起焊缝咬边、焊漏等缺陷；反之，焊接电流太小时，易形成未焊透焊缝。

（2）**电弧电压**（或电弧长度）　当弧长增加时，电弧电压即增加，焊缝熔宽 B 和加热面积都略有增大。但弧长超过一定范围后，会因电弧热量的分散使热效率下降，电弧力对熔池的作用减小，熔宽 B 和母材熔化面积均减小。同时，电弧长度还影响到气体保护效果的好坏。由图 5-14 可知，在一定限度内，喷嘴到工件间距离 L 越短，则保护效果就越好。一般在保证不短接的情况下，

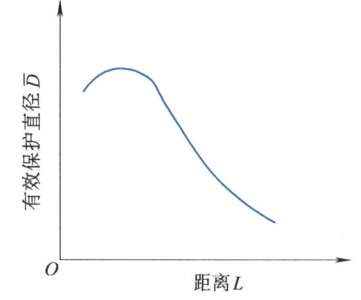

图 5-14　喷嘴到工件的距离与有效保护区大小的关系

应尽量采用较短的电弧进行焊接。不加填充焊丝焊接时，弧长以控制在 1~3mm 之间为宜；加填充焊丝焊接时，弧长为 3~6mm。

（3）**焊接速度**　焊接时，焊缝获得的热输入反比于焊接速度。在其他条件不变的情况下，焊接速度越小，热输入越大，则焊接凹陷深度 a_1、熔深 H、熔宽 B 都相应增大；反之，上述参数减小。

当焊接速度过快时，焊缝易产生未焊透、气孔、夹渣和裂纹等缺陷；反之，焊接速度过慢时，焊缝又易产生焊穿和咬边现象。从影响气体保护效果方面来看，随着焊接速度的增大，从喷嘴喷出的柔性保护气流套因为受到前方静止空气的阻滞作用，会产生变形和弯曲。

当焊接速度过快时，就可能使电极末端、部分电弧和熔池暴露在空气中，从而恶化了保护作用。这种情况在自动高速焊时容易出现。此时，为了扩大有效保护范围，可适当加大喷嘴孔径和保护气流量。焊接速度对气体保护效果的影响如图 5-15 所示。

小知识 在 TIG 焊时，采用较低的焊接速度比较有利。焊接不锈钢、耐热合金和钛及钛合金材料时，尤其要注意选用较低的焊接速度，以便得到较大范围的气体保护区域。

（4）填丝速度与焊丝直径　焊丝的填送速度与焊丝直径、焊接电流、焊接速度、接头间隙等因素有关。一般焊丝直径大时，填丝速度慢；焊接电流、焊接速度、接头间隙大时，填丝速度快。填丝速度选择不当，可能造成焊缝出现未焊透、烧穿、焊缝凹陷、焊缝堆高太高、成形不光滑等缺陷。

焊丝直径与焊接板厚及接头间隙有关。当板厚及接头间隙大时，焊丝直径可选大一些。焊丝直径选择不当可能造成焊缝成形不好、焊缝堆高过高或未焊透等缺陷。

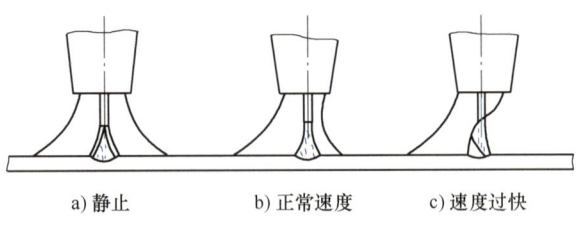

a) 静止　　　b) 正常速度　　　c) 速度过快

图 5-15　焊接速度对气体保护效果的影响

（5）保护气体流量与喷嘴孔径　保护气体流量和喷嘴孔径的选择是影响气体保护效果的重要因素。气体流量 q 和喷嘴孔径 D 与气体保护有效直径 $\bar{D}$ 之间的关系如图 5-16 所示。可见，无论是气体流量 q 或是喷嘴孔径 D，在一定条件下，都有一个最佳值，在这个最佳值时，气体保护有效直径 $\bar{D}$ 最大，其保护效果最佳。

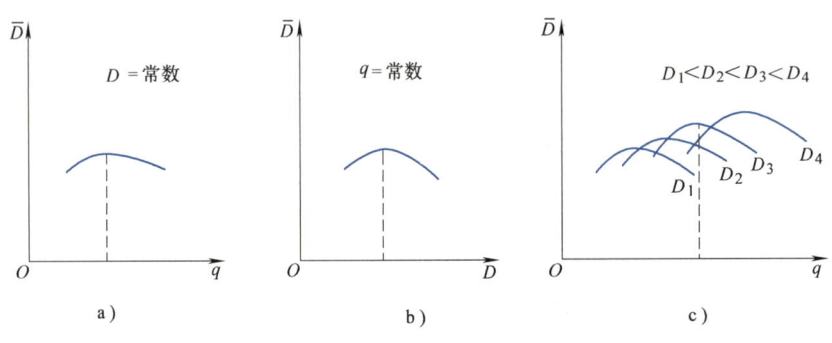

图 5-16　气体流量 q 和喷嘴孔径 D 对气体保护效果的影响

因此，为了获得良好的保护效果，必须使保护气体流量与喷嘴孔径匹配，也就是说，对于一定孔径的喷嘴，都有一个获得最佳保护效果的气体流量，此时保护区范围最大，保护效果最好。如果喷嘴孔径增大，气体流量也应随之增加才可得到良好的保护效果。

另外，在确定保护气体流量和喷嘴孔径时，还要考虑焊接电流和电弧长度的影响。当焊接电流或电弧长度增大时，电弧功率增大，温度剧增，对气流的热扰动加强。因此，为了保持良好的保护效果，则需要相应增大喷嘴孔径和气体流量。

（6）钨极直径与端部形状　钨极直径的选择取决于工件厚度、焊接电流的大小、电流种类和极性。原则上应尽可能选择小的电极直径来承担所需要的焊接电流。此外，钨极的许用电流还与钨极的伸出长度及冷却程度有关，如果伸出长度较大或冷却条件不良，则许用电流将下降。一般钨极的伸出长度为 5~10mm。

钨极直径大小和端部的形状影响电弧的稳定性和焊缝成形，因此 TIG 焊应根据焊接电流大小来确定钨极的形状。在焊接薄板或焊接电流较小时，为便于引弧和稳弧，可用小直径钨极并磨成约 20°的尖锥角。电流较大时，电极锥角小将导致弧柱的扩散，焊缝成形呈厚度小而宽度大的现象。电流越大，上述变化越明显。因此，大电流焊接时，应将电极磨成钝角或平顶锥形。这样，可使弧柱扩散减小，对工件加热集中。

2. 焊接参数的选择

在焊接过程中，每一项参数都直接影响焊接质量，而且各参数之间又相互影响，相互制约。为了获得优质的焊缝，除注意各焊接参数对焊缝成形和焊接过程的影响外，还必须考虑各参数的综合影响，即应使各项参数合理匹配。

TIG 焊时，首先应根据工件材料的性质与厚度，参考现有资料确定适当的焊接电流和焊接速度进行试焊，再根据试焊结果调整有关参数，直至符合要求。

表 5-7 和表 5-8 分别列出了几种常见材料 TIG 焊的焊接参数，可作为参考。

表 5-7　不锈钢对接接头手工 TIG 焊焊接参数

板厚/mm	坡口形式	焊接位置	焊道层数	焊接电流/A	焊接速度/(mm/min)	钨极直径/mm	焊丝直径/mm	氩气流量/(L/min)	喷嘴孔径/mm
1	I 形 $b=0$	平 立	1 1	50~80 50~80	100~120 80~100	1.6	1	4~6	6.4~9.5
2.4	I 形 $b=0$~1mm	平 立	1	80~120 80~120	100~120 80~100	1.6	1~2	6~10	9.5~12.7
3.2	I 形 $b=0$~2mm	平 立	2	105~150	100~120 80~100	2.4	2~3.2	6~10	13
4	I 形 $b=0$~2mm	平 立	2	150~200	100~150 80~100	2.4	3.2~4	6~10	13
6	Y 形 $b=0$~2mm $p=0$~2mm	平 立	3 2	180~230 150~200	100~150 80~120	2.4	3.2~4	6~10	13

表 5-8　铝合金对接接头手工 TIG 焊焊接参数

板厚/mm	坡口形式	焊接位置	焊道层数	焊接电流/A	焊接速度/(mm/min)	钨极直径/mm	焊丝直径/mm	氩气流量/(L/min)	喷嘴孔径/mm
1	I 形 $b=0$~1mm	平 立、横	1 1	65~80 50~70	300~450 200~300	1.6 或 2.4	1.6 或 2.4	5~8	8~9.5
3	I 形 $b=0$~2mm	平 立、横、仰	1 1	150~180 135~150	280~380 200~320	2.4 或 3.2	3.2	7~10	9.5~11

（续）

板厚/mm	坡口形式	焊接位置	焊道层数	焊接电流/A	焊接速度/(mm/min)	钨极直径/mm	焊丝直径/mm	氩气流量/(L/min)	喷嘴孔径/mm
5	Y形 $b=0\sim2$mm $p=0\sim3$mm $\alpha=60°\sim110°$	平 立、横、仰	1，2 1，2	230~270 200~240	200~300 100~200	4.0或5.0	4.0或5.0	8~11	13~16
9	Y形 $b=0\sim2$mm $p=0\sim2$mm $\alpha=60°\sim110°$	平 立、横、仰	1，2 1，2	280~340 250~280	120~180 100~150	5.0	5.0	10~15	16
12	Y形 $b=0\sim2$mm $p=0\sim3$mm $\alpha=60°\sim90°$	平	1 2 3（背）	350~400	150~200	6.4	6	10~15	16
	Y形 $b=0\sim2$mm $p=0\sim3$mm $\alpha=60°\sim90°$	立、横	1，2 3 4（背）	340~380	170~270	6.4	6	10~15	16

三、TIG焊操作技术

TIG焊可分为手工TIG焊和自动TIG焊两种，其操作技术的正确性与熟练性是保证焊接质量的重要前提。由于工件厚度、施焊姿势、接头形式等条件不同，操作技术也不尽相同。下面主要介绍手工TIG焊基本操作技术。

1. 引弧

引弧前应提前5~10s送气。引弧有两种方法：高频振荡引弧（或脉冲引弧）和接触引弧，最好是采用非接触引弧。采用非接触引弧时，应先使钨极端头与工件之间保持较短距离，然后接通引弧器电路，在高频电流或高压脉冲电流的作用下引燃电弧。这种引弧方法可靠性高，且由于钨极不与工件接触，因而钨极不致因短路而烧损，同时还可防止焊缝因电极材料落入熔池而形成夹钨等缺陷。

在用无引弧器的设备施焊时，需采用接触引弧法。即将钨电极末端与工件直接短路，然后迅速拉开而引燃电弧。接触引弧时，设备简单，但引弧可靠性较差。由于钨极与工件接触，可能使钨极端头局部熔化而混入焊缝金属中，造成夹钨缺陷。

 **小知识** 在用接触引弧法时，为了防止焊缝夹钨，可先在引弧板上引燃电弧，然后再将电弧移到焊缝起点处。

2. 焊接

焊接时，为了得到良好的气体保护效果，在不妨碍视线的情况下，应尽量缩短喷嘴到工件的距离，采用短弧焊接。焊枪与工件角度的选择也应以获得好的保护效果、便于填充焊丝为准。平焊、横焊或仰焊时，多采用左焊法。厚度小于4mm的薄板立焊时，采用向下立焊或向上立焊均可；板厚大于 4mm 的工件，多采用向上立焊。要注意保持电弧一定高度和焊枪移动速度的均匀性，以确保焊缝熔深、熔宽的均匀，防止产生气孔和夹杂等缺陷。为了获得必要的熔宽，焊枪除做匀速直线运动外，允许作适当的横向摆动。在需要填充焊丝时，焊丝直径一般不得大于 4mm，原因是焊丝太粗易产生夹渣和未焊透现象。焊枪和填充焊丝之间的相对位置如图 5-17 所示。填充焊丝在熔池前均匀地向熔池送入，切不可扰乱氩气气流。焊丝的端部应始终置于氩气保护区内，以免氧化。

3. 收弧

焊缝在收弧处要求不存在明显的下凹以及产生气孔与裂纹等缺陷。为此，在收弧处应添加填充焊丝，使弧坑填满，这在焊接热裂纹倾向较大的材料时，尤为重要。此外，还可采用电流衰减方法或逐步提高焊枪的移动速度或工件的转动速度，以减少对熔池的热输入来防止裂纹。在焊接拼板接缝时，通常采用引出板将收弧处引出工件，使得易出现缺陷的收弧处脱离工件。

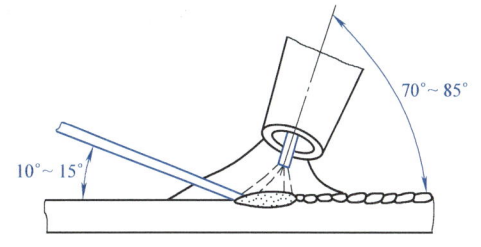

图 5-17 平焊时焊枪及填充焊丝与工件的相对位置示意图

熄弧后，不要立即抬起焊枪，要使焊枪在焊缝上停留 3~5s，待钨极和熔池冷却后，再抬起焊枪，停止供气，以防止焊缝和钨极受到氧化。至此，焊接过程结束，关断焊机，切断水、电、气路。

【综合训练】

一、理论部分

（一）填空

1. TIG 焊的有害因素包括：①_____；②_____；③_____。

2. TIG 焊引弧前应提前_____s 送气；熄弧后，不要立即抬起焊枪，要使焊枪在焊缝上停留_____s 后再停止供气。

（二）简答

TIG 焊的焊接参数有哪些？如何选择 TIG 焊的焊接参数？

二、实践部分

1. 训练目标

了解 TIG 焊的工艺。通过实际操作，对 TIG 焊的工艺有进一步的认识和了解。

2. 训练准备

1）人员准备：每组 10 人左右，分成若干小组。

2）资料准备：制订焊接工艺（教师指定焊接材料、厚度等）。

3. 训练地点

实验室。

4. 训练方法

根据所制订的焊接工艺，对母材进行施焊。

第六单元 等离子弧焊接与切割

[学习目标]

知识目标	1. 掌握等离子弧的形成原理、特性及应用。 2. 熟悉等离子弧焊接与切割的特点、工艺。 3. 知道等离子弧焊接与切割设备的结构和型号。 4. 对等离子弧堆焊与喷涂有一定的了解。
能力目标	1. 能正确选择等离子弧焊接与切割的工艺参数。 2. 能操作等离子弧焊割设备并会调节相关参数。
素养目标	1. 培养学生爱岗位、尽职守、勇竞争、敢创新的职业精神。 2. 增强学生技术报国、勇攀高峰的信心和勇气。 3. 懂得成本、质量、效益之间的关系。

模块一 等离子弧的形成及其特性

导入案例

等离子弧自开发成功以来,以其热源装置简单、工作成本低、操作方便等优点,展现出巨大的发展潜力。等离子弧表面淬火技术在工业发达国家已走过实验室阶段,工业应用较为普遍。等离子弧作为仅次于激光的高能量密度热源被广泛应用于多种工业领域,如等离子弧切割、等离子弧焊接、等离子弧喷涂、等离子弧薄板弯曲等领域。

一、等离子弧的形成

1. 等离子弧

焊接领域中应用的等离子弧实际上是一种压缩电弧,是由钨极气体保护电弧发展而来的。钨极气体保护电弧常被称为自由电弧,它燃烧于惰性气体保护下的钨极与工件之间,其

第六单元　等离子弧焊接与切割

周围没有约束。当电弧电流增大时，弧柱直径也随之增大，二者不能独立地进行调节，因此自由电弧弧柱的电流密度、温度和能量密度的增大均受到一定限制。实验证明，借助水冷铜喷嘴的外部拘束作用，使弧柱的横截面受到限制而不能自由扩大时，就可使电弧的温度、能量密度和等离子体流速都显著增大。这种用外部拘束作用使弧柱受到压缩的电弧就是通常所称的等离子弧。等离子弧是电弧的一种特殊形式，是自由电弧被压缩后形成的。从本质上讲，它仍然是一种气体放电的导电现象。

资料卡

等离子体

现代物理学认为等离子体是除固体、液体、气体之外物质的第四种存在形态。它是充分电离的气体，由带负电的电子、带正电的正离子及部分未电离的、中性的原子和分子组成。产生等离子体的方法很多，焊接领域中应用的等离子弧实际上是一种压缩电弧。

2. 等离子弧形成原理

目前广泛采用的压缩电弧的方法是将钨极缩入喷嘴内部，并且在水冷喷嘴中通以一定压力和流量的离子气，强迫电弧通过喷嘴孔道，以形成高温、高能量密度的等离子弧，如图6-1所示。

此时电弧受到下述三种压缩作用。

等离子弧的形成

（1）**机械压缩效应**　当把一个用水冷却的铜制喷嘴放置在其通道上，强迫这个"自由电弧"从细小的喷嘴孔中通过时，弧柱直径受到小孔直径的机械约束而不能自由扩大，从而使电弧截面受到压缩。这种作用称为"机械压缩效应"。

（2）**热收缩效应**　水冷铜喷嘴的导热性很好，紧贴喷嘴孔道壁的"边界层"气体温度很低，电离度和导电性均降低。这就迫使带电粒子向温度更高、导电性更好的弧柱中心区集中，相当于外围的冷气流层迫使弧柱进一步收缩。这种作用称为"热收缩效应"。

（3）**电磁收缩效应**　这是由通电导体间的吸引力产生的收缩作用。弧柱中带电的粒子流可被看成是无数条相互平行且通以同向电流的导体。在自身磁场作用下，产生相互吸引力，使导体相互靠近。导体间的距离越小，吸引力越大。这种导体自身磁场引起的收缩作用使弧柱进一步变细，电流密度与能量密度进一步增加。

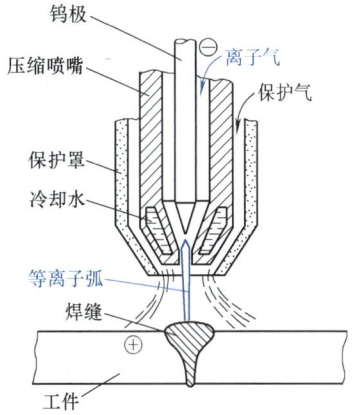

图6-1　等离子弧的形成示意图

在上述三种压缩效应中，喷嘴孔径的机械压缩效应是形成等离子弧的前提；热收缩效应则是电弧被压缩的最主要的原因；电磁收缩效应是必然存在的，它对电弧的压缩也起到一定作用。电弧在三种压缩效应的作用下，直径变小，温度升高，气体的离子化程度提高，能量密度增大。最后与电弧的热扩散作用相平衡，形成稳定的压缩电弧。这就是工业中应用的等离子弧。作为热源，等离子弧获得了广泛的应用，可进行等离子弧焊接、等离子弧切割、等离子弧堆焊、等离子弧喷涂、等离子弧冶金等。

3. 等离子弧的影响因素

等离子弧是压缩电弧，其压缩程度直接影响等离子弧的温度、能量密度、弧柱挺度和电弧压力。影响等离子弧压缩程度的因素主要有以下几种。

（1）等离子弧电流　当电流增大时，弧柱直径也要增大。因电流增大时，电弧温度升高，气体电离程度增大，因而弧柱直径增大。如果喷嘴孔径不变，则弧柱被压缩程度增大。

（2）喷嘴孔道形状和尺寸　喷嘴孔道形状和尺寸对电弧被压缩的程度具有较大的影响，特别是喷嘴孔径对电弧被压缩程度的影响更为显著。在其他条件不变的情况下，随喷嘴孔径的减小，电弧被压缩程度增大。

> **小知识**　离子气是等离子弧的工作气体。离子气的作用主要是压缩电弧强迫通过喷嘴孔道，保护钨极不被氧化等。

（3）离子气体的种类及流量　使用不同成分的气体作离子气时，由于气体的热导率和热焓值不同，对电弧的冷却作用不同，故电弧被压缩的程度不同。例如，在常用的氢、氮、氩三种气体中，氢气的热焓值最高，热导率最大，氮气次之，氩气最小。所以，这三种气体对电弧的冷却作用随氩→氮→氢顺序递增，对电弧的压缩作用也以这个顺序递增。

改变和调节这些因素可以改变等离子弧的特性，使其压缩程度适应于切割、焊接、堆焊或喷涂等方法的不同要求。例如，为了进行切割，要求等离子弧有很大的吹力和高度集中的能量，应选择较小的压缩喷嘴孔径、较大的等离子气流量、较大的电流和导热性好的气体；为进行焊接，则要求等离子弧的压缩程度适中，应选择较切割时稍大的喷嘴孔径、较小的等离子气流量。

二、等离子弧的特性

1. 温度高，能量密度大

普通钨极氩弧的温度可达 10000～24000K，能量密度在 10^4 W/cm² 以下。等离子弧的温度可达 24000～50000K，能量密度可达 10^5～10^8 W/cm²，且稳定性好。等离子弧和钨极氩弧的温度分布如图 6-2 所示，图中左半部为钨极氩弧，右半部为等离子弧。

2. 等离子弧的能量分布均衡

等离子弧由于弧柱被压缩，横截面减小，弧柱电场强度明显提高，因此等离子弧的最大压降是在弧柱区，加热金属时利用的主要是弧柱区的热功率，即利用弧柱等离子体的热能。所以说，等离子弧几乎在整个弧长上都具有高温。这一点和钨极氩弧是明显不同的。

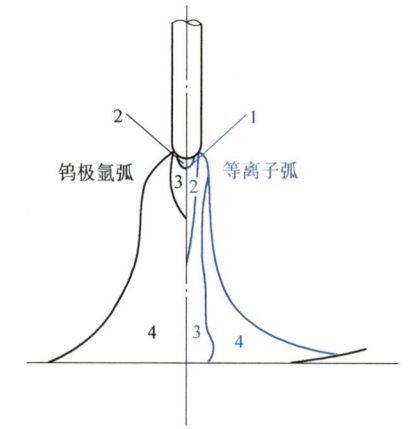

图 6-2　等离子弧和钨极氩弧的温度分布
1—24000～50000K　2—18000～24000K
3—14000～18000K　4—10000～14000K
（钨极氩弧：200A 15V；等离子弧：200A 30V；
压缩孔径：2.4mm）

3. 等离子弧的挺度好，冲力大

钨极氩弧的形状一般为圆锥形，扩散角在 45°左右；经过压缩后的等离子弧，其形态近似于圆柱形，电弧扩散角很小，约为 5°，因此挺度和指向性明显提高。等离子弧在三种压缩作用下，横截面缩小，温度升高，喷嘴内部的气体剧烈膨胀，迫使等离子体从喷嘴孔中高速喷出，因此冲力大，挺直性好。电流越大，等离子弧的冲力越大，挺直性也就越好。当弧长发生相同的波动时,等离子弧加热面积的波动比钨极氩弧要小得多。等离子弧和钨极氩弧的扩散角比较如图6-3所示。

4. 等离子弧的稳定性好

等离子弧的电离度较钨极氩弧更高,因此稳定性好。外界气流和磁场对等离子弧的影响较小,不易发生电弧偏吹和漂移现象。由于弧柱的横截面受到限制,等离子弧的电场强度增大,电弧电压明显提高,U形静特性曲线上移且其平直区域明显减小,如图6-4所示。使用小电流时,自由钨极氩弧的静特性为陡降(负阻特性)的,易与电源外特性曲线相切,使电弧失稳。而等离子弧则为缓降或平的,易与电源外特性相交建立稳定工作点。焊接电流在10A以下时,一般的钨极氩弧很难稳定,常产生电弧漂移,指向性也常受到破坏。而采用微束等离子弧,当电流小至0.1A时,等离子弧仍可稳定燃烧,指向性和挺度均好。这些特性在用小电流焊接极薄工件时特别有利。

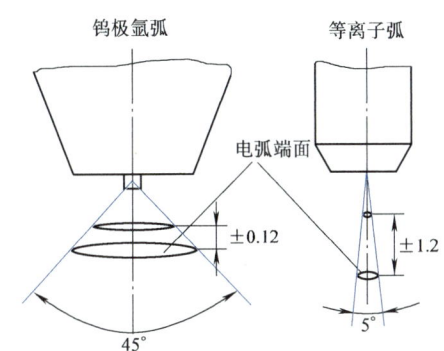

图6-3 等离子弧和钨极氩弧的扩散角

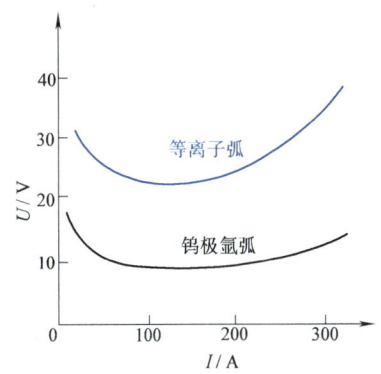

图6-4 等离子弧的静特性

三、等离子弧的类型及应用

等离子弧按电源的供电方式不同可分为非转移型、转移型及混合型三种类型,如图6-5所示,特殊情况下还将形成双弧现象。

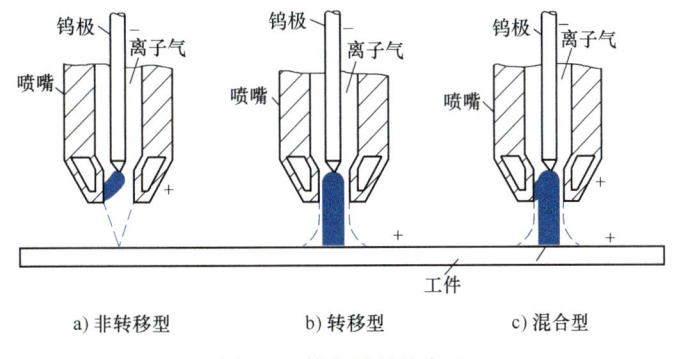

图6-5 等离子弧的类型

1. 非转移型等离子弧

钨极接电源的负极,喷嘴接电源的正极,工件不接电源,电弧是在钨极与喷嘴孔壁之间燃烧的,在离子气流的作用下电弧从喷嘴孔喷出,电弧受到压缩而形成等离子弧,一般将这种等离子弧称为等离子焰，如图 6-5a 所示。由于工件不接电源，工作时只靠等离子焰来加热，故其温度比转移型等离子弧低，能量密度也没有转移型等离子弧高。喷嘴受热较多，大量热能通过喷嘴散失。所以，喷嘴应更好地冷却，否则其寿命不长。非转移弧主要在等离子弧喷涂或焊接极薄材料时采用，也可用于厚度较小的非金属材料切割。

2. 转移型等离子弧

钨极接电源的负极，工件接电源的正极，等离子弧燃烧于钨极与工件之间，如图 6-5b 所示。但这种等离子弧不能直接产生，必须先在钨极和喷嘴之间接通维弧电源，以引燃小电流的非转移型弧（引导弧），然后将非转移型弧通过喷嘴过渡到工件表面，再引燃钨极与工件之间的转移型等离子弧（主弧），并自动切断维弧电源。采用转移弧工作时，等离子弧温度高，能量密度大，工件上获得的热量多，热能的有效利用率高。转移型等离子弧常用于等离子弧切割、等离子弧焊接和等离子弧堆焊等工艺方法中。

3. 混合型等离子弧

在工作过程中若非转移型等离子弧和转移型等离子弧同时存在，则称为混合型（或联合型）等离子弧，如图 6-5c 所示。两者可以用两台单独的焊接电源供电，也可以用一台焊接电源中间串接一定电阻后向两个电弧供电。其中的转移弧主要用来加热工件和填充金属，非转移弧用来协助转移弧的稳定燃烧（小电流时）和对填充金属进行预热（堆焊时）。混合型等离子弧稳定性好，电流很小时也能保持电弧稳定，主要用在微束等离子弧焊接和粉末等离子弧堆焊等工艺方法中。

资料卡
防止双弧的措施
双弧的形成主要是喷嘴结构设计不合理或工艺参数选择不当造成的。因此防止等离子弧产生双弧的措施主要有：①正确选择电流和离子气流量；②喷嘴孔道不要太长；③电极和喷嘴应尽可能对中；④电极内缩量不要太大；⑤喷嘴至工件的距离不要太近；⑥加强对喷嘴和电极的冷却；⑦减少转弧时的冲击电流。

4. 双弧现象

在使用转移型等离子弧进行焊接或切割的过程中，正常的等离子弧应稳定地在钨极与工件之间燃烧，这时等离子弧的弧柱与喷嘴孔壁之间存在着由离子气所形成的冷气膜。这层冷气膜由于铜喷嘴的冷却作用，具有比较低的温度和电离度，对弧柱向喷嘴的传热和导电都具有较强的阻滞作用。因此，冷气膜的存在一方面起到绝热作用，可防止喷嘴因过热而烧坏。另一方面，冷气膜的存在相当于在弧柱和喷嘴孔壁之间有一绝缘套筒存在，它隔断了喷嘴与弧柱间电的联系，因此等离子弧能稳定燃烧。但当由于某些原因使冷气膜的阻滞作用被击穿时，绝热和绝缘作用消失，就会在钨极和喷嘴及喷嘴和工件之间产生与主弧并列的电弧，如图 6-6 所示，这种现象称为等离子弧的双弧现象。在等离子弧焊接或切割过程中，一旦产生双弧，就会减小主弧电流，破坏等离子弧的稳定性，严重时还会烧毁喷嘴，使焊接或切割工作无法进行。

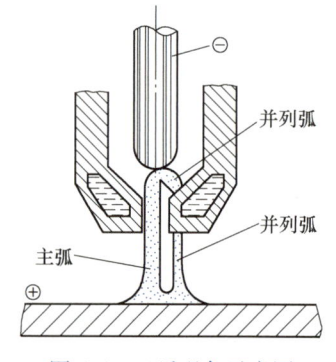

图 6-6 双弧现象示意图

【综合训练】

一、理论部分

（一）解释

1. 等离子弧
2. 热收缩效应
3. 双弧现象

（二）填空

1. 非转移型等离子弧就是_____接电源的负极，_____接电源的正极，_____不接电源。

2. 在形成等离子弧的三种压缩作用中，_____效应是前提；_____则是电弧被压缩的最主要的原因。

3. 离子气的作用主要是_____、_____等。

（三）简答

1. 与自由电弧相比，等离子弧有哪些特点？
2. 等离子弧主要分为哪几种？各适用于什么场合？
3. 等离子弧的双弧现象有什么危害？

二、实践部分

1. 训练目标

1）了解双弧形成原因及其危害。

2）掌握主要工艺因素对于产生双弧的影响。

2. 训练准备

1）人员准备：分组进行，每组由 8~10 人组成。

2）资料准备：实训指导书。

3. 训练地点

实验室或实训场地。

4. 训练方法

1）起动焊机，调好参数，引燃维弧，然后转移主弧。

2）在推荐的参数下，待主弧燃烧稳定后逐渐加大主弧电流，直到产生双弧为止，记录产生双弧的临界电流和双弧产生前后参数的变化。

3）改变离子气流量，再次测定双弧产生的临界电流。

模块二 等离子弧焊

导入案例

航空发动机叶片的形状是一个空间曲面，且中间厚，前后缘薄（最薄可到 0.2mm 左右），待焊接修复截面一般为扭曲的"叶"状，所以焊接路径精度低于 0.1mm 和焊缝精度低于 0.2mm 时，很难完成前叶片后缘薄部位的焊接，甚至会造成叶片的损坏。然而，精密等离子弧焊接修复不仅可以完成此项工作，而且还可以大幅度减少焊后机械加工修型工时和成本。

一、等离子弧焊的基本方法及应用

小知识 等离子弧焊是利用等离子弧作为热源，加热并熔化母材金属，使之形成焊接接头的焊接方法，英文缩写为 PAW。

按焊缝成形原理，等离子弧焊有下列三种基本方法：穿透型等离子弧焊、熔透型等离子弧焊、微束等离子弧焊。此外，还有一些派生类型，如脉冲等离子弧焊、交流等离子弧焊等。

1. 穿透型等离子弧焊

穿透型等离子弧焊是利用等离子弧直径小、温度高、能量密度大、穿透力强的特点，在适当的焊接参数条件下实现的，如图 6-7 所示。焊接时，采用转移型等离子弧把工件完全熔透，在等离子流力作用下形成一个穿透工件的小孔，并从工件的背面喷出部分等离子弧（称其为"尾焰"）。熔化金属被排挤在小孔周围，依靠表面张力的承托而不会流失。随着焊枪向前移动，小孔也跟着焊枪移动，熔池中的液态金属在电弧吹力、表面张力作用下沿熔池壁向熔池尾部流动，并逐渐收口、凝固，形成完全熔透的正反面都有波纹的焊缝，这就是所谓的小孔效应。利用这种小孔效应，不用衬垫就可实现单面焊双面成形。焊接时一般不加填充金属，但如果对焊缝增高有要求，也可加入填充金属。目前大电流（100~500A）等离子弧焊通常采用这种方法进行焊接。

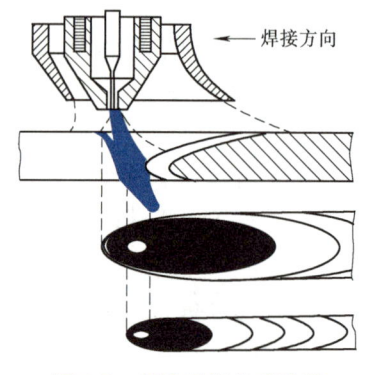

图 6-7 穿透型等离子弧焊

小孔效应只有在足够的能量密度条件下才能形成。板厚增加时所需的能量密度也增加，而等离子弧的能量密度难以再进一步提高。因此，穿透型焊接法只能在一定的板厚条件下才能实现。工件太薄时，由于小孔不能被液体金属完全封闭，故不能实现小孔焊法。如果工件太厚，则一方面受到等离子弧能量密度的限制，形成小孔困难；另一方面，即使能形成小孔，也会因熔化金属多，液体金属的质量大于表面张力的承托能力而流失，不能保持熔池金属平衡，严重时将会形成小孔空腔而造成切割现象。此法最适于焊接 3~8mm 不锈钢、12mm 以下钛合金、2~6mm 低碳钢或低合金结构

想一想 当工件厚度大于上述范围时，能否利用小孔效应焊接？

钢以及铜、黄铜、镍及镍合金的对接焊。在上述厚度范围内，可在不开坡口、不加填充金属、不用衬垫的条件下实现单面焊双面成形。当工件厚度大于上述范围时，需开 V 形坡口进行多层焊。

2. 熔透型等离子弧焊

熔透型等离子弧焊是采用较小的焊接电流（30~100A）和较低的离子气流量，采用混合型等离子弧焊接的方法。液态金属熔池在弧柱的下面，靠熔池金属的热传导作用熔透母

材，实现焊接。熔透型等离子弧焊基本焊法与钨极氩弧焊相似。焊接时可加填充金属，也可不加填充金属。它主要用于薄板（0.5~2.5mm）的焊接、多层焊封底焊道以后各层的焊接以及角焊缝的焊接。

3. 微束等离子弧焊

焊接电流在 30A 以下的等离子弧焊通常称为微束等离子弧焊。有时也把焊接电流稍大的等离子弧焊归为此类。这种方法使用很小的喷嘴孔径（$\phi0.5~\phi1.5$mm），得到针状细小的等离子弧，主要用于焊接厚度在 1mm 以下的超薄、超小、精密的工件。

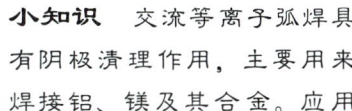

小知识 交流等离子弧焊具有阴极清理作用，主要用来焊接铝、镁及其合金。应用矩形波交流弧焊电源，在保证阴极破碎作用的条件下可获得较大熔深，并可延长钨极的寿命。

微束等离子弧焊通常采用混合型等离子弧，采用两个独立焊接电源。其一向钨极与喷嘴之间的非转移弧供电，这个电弧称为维弧，其供电电源为维弧电源。维弧电流一般为 2~5A，维弧电源的空载电压一般大于 90V，以便引弧。另一个电源向钨极与工件间的转移弧（主弧）供电，以进行焊接。焊接过程中两个电弧同时工作。维弧的作用是在小电流下帮助和维持转移弧工作。在焊接电流小于 10A 时，维弧的作用尤为明显。当维弧电流大于 2A 时，转移型等离子弧在小至 0.1A 焊接电流下仍可稳定燃烧，因此小电流时微束等离子弧十分稳定。

上述三种等离子弧焊方法均可采用脉冲电流，借以提高焊接过程的稳定性，此时称为脉冲等离子弧焊。脉冲等离子弧焊易于控制热输入和熔池，适于全位置焊接，并且其焊接热影响区和焊接变形都更小。尤其是脉冲微束等离子弧焊，特点更突出，因而应用较广。

二、等离子弧焊设备

按操作方式不同，等离子弧焊设备可分为手工焊机和自动焊机两大类，常用等离子弧焊割设备型号编制方法见附录 A。手工焊机主要由焊接电源、焊枪、控制系统、气路系统和水路系统等部分组成，如图 6-8 所示。自动焊机除上述部分外，还有焊接小车和送丝机构（焊接时需要加填充金属）。

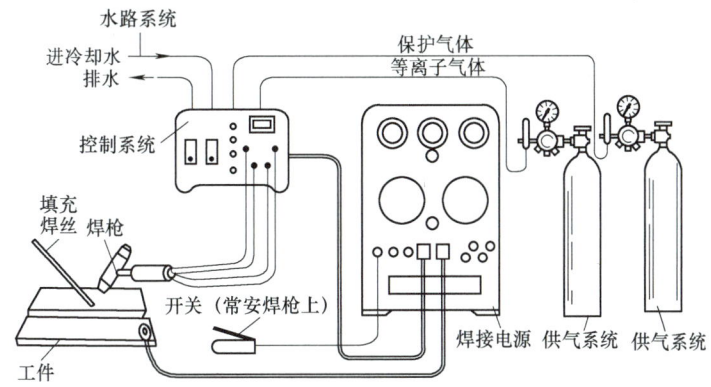

图 6-8　手工等离子弧焊机示意图

1. 焊接电源

等离子弧焊机一般采用具有陡降或垂直下降外特性的直流弧焊电源。电源空载电压根据离子气的种类而定,如用纯氩气或氩气加氢气作离子气时,电源空载电压只需 80V 左右;而用氦气或其他混合气体作离子气时,为了可靠地引弧,则空载电压还需更高一些,可达 110~120V。

小知识　微束等离子弧焊机最好采用垂直下降外特性的电源,以提高等离子弧的稳定性。

2. 气路和水冷系统

与氩弧焊或 CO_2 气体保护电弧焊相比,等离子弧焊机的供气系统比较复杂。典型供气系统如图 6-8 所示,包括离子气、保护气等。为避免保护气对离子气的干扰,保护气和离子气最好由独立气路分开供给。

为延长喷嘴及电极的使用寿命,并对等离子弧产生良好的热收缩效应,等离子弧焊机必须具有合适的水冷系统对焊枪进行良好的冷却。冷却方式有间接冷却和直接冷却两种。间接冷却时,冷却水从上枪体进入,从下枪体流出;直接冷却时,喷嘴及电极分别进行水冷,冷却效果好,一般都用在具有镶嵌式电极的焊枪结构中。

3. 焊枪

等离子弧焊枪的设计应保证等离子弧燃烧稳定,引弧及转弧可靠,电弧压缩性好,绝缘、通气及冷却可靠,更换电极方便,喷嘴和电极对中好。焊枪主要由电极、喷嘴、中间绝缘体、上枪体、下枪体、保护套、水路、气路、馈电体等组成,如图 6-9 所示。

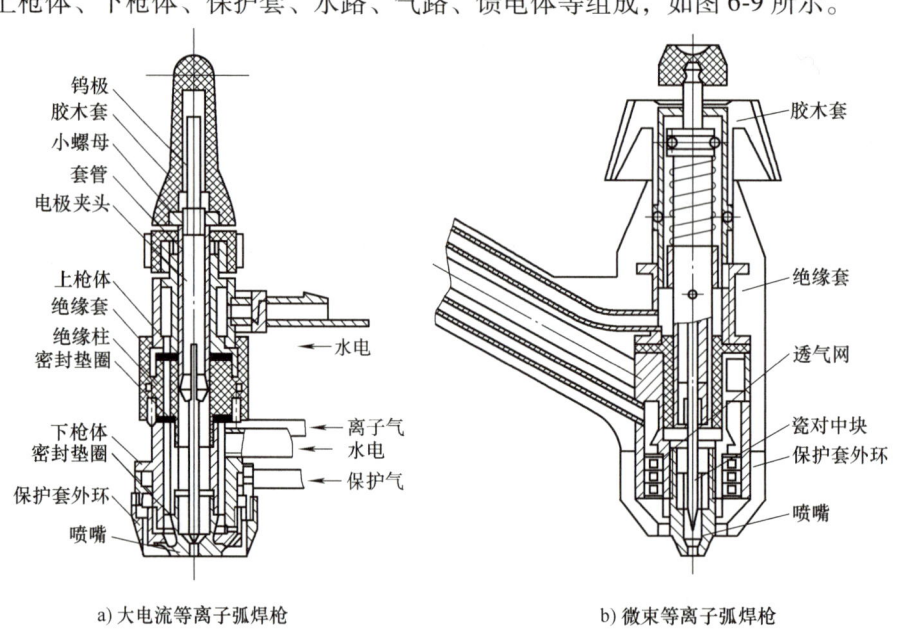

a) 大电流等离子弧焊枪　　　b) 微束等离子弧焊枪

图 6-9　等离子弧焊枪示意图

4. 控制系统

等离子弧焊设备的控制系统一般包括高频引弧电路、拖动控制电路、延时电路和程序控制电路等部分。控制系统一般应具备如下功能。

1) 能提前输送和滞后停止保护气。

2）能实现离子气流的递增和衰减。
3）能可靠地引弧及转换。
4）能实现引弧电流递增，熄弧电流递减。
5）无冷却水时不能开机。
6）发生故障及时停机。

三、等离子弧焊工艺

1. 等离子弧焊的工艺特点

1）由于等离子弧的温度高，能量密度大，因此等离子弧焊熔透能力强，可用比钨极氩弧焊高得多的焊接速度施焊。这不仅提高了焊接生产率，而且可减小熔宽，增大熔深，因而可减小热影响区宽度和焊接变形。

2）由于等离子弧的形态近似于圆柱形，挺度好，因此当弧长发生波动时，熔池表面的加热面积变化不大，对焊缝成形的影响较小，容易得到均匀的焊缝成形。

3）由于等离子弧的稳定性好，很小的焊接电流也能保证等离子弧的稳定，故可以焊接超薄件。

4）由于钨极内缩在喷嘴里面，焊接时钨极与工件不接触，因此可减少钨极烧损和防止焊缝金属夹钨。

2. 等离子弧焊工艺

（1）接头形式 用于等离子弧焊接的通用接头形式为I形对接接头、开单面V形和双面V形坡口的对接接头以及开单面U形和双面U形坡口的对接接头。除此之外，也可用于角接接头和T形接头。常用接头形式如图6-10所示。

（2）焊接参数的选择 等离子弧焊焊接时，焊透母材的方式主要有穿透焊和熔透焊（包括微束等离子弧焊）两种。在采用穿透型等离子弧焊时，焊接过程中确保小孔的稳定，是获得优质焊缝的前提。影响小孔稳定性的主要焊接参数有以下几个。

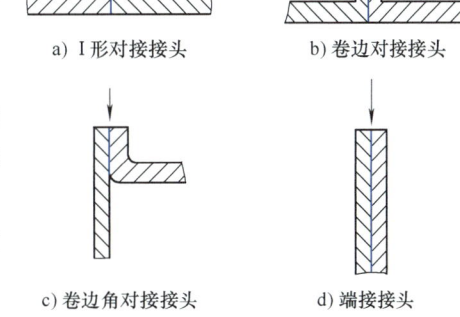

图6-10　等离子弧焊焊接接头形式

1）喷嘴孔径。喷嘴孔径直接决定对等离子弧的压缩程度，是选择其他参数的前提。在焊接生产过程中，当工件厚度增大时，焊接电流也应增大，但对于一定孔径的喷嘴，其许用电流是有限制的，见表6-1。因此，一般应按工件厚度和所需电流值确定喷嘴孔径。

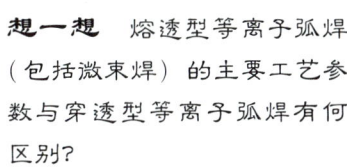

想一想　熔透型等离子弧焊（包括微束焊）的主要工艺参数与穿透型等离子弧焊有何区别？

表6-1　喷嘴孔径与许用电流

喷嘴孔径/mm	1.0	2.0	2.5	3.0	3.5	4	4.5
许用电流/A	≤30	40~150	140~180	180~250	250~350	350~400	450~500

2）焊接电流。当其他条件不变时，焊接电流增加，等离子弧的热功率也增加，熔透能力增强。因此，在喷嘴孔径确定后，应根据被焊工件的材质和厚度选择焊接电流。在采用穿透型焊接时，如果电流太小，则形成小孔的直径也小，甚至不能形成小孔，无法实现穿透型焊接；如果电流过大，则形成的小孔直径也过大，熔化金属过多，易造成熔池金属坠落，也无法实现穿透型焊接。同时，电流过大还容易引起双弧现象。

3）离子气种类及流量。目前应用最广的离子气是氩气，适用于所有金属。为提高焊接生产率和改善接头质量，针对不同金属可在氩气中加入其他气体。例如，焊接不锈钢和镍合金时，可在氩气中加入5%~7.5%（体积分数）的氢气；焊接钛及钛合金时，可在氩气中加入50%~75%（体积分数）的氦气。

当其他条件不变时，离子气流量增加，等离子弧的冲力和穿透能力都增大。因此，要实现稳定的穿透型焊接过程，必须要有足够的离子气流量。但离子气流量太大时，会使等离子弧的冲力过大而将熔池金属冲掉，同样无法实现穿透型焊接。

4）焊接速度。当其他条件不变时，提高焊接速度，则输入到焊缝的热量减少，在穿孔法焊接时，小孔直径将减小。如果焊接速度太高，则不能形成小孔，故不能实现穿透型焊接。焊接速度的确定，取决于焊接电流和离子气流量。

5）喷嘴高度。喷嘴端面至工件表面的距离为喷嘴高度。喷嘴高度应保持在3~8mm较为合适，如果喷嘴高度过大，则会增加等离子弧的热损失，使熔透能力减小，保护效果变差；但如果喷嘴高度太小，则不便操作，喷嘴也易被飞溅物堵塞，还容易产生双弧现象。

6）保护气成分及流量。等离子弧焊时，除向焊枪输入离子气，还要输入保护气（保护气一般采用氩气），以充分保护熔池不受大气污染。大电流等离子弧焊时，保护气与离子气成分应相同，否则会影响等离子弧的稳定性。保护气流量与离子气流量应有一个适当的比例。如果保护气流量过大，则会造成气流紊乱，影响等离子弧稳定性和保护效果。穿透型焊接时，保护气流量一般选择15~30L/min。

常用金属穿透型等离子弧焊的焊接参数见表6-2。采用熔透焊焊接不锈钢的微束等离子弧焊的焊接参数见表6-3。

表6-2 金属穿透型等离子弧焊的焊接参数

材料	厚度/mm	电流/A	电压/V	焊接速度/(cm/min)	气体成分（体积分数）	坡口形式	气体流量/(L/min)		备注
							离子气	保护气	
碳素钢	3.2	185	28	30	Ar	I	6.1	28	
低合金钢	4.2	200	29	25	Ar	I	5.7	28	穿透
	6.4	275	33	36			7.1		
不锈钢	2.4	115	30	61	Ar95%+H₂5%	I	2.8	17	
	3.2	145	32	76			4.7	17	
	4.8	165	36	41			6.1	21	
	6.4	240	38	36			8.5	24	

（续）

材料	厚度/mm	电流/A	电压/V	焊接速度/(cm/min)	气体成分(体积分数)	坡口形式	气体流量/(L/min)		备注
							离子气	保护气	
钛合金	3.2	185	21	51	Ar	I	3.8	28	穿透
	4.8	175	25	33	Ar		8.5		
	9.9	225	38	25	Ar25%+He75%	I	15.1		
	12.7	270	36	25	Ar50%+He50%		12.7		
	15.1	250	39	18	Ar50%+He50%	V	14.2		
纯铜和黄铜	2.4	180	28	25	Ar	I	4.7	28	熔透
	3.2	300	33	25	He		3.8	5	
	6.4	670	46	51	He		2.4	28	
	2.0（$w_{Sn}30\%$）	140	25	51	Ar		3.8	28	穿透
	3.2（$w_{Sn}30\%$）	200	27	41	Ar		4.7	28	

表 6-3 采用熔透焊焊接不锈钢的微束等离子弧焊的焊接参数

材料	板厚/mm	电流/A	电压/V	焊接速度/(cm/min)	离子气 Ar 流量/(L/min)	保护气流量/(L/min)	喷嘴孔径/mm	备注
不锈钢	0.025	0.3	—	12.7	0.2	8（Ar+$H_2$1%）	0.75	卷边焊
	0.075	1.6	—	15.2	0.2	8（Ar+$H_2$1%）	0.75	
	0.125	1.6	—	37.5	0.28	7（Ar+$H_2$0.5%）	0.75	
	0.175	3.2	—	77.5	0.28	9.5（Ar+$H_2$4%）	0.75	
	0.25	5	30	32.0	0.5	7 Ar	0.6	
	0.2	4.3	25	—	0.4	5 Ar	0.8	对接焊（背后加铜垫）
	0.2	4	26	—	0.4	6 Ar	0.8	
	0.1	3.3	24	37.0	0.15	4 Ar	0.6	
	0.25	6.5	24	27.0	0.6	6 Ar	0.8	
	1.0	2.7	25	27.5	0.6	11 Ar	1.2	
	0.25	6	—	20.0	0.28	9.5（Ar+$H_2$1%）	0.75	
	0.75	10	—	12.5	0.28	9.5（Ar+$H_2$1%）	0.75	
	1.2	13	—	15.0	0.42	7（Ar+$H_2$8%）	0.8	

注：表中百分数为体积分数。

四、等离子弧堆焊与喷涂介绍

1. 等离子弧堆焊

等离子弧堆焊可获得与基体金属呈冶金结合的堆焊层,以提高工件的耐磨性、耐蚀性、耐高温性能,或用来弥补已磨损工件的尺寸,被腐蚀工件表面的蚀坑、麻点,达到修旧利废的目的,目前在石油、冶金、造船、军工、化工、矿山机械、阀门等行业得到广泛应用,并取得了巨大的经济效益。

小知识 等离子弧堆焊是利用等离子弧作热源将堆焊材料熔敷在基体金属表面上,从而获得与母材相同或不同成分、性能堆焊层的工艺方法。

按照堆焊材料的不同形态,等离子弧堆焊主要分为粉末等离子弧堆焊和热丝等离子弧堆焊两种,其中以粉末等离子弧堆焊应用较多。

(1) 粉末等离子弧堆焊 粉末等离子弧堆焊是将合金粉末装入送粉器中,堆焊时用氩气将合金粉末送入堆焊枪体的喷嘴中,利用等离子弧的热能将其熔敷到工件表面形成堆焊层的方法。其主要优点是:合金粉末既容易制得,其成分又容易调整,生产率高(熔敷率高),堆焊层的质量好(稀释率低),便于实现堆焊过程自动化等。这种方法目前应用较广泛,特别适合在轴承、阀门、工具、推土机零件、涡轮叶片等的制造和修复工作中堆焊硬质耐磨合金。

粉末等离子弧堆焊一般多采用混合型等离子弧,需要两台垂直陡降或下降特性的直流电源独立供电,如图6-11所示。非转移弧作为辅助热源使合金粉末预先在弧柱中加热熔化。转移弧是等离子弧堆焊的主要热源,其作用一是加热工件,在工件表面形成熔池;二是熔化合金粉末。通过调节转移弧的电流,可以控制熔池的温度和热量,从而达到控制堆焊层质量的目的。堆焊时所用的焊枪与焊接时所用的焊枪不同,除有离子气和保护气两条气路外,还有第三条送粉气路。由于堆焊时母材熔深不能太大,以利于减小堆焊层的稀释率,故堆焊时一般采用柔性弧,即采用较小的离子气流量和较小的孔道比。

(2) 热丝等离子弧堆焊 热丝等离子弧堆焊如图6-12所示,通常采用转移弧,用直流正极性堆焊,离子气和保护气均为氩气。

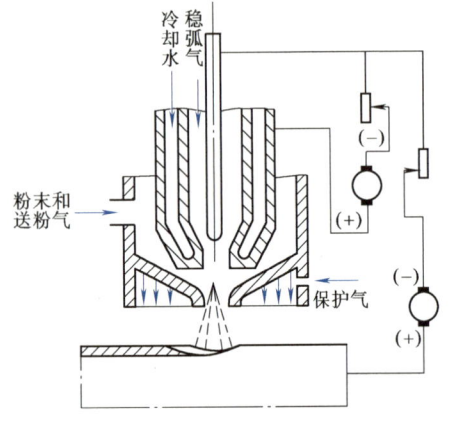

图6-11 粉末等离子弧堆焊示意图

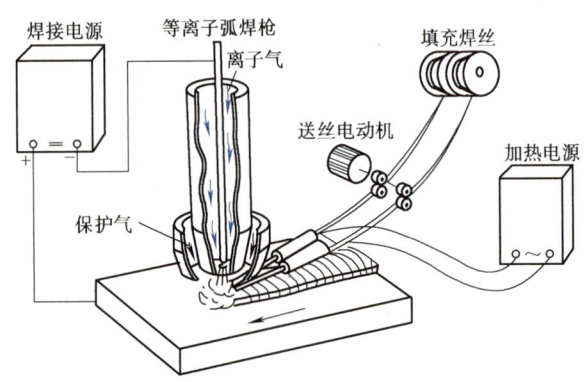

图6-12 热丝等离子弧堆焊示意图

这种方法的特点是，除依靠等离子弧加热熔化母材和填充焊丝并形成熔池外，填充焊丝中还通以交流电流以提高熔敷率和降低稀释率。采用交流电流既可节省用电成本，又可避免磁场的影响。

由于事先对焊丝进行了预热，进入电弧区后只需较少的热量便能使焊丝熔化进行堆焊，因此送丝速度可以提高，熔敷速度大大增加。这就大大提高了堆焊的生产率。

热丝等离子弧堆焊适用于可拔成丝的不锈钢、镍合金、铜合金材料的堆焊。

2. 等离子弧喷涂

等离子弧喷涂是利用等离子弧的高温、高速焰流，将粉末喷涂材料加热和加速后再喷射、沉积到工件表面上形成特殊涂层的一种热喷涂方法。等离子弧喷涂方法有丝极喷涂和粉末喷涂两种，粉末等离子弧喷涂是其中应用最广泛的方法。

> **资料卡**
>
> **热 喷 涂**
>
> 热喷涂就是以一定形式的热源将粉状、丝状或棒状的喷涂材料加热到熔化或半熔化状态，同时用喷射气流使其雾化，喷射在经过预处理的零件表面上，形成喷涂层，用以改善或改变零件表面性能的一种方法，简称喷涂。

图 6-13 为粉末等离子弧喷涂原理。工作气体从喷嘴与钨电极间的缝隙中通过。当电源接通后，在喷嘴与钨电极端部之间产生高频电火花，将等离子电弧引燃。连续送入的工作气体穿过电弧后，成为由喷嘴喷出的高温等离子焰流。喷涂粉末悬浮在送粉气流内，被送入等离子焰流，迅速达到熔融状态。在等离子焰流作用下，高温粉粒具有很大动能，撞击到工件表面时产生极大的塑性变形，填充到工件预制的粗糙表面上，然后凝固并与工件结合。随后的粉粒喷射到先喷的粉粒上面，填充到其间隙中而形成完整的涂层。

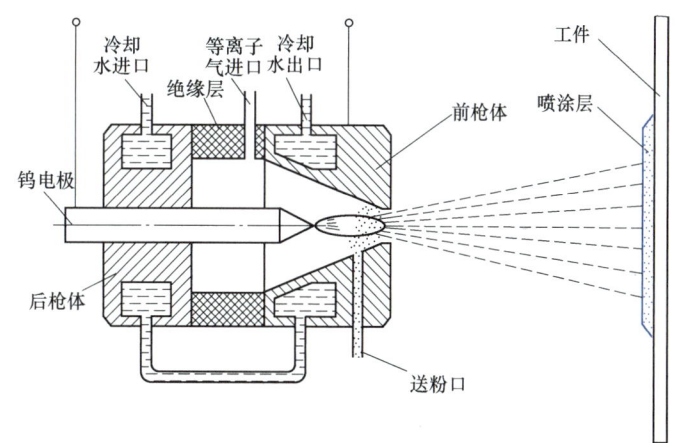

图 6-13 粉末等离子弧喷涂原理

喷涂层与工件表面并不发生冶金作用，而是机械结合。在喷涂过程中，工件不与电源相接，因此工件表面不会形成熔池，并可以保持较低的温度（200℃以下），不会发生变形或改变原来的淬火组织。利用等离子弧喷涂可在工件表面喷涂一层特殊材料，使工件表面获得耐磨、耐蚀、耐高温和抗氧化等性能。

粉末等离子弧喷涂在很多地方与粉末等离子弧堆焊相似，但喷涂时一般采用非转移型等离子弧，将合金粉末熔化并从喷嘴孔中喷出，形成雾状颗粒，撞击工件表面后颗粒与清洁而粗糙的工件表面结合形成涂层。因此，该涂层与工件的结合一般是机械结合，工件表面基本上不熔化。但也有例外，例如喷涂钼、铌、镍铝合金和镍钛合金粉末时，涂层与工件间会出现冶金结合现象。

由于喷涂时使用非转移型等离子弧，工件不接电源，因此，可对金属和非金属工件进行喷涂；另外，还可喷涂金属涂层和非金属涂层（如碳化物、氧化物、氮化物、硼化物）等，且有涂层质量好、生产率高、工件不变形、工件金相组织不变化等优点。粉末等离子弧喷涂的缺点是：涂层与工件表面呈机械结合，结合强度不高；涂层的使用性能取决于喷涂的粉末材料。另外，等离子弧喷涂工艺也较等离子弧堆焊复杂，工件喷涂前要经过清理、粗化、预热等表面预处理工序；工件喷涂后，涂层还要经过热处理、浸渗、精整等喷后处理工序才能满足使用要求。

想一想 等离子弧喷涂与等离子弧堆焊的主要区别是什么？

【综合训练】

一、理论部分

（一）解释

1. 小孔效应
2. 粉末等离子弧堆焊

（二）填空

1. 等离子弧喷涂时采用_____弧，_____接电源的负极，_____接电源的正极，_____不接电源。
2. 等离子弧焊机一般采用具有_____外特性的_____弧焊电源。电源空载电压根据_____而定。
3. 等离子弧焊的焊接电流是在_____确定后，根据_____和_____来选择的。
4. 等离子弧焊设备的控制系统一般包括_____、_____、_____和_____等部分。

（三）简答

1. 与钨极氩弧焊相比，等离子弧焊接具有哪些工艺特点？
2. 等离子弧焊的基本方法有哪几种？各适用于什么范围？
3. 等离子弧堆焊与喷涂有哪些异同点？

二、实践部分

1. 训练目标

1）了解微束等离子弧焊机的结构和操作方法。
2）熟悉参数变化对等离子弧焊的影响规律。

2. 训练准备

1）人员准备：分组进行，每组由8~10人组成。
2）资料准备：实训指导书。

3. 训练地点

实验室或实训场地。

4. 训练方法

1）了解微束等离子弧焊机的结构和操作方法。
2）起动焊机，引燃维弧，然后转移主弧，调整焊接参数并试焊。
3）依次单独地改变主弧电流、离子气流量、保护气流量等焊接参数，观察电弧及焊缝的变化情况。

第六单元 等离子弧焊接与切割

模块三 等离子弧切割

导入案例

等离子弧切割工艺始于20世纪50年代，作为一项材料焊割技术，等离子弧切割与等离子弧焊最早服务于军事应用，提供车船机械的焊割加工，由于其操作方便、质量稳定、经济划算而逐渐转入民用。目前，等离子弧切割已广泛地应用于非铁金属、高合金材料的切割加工。自动等离子弧切割的厚度可达125mm，手工等离子弧切割的最大厚度，根据材料的不同，在38~50mm之间。在这个切割厚度范围内，均可得到平整而清洁的切口，焊前不需再作清理或只需稍作清理即可。

一、等离子弧切割原理及特点

1. 等离子弧切割原理

等离子弧切割的原理与氧气切割的原理有着本质的不同。氧气切割主要是靠氧与部分金属的化合燃烧和氧气流的吹力，使燃烧的金属氧化物熔渣脱离基体而形成切口的，因此氧气切割不能切割燃点高于熔点、导热性好、氧化物熔点高和黏滞性大的材料。等离子弧切割过程不是依靠氧化反应，而是靠熔化来切割工件的。

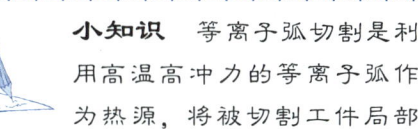

小知识 等离子弧切割是利用高温高冲力的等离子弧作为热源，将被切割工件局部熔化，并立即吹除，随着割炬向前移动而形成狭窄切口来完成切割过程的切割方法，英文缩写为PAC。

等离子弧切割原理如图6-14所示。其中，图6-14a采用转移弧，适用于金属材料切割；图6-14b采用非转移弧，既可用于非金属材料切割，也可用于金属材料切割。非转移型等离子弧切割时，由于工件不接电源，电弧挺度差，故能切割的金属材料厚度较小。

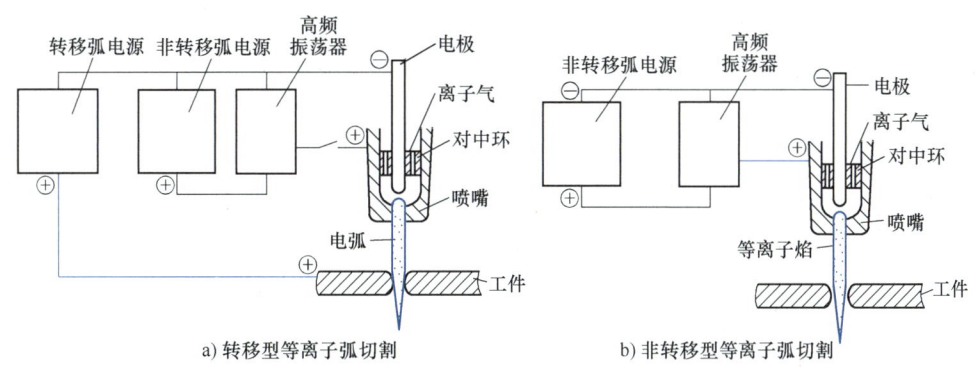

图6-14 等离子弧切割原理

2. 等离子弧切割特点

（1）切割速度快，生产率高 它是目前常用的切割方法中切割速度最快的。

（2）切口质量好 等离子弧切割切口窄而平整，产生的热影响区和变形都比较小，所以切割边可直接用于装配焊接。

（3）应用面广 由于等离子弧的温度高，能量集中，因此能切割大部分金属材料，如不锈钢、铸铁、铝、铜等。在使用非转移型等离子弧时，还能切割非金属材料，如石块、耐火砖、水泥块等。

二、等离子弧切割设备

等离子弧切割设备与等离子弧焊接设备大致相同，主要由电源、割枪、控制系统、气路和水冷系统等组成。如果是自动切割，还要有切割小车。主要不同之处是切割时所用的电压、电流和离子气流量都比焊接时高，而且全部是离子气，不需要保护气（没有外喷嘴）。

1. 等离子弧切割电源

等离子弧切割一般采用陡降外特性的直流电源。为提高切割电压，要求切割电源具有比等离子弧焊更高的空载电压（通常为150~400V）。一般等离子弧切割设备都有配套使用的专用电源。与LG-400-1型等离子弧切割机配套的电源是ZXG2-400型硅整流电源，其空载电压较高，分180V和300V两档。在没有专用切割电源的情况下，也可采用普通的直流电源串联使用，串联台数根据切割厚度而定。但需要注意的是：串联使用时，切割电流不应超过每台电源的额定电流值，以免电源过载。

2. 割枪

等离子弧割枪与等离子弧焊枪的结构类似，如图6-15所示，也由电极、喷嘴、冷却水套、中间绝缘体、上枪体、下枪体、气室、水路、气路、馈电体等组成。其关键是电极与喷嘴须有严格的同轴度，喷嘴孔径也比等离子弧焊枪的大。喷嘴尺寸与选用的进气方式有关，在相同功率下，旋转进气式不易烧损喷嘴，轴向进气式易烧损喷嘴，但切割板材的厚度要大些。

3. 气路和水冷系统

等离子弧切割设备的供气系统比等离子弧焊接的供气系统简单，不用保护气体和气流衰减回路。在割枪中通入离子气除了起压缩电弧和产生电弧冲力的作用，还可减少钨极的氧化烧损，因此切割时必须保证气路畅通。

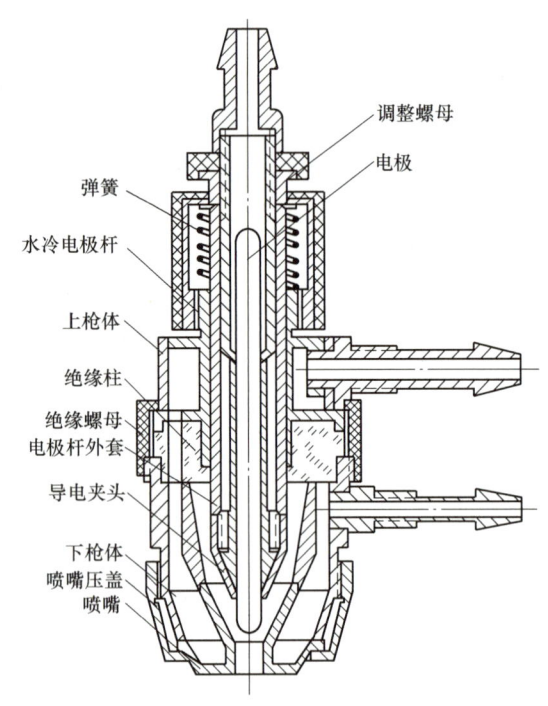

图6-15 等离子弧割枪示意图

为防止割枪的喷嘴被烧坏，切割时必须对割炬进行通水强制冷却。供水系统与等离子弧焊接的供水系统相同。冷却水一般可采用自来水，但当水压小于0.098MPa时，必须安装专用液压泵供水，以提高水压，保证冷却效果。

4. 控制系统

等离子弧切割时，控制系统应满足下列要求。

1）能提前送气和滞后停气，离子气流量有递增过程。
2）采用高频引弧，在等离子弧引燃后高频振荡器应能自动断开。
3）无冷却水时切割机应不能起动；若切割过程中断水，切割机应能自动停止工作。
4）在切割结束或切割过程断弧时，控制线路应能自动断开。

表6-4列出了常用国产等离子弧切割机的型号及技术数据。

表6-4 国产等离子弧切割机的型号及技术数据

技术数据	型号				
	LG-400-2	LG-250	LG-100	LGK-90	LGK-30
空载电压/V	300	250	350	240	230
切割电流/A	100~500	80~320	10~100	45~90	30
工作电压/V	100~500	150	100~150	140	85
负载持续率（%）	60	60	60	60	45
电极直径/mm	$\phi 6$	$\phi 5$	$\phi 2.5$		
备注	自动型	手工型	微束型	压缩空气型	压缩空气型

三、等离子弧切割参数

等离子弧切割参数较多，主要有离子气的种类和流量、喷嘴孔径、空载电压、切割电流和切割电压、切割速度等。各种参数对切割过程的稳定性和切割质量均有不同程度的影响，切割时必须依据切割材料种类、工件厚度和具体要求来选择。

（1）离子气的种类和流量　等离子弧切割时，离子气的作用是压缩电弧，防止钨极氧化，吹掉割缝中的熔化金属，保护喷嘴不被烧坏。离子气的种类和流量对上述作用有直接影响，从而影响切割质量。一般切割100mm以下的不锈钢、

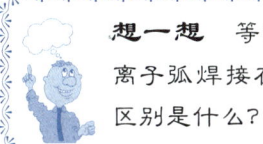

铝等材料时，可以使用纯氮气或适当加些氩气，既经济又能保证切割质量；当使用Ar+$H_2$35%（体积分数）混合气体时，由于H_2的热焓大，热导率高，对电弧的压缩作用更强，气体喷出时速度极高，电弧吹力大，有利于切口熔化金属的去除，因此切割效果更佳，一般用于切割厚度大于100mm的板材。

提高离子气流量，既能提高切割电压，又能增强对电弧的压缩作用，有利于提高切割速度和切割质量。但气流量过大，反而使切割能力下降和电弧不稳定。一种割枪使用的气体流量大小，在一般情况下不变动，当切割厚度变化较大时才作适当改变。切割厚度小于100mm的不锈钢时，气体流量一般为2500~3500L/h；切割厚度大于100mm的不锈钢时，气体流量一般为4000L/h。

（2）喷嘴孔径　喷嘴孔径的大小应根据切割工件厚度和选用的气体种类确定。切割厚

度较大时，要求喷嘴孔径也要相应增大；使用 Ar+H_2 混合气体时，喷嘴孔径可适当小一些，使用 N_2 时应大一些。

（3）空载电压 等离子弧切割要求电源有较高的空载电压（一般不低于150V），因为空载电压低将使切割电压的提高受到限制，不利于厚件的切割。切割厚度大的工件时，空载电压必须在220V以上，最高可达400V。由于等离子弧切割空载电压较高，操作时必须注意安全。

（4）切割电流和切割电压 切割电流和切割电压是决定切割电弧功率的两个重要参数。选择切割电流 I 应根据选用的喷嘴孔径 d 的大小而定，其相互关系的经验公式大致为 $I=(30\sim100)d$。

电流增大会使弧柱变粗，切口加宽，且易烧损喷嘴。对于一定的喷嘴孔径，存在一个最大许用电流，超过时就会烧损喷嘴。因此，切割大厚度工件时，以提高切割电压最为有效。但电压过高或接近空载电压时，电弧难以稳定。为保证电弧稳定，要求切割电压不大于空载电压的 2/3。

（5）切割速度 切割速度的大小既影响生产率，又影响切割质量。切割速度应根据等离子弧功率、工件厚度和材质来确定。在切割功率相同的情况下，由于铝的熔点低，切割速度应快些；钢的熔点较高，切割速度应较慢；铜的导热性好，散热快，故切割速度应更慢些。

在工件厚度、材质和等离子弧功率都不变的情况下，适当提高切割速度，不仅可提高生产率，而且可减小切口宽度和热影响区，对提高切割质量是有好处的。但如果切割速度太快，不仅有可能切不透工件，而且切割边斜度增大，切口底部毛刺（熔瘤）增多；如果切割速度太慢，不仅会降低生产率，还会造成切口表面粗糙不平，切口底部毛刺增多，切口宽度和热影响区宽度增大，工件变形增大。

常用金属材料等离子弧切割参数见表 6-5。

表 6-5 常用金属材料等离子弧切割参数

材料	厚度/mm	喷嘴孔径/mm	空载电压/V	切割电流/A	切割电压/V	氮气流量/(L/h)	切割速度/(m/h)
不锈钢	8	3	160	185	120	2100~2300	45~50
	20	3	160	220	120~125	1900~2200	32~40
	30	3	230	280	135~140	2700	35~40
	45	3.5	240	340	145	2500	20~25
铝及铝合金	12	2.8	215	250	125	4400	78
	21	3.0	230	300	130		75~80
	34	3.2	340	350	140		35
	80	3.5	245	350	150		10
纯铜	5			310	70	1420	94
	18	3.2	180	340	84	1660	30
	38	3.2	252	304	106	1570	11.3

（续）

材料	厚度/mm	喷嘴孔径/mm	空载电压/V	切割电流/A	切割电压/V	氮气流量/（L/h）	切割速度/（m/h）
碳素钢	50	10	252	300	110	1230	10
	85	7				1050	5
铸铁	5	—	—	300	70	1450	60
	18			360	73	1510	25
	35			370	100	1500	8.4

四、空气等离子弧切割介绍

采用压缩空气作为离子气的等离子弧切割称为空气等离子弧切割。一方面，由于空气来源广，因而切割成本低，为等离子弧切割普通钢材开辟了广阔的前景；另一方面，用空气作离子气时，等离子弧能量大，加之在切割过程中氧与被切割金属发生氧化反应而放热，因而切割速度快，生产率高。近年来，空气等离子弧切割发展较快，应用越来越广泛，不仅能用于普通碳素钢与低合金钢的切割，也可用来切割铜、不锈钢、铝及其他材料。空气等离子弧切割特别适合切割厚度在 30mm 以下的碳素钢、低合金钢。

空气等离子弧切割中存在的主要问题有两个：一是电极受到强烈的氧化烧损，电极端头形状难以保持；二是不能采用纯钨电极或含氧化物的钨电极。因此，限制了该方法的广泛应用。在实际生产中，采用的措施有以下几种。

想一想 为什么说空气等离子弧切割的应用为等离子弧切割用于普通钢材开辟了广阔的前景？

1) 采用镶嵌式锆（或铪）电极，并采用直接水冷式结构。由于在空气中工作可形成锆（或铪）的氧化物，易于发射电子且熔点高，因此延长了电极的使用寿命。

2) 增加一个内喷嘴，单独对电极通以惰性气体加以保护，减小电极的氧化烧损。

空气等离子弧切割方法如图 6-16 所示，分为两种形式：图 6-16a 所示的为单一空气式，

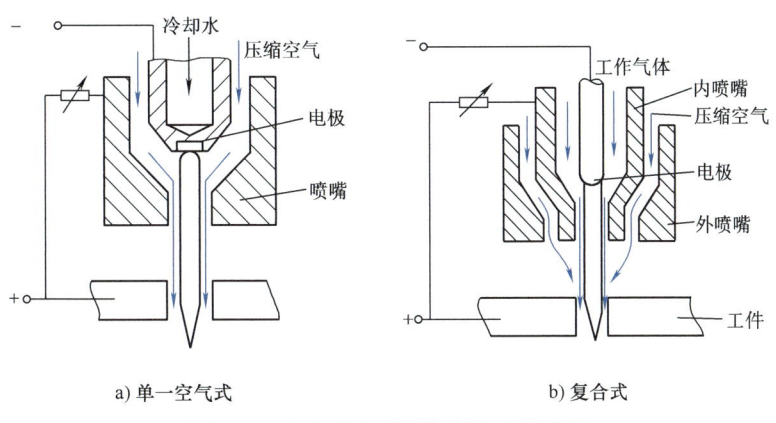

图 6-16 空气等离子弧切割方法示意图

它的离子气和切割气都为压缩空气,因此割枪结构简单,但压缩空气的氧化性很强,不能采用钨电极,而应采用纯锆、纯铪或其合金做成镶嵌式电极;图 6-16b 所示的为复合式,它的离子气为惰性气体,切割气为压缩空气,因此割枪结构复杂,但可以采用钨电极。

【综合训练】

一、理论部分

(一) 填空

1. 等离子弧切割过程不是依靠_____,而是靠_____来切割工件的。
2. 氧气切割不能切割_____、_____、_____和_____的材料。
3. 切割时,离子气的作用主要是_____、_____、_____、_____等。
4. 等离子弧切割时,应选择_____的压缩喷嘴孔径、_____的等离子气流量、_____的电流和_____的气体。

(二) 简答

1. 与氧气切割相比,等离子弧切割具有哪些特点?
2. 等离子弧切割时,如何选择工艺参数?
3. 空气等离子弧切割有什么优越性?存在哪些问题?如何解决?

二、实践部分

去实验室或生产现场观察等离子弧切割的应用。

第七单元 电阻焊

[学习目标]

知识目标	1. 掌握电阻焊的实质、原理、特点及应用。 2. 深入了解电阻焊的焊接热源、温度分布和金属材料的电阻焊焊接性。 3. 熟悉电阻焊常用点焊、缝焊和对焊的工艺特点及适用范围。 4. 了解常用电阻焊设备的构造和应用。
能力目标	1. 能按接头形式和焊件材质正确选择常用电阻焊方法及其工艺。 2. 能操作常用电阻焊；并能正确调试常用电阻焊的焊接参数。 3. 能按焊接安全的要求安装和维护常用电阻焊机。
素养目标	1. 培养学生细致认真、精益求精的工匠精神。 2. 树立学生用事物的本质看待问题的意识。 3. 懂得焊接生产中保护人员、设备、环境等免受损害的安全措施。

模块一 电阻焊的实质和特点

导入案例

　　北京地铁5号线的地铁客车是我国首个批量设计和生产的不锈钢轻量化不涂漆地铁客车，车体强度能够满足纵向压缩载荷800kN的要求，这在国内尚属首次。车体采用先进的不锈钢电阻点焊技术，消除了底漆、泥子、面漆等涂装工序，避免了油漆对城市环境的污染，同时降低了用户对车体外表面的维护成本，大大方便了对车辆外部的保养，极大提高了车辆的耐腐蚀、轻量化和清洁环保性能。

189

电阻焊的实质和特点

一、电阻焊的实质和分类

1. 电阻焊的实质

电阻焊是以电阻热为热源的一类焊接方法。电阻焊发明于 19 世纪末期，随着航空航天、电子、汽车、家用电器等工业部门的发展，电阻焊越来越受到重视。同时，对电阻焊的质量也提出了更高的要求。由于电子技术的发展和大功率半导体器件研制成功，给电阻焊技术提供了坚实的技术基础，因此可以预测，电阻焊方法在工业生产中将会获得越来越广泛的应用。

电阻焊有三大显著特征：一是焊接的热源是电阻热，故称电阻焊；二是焊接时工件必须接触，因而也曾称接触焊；三是焊接时需施加压力，故属于压焊。

小知识　电阻焊是将工件组合后通过电极施加压力，利用电流通过接头的接触面及邻近区域产生的电阻热进行焊接的方法，英文缩写为 RW。

要形成一个牢固的焊接接头，两工件间必须有足够量的共同晶粒。熔焊是利用外加热源使连接处熔化、凝固结晶而形成焊缝的；而电阻焊则利用本身的电阻热及大量塑性变形能量，形成结合面的共同晶粒而得到焊点、焊缝或对接接头。从连接的物理本质来看，二者都是靠工件金属原子之间的结合力结合在一起的，但它们之间的热源不同，在接头形成过程中有无必要的塑性变形也不同，即实现接头牢固结合的途径不同。这便是电阻焊与一般熔焊的异同之处。

2. 电阻焊的分类

电阻焊的种类很多，可根据所使用的接头形式和工艺特点等进行分类，如图 7-1 所示。按工艺特点可将电阻焊分为点焊、凸焊、缝焊、电阻对焊和闪光对焊五类。图 7-2 为按工艺特点分类的电阻焊方法的原理图。按接头形式可把电阻焊归纳成搭接接头电阻焊和对接接头电阻焊两大类，上述的点焊和凸焊同属搭接接头电阻焊类型，电阻对焊和闪光对焊都属对接接头电阻焊类型，缝焊既属于搭接接头电阻焊，又属于对接接头电阻焊。

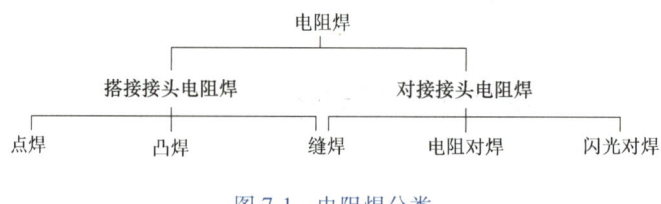

图 7-1　电阻焊分类

二、电阻焊的特点和应用

1. 电阻焊的优点

（1）焊接生产率高　电阻焊是一种内部热源，焊接时热能损失比较少，热效率较高。点焊时若用通用点焊机每分钟可焊 60 点，若用快速点焊机则每分钟可达 500 点以上；对焊直径为 40mm 的棒材每分钟可焊一个接头；缝焊厚度为 1~3mm 的薄板时，其焊接速度通常为 0.5~1m/min，最高焊速可达 60m/min。因此，电阻焊非常适合大批量生产。

（2）焊接质量好　从焊接接头来说，由于冶金过程简单，且不易受空气的有害作用，

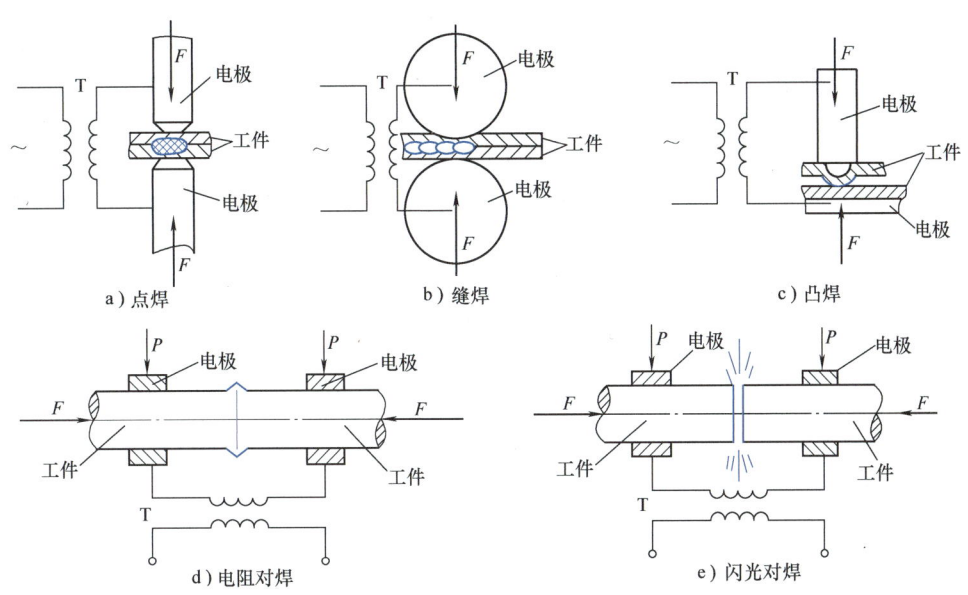

图 7-2　电阻焊方法的原理图

F—电极力（顶锻力）　P—夹紧力　T—电源（变压器）

因此焊接接头的化学成分均匀，并且与母材基本一致。从整体结构来看，由于热量集中，受热范围小，热影响区也很小，因此焊接变形不大，并且易于控制。此外，电阻焊的焊缝是在外界压力作用下结晶的，具有锻压的特性，所以容易避免产生缩孔、疏松和裂纹等缺陷，能获得致密的焊缝。

（3）焊接成本较低　电阻焊时不用焊接材料，一般也不用保护气体，所以在正常情况下除必需的电力消耗外，几乎没有什么消耗，因而成本低廉。

（4）劳动条件较好　电阻焊时既不会产生有害气体，也没有强光的辐射，所以劳动条件比较好。此外，电阻焊焊接过程简单，易于实现机械化、自动化，因而工人的劳动强度较低。

2. 电阻焊的缺点

1）由于焊接过程进行得很快，因此，当焊接时因某些工艺因素发生波动，对焊接质量的稳定性有影响时，往往来不及进行调整；同时，焊后也没有很简便的无损检验方法，所以在重要的承力结构中使用电阻焊时应该慎重。

想一想　为什么说电阻焊焊后没有简便的无损检验方法？

2）设备比较复杂。除了需要大功率的供电系统外，还需精度高、刚度较大的机械系统，因而设备成本较高。

3）工件的厚度、形状和接头形式受到一定程度的限制。如点焊、缝焊一般只适用于薄板搭接接头，厚度太大则受到设备功率的限制，而搭接接头又难免会增加材料的消耗，降低承载能力。对焊主要适用于紧凑断面的对接接头，而对薄板类零件焊接则比较困难。

3. 电阻焊的应用

电阻点焊、缝焊和凸焊的特点在于焊接电流大（几千安至几万安），通电时间短（几周波至几秒），生产率高，因此适于大批量生产，主要用于焊接厚度小于 3mm 的薄板组件。对焊是将两工件沿整个端面同时焊接起来的电阻焊方法，主要适用于对接直径在 20mm 以内的棒材或线材，不适于大断面对接和薄壁管子对接。

虽然电阻焊工件接头形式和厚度受到一定限制，但适用于电阻焊的结构和零件仍然非常广泛。例如，飞机机身、汽车车身、自行车钢圈、锅炉钢管接头、轮船的锚链、洗衣机和电冰箱的壳体等。电阻焊所适用的材料也非常广泛，不但可以焊接碳素钢、低合金钢，而且还可以焊接铝、铜等非铁金属及其合金。

【综合训练】

一、理论部分
（一）填空
1. 电阻焊利用_____及_____能量，形成结合面的_____而得到焊点、焊缝或对接接头。
2. 电阻焊是一种_____热源，焊接时_____较少，_____较高。
3. 按工艺特点，电阻焊方法可分为_____、_____、_____、_____、_____。
（二）判断
（ ）1. 电阻焊非常适合大批量生产。
（ ）2. 电阻焊的焊接电流比埋弧焊大，所以比埋弧焊电能浪费大。
（ ）3. 点焊、缝焊一般只适用于薄板搭接接头的焊接。
（三）简答
1. 电阻焊有哪些缺点？说一说原因。
2. 为什么电阻焊时要使用比电弧焊大得多的焊接电流和电流密度？
二、实践部分
观察汽车上常见电阻焊的焊点、焊缝，分析其与电弧焊的区别。

模块二　电阻焊的基本原理

导入案例

铜铝管焊接是一个世界级的难题，其最大的难度在于铜和铝的熔点相差 400℃ 以上，同时，铝还会天然地在表面生成氧化膜，这层氧化膜很难清除不说，其熔点又比铜高出了 1000℃。三个不同的熔点，致使铜铝焊接极易形成虚焊甚至焊不上。焊接工作者发明了一种全新的焊接法——铜铝套管挤压电阻焊接方法，实现了焊缝中无铜铝脆性组织、铜铝原子结合，焊缝非常牢固，无论是拉伸、弯曲、压扁等，都不会有任何缝隙。

一、电阻热及影响因素

1. 电阻热的产生

电阻焊的热源是电阻热。由电工学可知,电流通过导体时,导体将析热,其温度会升高。同样,当焊接电流通过两电极间的金属区域——焊接区时,由于焊接区具有电阻(图7-3),就会析热,并在工件内部形成热源——电阻热。

根据焦耳定律,焊接区的总析热量为

$$Q = I^2 R t$$

式中,I 为焊接电流的有效值;R 为焊接区的总电阻;t 为通过焊接电流的时间。

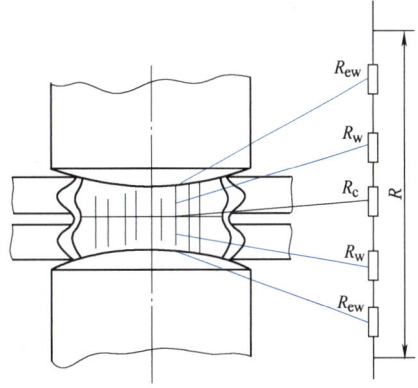

图 7-3 点焊时的电阻分布

2. 影响产热的因素

(1) 焊接电流的影响 由上式可见,电流对电阻热的影响比电阻和时间两者都大。因此,在焊接过程中,必须严格控制焊接电流的大小。焊接时,引起电流波动的主要原因是电网电压波动和交流焊机二次回路阻抗变化。阻抗变化是由于二次回路的几何尺寸发生变化或因在二次回路中引入了不同量的磁性金属所致。

(2) 电阻的影响 焊接区的总电阻 R 为工件本身电阻 R_w、工件间接触电阻 R_c、工件与电极间电阻 R_{ew} 之和。

1) 工件本身电阻 R_w。当工件厚度和电极一定时,工件本身电阻 R_w 取决于它的电阻率,电阻率高的金属(如不锈钢)导热性差,电阻率低的金属(如铝合金)导热性好。不锈钢焊接时产热易而散热难,铝合金焊接时产热难而散热易。因此,前者可采用较小电流(几千安)进行焊接,后者须用很大的电流(几万安)焊接。

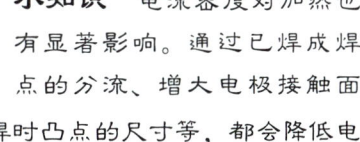

小知识 电流密度对加热也有显著影响。通过已焊成焊点的分流、增大电极接触面积或凸焊时凸点的尺寸等,都会降低电流密度和电阻热,从而使接头强度显著下降。

电阻率不仅取决于金属种类,还与温度有关(图7-4)。由图可见,随着温度的升高,电阻率增大,并且金属熔化时的电阻率比熔化前高 1~2 倍。

焊接时,随着温度的升高,除电阻率增高使 R_w 增大外,同时由于金属的压溃强度降低,使工件与工件、工件与电极间的接触面积增大,因此也引起 R_w 减小。点焊低碳钢时,在上述两种相互矛盾的因素影响下,加热开始时 R_w 逐渐增大,当熔核形成时,又逐渐减小。

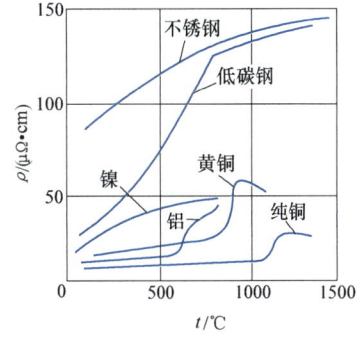

图 7-4 各种金属高温时的电阻率

2) 工件间接触电阻 R_c。电阻 R_c 是由以下两方面原因形成的。

① 工件间有高电阻率的氧化膜或污物层,使电流受到较大阻碍。过厚的氧化膜或污物层甚至使电流不能导通。

② 由于工件表面的微观不平度,使工件只能在粗糙表面的局部形成接触点,在接触点

形成电流的集中，由于电流的通路减小而增加了接触处的电阻 R_c。

电极压力增加或温度升高使金属达到塑性状态时，都会导致工件间接触面积增加，促使接触电阻 R_c 减小。因此，当工件表面较清洁时，接触电阻仅在通电开始时极短时间内存在，随后就会迅速减小以至消失。

接触电阻尽管存在时间极短，但在点焊薄的铝合金板时，对熔核的形成仍有显著影响。

3) 工件与电极间电阻 R_{ew}。与 R_c 相比，由于铜合金电阻率比一般工件低，因此 R_{ew} 比 R_c 更小，对熔核的形成影响也更小。

(3) 通电时间的影响 为保证熔核尺寸和焊点强度，通电时间与焊接电流在一定范围内可以互相补充。为了获得一定强度的焊点，可以选用大电流和短时间（硬规范），也可以选用小电流和长时间（软规范）进行焊接。选用哪一种规范进行焊接取决于金属材料的性能、工件厚度和焊机的功率。

(4) 电极压力的影响 电极压力对两电极间总电阻 R 有显著的影响。随着电极压力的增加，R 显著降低。此时焊接电流虽略有增加，但不能抵消因 R 降低而引起的产热减小。因此，焊点强度总是随电极压力增加而降低。在增加电极压力的同时，增大焊接电流或延长通电时间，以弥补电阻减小对产热的影响，可以保证焊点强度不变。采用这种焊接工艺有利于提高焊点强度的稳定性。

(5) 电极端面形状及材料的影响 由于电极端面尺寸决定电极和工件的接触面积，从而决定电流密度的大小，电极材料的电阻率和导热性与产热和散热有密切关系，因此，电极端面形状和材料对熔核的形成有较大的影响。随着电极端部的变形与磨损，电极与工件的接触面积将增大，使电流密度变小，焊点强度将下降。

(6) 工件表面状况的影响 工件表面的氧化膜、油污及其他杂质都能增加接触电阻，过厚的氧化膜甚至使焊接电流不能导通。若接触面中仅局部导通，会使电流密度过大，从而造成飞溅或工件表面烧损。工件表面氧化膜不均匀还会影响各焊点加热不一致，从而影响焊点的质量。因此，焊前必须仔细清理工件的表面。

二、热平衡及温度分布

点焊时，电阻热只有较小部分用于形成熔核，而较大部分通过传导、辐射等方式损失掉了，其热平衡方程式为

$$Q = Q_1 + Q_2$$

式中，Q 为焊接区总析热量；Q_1 为熔化金属形成熔核的热量；Q_2 为通过电极和工件的热传导以及对流、辐射损失的热量。

小知识 由于损失的热量随通电时间的延长和金属温度的升高而增加，因此，当焊接电流不足时会在某一时刻达到热量的产生与损失相平衡，继续延长通电时间将无助于熔核的增大。

Q 的大小主要取决于焊接参数和工件金属的热物理性能；Q_1 仅取决于金属的热物理性能及熔化金属量，而与热源种类和焊接参数无关，点焊时，$Q_1 =$（10% ~ 30%）Q，电阻率低、导热性好的金属取下限，电阻率高、导热性差的金属取上限；Q_2 主要与电极形状、材料、冷却条件及工件的板厚、金属的热物理性能及焊接参数有关，是最主要的散热损失，而通过对流、

辐射损失到空气中的热量只占很少一部分。

焊接区的温度分布是产热和散热的综合结果，点焊加热终了时的温度分布如图7-5所示。最高温度处于焊接区中心，超过金属熔点T_m的部分形成熔化核心。由于电极的强烈散热，温度从熔核边界到工件外表面降低得很快，外表面的温度分布通常不超过$0.6T_m$。

温度在熔核径向也随着离开熔核边界距离的增加而降低。被焊金属的导热性越好，所用的规范越弱，温度降低越平缓，则接头的热影响区越大，工件表面越易过热，电极也越容易磨损。

缝焊时，由于熔核不断形成，对已焊部位起到后热作用，对未焊部位起到预热作用，故缝焊时的温度分布比点焊平缓，但温度分布沿工件前进方向前后不对称，如图7-6所示。焊接速度越快，散热条

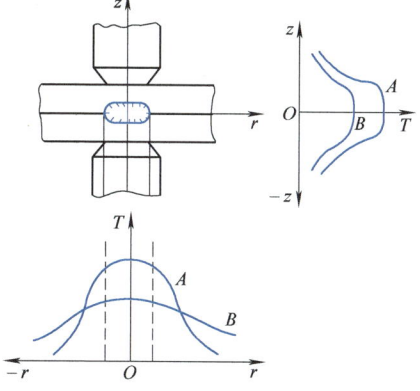

图7-5　点焊加热终了时的温度分布
A—焊钢时　B—焊铝时

件越差，预热作用越小，因此，温度分布不对称现象越明显。采用硬规范或步进缝焊能改变这种现象，使温度分布更接近于点焊。

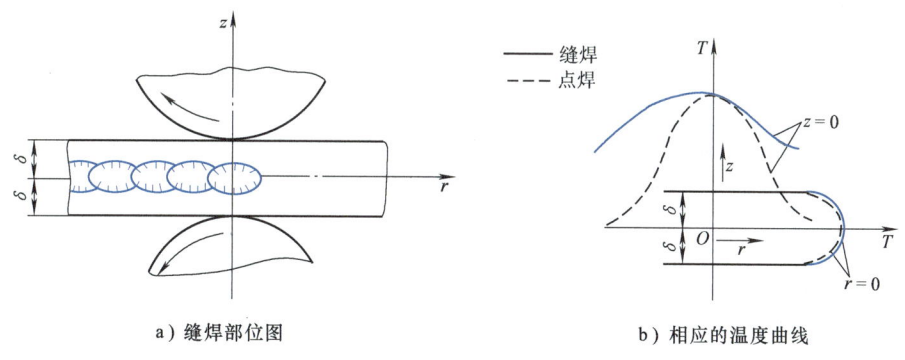

a）缝焊部位图　　　　　　　　　b）相应的温度曲线

图7-6　缝焊时的温度分布

三、电阻焊时金属的焊接性

电阻焊时影响金属焊接性的因素主要有以下几方面。

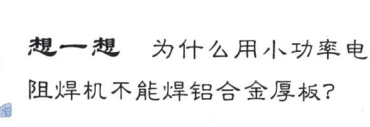

想一想　为什么用小功率电阻焊机不能焊铝合金厚板？

（1）材料的导热性和导电性　电阻率小而热导率大的金属焊接性较差，必须使用大功率焊机。

（2）材料的塑性温度范围　塑性温度范围较小的金属（例如铝合金），对焊接参数的波动非常敏感，焊接性差。焊接时要使用能精确控制焊接参数的焊机，同时要求电极的随动性要好。

（3）材料的高温强度　高温$[(0.5\sim0.7)T_m]$下的屈服强度$R_{p0.2}$大的金属，点焊时易产生裂纹、缩孔、飞溅等缺陷，焊接性较差。焊接时需使用较大的电极压力，有时还需在断电后施加大的锻压力。

（4）材料对热循环的敏感性　在焊接热循环作用下，有淬火倾向的金属易产生淬硬组织及冷裂纹；与易熔杂质容易形成低熔点共晶物的合金，易产生结晶裂纹；经冷作强化的金属易产生软化区，焊接性也比较差。焊接时为防止这些缺陷的发生，必须采取相应的工艺措施。

此外，熔点高、线膨胀系数大、易形成致密氧化膜的金属材料，其焊接性也比较差。

【综合训练】

（一）填空

1. 电阻焊时，引起电流波动的主要原因是_____和_____。
2. _____增加或_____升高使金属达到塑性状态时，都会导致_____增加，促使接触电阻 R_c 减小。
3. 为了获得一定强度的焊点，可以选用_____，也可以选用_____进行焊接。
4. 焊接区的温度分布是_____和_____的综合结果。
5. 电阻焊时，在焊接热循环作用下，有淬火倾向的金属易产生_____；与易熔杂质可能形成低熔点共晶物的合金，易产生_____。

（二）判断

（　）1. 加热开始时，工件本身电阻 R_w 逐渐增大，当熔核形成时，又逐渐减小。
（　）2. 被焊金属的导热性越好，电阻焊所用的规范越弱，温度降低越平缓。
（　）3. 弱规范电阻焊时，电流对电阻热的影响比电阻和时间两者都小。
（　）4. 电阻率大而热导率小的金属，电阻焊时的焊接性较差。

（三）简答

1. 什么是硬规范和软规范？选用哪一种规范进行焊接取决于什么？
2. 金属材料电阻焊的焊接性好坏与哪些因素有关？

模　块　三　点焊、凸焊和缝焊

导入案例

众所周知，汽车工业实现自动化的前提是零部件的制造精度要很高，希望焊接变形最小，焊接部位外观要清爽，故要求焊接技术越来越高。汽车工业所用的电阻焊方法种类繁多，其应用情况如下：点焊主要用于车身总成、地板、车门、侧围、后围、前桥和小零部件等；多点焊用于车身底板、载货车车厢、车门、发动机舱盖和行李箱盖等；凸焊及滚凸焊用于车身零部件、减振器阀杆、制动蹄、螺钉、螺帽和小支架等；缝焊用于车身顶盖雨棚、减振器封头、油箱、消声器和机油盘等；对焊用于钢圈、排进气阀杆、刀具等。

一、点焊

1. 点焊原理和接头形成过程

点焊原理如图7-7所示。焊接时，将工件放入两电极之间，电极施加压力压紧工件后，电源通过电极向工件通电加热，在工件内部形成熔核。熔核中的液态金属在电磁力作用下发生强烈搅拌，熔核内的金属成分均匀化，结晶界面迅速消失，断电后在电极压力作用下凝固结晶，形成点焊接头。同时，在接头周围形成一个尚未达到熔化状态的环状塑性变形区，称为塑性环。塑性环的存在可防止周围气体侵入和液态熔核金属沿板缝向外喷溅。

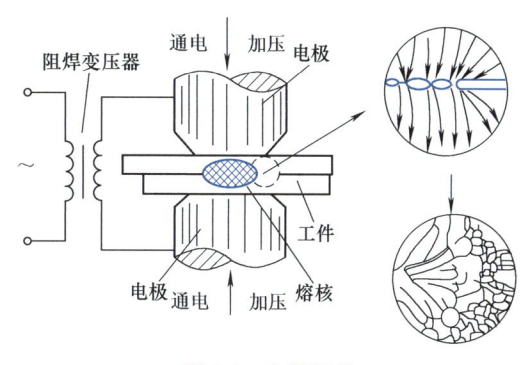

图7-7 点焊原理

可见，点焊是在电极压力作用下，通过电阻热来熔化金属，断电后在电极压力作用下结晶而形成焊接接头的。每完成一个接头称为一个点焊循环。普通的点焊循环包括预压、通电加热、冷却结晶和休止四个相互衔接的阶段，如图7-8所示。

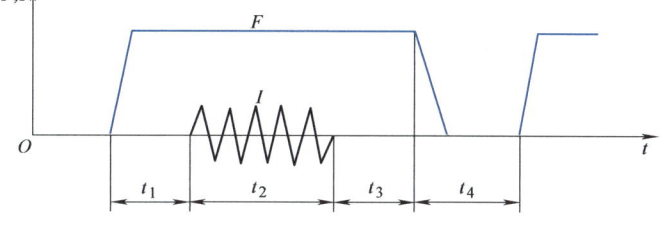

图7-8 点焊时的焊接循环

F—电极压力　I—焊接电流　t_1—预压阶段　t_2—通电加热阶段　t_3—冷却结晶阶段　t_4—休止阶段

(1) 预压阶段 t_1　从电极开始下降到焊接电流接通这段时间为预压阶段。预压的目的是使工件间紧密接触，并使接触面上凸点处产生塑性变形，破坏表面的氧化膜，以获得稳定的接触电阻。若预压力不足，可能只有少数凸点接触，形成较大的接触电阻，产生较大的电阻热，接触处的金属很快熔化，并以火花的形式飞溅出来，严重时甚至可能烧坏工件或电极。当工件较厚、结构刚度较大或工件表面质量较差时，为使工件紧密接触，稳定焊接区电阻，可以加大预压力或在预压阶段施加辅助电流。此时的预压力通常为正常压力的0.5~1.5倍，而辅助电流则为焊接电流的1/4~1/2。

(2) 通电加热阶段 t_2　焊接电流通过工件并产生熔核的时间即为通电加热阶段。当预压力使工件紧密接触后，即可通电焊接。当焊接参数合适时，金属总是在电极夹持处的两工件接触面上开始熔化，并不断扩展而逐步形成熔核。熔核在电极压力作用下结晶（断电），结晶后在两工件间形成牢固的结合。

通电加热阶段最易发生的问题是熔核金属的飞溅。产生飞溅时，溢出了熔化金属，削弱了焊点强度，从而降低了接头的力学性能；同时还会使工件表面产生凹坑，污染工作环境，所以应力求避免飞溅的产生。形成飞溅可能有两种情况：一种是加热前期飞溅，它往往是加热速度过快或电极压力不足引起的，这时在熔核周围来不及形成保持熔核金属的塑性环，熔化金属在压力作用下就容易向外飞出；另一种是在加热后期发生的，若通电加热时间过长，熔化金属量过多，工件未熔化部分的厚度太薄，金属表面就会下陷，在熔核内产生过大的压力,使塑性环或金属表面破裂,熔核金属产生外溢而产生飞溅。

(3) 冷却结晶阶段 t_3 它是指焊接电流切断后电极压力继续保持的一段时间,此阶段也称为锻压阶段。当熔核达到合适的形状与尺寸后,切断焊接电流,熔核在电极压力作用下冷却结晶。

熔核结晶是在封闭的金属膜内进行的,结晶时不能自由收缩,用电极挤压就可使正在结晶的金属变得紧密,使之不会产生缩孔和裂纹。因此,电极压力要在焊接电流断开、熔核金属全部结晶后才能停止作用。当焊接较厚工件($\delta>1.5$mm 铝合金,$\delta>5$mm 钢)时,因熔核周围的金属膜较厚,常采用在切断电流经间歇时间 $0\sim0.2$s 后加大锻压力的焊接循环。如果锻压力施加得过早,就会挤出熔化金属而产生飞溅;若锻压力加得太迟,则会因熔化金属已凝固而失去作用。

(4) 休止阶段 t_4 它是指由电极开始提升到电极再次下降,准备在下一个焊点处压紧工件的过程。电极提升必须在焊接电流切断之后进行,否则电极间将引起火花,使电极烧损,工件烧穿。休止时间只适用于焊接循环重复进行的场合。

2. 点焊方法

点焊通常按电极馈电方向在一个点焊循环中所能形成的焊点数分类,如图 7-9 所示。

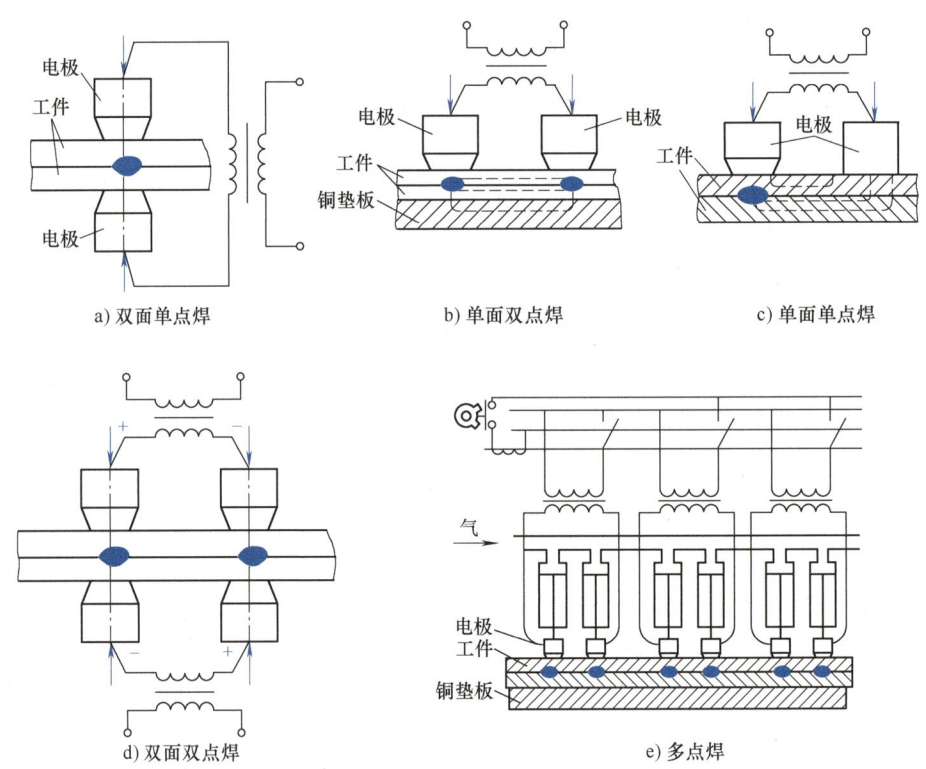

图 7-9 点焊方法示意图

(1) 双面单点焊 如图 7-9a 所示,两个电极从工件上、下两面接近工件进行焊接。这种焊接方法能对工件施加足够的电极压力,焊接电流集中通过焊接区,因而可减小工件的受热范围,提高接头质量,应优先选用。

（2）单面双点焊　如图 7-9b 所示，两电极位于工件一侧，同时能形成两个焊点。这种方法能提高生产率，能方便地焊接尺寸大、形状复杂和难以进行双面单点焊的工件。此外，还有利于保证工件的一面光滑、平整、无电极压痕。但此法焊接时，部分电流直接经工件形成分流。为给焊接电流提供低电阻的通路，通常采用在工件下面加铜垫板的措施，使焊接电流能均匀地通过上下两工件，熔核不产生偏移。

（3）单面单点焊　两电极位于工件一侧，不形成焊点的电极采用大直径和大接触面以减小电流密度，仅起导电块的作用，如图 7-9c 所示。这种方法也主要用于不能采用双面单点焊的结构上。

（4）双面双点焊　如图 7-9d 所示，两台焊接变压器分别对上、下两面的成对电极供电。两台变压器的接线方向，应保证上、下对准电极，在焊接时间内极性相反。这样，上、下变压器的二次电压成顺向串联，形成单一的焊接回路。在一次点焊循环中，同时形成两个焊点。这种方法的特点是分流小，焊接质量较好，主要用于工件厚度较大、质量要求较高的构件。

（5）多点焊　这是将工件压紧后同时焊接多个焊点的方法。最常用的是采用数组单面双点焊组成，如图 7-9e 所示。在个别情况下，也可用数组双面单点焊或双面双点焊组成。多点焊的生产效率高，在大批量生产中应用广泛。

3. 点焊工艺

（1）点焊接头设计　点焊通常采用搭接接头和折边接头（图 7-10）。接头可由两个或两个以上等厚度或不等厚度的工件组成。

（2）焊前清理　工件表面的氧化膜、油污等均属不良导体，这些因素的存在将直接影响热量析出、熔核形成及电极寿命，并导致焊接缺陷产生及接头强度降低，因此，焊前对工件表面进行清理是十分关键、重要的工序。

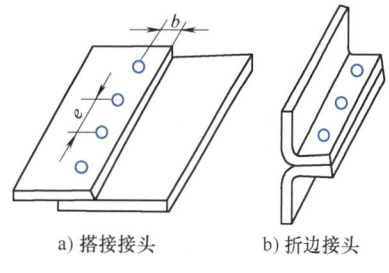

图 7-10　点焊接头形式
e—点距　b—边距

目前常用的清理方法有机械清理与化学清理。各种清理方法的选择，可按产量、材料、厚度、结构及对表面状态的要求而定。对任何方法清理过的工件，其存放时间都有一定限制，否则会重新生成氧化膜，失去表面清理的意义，因此应严格规定存放时间。

（3）点焊焊接参数的选择　点焊焊接参数主要取决于金属材料的性质、板厚、结构形式等。它主要包括焊接电流、通电时间、电极压力、电极工作端面的形状和尺寸。通常是根据工件的材料和厚度，参考该种材料的焊接规范来选取。

首先确定电极的端面形状和尺寸。其次初步选定电极压力和焊接时间，然后调节焊接电流，以不同的电流焊接试样。经检验熔核直径符合要求后，再在适当的范围内调节电极压力、焊接时间和电流，进行试样的焊接和检验，直到焊点质量完全符合技术条件所规定的要求为止。最常用的检验试样的方法是撕开法。优质焊点的标志是：在撕开试样的一片上有圆孔，另一片上有圆凸台。厚板或淬火材料有时不能撕出圆孔和凸台，但可通过剪切的断口判断熔

> **小知识**　以试样选择点焊焊接参数时，要充分考虑试样和工件在分流、铁磁性物质影响以及装配间隙方面的差异，并适当加以调整，从而合理选择焊接参数，以求获得最佳的点焊质量。

核的直径。必要时，还需进行低倍测量、拉伸试验和X射线检验，以判定熔透率、抗剪强度和有无缩孔、裂纹等。

4. 常用金属材料的点焊

（1）低碳钢的点焊 低碳钢的点焊焊接性良好，采用普通工频交流点焊机、简单焊接循环，无须特别的工艺措施，即可获得满意的焊接质量。其技术要点如下。

1）焊前冷轧钢板表面可不必清理，热轧钢板应去除氧化皮、铁锈。

2）建议采用大电流、短时间点焊，碳当量大者会产生一定的淬硬倾向，但一般不影响使用。

3）焊厚板（δ>3mm）时建议选用带锻压力的压力曲线，带预热脉冲电流或断续通电的多脉冲点焊方式，选用三相低频焊机焊接。

4）低碳钢属铁磁性材料，当工件尺寸大时应考虑分段调整焊接参数，以弥补因工件伸入焊接回路过多而引起焊接电流的减弱。

低碳钢点焊的焊接参数见表7-1。

表7-1 低碳钢点焊的焊接参数

板厚 δ/mm	电极头端 面直径 D/mm	大电流短时间			小电流长时间			一般		
		焊接电流 I/A	焊接时间 t/s	电极压力 F_w/N	焊接电流 I/A	焊接时间 t/s	电极压力 F_w/N	焊接电流 I/A	焊接时间 t/s	电极压力 F_w/N
0.4	3.2	5200	0.08	1150	4500	0.16	750	3500	0.34	400
0.5	4.8	6000	0.10	1350	5000	0.18	900	4000	0.40	450
0.6	4.8	6600	0.12	1500	5500	0.22	1000	4300	0.44	500
0.8	4.8	7800	0.14	1900	6500	0.26	1250	5000	0.50	600
1.0	6.4	8800	0.16	2250	7200	0.34	1500	5600	0.60	750
1.2	6.4	9800	0.20	2700	7700	0.38	1750	6100	0.60	850
1.6	6.4	11500	0.26	3600	9100	0.50	2400	7000	0.86	1150
1.8	8.0	12500	0.28	4100	9700	0.54	2750	7500	0.96	1300
2.0	8.0	13300	0.34	4700	10300	0.60	3000	8000	1.06	1500
2.3	8.0	15000	0.40	5800	11300	0.74	3700	8600	1.28	1800
3.2	9.5	17400	0.54	8200	12900	1.0	5000	10000	1.74	2600

（2）不锈钢的点焊 不锈钢的电导率比较低，仅为低碳钢的1/6~1/5，热导率也低，为低碳钢的1/3，故可采用小电流和短时间的软规范来焊接。不锈钢具有较高的高温强度，必须采用较大的电极压力，以防止产生缩孔、裂纹等缺陷。不锈钢点焊的焊接参数见表7-2。

表7-2 不锈钢点焊的焊接参数

板厚/ mm	电极		焊接参数				焊点直径/ mm	焊点强度/MPa		
	d/mm	D/mm	焊接时间/ 周波	电极压力/ N	焊接电流/kA			母材强度/MPa		
					R_m<105MPa	R_m>105MPa		49~63	63~105	>105
0.3	2.8	>6	3	1200	2.4	2.1	1.6	850	900	1140
0.6	4.0	>10	5	2200	4.7	3.6	2.9	2050	2450	2800
1.0	5.0	>10	7	4000	7.6	6	4.1	4400	5500	6500
1.6	6.3	>10	11	7000	11.5	9	5.8	9000	11000	12600
2.0	7.0	>16	13	9000	13.5	11	6.6	12800	15200	18800
3.2	9.0	>19	20	15500	19	15.5	8.1	24500	28500	36000

（3）**铝合金的点焊** 铝合金点焊焊接性较差，尤其是热处理强化型铝合金。因此，点焊时应采取如下措施。

1）焊前必须严格清理，存放时间不宜过长，否则极易引起飞溅和熔核成形不良。

2）选用硬规范进行焊接，选用容量大的焊机。因为铝合金的电导率和热导率较大，只有采用硬规范才能产生足够的热量形成熔核。

3）应选用电导率和热导率均高的电极，加强电极对焊点的冷却作用，电极应经常修整。

4）焊机应能提供形成马鞍形电极压力和缓升缓降的焊接电流，电极的随动性应好。

在直流冲击波点焊机上焊接铝合金的焊接参数见表 7-3。

表 7-3 铝合金点焊的焊接参数

板厚 δ/mm	球面电极半径 R/mm	焊接电流 I/A	焊接时间 t/s	电极压力 F_w/N	锻压力 F_{f0}/N	锻压开始时间 t'_w/s	铝合金牌号
0.8	75	25000~28000	0.04~0.08	1960~2450	—		
1.0	100	29000~32000	0.04	2450~3528	—		2A21、
1.5	150	35000~40000	0.06	3430~3920	—		5A03、
2.0	200	45000~50000	0.10	4410~4900	—		5A05
2.5	200	49000~55000	0.10~0.14	5800~6370	—		等铝合金
3.0	200	57000~60000	0.12~0.18	7840	21560		
0.5	75	19000~26000	0.02	2254~3038	2940~3136	—	
1.0	100	29000~36000	0.04	3528~3920	7840~8820	0.06	
1.6	150	41000~54000	0.06	4900~5782	13230~13720	0.08	2A12CZ、
2.0	200	50000~55000	0.10	6860~8820	18620~19110	0.12	7A04CS 等铝合金
2.5	200	80000~85000	0.14	7840~10780	24500~25480	0.16	
3.0	200	90000~94000	0.16	10780~11760	29400~31360	0.20	

5. 点焊机

点焊机应能以一定压力压紧工件，并向焊接区传送电流。它由机座、焊接变压器、加压机构及控制箱等几部分组成，如图 7-11 所示。

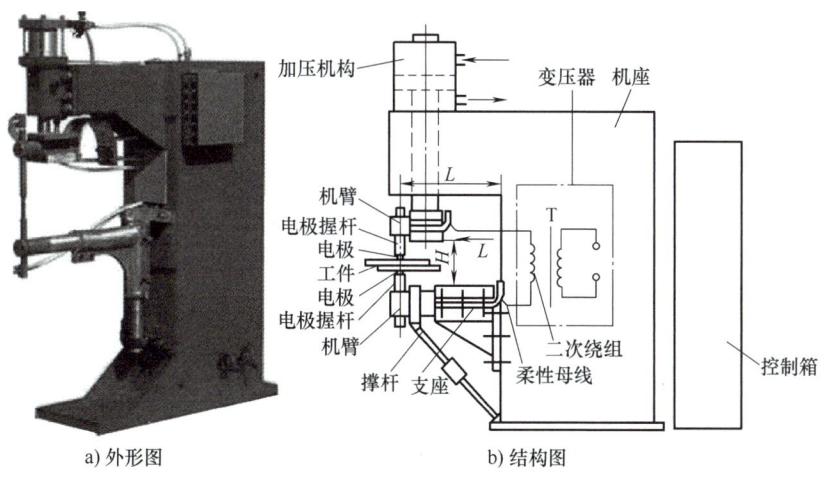

a）外形图　　　　　　　　　b）结构图

图 7-11　点焊机

点焊机的种类很多，可按下列特征进行分类：
（1）**按用途**　分为通用型、专用型和特殊型。
（2）**按安装方式**　分为固定式、移动式或轻便式（悬挂式）。
（3）**按焊接电流波形**　分为交流型、低频型、电容储能型和直流型。
（4）**按加压机构传动方式**　分为脚踏式、电动凸轮式、气压式、液压式和复合式。
（5）**按活动电极移动方式**　分为垂直行程式、圆弧行程式。
（6）**按焊点数目**　分为单点式、双点式和多点式。

二、凸焊

1. 凸焊原理和接头形成过程

凸焊是在一工件的接合面上预先加工出一个或多个凸起点，使其与另一工件表面相接触，然后加压并通电加热，凸起点压溃后，使这些接触点形成焊点的电阻焊方法。

凸焊是在点焊基础上发展起来的，凸焊点的形成机理与点焊基本相似，是点焊的一种变型。图 7-12 所示为一个凸焊点的形成过程。图 7-12a 是带凸点工件与不带凸点工件相接触；图 7-12b 是电流已开始流过凸点从而将其加热至焊接温度；图 7-12c 中电极力将已加热的凸点迅速压溃，然后发生熔合形成核心；完成后的焊点如图 7-12d 所示。从上述过程可以看出，凸点的存在提高了接合面的压强和电流密度，有利于接合面氧化膜破裂与热量集中，使熔核迅速形成。

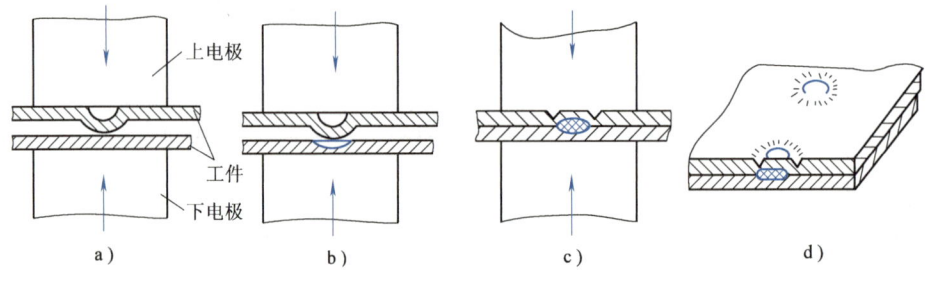

图 7-12　凸焊接头形成过程

凸焊时，由于是凸点接触，提高了单位面积上的压力和电流，故可用较小的焊接电流进行焊接。也可采用多点凸焊，以提高生产率和减小接头变形。凸点可以在工件上预制，也可以利用零件原有型面、倒角、底面。凸焊时使用平面电极，工件表面平整无压痕，电极寿命长。凸焊既可在通用点焊机上进行，也可以在专用凸焊机上进行。它可以代替点焊将小零件互相焊接或将小零件焊到大件上。凸焊多用于成批生产的仓口盖、筛网、管壳以及 T 形、十字形、平板等零件的焊接，如图 7-13 所示。

凸焊接头的连接部位必须是搭叠的，因此，接头的形式有搭接接头、T 形接头和十字交叉接头。搭接接头主要用于平面间的连接（见图 7-13a、b）；当零件的端部须与板件连接时，就构成 T 形接头（见图 7-13c、d）；当丝、棒或管子之间需交叉连接时，采用十字接头（见图 7-13e）。

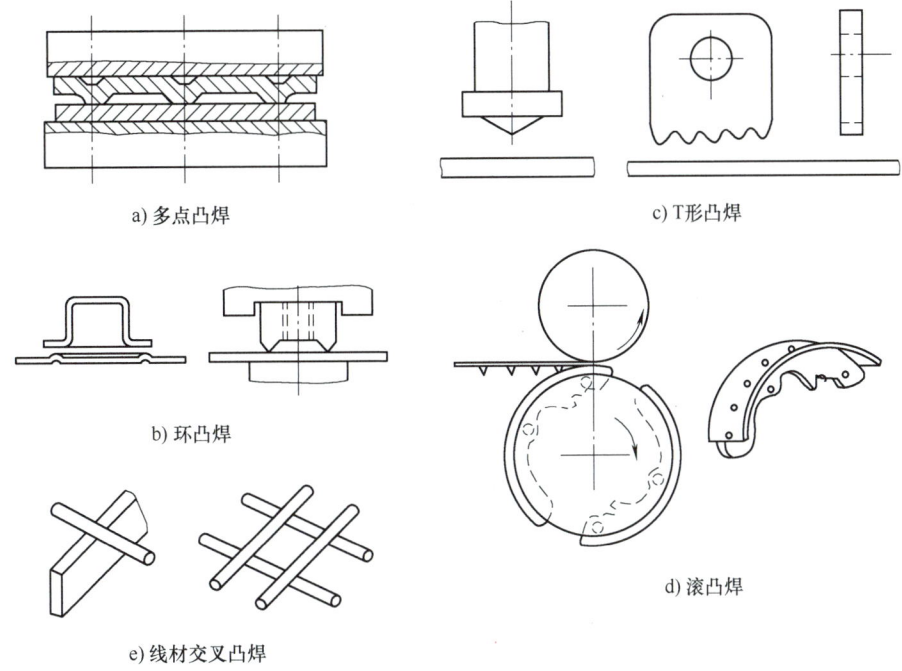

图 7-13　凸焊类型示例

2. 凸焊焊接参数和常用金属材料的凸焊

（1）**凸点形状**　凸焊时必须预先制备凸点，凸点形状如图 7-14 所示，其中以半圆形和圆锥形应用最广。圆锥形凸点刚度大，可预防凸点过早压溃，还可减少因电流线过于密集而发生飞溅。为防止压塌的凸点金属挤压在加热不良的周围间隙内而引起电流密度的降低，也可用带溢出环形槽的凸点。

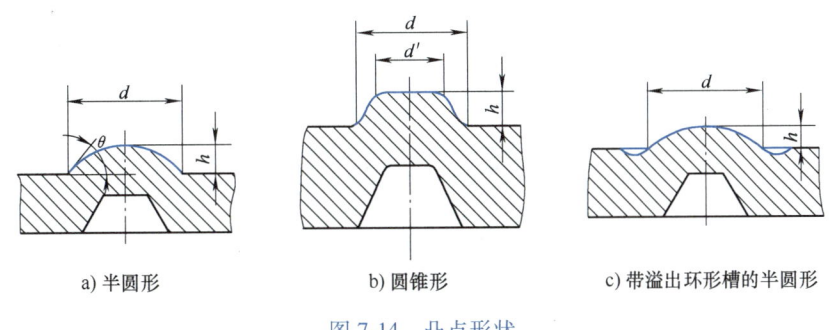

图 7-14　凸点形状

（2）**凸焊焊接参数**　凸点形状、尺寸确定后，焊接电流、通电时间及电极压力等参数对接头质量均有影响，其影响规律和点焊相似。应该指出的是，凸焊时电极压力对接头强度的影响比点焊时要严重得多。若电极压力过小，将使通电前凸点预变形量太小，凸点贴合面电流密度显著增大，造成严重飞溅，甚至烧穿工件；若电极压力过大，又将使通电前凸点预变形量太大，失去凸焊意义。

（3）**常用金属材料的凸焊**　低碳钢板的凸焊应用最广。由于低碳钢焊接性很好，如果工件表面清洁而无铁锈、氧化皮、过多的油污、油脂和其他杂质，都能获得良好的焊点。焊前工件剪切边缘和冲孔边缘的毛刺应清除干净，否则在凸点被压溃时，这些毛刺将形成电流和电极力的分路，影响焊点质量。表 7-4 是采用半圆形和圆锥形凸点的低碳钢凸焊焊接参数。

表 7-4 低碳钢凸焊的焊接参数

板厚/mm	电极接触面最小直径/mm	电极压力/kN	焊接时间/周波	维持时间/周波	焊接电流/kA
0.36	3.18	0.80	6	13	5
0.53	3.97	1.36	8	13	6
0.79	4.76	1.82	13	13	7
1.12	6.35	1.82	17	13	7
1.57	7.94	3.18	21	13	9.5
1.98	9.53	5.45	25	25	13
2.39	11.1	5.45	25	25	14.5
2.77	12.7	7.73	25	38	16
3.18	14.3	7.73	25	38	17

镀层钢板凸焊要比点焊遇到的问题少一点。原因是电流集中于凸点，即使接触处的镀层金属首先熔化并蔓延开来，也不会像点焊那样使电流密度降低。此外，由于凸焊的平面电极接触面大，电流密度小，因此无论是镀层的黏附还是电极的变形都比较小。

3. 凸焊机

常用凸焊机的外形如图 7-15 所示，其结构与点焊机相类似，只是凸焊机一般采用平板形电极，要求活动部分灵敏。常用凸焊机型号为 TN-200、TR-3000。表 7-5 列举了典型点焊机和凸焊机的型号及主要技术参数。

图 7-15 凸焊机

表 7-5 典型点焊机和凸焊机的型号及主要技术参数

焊机类型	型号	特性	额定功率/(kV·A)	负载持续率(%)	二次空载电压/V	电极臂长/mm	焊件厚度/mm
摇臂点焊机	DN2-75	工频	75	20	3.16~6.24	500	钢 2.5+2.5
	SO432-5A		31	50	2.5~4.6	250~500	钢 2.5+2.5
直压点焊机	SDN-16		16	50	1.86~3.65	240	钢 3+3
	DN-63		63	50	3.22~6.67	600	钢 4+4
	DN2-100		100	20	3.65~7.30	500	钢 4+4
	DN2-200		200	20	4.42~8.85	500	钢 6+6
移动点焊机	C130S-A2		150	50	14~19	200	钢 3+3
	KT-826		26	50	4.7	170	钢 3.5+3.5
	KT-218		2.5	50	2.3	115	钢 2.5+3
凸焊机	TN-63		63	50	3.22~6.67	250	—
	TN-200		200	20	4.42~8.85	500	—
摇臂点焊机	DZ-63	整流	63	50	3.65~7.31	500	钢 3+3 铝 1+1
直压点焊机	P260CC-10A		152	50	4.52~9.04	1000	钢 6+6 铝 3+3
凸焊机	E2012T6-A		260	50	2.75~7.60	400	—
三相点焊机	P300DT1-A	低频	247	50	1.82~7.29	1200	铝合金 3.2+3.2
储能点焊机	DR-100-1	储能	100J	20	充电电压 430	120	不锈钢 0.5+0.5
储能凸焊机	TR-3000		3000J	20	充电电压 420	250	铝点焊 1.5+1.5

三、缝焊

1. 缝焊的特点及分类

缝焊就是将工件装配成搭接或对接接头并置于两滚轮电极之间，滚轮对工件施压并转动，连续或断续送电，形成一条连续焊缝的电阻焊方法（见图 7-16）。缝焊即连续点焊。按熔核重叠程度不同，缝焊可分为滚点焊和气密缝焊，后者应用较为广泛。缝焊在汽车、拖拉机、飞机发动机、密封容器等产品的制造中得到广泛应用。

气密缝焊的焊缝，实质上就是由一连串重叠的焊点组成的，故具有气密性。这些焊点的形成过程与点焊相同，主要也分为预压、通电加热和冷却结晶三个阶段。

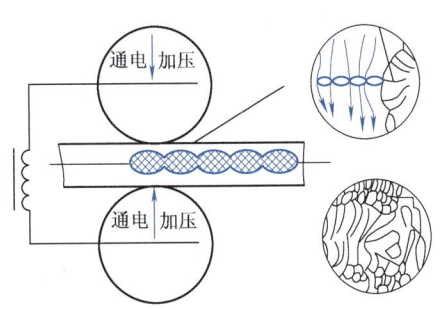

图 7-16 缝焊原理

根据滚轮电极旋转（工件移动）与焊接电流通过（通电）的机-电配合方式，可将缝焊分为以下三种基本类型（见图7-17）。

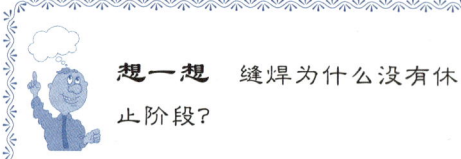

想一想　缝焊为什么没有休止阶段？

（1）连续缝焊　连续缝焊的机-电特点为：滚轮电极连续旋转，工件等速移动，焊接电流连续通过。每半个周波形成一个焊点（见图7-17a）。

连续缝焊设备简单，生产率高，一般焊接速度为10~20m/min。但由于上述机-电特点，滚轮电极表面和工件表面均有强烈过热，滚轮电极腐蚀严重，工件表面易下凹。但这种方法所需设备和控制系统都很简单，通常在小功率焊机焊接薄板或不重要的结构中使用。

（2）断续缝焊　断续缝焊的机-电特点为：滚轮电极连续旋转，工件等速移动，焊接电流断续通过，每通断一次，形成一个焊点（见图7-17b）。

断续缝焊在生产中应用最广泛，焊接电流采用工频交流波形或电容储能电流波形（频率可调），用以制造钢铁材料气密、水密和油密焊缝，焊接速度一般为0.5~4.3m/min。

（3）步进缝焊　步进缝焊的机-电特点为：滚轮电极断续旋转，工件相应断续移动，焊接电流在电极与工件皆静止时通过并形成一个焊点。焊点形成后滚轮电极重新旋转，移动工件前移一定距离（见图7-17c）。

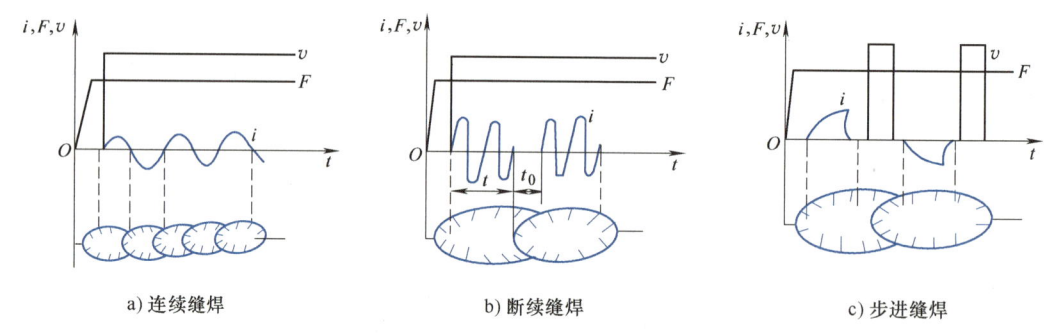

a) 连续缝焊　　b) 断续缝焊　　c) 步进缝焊

图7-17　缝焊的基本类型和焊接循环示意图

v—缝焊速度　F—电极压力　t—电流脉冲时间　t_0—脉冲间隔时间

步进缝焊是一种高质量的焊接方法，焊接电流采用直流冲击波、三相低频和二次整流电流波形，用以制造铝合金、镁合金等的密封焊缝。步进缝焊速度一般较低，仅为0.2~0.6m/min。

小知识　缝焊还可按使用的焊接电流波形分为工频交流缝焊、电容储能缝焊、直流冲击波缝焊、三相低频缝焊和二次整流缝焊等。

缝焊广泛应用于家用电器（电冰箱壳体等）、交通运输（汽车、拖拉机油箱等）及航空、航天（火箭燃料储箱等）工业中要求密封性的接头制造上，有时也用来连接普通钣金件。被焊材料的厚度通常在0.1~2mm之间。

2. 缝焊焊接参数的选择

缝焊的焊接参数与点焊基本相同，有焊接电流、焊接时间、电极力、滚轮工作面宽度、缝焊速度和休止时间等。它们对焊接质量的影响与点焊大致相似，而且它们之间有些是相互影响、共同作用的。例如，焊接时产生的热量，可以通过增加或减少焊接电流和通电时间进行直接控制，也可通过增加或减少电极压力进行间接控制，因为电极压力影响接触电阻。

由于对缝焊接头质量的要求主要体现在接头应具有良好的密封性和耐蚀性上，因此在选择焊接参数时应注意焊接参数对焊透率和重叠量的影响。合格焊缝的标准应当是获得符合焊缝强度要求的熔核尺寸，该熔核必须无缩孔，焊缝表面状况良好。为了保证接头的气密性或液密性，熔核重叠的程度应为熔核长度的 15%～20%，平均焊透率为最薄件的 45%～50%，一般应在 30%～70% 的范围内。

上述讨论一个参数时均假定其他参数不变，而实际上各参数间是互相影响的，因此焊接时，各参数必须予以适当配合，才能获得满意的接头质量。

3. 常用金属材料的缝焊

（1）**低碳钢板的缝焊**　由于低碳钢具有适度的塑性和导电性，因此，它比其他金属更容易得到优质的缝焊接头。对于没有油污和铁锈的冷轧低碳钢板，焊前可以不进行特殊清理，热轧钢板必须在焊前进行清理。低碳钢板的断续缝焊焊接参数见表 7-6。

表 7-6　低碳钢板断续缝焊焊接参数

工艺类别	板厚/mm	焊轮宽度/mm		电极压力/N	最小搭边/mm	焊接时间/周波		焊接速度/(m/min)	点距/mm	焊接电流/kA
		工作面	总宽			脉冲	休止			
高速缝焊	0.4	5	11	2200	10	2	1	2.5	4.2	12
	0.8	6	13	3300	12	2	1	2.6	4.6	15.5
	1.0	7	14	4000	13	2	2	2.5	3.6	18
	1.2	7.7	14	4700	14	2	2	2.4	3.7	19
	2.0	10	17	7200	17	3	1	2.2	4.2	22
	3.2	13	20	10000	22	4	2	1.7	3.4	27.5
中速缝焊	0.4	5	11	2200	10	2	2	2.0	4.5	9.7
	0.8	6	13	3300	12	3	2	1.8	4.9	13
	1.0	7	14	4000	13	3	3	1.8	3.4	14.5
	1.2	7.7	14	4700	14	3	3	1.7	3.0	16
	2.0	10	17	7200	17	5	5	1.4	2.5	19
	3.2	13	20	10000	22	11	7	1.1	1.8	22
低速缝焊	0.4	5	11	2200	10	3	3	1.2	5.1	8.6
	0.8	6	13	3300	12	2	4	1.1	5.7	11.7
	1.0	7	14	4000	13	2	4	1	6.0	13
	1.2	7.7	14	4700	14	3	4	0.9	5.3	14
	2.0	10	17	7200	17	6	6	0.7	3.9	16.5
	3.2	13	20	10000	22	6	6	0.6	5.2	20

（2）**不锈钢的缝焊**　不锈钢的电导率和热导率都比较低，焊接时宜采用较小的焊接电流和短的通电时间。但不锈钢的高温强度高，须采用较大的电极压力和中等的焊接速度进行

缝焊。不锈钢的线膨胀系数较低碳钢大，焊接时应注意防止工件变形。为防止由于过热引起的碳铬化合物析出，应选择合适的缝焊焊接参数（表 7-7），同时加强外部水冷。

表 7-7 不锈钢缝焊的焊接参数（单相交流）

薄件板厚/mm	焊轮宽度/mm	电极压力/N	脉冲时间/周波	休止时间/周波 厚度比 1:1	休止时间/周波 厚度比 1:3	最大焊接速度/（m/min）厚度比 1:1	最大焊接速度/（m/min）厚度比 1:3	焊接电流/kA	最小搭边/mm
0.15	4.8	1400	2	1	1	1.52	1.70	4.0	7
0.30	6.4	2000	3	2	2	1.22	1.40	5.6	8
0.55	6.4	3200	3	2	3	1.40	1.40	7.9	10
1.0	9.5	5900	3	5	6	1.20	1.14	13.0	13
1.6	12.7	8400	4	6	8	1.00	1.04	15.1	16
2.0	15.9	10400	4	7	8	1.00	1.04	16.5	18
3.2	19.1	15000	6	7	9	0.97	0.94	17.0	22

（3）铝合金的缝焊 铝合金缝焊与点焊相似，但由于铝合金电导率高，分流严重，焊接电流要比点焊时提高 15%～50%，电极压力提高 5%～10%，因此滚轮电极粘连更严重，应增加拆修次数。又因为缝焊时电极压力的压实作用比点焊时差，易造成裂纹、缩孔等缺陷，所以应降低焊接速度。重要工件宜使用步进缝焊，以提高焊缝的强度。

铝合金缝焊的焊接参数见表 7-8。

表 7-8 铝合金缝焊的焊接参数

板厚/mm	滚盘球面半径/mm	步距（点距）/mm	3A21、5A03、5A06 电极压力/kN	3A21、5A03、5A06 焊接时间/周波	3A21、5A03、5A06 焊接电流/kA	3A21、5A03、5A06 每分钟点数	2A12CZ、7A04CS 电极压力/kN	2A12CZ、7A04CS 焊接时间/周波	2A12CZ、7A04CS 焊接电流/kA	2A12CZ、7A04CS 每分钟点数
1.0	100	2.5	3.5	3	49.6	120～150	5.5	4	48	120～150
1.5	100	2.5	4.2	5	49.6	120～150	8.5	6	48	100～120
2.0	150	3.8	5.5	6	51.4	100～120	9.0	6	51.4	80～100
3.0	150	4.2	7.0	8	60.0	60～80	10	7	51.4	60～80
3.5	150	4.2	—	—	—	—	10	8	51.4	60～80

4. 缝焊设备

缝焊机与点焊机的基本区别在于用旋转的滚轮电极代替了固定的电极，其他如机身、阻焊变压器、气缸和加压机构等基本上与点焊机相同。缝焊机的结构如图 7-18 所示。

缝焊机可按下列特征进行分类。

（1）按工件移动方向分 有纵缝焊机、横缝焊机及圆缝焊机。

（2）按馈电方式分 有双侧缝焊机和单侧缝焊机。

第七单元 电 阻 焊

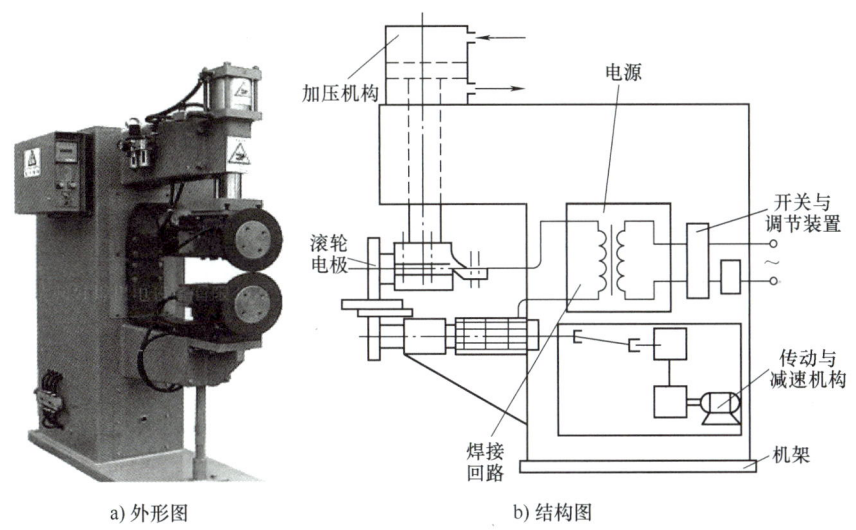

a) 外形图　　　　　　　　　　　　b) 结构图

图 7-18　缝焊机结构示意图

（3）按滚轮电极数目分　有双轮缝焊机和单轮缝焊机。

（4）按缝焊方法分　有连续缝焊机、断续缝焊机和步进缝焊机。

（5）按加压机构传动方式分　有脚踏式缝焊机、电动凸轮式缝焊机和气压式缝焊机。

（6）按安装方式分　有固定式缝焊机和移动式缝焊机。

典型缝焊机的型号及主要技术参数见表 7-9。

表 7-9　典型缝焊机的型号及主要技术参数

焊机类型	型号	特性	额定功率/(kV·A)	负载持续率/(%)	二次空载电压/V	电极臂长/mm	焊接板厚度/mm
横向缝焊机	FN1-150-1	工频	150	50	3.88~7.76	800	钢 2+2
	FN1-150-8		150	50	4.52~9.04	1000	钢 2+2
	M272-6A		110	50	4.75~6.35	670	钢 1.5+1.5
	M230-4A		290	50	5.85~9.80	400	镀层钢板 1.5+1.5
	FZ-100	整流	100	50	3.52~7.04	610	钢 2+2
纵向缝焊机	FN1-150-2	工频	150	50	3.88~7.76	800	钢 2+2
	FN1-150-5		150	50	4.80~9.58	1100	钢 1.5+1.5
	M272-10A		170	50	4.2~8.4	1000	钢 1.25+1.25
通用缝焊机	M300ST1-A	低频	350	50	2.85~5.70	800	铝合金 2.5+2.5

【综合训练】

一、理论部分

（一）填空

1. 点焊是在_____作用下，通过_____来熔化金属，断电后在电极压力作用下_____而形成焊接接头的。

2. 普通的点焊和凸焊循环包括_____、_____、_____和_____四个相互衔接的阶段。

3. 断续缝焊时滚轮电极_____，工件_____，焊接电流_____。

（二）判断

（ ）1. 在同样条件下，凸焊可用比点焊大的电流进行焊接。

（ ）2. 步进缝焊用以制造铝合金、镁合金等的密封焊缝。

（ ）3. 点焊、缝焊一般只适用于薄板搭接接头的焊接。

（ ）4. DR-100 代表储能点焊机，额定功率为 100kV·A。

（三）简答

1. 试比较低碳钢和铝合金点焊时所使用焊接参数的特点。
2. 如何选择缝焊的焊接参数？

二、实践部分

1. 训练目标

1）了解点焊机的结构、使用及焊接参数的调节。

2）了解点焊焊接参数对熔核尺寸的影响。

2. 训练准备

1）人员准备：分组进行，每组由 8~10 人组成。

2）资料准备：实训指导书、焊机电气原理图。

3. 训练地点

实验室或实训场地。

4. 训练方法

1）对照焊机电气原理图，了解焊机的结构和各部分的组成及工作情况。

2）在教师的指导下进行焊机的调整，并按正确的程序进行操作练习。

3）根据焊接试件的厚度选定一组焊接参数试焊，然后在此基础上进行调整。

4）保持电极压力和通电时间基本不变，按调整的焊接电流进行焊接，同时记录下相应的焊接电流。

5）将在不同参数下焊接的试件，过焊点中心锯开，测量出熔核直径和焊透率。

模块四 对焊

 **导入案例**

齐齐哈尔柒远兴轮毂制造有限公司是中国一拖东方红工业园配套生产企业，2011 年 7 月落户泰来工业园区汤池农机产业园，总投资 1.5 亿元，占地面积 4.6 万 m^2，建设面积 1.2 万 m^2。该公司主要采用冷轧和闪光对焊技术生产 150~400 马力（1 马力 = 735.499W）农用拖拉机轮毂，年设计生产 8 万套。同时，收购了齐齐哈尔联华钢圈厂为中国一汽集团生产货车轮毂等配套产品，设计生产能力为年产大型货运车辆轮毂 20 万套。

第七单元　电　阻　焊

一、对焊的特点和应用

对焊是把两工件相对放置，利用电阻热为热源，然后加压将两工件沿整个端面同时焊接起来的电阻焊方法。对焊按加压和通电方式的不同可分为电阻对焊、闪光对焊。

对焊主要用于型材（钢轨等）的接长、闭合零件（轮圈等）的拼口、异种金属（刀具等）对焊、部件（后桥壳体等）的组焊等。由于生产率高，质量可靠，易于实现自动化，因而获得了日益广泛的应用，如图7-19所示。

资料卡

滚 对 焊

对焊还有滚对焊，它包括低频对焊和高频对焊两种，生产中主要应用的是高频对焊，主要用于制造有缝钢管。

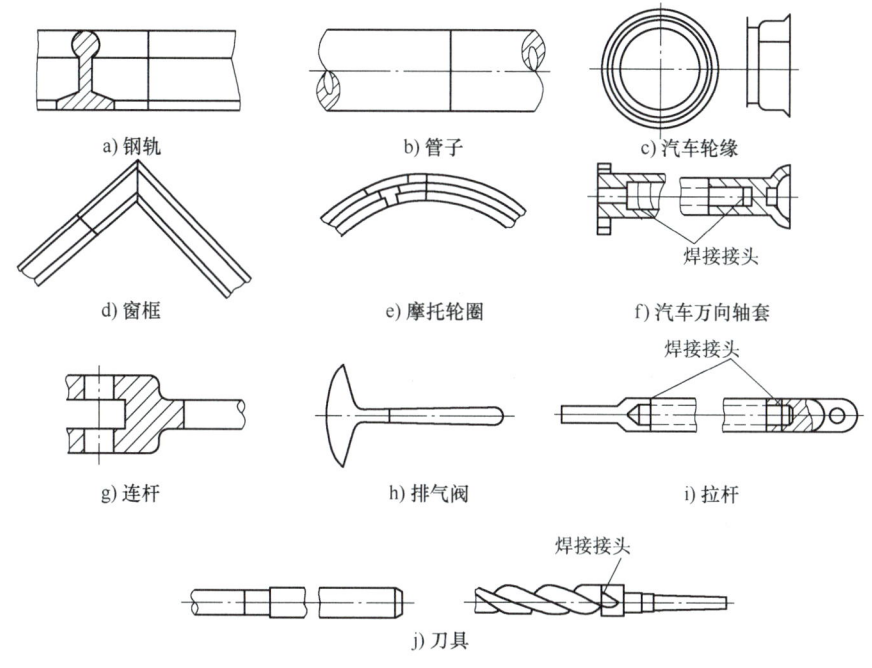

图7-19　各种对焊接头

二、电阻对焊

电阻对焊是将工件装配成对接接头，使其端面紧密接触，利用电阻热将工件端面加热到塑性状态，然后迅速施加预锻力完成焊接的方法，如图7-20所示。

1. 电阻对焊接头形成过程

电阻对焊时两工件待焊端面始终压紧，利用电阻热将其加热至塑性状态，然后迅速施加顶锻压力而完成焊接。从过程看，电阻对焊和点焊一

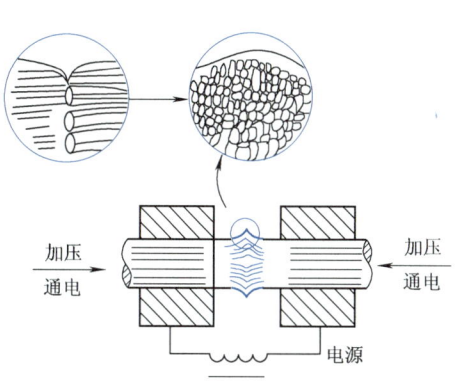

图7-20　电阻对焊原理

211

样,分为预压、通电加热和顶锻三个阶段。从加热程度看,电阻对焊与点焊有明显区别,电阻对焊在接合面处并不需要加热至熔化,而仅仅加热至塑性状态(即低于被焊金属的熔点),使其在顶锻时容易产生塑性变形即可。因为这种高温下的塑性变形能使接合面之间的原子距离接近,以致发生相互作用,生成共同晶粒(再结晶)而形成牢固的接头。所以,电阻对焊是加热和加压综合作用的工艺过程。

电阻对焊时的焊接循环有两种:等压的和加大锻压力的。前者加压机构简单,便于实现。后者有利于提高焊接质量,主要用于合金钢、非铁金属及其合金的电阻对焊。为了获得足够的塑性变形和进一步改善接头质量,还应设置有电流顶锻程序。图7-21为电阻对焊的焊接循环。

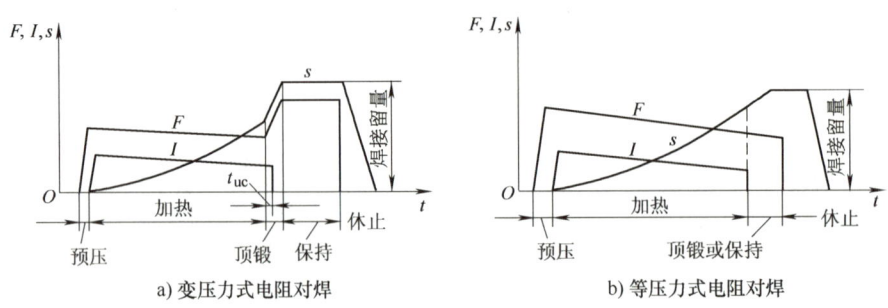

图 7-21 电阻对焊的焊接循环
F—压力　I—电流　s—位移

2. 电阻对焊的特点与适用范围

(1) 特点　电阻对焊具有接头光滑、毛刺小、焊接过程简单、无弧光和飞溅、易于操作等优点。但是其接头的力学性能较低,焊前对工件端面的准备工作要求高,大断面工件对焊尤为困难。

(2) 适用范围　电阻对焊主要适用于小断面(小于$250mm^2$)金属型材的对接,不适合大断面对接和薄壁管子对接。大断面对接时,因端面很难做到全面接触,而未接触部分被汽化,顶锻时难以把它排挤出去,从而导致接头质量下降。薄壁管对焊的困难主要是顶锻时容易引起管壁压曲失稳。

电阻对焊可焊的金属材料有碳素钢、不锈钢、铜合金和许多铝合金等。

3. 焊接工艺

(1) 焊前准备　电阻对焊时,两工件的端面形状和尺寸应该相同,以保证两工件的加热和塑性变形一致。工件的端面以及与夹钳接触的表面必须进行严格清理,除去尘土、油、氧化物和其他夹杂物。端面的氧化物和污垢会直接影响接头的质量。与夹钳接触的工件表面的氧化物和污垢将会增大接触处电阻,使工件表面烧伤、钳口磨损加剧,并增大功率损耗。清理工件可以用砂轮、钢丝刷等机械手段,也可以用酸洗。

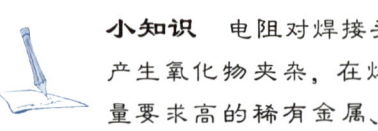小知识　电阻对焊接头中易产生氧化物夹杂,在焊接质量要求高的稀有金属、某些合金钢和非铁金属时,常采用氩、氦等保护气氛来解决。

(2) 电阻对焊焊接参数的选择　电阻对焊的主要焊接参数有伸出长度、焊接电流密度(或焊接电流)、通电时间、焊接压力和顶锻力。

1) 伸出长度。伸出长度即工件伸出卡具外的长度,又称调伸长度。伸出长度的作用是保证必要的留量(工件缩短量)和调节工件的加热温度梯度。伸出长度过小，则散热快，塑性变形困难，需增大焊接压力和顶锻力；伸出长度过大，则工件易过热，结果使加热区变宽，塑性变形不易在接触面集中，因而导致排除氧化物夹杂困难且顶锻时可能失稳而使工件弯曲。焊接低碳钢圆钢时伸出长度取直径的 0.7~1.0 倍。

2）电流密度和通电时间。在电阻对焊中，电流密度和通电时间是决定工件加热的两个重要参数，可适当相互配合。为达到同样的温度可用大电流短时间，也可用小电流长时间。前者可提高生产率，但加热区窄且温度分布不均匀，并应配以较大的压力；后者使焊缝晶粒粗大，氧化程度增加，生产率低。焊接低碳钢时，电流密度一般选用 20~60A/mm^2，焊接时间为 0.5~10s。

3）焊接压力和顶锻力。加热过程中的压力称为焊接压力，顶锻过程中所施加的压力称为顶锻力。顶锻力可以等于焊接压力，也可以大于焊接压力。压力过低易使接触不良，发生氧化或使接触处的金属局部熔化外溢，还可能使塑性变形量不够，以致使接头的晶粒粗大，接头质量下降；压力过大，有利于挤出氧化物，但会使变形量过大，冲击性能下降。通常低碳钢焊接时，压力一般取 10~30MPa。

常用金属材料电阻对焊的焊接参数见表 7-10。

表 7-10 常用金属材料电阻对焊的焊接参数

焊件材料	截面积/mm^2	伸出长度 $2l_0$/mm	电流密度/(A/mm^2)	焊接时间/s	顶锻量/mm 有电	顶锻量/mm 无电	压力/MPa
低碳钢	25	12	200	0.6	0.5	0.9	10~20
	50	16	160	0.8	0.5	0.9	
	100	20	140	1.0	0.5	1.0	
	250	24	90	1.5	1.0	1.8	
铜	25	15	70~200	—	1	1	30
	100	25			1.5	1.5	
	500	60			2.0	2.0	
黄铜	25	10	50~150	—	1	1	—
	100	15			1.5	1.5	
	500	30			2.0	2.0	
铝	25	10	40~120	—	2	2	15
	100	15			2.5	2.5	
	500	30			4	4	

三、闪光对焊

闪光对焊是将工件装配对正后，接通电源，并使工件端面逐渐移近达到局部接触，利用电阻热加热这些接触点（产生闪光），使端面金属熔化，直至端部在一定深度范围内达到预热温度时，迅速施加顶锻力完成焊接的方法，如图 7-22 所示。

1. 闪光对焊接头形成过程

闪光对焊分为连续闪光对焊和预热闪光对

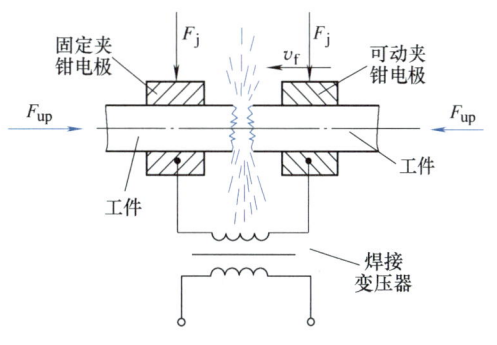

图 7-22 闪光对焊原理
F_{up}—顶锻力 F_j—加紧力 v_f—闪光速度

焊两类，前者适用的断面为 1000mm² 左右的工件，后者适用的断面为 5000~10000mm² 的工件。

连续闪光对焊有闪光和顶锻两个主要阶段；预热闪光对焊有预热、闪光和顶锻三个主要阶段。图 7-23 为两种闪光对焊的焊接循环。

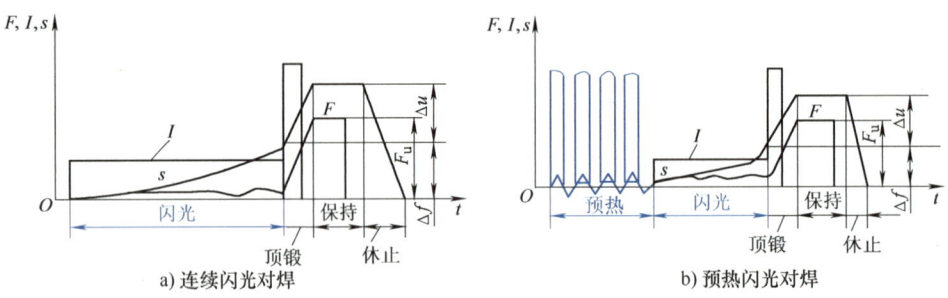

图 7-23　闪光对焊的焊接循环
I—电流　F—压力　s—位移　Δu—顶锻留量　Δf—闪光留量　F_u—顶锻力

（1）预热阶段　预热是在对焊机上，将工件端面温度提高到一合适值（如钢为 800~900℃）后，再进行闪光和顶锻。预热分电阻预热和闪光预热两种方法。前者是将两工件端面紧密接触后进行脉冲通电，后者是通电后再把两工件端面交错地接触和分开，每接触一次要激起短暂的闪光过程，故又称断续闪光预热。

想一想　闪光对焊与电阻对焊在通电方式上有什么区别？

预热有减少需用功率、缩短闪光加热时间等优点，但也存在不足之处，即生产率低、过程控制复杂、过热区宽和接头质量稳定性较差等。

（2）闪光阶段　接通电源，并使两工件端面轻微接触时，两端面间形成许多具有很大电阻的小触点，在很大电流密度的加热下瞬间熔化，在两工件端面间形成液态金属过梁。在电磁力等作用下，液体过梁截面积将减小，因而使液体过梁的电流密度进一步提高。同时由于温度上升，液态金属的电阻率也相应提高，这样在液体过梁上产生很大的电阻热，使液态金属达到蒸发状态，液态金属微滴以很大的速度从工件间隙处喷射出来，形成火花急流——闪光。

过梁爆裂后，工件端面上的凸点被烧平，并在此处留下一薄层液态金属（也称火口），临近火口处也被加热到一定的温度。随着工件的连续送进，又会在其他凸点处发生新的闪光过程。经过一定时间的闪光之后，就会把工件端部加热到一定的温度，并在端面处留下一层液态金属和氧化物，它们的流动性很好，为顶锻时挤出杂质、获得优质的焊接接头提供了条件。

（3）顶锻阶段　闪光结束后，工件快速靠拢，并在顶锻力的作用下把液态金属和氧化物在凝固前挤出焊口，局部产生较大的塑性变形，使接合面形成共同晶粒，从而获得牢固的焊接接头。

2. 闪光对焊的特点

与电阻对焊相比，闪光对焊有下列优缺点。

（1）优点

1）适用范围比电阻对焊宽。可焊接同种或异种金属，也可焊接展开断面或紧凑断面的零件，可焊的断面也比电阻对焊大得多。

2）接合面上的熔化金属层或氧化物在顶锻时被挤出，起到清除接合面杂质的作用。因此接头可靠性高，强度比电阻对焊大。

3）闪光对焊对工件待焊面的准备和清理要求不严格。

4）接头热影响区比电阻对焊窄很多。

（2）缺点

1）焊接时喷射出的熔融金属颗粒有造成火灾的危险，还可能使操作人员受飞溅烧伤，并损坏机器的滑轨、轴和轴承等。

2）焊后在接头处易形成毛刺（飞边），需去除。为此，需用专门设备而增加加工成本。特别是管子闪光对焊后内壁上的毛刺，妨碍流体流动，降低接头疲劳强度，而且是产生腐蚀或污损集中的部位。去除小直径管内壁上的焊接毛刺相当困难，甚至不可能。

3. 闪光对焊的适用范围

闪光对焊广泛用于碳素钢、低合金钢、不锈钢、铝合金、镍合金和铜合金等金属的同种或异种材料的焊接，可焊板材、钢轨、钢管、汽车轮缘、刀头-刀杆等零件。同时，一些高效低耗的闪光对焊新方法，如程控降低电压闪光法、脉冲闪光法、瞬时送进速度自动控制连续闪光法、矩形波电源闪光对焊等正在得到推广，必将使闪光对焊在工业生产中发挥更大的作用。

4. 焊接工艺

（1）焊前准备 包括确定接头形式、清理、装配等准备工作。

1）接头形式。主要应用的是两个断面形状和尺寸基本相同的工件对接，两工件的轴线可以在一条直线上或互成一个角度，也可以是圆环状工件的对接。T形接头不适用，例如把一根圆管垂直地焊到另一根圆管壁上，就会因截面、散热条件、顶锻力上的差异而得不到质量合格的接头。

2）清理包括工件表面清理和导电钳口表面清理。清除工件端面的污垢、铁锈、氧化物和油脂等是为了使闪光正常与稳定。工件与导电钳口接触的部位均须清理，因为接触处电流密度很高，如果由于不干净导致电接触不良，不仅接头质量差，而且工件与钳口之间会产生局部过热点，使工件表面或钳口表面烧伤，顶锻过程发生滑动。清理方法与点焊和缝焊基本相同。

3）装配工作中的关键是保证两工件对中。如果不对中，闪光只能在相对着的区域发生，端面加热就不会均匀，顶锻时工件会相互滑移。工件截面的宽度与厚度之比越大，对中问题越显得重要。必须在焊机设计、工件备料公差控制及焊接时所用的夹钳电极的工作状态等方面综合去解决。

（2）闪光对焊焊接参数的选择 闪光对焊的焊接参数有伸出长度、闪光留量、闪光速度、闪光电流密度、顶锻留量、顶锻速度、顶锻力、焊钳夹紧力等。下面讨论主要焊接参数的影响及选择。

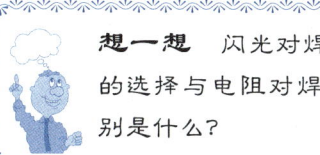

想一想 闪光对焊焊接参数的选择与电阻对焊的主要区别是什么？

1）伸出长度。伸出长度可按工件截面的大小和材料的性能来选择。伸出长度影响工件轴向的温度分布和接头的塑性变形。此外，随着伸出长度的增加，使焊接回路的阻抗增大，需要功率也大。一般情况下，棒材和厚壁管材伸出长度为 (0.7~1.0)d，d 为圆棒料的直径或方棒料的边长。对于薄板 (δ=1~4mm)，为了顶锻时不失稳，一般伸出长度取 (4~5)δ。

不同金属材料对焊时，为了使两工件上的温度分布一致，通常导电性和导热性差的材料伸出长度应小些。

2) 闪光留量。闪光留量即在闪光过程中两工件总的烧化量。它必须保证在闪光结束时工件整个端面有一金属熔化层，同时在一定深度内达到塑性变形温度。如果闪光留量过小，则不能满足上述要求，会影响接头质量；闪光留量过大，又会浪费金属材料，降低生产率。在选择闪光留量时还应考虑是否有预热，预热闪光留量可比连续闪光留量小 30%~50%。闪光留量主要依据工件断面的大小选取。

3) 闪光电流密度。闪光电流密度对焊接区的加热有重要影响，它与焊接方法、材料性质和工件断面尺寸等有关，通常在较宽的范围内变化。连续闪光对焊、导热性和导电性好的金属材料、展开形断面的工件，闪光电流密度应取较高值；预热闪光对焊、大断面的工件，应取较低值。例如，在额定功率情况下，低碳钢闪光时电流密度的平均值为 5~15A/mm^2，最大值为 20~30A/mm^2；顶锻时电流密度为 40~60A/mm^2。

4) 闪光速度。闪光速度即在稳定闪光条件下，动夹具的进给速度，又称烧化速度。闪光速度大可保证闪光强烈稳定，并可使保护作用增强。但过大的闪光速度会使温度分布变陡，加热区变窄，增加塑性变形的困难。同时，由于需要的焊接电流大，会增大过梁爆破后的火口深度，因此会降低接头的质量。

5) 顶锻速度。闪光对焊时，顶锻阶段夹具的移动速度称为顶锻速度，它是获得优质接头的重要参数。通常顶锻速度略大些有利，因为足够高的顶锻速度能迅速封闭接口端面间隙，减少金属氧化，在高温状态下可较易排除液态金属和氧化物夹杂，使纯净的端面金属紧密贴合，促进交互结晶。如果顶锻速度较小，不仅使接口闭合和塑性变形所需时间增长，而且由于接口金属温度早已降低，导致去除氧化物夹杂困难。顶锻速度的最小平均值为：低碳钢 60~80mm/s，合金钢 80~100mm/s，铝合金 150~200mm/s。

6) 顶锻力。闪光对焊时，顶锻阶段施加给工件端面上的压力称为顶锻力，其大小应保证能挤出接口内的液态金属，并在接头处产生一定的塑性变形。顶锻力过小，则塑性变形不足，接头强度下降；顶锻力过大，则变形量过大，使接头冲击韧度明显下降。

金属材料闪光对焊在单位面积上所需最小顶锻力为：低碳钢 70MPa，铝合金 120~150MPa，奥氏体不锈钢 140MPa，耐热金属 280~350MPa。

闪光对焊焊接参数的选择应从技术条件出发，结合材料性质、断面形状和尺寸、设备条件和生产规模等因素综合考虑。一般可先确定工艺方法，然后参考推荐的有关数据及试验资料初步确定工艺参数，最后由工艺试验并结合接头性能分析予以确定。

常用金属材料闪光对焊的焊接参数列于表 7-11 和表 7-12。

表 7-11 各类钢闪光对焊的焊接参数

类别	平均闪光速度/(mm/s)		最大闪光速度/(mm/s)	顶锻速度/(mm/s)	顶锻力/MPa		焊后热处理
	预热闪光	连续闪光			预热闪光	连续闪光	
低碳钢	1.5~2.5	0.8~1.5	4~5	15~30	40~60	60~80	不需要
低碳钢及低合金钢	1.5~2.5	0.8~1.5	4~5	≥30	40~60	100~110	缓冷，回火

（续）

类别	平均闪光速度/(mm/s)		最大闪光速度/(mm/s)	顶锻速度/(mm/s)	顶锻力/MPa		焊后热处理
	预热闪光	连续闪光			预热闪光	连续闪光	
高碳钢	1.5~2.5	0.8~1.5	4~5	15~30	40~60	110~120	缓冷，回火
珠光体高合金钢	3.5~4.5	2.5~3.5	5~10	30~150	60~80	110~180	回火，正火
奥氏体钢	3.5~4.5	2.5~3.5	5~8	50~160	100~140	150~220	一般不需要

表 7-12 常用非铁金属及其合金闪光对焊的焊接参数

工艺参数	铜			黄铜（H60）		黄铜（H59）		青铜（QSn6.5~1.5）带材厚		铝				铝合金		
	棒材 $d=10$	管材 9.5×1.5	板材 44.5×10	棒材直径		棒材直径				棒材直径				2A50（LD5）板材厚度		5A06 板材厚度
				φ6.5	φ10	φ6.5	φ10	1~4	4~8	20	25	30	38	4	6	4~7
空载电压/V	6.1	5.0	10.0	2.17	4.41	2.4	7.5	—	—	—	—	—	—	6	7.5	10
最大电流/kA	33	20	60	12.5	24.3	13.5	41	—	—	58	63	63	63	—	—	—
伸出长度/mm	20	20	—	15	22	18	25	25	40	38	43	50	65	12	14	13
闪光留量/mm	12	—	—	6	—	7	10	15	25	17	20	22	28	8	10	14
闪光时间/s	1.5	—	—	2.5	3.5	2.0	2.2	3	10	1.7	1.9	2.8	5.0	1.2	1.5	5.0
平均闪光速度/(mm/s)	8.0	—	—	2.4	2.3	3.5	3.5	5	2.5	11.3	10.5	7.9	5.6	5.8	6.5	2.8
最大闪光速度/(mm/s)	—	—	—	—	—	—	—	12	6	—	—	—	—	15.0	15.0	6.0
顶锻留量/mm	8	—	—	9	13	10	12	—	—	13	13	14	15	7.0	8.5	12.0
顶锻速度/(mm/s)	200	—	—	200~300	200~300	200~300	200~300	125	125	150	150	150	150	150	150	200

四、对焊设备

对焊机的典型结构如图 7-24 所示。它由级数调节器、导轨、上电极、下电极、固定和可动夹座（带夹钳）、闪光及顶锻的送进机构、焊接电源（变压器）、焊机机架及控制系统等组成。

对焊机按工艺方法分为闪光对焊机和电阻对焊机两大类，两者的构造相似，主要区别在于焊接时可动夹座的运动和传递这个运动的机构不同。闪光对焊机又分连续闪光对焊机和预热闪光对焊机。

按送进机构分，对焊机可分为弹簧式、杠杆式、电动凸轮式、气压式、送进液压阻尼式和液压式等；按夹紧机构分，有偏心式、杠杆式、螺栓式，而杠杆式和螺栓式又分手动和机

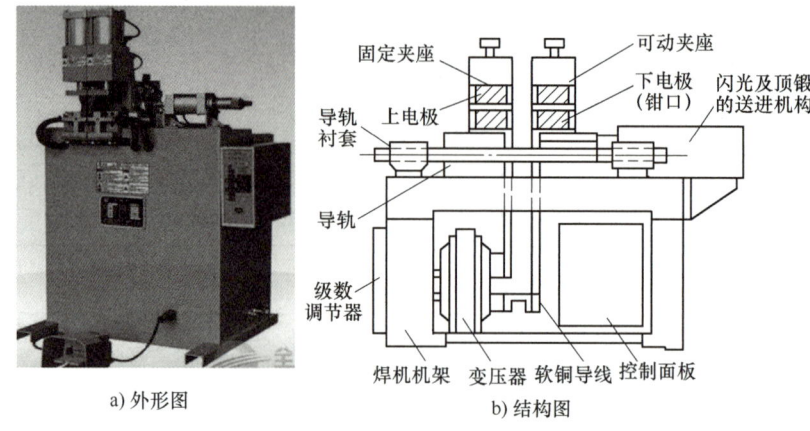

图 7-24 对焊机示意图

械传动式。机械传动则有电动、气动、液动或气液联动；按自动化程度分有手动、半自动和自动对焊机；按用途分，则有通用对焊机和专用对焊机等。

表 7-13 和表 7-14 列举了典型对焊机主要技术参数。

表 7-13 典型电阻对焊机主要技术参数

焊机型号	类型	额定功率/(kV·A)	负载持续率/(%)	二次空载电压/V	夹紧力/N	顶锻力/N	碳钢焊接截面积/mm^2
UN-1	弹簧加压	1	8	0.5~1.5	80	40	1.1
UN-3		3	15	1~2	450	130	5.0
UN-10		10	15	1.6~3.2	900	350	50
UN1-25	人力-杠杆	25	20	1.75~3.52	偏心轮	—	300

表 7-14 典型闪光对焊机主要技术参数

焊机型号	类型	送进机构	额定功率/(kV·A)	负载持续率/(%)	二次空载电压/V	夹紧力/kN	顶锻力/kN	碳钢焊接截面积/mm^2
UN1-75	通用	杠杆	75	20	3.52~7.04	螺旋	30	600
UN2-150-2		电压机-凸轮	150	20	4.05~8.10	100	65	1000
UN-40			40	50	3.7~6.3	45	14	320
UN17-150-1		气压-液压	150	50	3.3~7.6	160	80	1000
UN7-400	轮圈专用		400	50	6.55~11.18	680	340	2000
UY-125	钢窗专用		125	50	5.51~10.85	75	45	400
UN5-300	薄板专用	凸轮烧化-液压顶锻	300	20	2.84~9.05	350	250	2500
UN6-500	钢轨专用	液压	500	40	6.8~13.6	600	350	8500

【综合训练】

一、理论部分

（一）填空

1. 对焊按_____方式的不同可分为_____和_____两类。
2. 顶锻有两种方式，其一是_____，其二是_____。
3. 闪光对焊分为_____和_____两种，前者适用的断面为_____ mm² 左右的工件，后者适用的断面为_____ mm² 的工件。

（二）判断

（　　）1. 对焊是一种高效率、可用于异种材料焊接的电阻焊方法。

（　　）2. 电阻对焊变压力方式加压机构简单，但顶锻效果不如等压力效果好。

（　　）3. 电阻对焊比闪光对焊的操作过程简单，接头外形比较光滑匀称。

（　　）4. 闪光结束时工件端面有一金属熔化层，所以闪光对焊是在液态下实现连接的。

（三）简答

1. 试述电阻对焊与闪光对焊的主要异同点。
2. 什么是预热闪光对焊？预热的作用是什么？
3. 如何选择闪光对焊的焊接参数？

二、实践部分

说说你所见到对焊的应用场合。

第八单元 其他焊接方法介绍

[学习目标]

知识目标	1. 深入了解电渣焊和摩擦焊的原理、分类、特点及应用，了解其工艺要点。 2. 了解螺柱焊、电子束焊、激光焊及钎焊的原理、分类、特点及应用。 3. 对气焊与气割有较深入的了解。
能力目标	1. 能按接头形式和焊件材质正确选择特种焊接方法。 2. 能操作气焊与气割设备并会调节相关参数。
素养目标	1. 识别焊接生产中潜在的危险源和风险因素，建立风险数据库，制定应急预案。 2. 培养学生科学严谨的治学态度。 3. 使学生具有独立制定方案并实施的能力。

本单元介绍的其他焊接方法是指除各种电弧焊、电阻焊等传统焊接方法之外的非常规焊接方法，主要包含气焊、高能束焊、摩擦焊及钎焊等焊接方法。这些焊接方法对于一些特殊材料及结构的焊接具有非常重要的作用，成为实现新材料选用、新结构设计和新产品制造不可或缺的技术保障，在航空航天、电子信息等高新技术领域中得到了一定程度的应用。

模块一 气焊与气割

导入案例

气焊在现代工业上的用途很广，如在飞机、船舶、车辆和管道、容器、薄壁机件等制造中，都可采用气焊方法。损坏断裂的齿轮、合金刀片、翻砂后有缺陷的铸件等，也可用气焊方法来修补。特别是焊接非铁金属、薄钢板及铸铁时，更能发挥气焊的优越性。气焊所使用的设备简单，搬运方便，并有较大的通用性，最适用于作业场所经常更换和没有电力供应的地方。气割是气焊的孪生工艺方法，目前它仍是钢材下料的主要手段。

气焊与气割具有设备简单、操作方便、实用性强等特点，因此在各工业部门的制造和维修中得到了广泛的应用。

一、气焊与气割的原理及特点

1. 气焊

气焊是利用可燃气体和助燃气体混合点燃后产生的高温火焰的热能来熔化两个工件连接处的金属和焊丝,使被熔化的金属形成熔池,冷却凝固后形成牢固的接头,从而使两工件连接成一个整体的工艺方法。

气焊所用的可燃气体主要有乙炔（C_2H_2）、液化石油气[丙烷（C_3H_8）]、丁烷（C_4H_{10}）、丙烯（C_3H_6）和氢气（H_2）等。氧气（O_2）为助燃气体。

小知识 气焊是利用气体火焰作为热源的一种焊接方法。

气焊的设备包括氧气瓶、乙炔瓶（或乙炔发生器）以及回火保险器等;气焊的工具包括焊炬、减压器及气管等。这些设备和工具的连接如图8-1所示。

气焊用的焊丝起填充金属的作用,焊接时与熔化的母材一起组成焊缝金属。因此,应根据工件的化学成分、力学性能选用相应成分或性能的焊丝,有时也可用从被焊板材上切下的条料作焊丝。

焊接非铁金属、铸铁和不锈钢时,还应采用气焊熔剂（焊粉）,以消除覆盖在焊材及熔池表面上难熔的氧化膜和其他杂质,并在熔池表面形成一层熔渣,保护熔池金属不被氧化,排除熔池中的气体、氧化物及其他杂质,提高熔化金属的流动性,使焊接顺利并保证质量和成形。

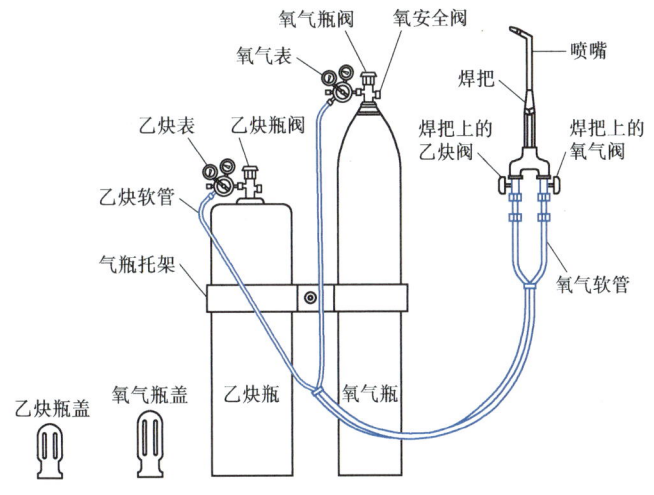

图8-1 气焊设备、工具及其连接

气焊主要应用于薄钢板、低熔点材料（非铁金属及其合金）、铸铁件、硬质合金刀具等材料的焊接,以及磨损、报废零件的补焊、构件变形的火焰矫正等。

2. 气割

气割时,利用气体火焰将工件切割处预热到一定温度后,开启割炬上的切割氧调节阀,使金属产生剧烈燃烧而形成氧化物,和少量熔化了的金属组成液态熔渣,同时放出大量的热量,借助高压氧气流把熔渣吹出,形成切口,从而达到切割金属的目的。

由此可见,金属在氧气中剧烈燃烧的过程就是金属气割的过程,而不是熔化过程。可燃

小知识 气割是利用气体火焰的热能将工件切割处预热到一定温度后,喷出高速切割氧流,使其燃烧并放出热量实现切割的方法。

气体与氧气的混合、切割氧的混合及切割氧的喷射是利用割炬来完成的。气割所用的可燃气体主要是乙炔,也可用液化石油气或氢气。

气割时应用的设备、器具除割炬外均与气焊相同。气割过程是预热-燃烧-吹渣的过程,但并不是所有金属都能满足这个过程的要求,只有符合下列条件的金属才能进行气割:

1) 金属在氧气中的燃点应低于金属的熔点。
2) 气割时金属氧化物的熔点应低于金属的熔点。
3) 金属在切割氧流中的燃烧应是放热反应。
4) 金属的导热性不应太高。
5) 金属中阻碍气割过程和提高钢的淬透性的杂质要少。

符合上述条件的金属有纯铁、低碳钢、中碳钢和低合金钢以及钛等。其他常用的金属材料如铸铁、不锈钢、铝和铜等,一般不能用气割方法切割。目前气割工艺在工业生产中得到了广泛的应用。

3. 气焊与气割的特点

1) 气焊的优点是:低成本;设备简单、容易携带;热输入量和熔池温度容易控制;不需要外加电源;焊缝尺寸和形状容易控制。其缺点是:生产率较低;焊接后工件变形和热影响区较大;较难实现自动化。

2) 气割的优点是:与机械刀具切割设备相比较,成本低;不需要外部电源;设备简单容易携带;切割钢板时,比机加工切割速度快;切割方向容易改变;对于坡口制备及斜接头的加工比较经济;能切割厚大板;可以切割形状不规则、厚度变化较大、难以采用机械法切割的钢板;能够通过轨迹导航、模型和计算机控制割炬实现切割过程的自动化。其缺点是:气割适用的材料范围窄;气割的尺寸精度比机械切割差;淬硬钢切割时需要进行预热、后热处理或控制切割部位钢的冶金性能等。

二、气焊与气割设备及使用安全要求

1. 气焊与气割的安全特点

气焊与气割的主要危险是火灾与爆炸,因此,防火、防爆是气焊、气割的主要任务。

气焊与气割所用的气体都是易燃易爆气体,各种气瓶均属于压力容器。而在焊补燃料容器和管道时,还会遇到其他许多易燃易爆气体及各种压力容器,同时又使用明火。如果焊接设备和安全装置有故障,或者操作人员违反操作规程进行作业等,都有可能引起爆炸和火灾事故。

在气焊火焰的作用下,尤其是气割时氧气射流和喷射,使熔珠和铁渣四处飞溅,容易造成灼烫事故。而且较大的熔珠和铁渣能飞溅到距操作点5m以外的地方,遇到可燃易爆物品,易发生火灾与爆炸。

气焊与气割的火焰温度高达3200℃以上,被焊金属在高温作用下蒸发成金属蒸气。在焊接镁、铜、铅等非铁金属及其合金时,除了这些金属蒸气之外,焊剂还散发出氯盐的燃烧产物。黄铜的

资料卡

溶解乙炔

乙炔能够溶解于多种液体,尤其在丙酮中的溶解度最大。其溶解度与压力成正比,与温度成反比。将乙炔装入盛有丙酮溶剂和活性炭的乙炔瓶内,就可以安全地储存和运输。

焊接过程中蒸发大量锌蒸气，铅的焊接过程中蒸发铅和氧化铅蒸气等有害物质。在焊补操作中，还会遇到产生其他有毒和有害气体，尤其是在密闭容器、管道内的气焊、气割操作等均会对焊接作业人员造成危害，也有可能造成焊工中毒。

2. 气瓶及使用安全要求

氧气瓶是采用特殊低合金高强钢制作的无缝容器。气瓶由单块钢坯通过轧制成形工艺制作，氧气瓶的瓶体不能有焊缝。乙炔瓶则是由优质钢板卷制焊接而成的，其上含有焊缝。由于瓶装溶解乙炔运输携带方便，装上乙炔压力表就可以直接使用。不用时可长期储存。与乙炔发生器相比，它没有加电石、给水、排水和储存电石渣的装置，也可省去加料、排渣和看管等事项，因而已逐步取代了乙炔发生器。氧气瓶和乙炔瓶的截面形状如图8-2所示。

氧气瓶和乙炔瓶上的安全阀和安全塞是防止气瓶被加热时由于压力过大而产生爆炸的装置。在氧气瓶的瓶阀中有一个很小的金属隔膜，这个隔膜破裂后，

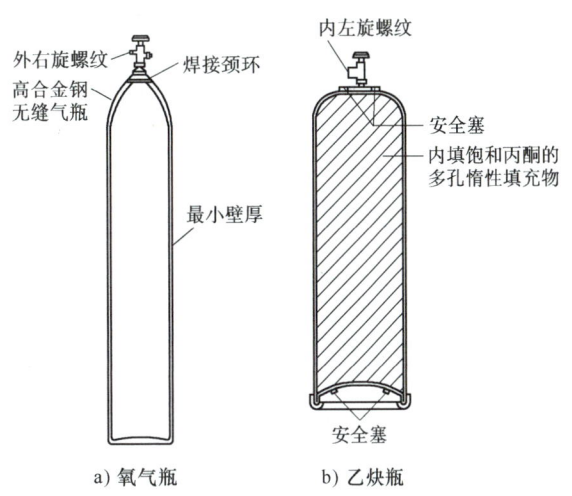

图8-2 氧气瓶和乙炔瓶的截面形状

可以释放气瓶的压力，防止气瓶爆炸。乙炔瓶根据其容量设置有1~4个易熔化的安全塞。这些安全塞采用特殊的金属合金制作，熔点为85℃（212℉）。当气瓶被置于过高温度下时，安全塞熔化使气瓶压力释放以防止破裂或遇火产生的爆炸。乙炔瓶的安全塞可以设置在气瓶顶部或气瓶底部。

满装的氧气瓶具有较高的工作压力（15MPa），为了防止气体在阀柱周围泄漏，氧气瓶和所有高压气瓶都设有第二个阀座，在打开主阀门时使阀柱周围构成密封，如图8-3所示。由于乙炔瓶阀承受相对较低的工作压力（1.5MPa），使用中阀柱周围的泄漏很小，只采用一个阀座即可。乙炔阀在工作中能够放出适量的气体，可以有更多的打开阀门和在紧急情况下关闭阀门的次数。在乙炔瓶的使用中，为安全起见，操作时一定不要卸掉乙炔瓶上的可去除扳手。

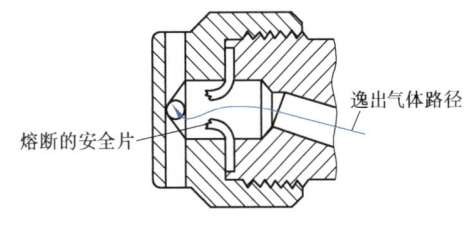

图8-3 氧气瓶阀的截面形状

在连接和使用乙炔气瓶前，应使乙炔瓶竖立，并且等待至少1.5h才能使用，以使气瓶顶部位置的乙炔气体与液态丙酮分离开。这样，丙酮就不会被抽入调节器而使压力表的密封受到损坏。否则，焊接火焰中的丙酮将污染焊接熔池，使焊缝性能降低。

3. 减压器及使用安全要求

减压器又称压力调节器，它有两个作用，第一个作用是减压作用，就是将储存在气瓶内的高压气体减压到所需要的压力。如氧气瓶内的氧气压力最高达15MPa，而气焊、气割中所需要的氧气工作压力要求为0.1~0.4MPa。因此，气焊、气割工作中必须使用减压器，经减

> **资料卡**
>
> **双级减压器**
>
> 双级减压器的优点是可以从气瓶中提取较高压力的气体，产生的压力波动比单级减压器小。这是因为在单级减压器进气口处压力（高压）变化的影响能够通过第二级调节器消除掉，可以保持一个非常稳定的焊炬压力，维持一个较大范围的气瓶压力变化。其缺点是成本较高。

压后才能输送给焊炬或割炬使用。减压器的第二个作用是稳压作用，气瓶内气体的压力是随着气体的消耗而逐渐下降的，也就是说瓶内气体压力是时刻变化着的，但在气焊、气割工作过程中要求气体压力必须是稳定不变的，减压器还必须具有稳定气体工作压力的作用，使气体工作压力不随气瓶内气体压力的下降而下降，自始至终保持稳定状态。这项工作是由减压器的自动调节来完成的。

减压器按构造不同可分为单级式和双级式两类；按工作原理不同又可分为正作用式和反作用式两类。目前国产的减压器主要是单级反作用式，其结构示意图如图 8-4 所示。

减压器使用时必须注意：减压器上不得沾染油脂，如有油脂必须擦干净后才能使用；减压器在使用过程中如发生冻结，应用热水或蒸汽解冻，严禁用明火烘烤；减压器必须定期检修，压力表必须定期校验；氧气减压器和乙炔减压器不得调换使用。

4. 焊炬、割炬及使用安全要求

（1）焊炬 焊炬是进行气焊操作的主要工具。它在使用中应能方便地调节氧气和可燃气体的比例、流量和火焰，同时焊炬的质量要小，使用要安全可靠。焊炬可根据可燃气体与氧气的混合方式分为射吸式和等压式两类。

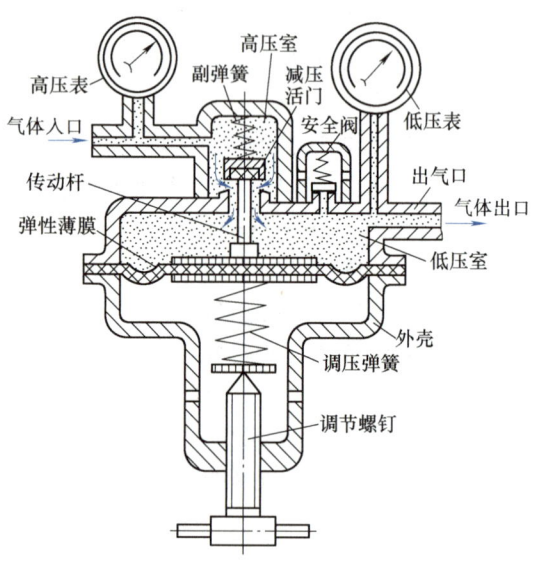

图 8-4 单级反作用式减压器的结构示意图

射吸式焊炬是国内目前广泛使用的焊炬，图 8-5 所示为射吸式焊炬的构造原理图。由于喷嘴的射吸作用，使高压氧和低压乙炔能较均匀地按一定比例混合，并以相当高的流速喷出，当乙炔压力不大时（一般大于 0.001MPa 即可）就能正常使用，这是射吸式焊炬的最大优点。此外，这类焊炬还可使用中压乙炔气体，因而得到了广泛应用。目前国内使用的 H01-2、H01-6、H01-12、H01-20 均为射吸式焊炬，其构造和原理一样，只是规格不同。

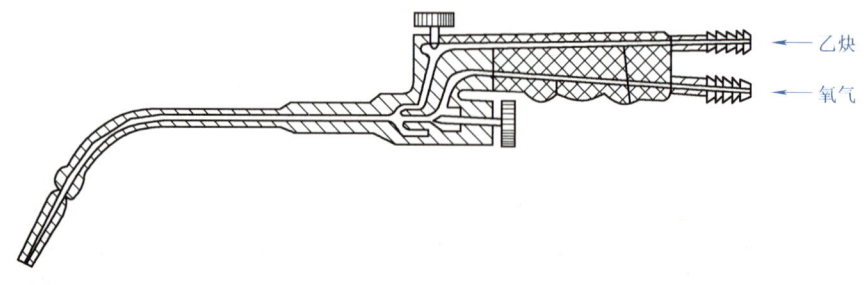

图 8-5 射吸式焊炬的构造原理图

等压式焊炬是氧气与可燃气体压力相等、不靠喷射氧气流的射吸作用即能进行气体混合的焊炬。因为氧气和可燃气体的压力相等或相近，所以气体混合均匀，工作中可燃气体的流量保持稳定，火焰燃烧也比射吸式焊炬稳定，并且不容易发生回火。这种焊炬不能使用低压乙炔，使用范围受到限制，因此使用较少。

（2）割炬　割炬是进行气割操作的主要工具。它在使用中应能方便地调节氧气和可燃气体的比例、流量和火焰，同时质量要小，使用要安全可靠。割炬按氧气和乙炔混合方式不同可分为射吸式和等压式两类；按操作方法不同可分为手用的和机械的两类。

射吸式割炬是国内广泛使用的割炬，其构造如图 8-6a 所示。它依靠喷嘴和射吸管的射吸作用来调节乙炔气和氧气的流量，从而保证混合气体具有一定的比例，使预热火焰稳定燃烧。另外又靠专门的高压氧气管路和阀门以及专门的割嘴所产生的高压氧气流，来完成气割工作。因为乙炔的流动是靠氧气的射吸作用，所以射吸式割炬对乙炔的压力要求不高，可采用中压乙炔气，也可采用低压乙炔气。国内常用的射吸式割炬有 G01-30、G01-100、G01-300 等几种型号。

> **小知识**　如果减压器内部损坏，从气瓶中释放出的高压气体冲向减压器的低压部分，压力表可被堵塞，表头可能爆裂。这种故障可能造成灾难性的事故。

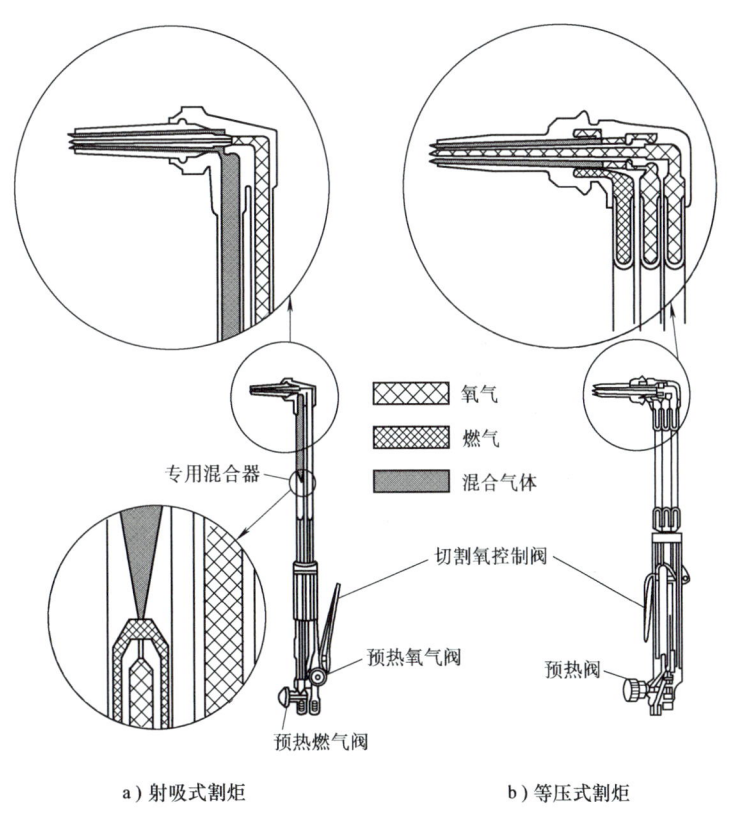

图 8-6　割炬

等压式割炬的乙炔、预热氧分别由单独的管道进入割嘴，预热氧和乙炔在割嘴内开始混合，供产生预热火焰用。由于乙炔气的流通是依靠本身的压力，它不适用于低压乙炔气体，而必须采用中压乙炔气，所以又称为中压式割炬。图 8-6b 所示即为等压式割炬的构造。

等压式割炬具有火焰燃烧稳定、不易回火等优点，应用日趋广泛。国内常用的 G02-100 型割炬即属于这种类型。

> **小知识** "回火"发生在燃气和氧气的混合物在焊炬的混合室内燃烧时，并且可能从软管扩展到调节器或气瓶。这种在软管、调节器或气瓶中的燃烧可能导致燃烧事故、起火或爆炸，造成人员和财产损失。安装回火保险器能够防止发生回火。

焊炬和割炬在使用过程中产生的火花和飞溅物会沉积在喷嘴上或喷嘴小孔处，这些沉积物（特别是碳）会使气流受阻，引起气体混合物过早引燃。每次焊接工作开始时，首先应清洁焊炬和割炬喷嘴，选择与喷嘴相匹配的最大的焊炬喷嘴清洁丝，采用有部分锯齿的清洁丝去除外来杂物，保证现有的孔径不扩大。然后用细砂纸或金刚砂布擦除焊炬喷嘴上的附着物。使用压缩空气或氧气吹出喷嘴中的杂物。一定不要使用梅花钻头清洁喷嘴，这样会造成喷嘴孔径的破坏。

气焊、气割时用的胶管，必须能够承受足够的气体压力，并要求质地柔软，质量小，以便于工作。氧气胶管规定是红色的，乙炔胶管是绿色或黑色的，乙炔胶管和氧气胶管的强度不同，不得相互代用。

三、氧乙炔焰

氧乙炔焰是乙炔与氧混合燃烧所形成的火焰。氧乙炔焰具有很高的温度，加热集中，这是目前气焊、气割中采用的主要火焰。氧乙炔焰是气焊、气割的热源，产生的气流又是熔化金属的保护介质。

1. 氧乙炔焰的类型及应用

一般按氧气和乙炔的比值不同，可以将氧乙炔焰分为中性焰、碳化焰和氧化焰三种。氧乙炔焰的构造和形状如图 8-7 所示。

（1）**中性焰** 中性焰是氧乙炔混合体积比为 1.1~1.2 时燃烧所形成的火焰。在一次燃烧区既无过量氧又无游离碳。

中性焰由焰心、内焰、外焰三部分组成，如图 8-7a 所示。焰心呈尖锥形，色白而明亮，轮廓清楚。焰心虽然很亮，但温度仅有 800~1200℃，这是由于乙炔分解而吸收了部分热量的缘故。内焰位于碳素微粒层外面，呈蓝白色，有深蓝色线条。内焰处在焰心前

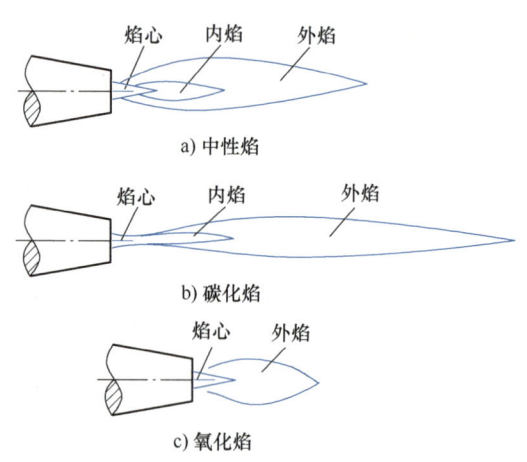

图 8-7 氧乙炔焰的构造和形状

2~4mm 的部位，燃烧最激烈，温度最高，可达到 3100~3150℃。内焰对许多金属的氧化物具有还原作用，所以该区称为还原区。内焰的外面是外焰，它和内焰没有明显的界限，只能从颜色上略加区别。外焰的颜色从里向外由淡紫色变为橙黄色。外焰的温度为 1200~2500℃，由于 CO_2 和 H_2O 在高温时很容易分解，所以外焰具有氧化性。

中性焰可用于低碳钢、低合金钢、纯铜、铝及铝合金等的焊接和气割。由于中性焰的焰心和外焰的温度较低,而内焰具有还原性,因此可以改善焊缝的力学性能,采用中性焰焊接金属及其合金时,大多数均用内焰。

(2) 碳化焰　氧与乙炔的混合体积比小于1.1时燃烧所形成的火焰称为碳化焰。这种火焰含有游离碳,具有较强的还原作用,也有一定的渗碳作用。

碳化焰可明显地分为焰心、内焰和外焰三部分,如图8-7b所示。碳化焰的最高温度为2700～3000℃。碳化焰中存在的过剩乙炔,焊接时易分解为氢气和碳,容易增加焊缝的含碳量,影响焊缝的力学性能。过多的氢进入熔池会使焊缝产生气孔及裂纹。因此,碳化焰不能用于焊接低碳钢和低合金钢。但轻微碳化焰应用较广,它可用于中合金钢、高合金钢、铝及其合金的焊接。

(3) 氧化焰　氧与乙炔的混合体积比大于1.2时燃烧所形成的火焰称为氧化焰。氧化焰中有过量的氧,在尖形焰心外面形成了一个有氧化性的富氧区,如图8-7c所示。

氧化焰的焰心呈淡紫蓝色,轮廓也不太明显。在燃烧过程中,由于氧的浓度大,氧化反应非常激烈,因此焰心和外焰都缩短了。外焰呈紫蓝色,火焰挺直,燃烧时会发出急剧的"嘶嘶"噪声。氧化焰的大小决定于氧的压力和火焰中氧的比例。氧的比例越大,则整个火焰越短,噪声也越大。

氧化焰的最高温度可达3100～3300℃,由于氧气的供应量较多,整个火焰具有氧化性,因此焊接一般碳素钢时,会造成金属的氧化和合金元素的烧损,降低焊缝的质量。这种火焰较少采用,只是在焊接黄铜和锡青铜时采用。

2. 氧乙炔焰的调节

刚点燃的氧乙炔焰一般为碳化焰,根据所焊金属材料的种类和厚度不同,可分别调节氧气阀和乙炔阀,直至获得所需的火焰性质和火焰能率。在焊接过程中,若发现火焰不正常要及时调节,或用通针将焊嘴内的杂质清除掉,使火焰颜色调至正常后方可继续进行焊接。需要熄灭火焰时,应先关闭乙炔调节阀,后关闭氧气调节阀。否则会出现大量的炭灰,而且在采用射吸式焊炬时,容易发生回火。氧乙炔焰直接影响到气焊、气割的质量和生产率,因此要求氧乙炔焰应有足够的温度,体积要小,焰心要直,热量要集中。并根据焊接材料来选择不同性质的火焰,才能获得优质的焊缝。

四、气焊与气割工艺参数的选择

1. 气焊的主要焊接参数

(1) **焊丝直径的选择**　焊丝的直径应根据工件的厚度、坡口的形式、焊缝位置、火焰能率等因素确定。在火焰能率一定时,即焊丝熔化速度在确定的情况下,如果焊丝过细,则焊接时往往在工件尚未熔化时焊丝已熔化下滴,这样,容易造成熔合不良和焊波高低不平、焊缝宽窄不一等缺陷;如果焊丝过粗,则熔化焊丝所需要的加热时间就会延长,同时增大了对工件的加热范围,使工件焊接热影响区增大,容易造成组织过热,降低焊接接头的质量。

在多层焊时,第一、二层应选用较细的焊丝,以后各层可采用较粗的焊丝。一般平焊应比其他焊接位置选用粗一号的焊丝,右焊法比左焊法选用的焊丝要适当粗一些。

(2) **火焰性质的选择**　一般来说,需要尽量减少元素的烧损时,应选用中性焰;需要增碳及还原气氛时,应选用碳化焰;当母材含有低沸点元素[如锡(Sn)、锌(Zn)等]

时，需要生成覆盖在熔池表面的氧化物薄膜，以阻止低熔点元素蒸发，应选用氧化焰。总之，火焰性质选择应根据焊接材料的种类和性能确定。

由于气焊焊接质量和焊缝金属的强度与火焰种类有很大的关系，因而在整个焊接过程中应不断地调节火焰成分，保持火焰的性质，从而获得质量好的焊接接头。

（3）火焰能率的选择　火焰能率指单位时间内可燃气体（乙炔）的消耗量，单位为 L/h。火焰能率的大小是由焊炬型号和焊嘴号码大小决定的。焊嘴号越大，火焰能率也越大，所以火焰能率的选择实际上是确定焊炬的型号和焊嘴的号码。火焰能率的大小主要取决于氧乙炔混合气体中，氧气的压力和流量（消耗量）及乙炔的压力和流量（消耗量）。流量的粗调通过更换焊炬型号和焊嘴号码实现；流量的细调通过调节焊炬上的氧气调节阀和乙炔调节阀来实现。火焰能率应根据工件的厚度、母材的熔点和导热性及焊缝的空间位置来选择。如焊接较厚的工件，熔点较高的金属，导热性较好的铜、铝及其合金时，就要选用较大的火焰能率，才能保证工件焊透；反之，在焊接薄板时，为防止工件被烧穿，火焰能率应适当减小。平焊缝可比其他位置焊缝选用稍大的火焰能率。在实际生产中，在保证焊接质量的前提下，应尽量选择较大的火焰能率。

（4）焊嘴倾斜角的选择　焊嘴的倾斜角是指焊嘴中心线与工件平面之间的夹角。焊嘴倾斜角度的大小主要是根据焊嘴的大小、工件的厚度、母材的熔点和导热性及焊缝空间位置等因素综合决定的。当焊嘴倾斜角大时，热量散失少，工件得到的热量多，升温就快；反之，热量散失多，工件受热少，升温就慢。一般低碳钢气焊时，焊嘴的倾斜角度与工件厚度的关系如图 8-8 所示。

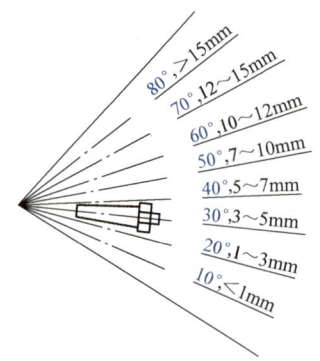

图 8-8　焊嘴的倾斜角度与工件厚度的关系示意图

（5）焊接速度的选择　焊接速度应根据焊工的操作熟练程度，在保证焊接质量的前提下，尽量提高焊接速度，以减少工件的受热程度并提高生产率。一般说来，对于厚度大、熔点高的工件，焊接速度要慢些，以避免产生未熔合的缺陷；而对于厚度薄、熔点低的工件，焊接速度要快些，以避免产生烧穿或使工件过热而降低焊接质量。

2. 气割主要工艺参数

（1）割炬型号和切割氧压力　被割件越厚，割炬型号、割嘴号码、氧气压力均应越大。当割件较薄时，切割氧压力可适当降低。但切割氧的压力不能过低，也不能过高。若切割氧压力过高，则切口过宽，切割速度降低，不仅浪费氧气，同时还会使切口表面粗糙，而且还将对割件产生强烈的冷却作用。若氧气压力过低，会使气割过程中的氧化反应减慢，切割的氧化物熔渣吹不掉，在切口背面形成难以清除的熔渣黏结物，甚至不能将工件割穿。

除上述切割氧的压力对气割质量的影响外，氧气的纯度对氧气消耗量、切口质量和气割速度也有很大影响。氧气纯度降低，会使金属氧化过程缓慢，切割速度降低，同时氧的消耗量增加。在氧气纯度为 97.5%~99.5%（体积分数，下同）的范围内，氧气纯度每降低 1% 时，气割 1m 长的割缝，气割时间将增加 10%~15%，氧消耗量将增加 25%~35%。氧气中的杂质如氮等在气割过程中会吸收热量，并在切口表面形成气体薄膜，阻碍金属燃烧，从而使气割速度下降，氧气消耗量增加，并使切口表面粗糙。因此，气割用氧气的纯度应尽可能高，一般要求在 99.5% 以上。若氧气的纯度降至 95% 以下，气割过程将很难进行。

（2）气割速度　一般气割速度与工件的厚度和割嘴形式有关，工件越厚，气割速度越慢，相反，气割速度应较快。气割速度由操作者根据切口的后拖量自行掌握。所谓后拖量，是指在氧气切割的过程中，在切割面上的切割氧气流轨迹的始点与终点在水平方向上的距离，如图 8-9 所示。

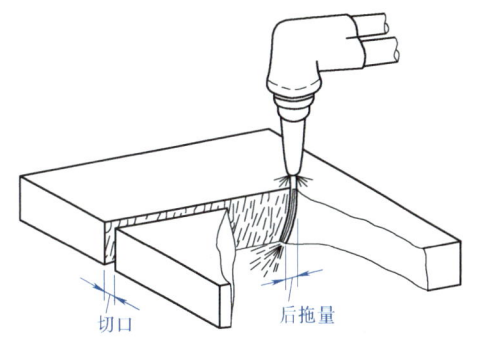

图 8-9　切口与后拖量示意图

在气割时，后拖量总是不可避免的，尤其气割厚板时更为显著。合适的气割速度，应以使切口产生的后拖量比较小为原则。若气割速度过慢，会使切口边缘不齐，甚至产生局部熔化现象，割后清渣也较困难；若气割速度过快，会造成后拖量过大，使切口不光洁，甚至造成割不透。

（3）预热火焰能率　预热火焰的作用是把金属工件加热至金属在氧气中燃烧的温度，并始终保持这一温度，同时还使钢材表面的氧化皮剥离和熔化，便于切割氧气流与金属接触。气割时，预热火焰应采用中性焰或轻微氧化焰。碳化焰因有游离碳的存在，会使切口边缘增碳，所以不能采用。预热火焰能率的大小与工件的厚度有关，工件越厚，火焰能率应越大。但在气割时，应防止火焰能率过大或过小的情况发生，要注意随时调整预热火焰，防止火焰性质发生变化。

（4）割嘴与工件间的倾角　割嘴倾角的大小主要根据工件的厚度来确定。一般气割 4mm 以下厚的钢板时，割嘴应后倾 25°～45°；气割 4～20mm 厚的钢板时，割嘴应后倾 20°～30°；气割 20～30mm 厚的钢板时，割嘴应垂直于工件；气割

想一想　气割的工艺参数与气焊有哪些区别？

大于 30mm 厚的钢板时，开始气割时应将割嘴前倾 20°～30°，待割穿后再将割嘴垂直于工件进行正常切割，当快割完时，割嘴应逐渐向后倾 20°～30°。

割嘴与工件间的倾角对气割速度和后拖量产生直接影响，如果倾角选择不当，不但不能提高气割速度，反而会增加氧气的消耗量，甚至造成气割困难。

（5）割嘴离工件表面的距离　通常火焰焰心离开工件表面的距离应保持在 3～5mm 的范围内，这样，加热条件最好，而且渗碳的可能性也最小。如果焰心触及工件表面，不仅会引起切口上缘熔化，还会使切口渗碳的可能性增加。

一般来说，切割薄板时，由于切割速度较快，火焰可以长些，割嘴离开工件表面的距离可以大些；切割厚板时，由于气割速度慢，为了防止切口上缘熔化，预热火焰应短些，割嘴离工件表面的距离应适当小些，这样，可以保持切割氧气流的挺直度和氧气的纯度，使切割质量得到提高。

【综合训练】

一、理论部分
（一）判断
（　）1. 乙炔是一种无色的碳氢化合物气体，其密度比氧气小。
（　）2. 乙炔胶管和氧气胶管是可以互相代用的。

（　　）3. 无论焊接哪种金属，焊接火焰选用中性焰最为合适。

（　　）4. 气焊时应掌握火焰的喷射方向，使焊缝两边金属的温度始终保持平衡。

（二）填空

1. 氧化焰常常被用于_____或者采用_____或_____对大厚度工件的熔焊。

2. 一般气割 4~20mm 厚的钢板时，割嘴应后倾_____；气割 20~30mm 厚的钢板时，割嘴应_____于工件。

3. 气割用氧气的纯度应尽可能高，一般要求在_____%（体积分数，下同）以上。若氧气的纯度降至_____%以下，气割过程将很难进行。

4. 通常火焰焰心离开工件表面的距离应保持在_____mm 的范围内。

5. 火焰性质选择应根据焊接材料的_____和_____确定。

（三）简答

1. 气焊焊接参数通常包括哪些内容？

2. 氧气切割的主要条件是什么？

二、实践部分

1. 训练目标

了解气焊、气割的工艺。通过实际操作，对气焊、气割的工艺有进一步的认识和了解。

2. 训练准备

1）人员准备：每组 10 人左右，分成若干小组。

2）资料准备：制订气焊气割工艺（实习教师指定材料、厚度等）。

3. 训练地点

实验室。

4. 训练方法

根据所制订的焊接工艺，对母材进行气焊或气割。

模块二　电渣焊

导入案例

在重型装备事业部金属结构分厂的精心组织下，中国一重负责的轧机底板超厚度钢板电渣焊历时近 14h 完成焊接。据悉，此次电渣焊板是由 2 件铸钢件和 1 件锻造钢板分 2 次焊接而成，坯料厚度高达 550mm，焊缝总长达 5080mm，焊后总重达 80t，此规格电渣焊焊接在国内尚属首次。本次超厚度电渣焊焊接的完成，标志着中国一重在超厚板板材焊接上又迈上了新的台阶，同时也为中国一重今后超厚板焊接奠定了坚实的基础。

电渣焊是利用电流通过液态熔渣产生的电阻热进行焊接的方法。它可一次完成任意厚度工件的焊接，是 40mm 以上厚板接头的经济而优质的一种焊接方法。电渣焊已广泛应用于大

第八单元　其他焊接方法介绍

型电站锅炉、大型水轮机、重型机械、大吨位船舶、大型冶金设备和核能装置等重型部件的制造中。

一、电渣焊的原理和特点

1. 电渣焊的原理

电渣焊原理如图 8-10 所示。焊前先把工件垂直放置，两工件间预留一定间隙（一般为 20~40mm），并在工件上、下两端分别装好引弧槽和引出板，在工件两侧表面装好强迫成形装置。由于高温的液态熔渣具有一定的导电性，焊接电流流经渣池时在渣池内产生大量电阻热，将工件边缘和焊丝熔化，熔化的金属沉积到渣池下面形成金属熔池。随着焊丝的不断送进，熔池不断上升并冷却凝固形成焊缝。由于熔渣始终浮于金属熔池的上部，不但保证了电渣焊过程的顺利进行，而且对金属熔池起到了良好的保护作用。随着熔池不断上升，焊丝送进装置和强迫成形装置也随之不断提升，焊接过程得以连续进行。

2. 电渣焊的特点

（1）**全厚度一次成形**　由于电渣焊是在垂直位置焊接，并在接缝间隙两端用水冷铜滑块挡住金属熔池和渣池，因此，工件的整个厚度被金属熔池所填充，并与接缝两侧母材熔合，形成连续的焊缝。电渣焊特别适用于厚板和特厚板的焊接。

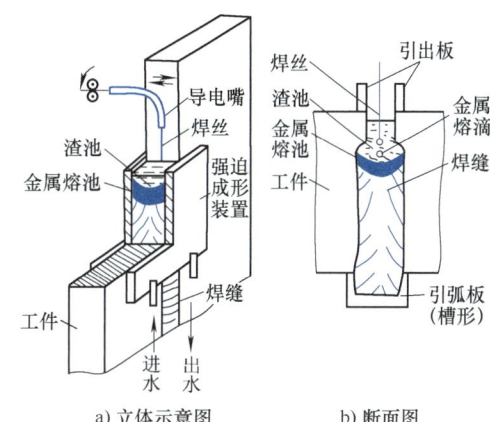

图 8-10　电渣焊原理示意图

（2）**焊缝金属纯度高**　电渣焊过程中，液态渣池始终覆盖金属熔池，不仅严密地隔离大气侵入金属熔池，而且通过调节焊接电流和电压，容易调整焊缝的化学成分以获得所需的力学性能，并降低焊缝金属中的有害杂质，使焊缝金属的纯度大大高于其他熔焊方法。

（3）**焊接热循环平缓**　电渣焊时，由于金属熔池和高温渣池体积较大，加热及冷却速度缓慢，高温停留时间较长，可有效地防止淬火裂纹的形成。渣池对被焊工件有较好的预热作用，焊接碳当量较高的金属不易出现淬硬组织，冷裂倾向较小；焊接中碳钢、低合金钢时均可不预热。

> **资料卡**
> **气电立焊技术**
> 气电立焊（EGW）其能量密度比电渣焊高，焊接技术却基本相同。通常保护气体采用二氧化碳。气电立焊在焊接电弧和熔滴过渡方面类似于普通熔化极气体保护焊，而在焊缝成形和机械系统方面又类似于电渣焊。气电立焊与电渣焊的主要区别在于熔化金属的热量是电弧热而不是熔渣的电阻热。板的厚度在 12~80mm 最适宜。

（4）**焊缝和热影响区晶粒粗大**　电渣焊时焊接热输入比其他熔焊方法大得多，焊缝和热影响区在高温停留时间长，易引起晶粒粗大和产生过热组织，造成焊接接头冲击韧度降低。为此，对于必须采用电渣焊的母材，应具有较高的纯度、较低的杂质含量，并含有适量的细化晶粒的合金元素，如钼、钛、铌和铝等。并且一般焊后应进行正火和回火热处理，但这对厚大工件来说有一定的困难。

二、电渣焊的分类及应用

1. 电渣焊的分类

电渣焊按电极形式的不同，可分为**丝极电渣焊、板极电渣焊和熔嘴电渣焊**等。

（1）丝极电渣焊（见图8-11）　使用焊丝作为电极，焊丝通过导电嘴送入渣池，导电嘴和焊接机头随金属熔池的上升同步向上提升。焊接较厚的工件时可以采用多根焊丝，但焊接设备和技术较为复杂；为了增加所焊工件的厚度并使母材在厚度方向上受热熔化均匀，还可以同时使焊丝在接头间隙中往复摆动，以获得较均匀的熔宽和熔深。这种焊接方法由于焊丝在接头间隙中的位置及焊接参数都容易调节，从而易于控制熔宽和熔深，故适合于焊缝较长的工件和环焊缝焊接。但这种焊接方法的设备及操作较复杂，而且由于机头位于焊缝一侧，只能在焊缝另一侧安设控制变形的定位铁，以致焊后会产生角变形，故在一般对接焊缝、T形焊缝中较少采用。

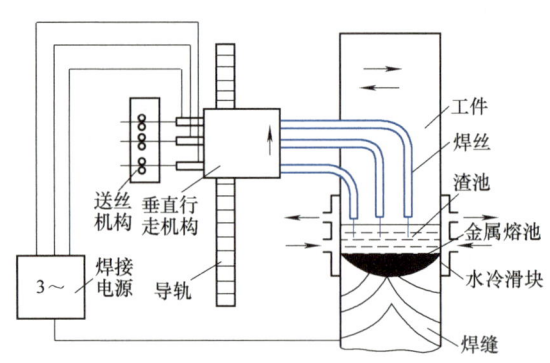

图8-11　丝极电渣焊过程示意图

（2）板极电渣焊（见图8-12）　板极电渣焊的电极为板条状，通过送进机构将板极不断地向熔池中送进。可根据被焊工件厚度的不同，采用一块或数块金属板条进行焊接。单板极由于沿板极宽度方向热能分布不均，使焊缝熔宽不均匀，呈明显的腰鼓形，用多板极时成形可有所改善。板极可以是铸造的，也可以是锻造的，甚至可用边角料制成，尤其适于不宜拉拔成焊丝的合金钢材料的焊接和堆焊。板极在焊接过程中无须作横向摆动，因而设备、工艺简单。但板极电渣焊的板极送进设备高大，焊接过程中板极易在接头间隙中晃动而导致和工件短路，操作较为复杂，所以板极电渣焊的板极一般不应超过焊缝长度的4~5倍，一般不用于普通材料的焊接，较适用于大断面短焊缝的焊接，目前多用于模具钢的堆焊、轧辊的堆焊等。

（3）熔嘴电渣焊（见图8-13）　其电极由固定在接头间隙中的熔嘴（通常由钢板和钢管定位焊而成）和由送丝机构不断向熔池中送进的焊丝构成。随焊接厚度的不同，可以采用单个熔嘴或多个熔嘴。根据工件的具体形状，熔嘴可以相应地是规则或不规则的形状。

熔嘴电渣焊设备简单，操作方便，目前已成为对接焊缝和T形焊缝的主要焊接方法，此外，该方法焊机体积小，焊接时机头位于焊缝上方，故适合于梁体等复杂结构的焊接；由于可采用多个熔嘴且熔嘴固定于接头间隙中，不易产生短路等故障，因此很适合于大截面结构的焊接，同时熔嘴可以做成各种曲线或曲面形状，适合于曲线及曲面焊缝如大型船舶的艉柱等的焊接。

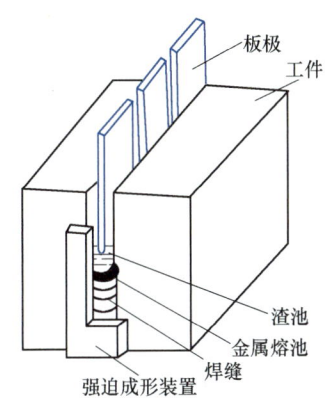

图 8-12　板极电渣焊示意图

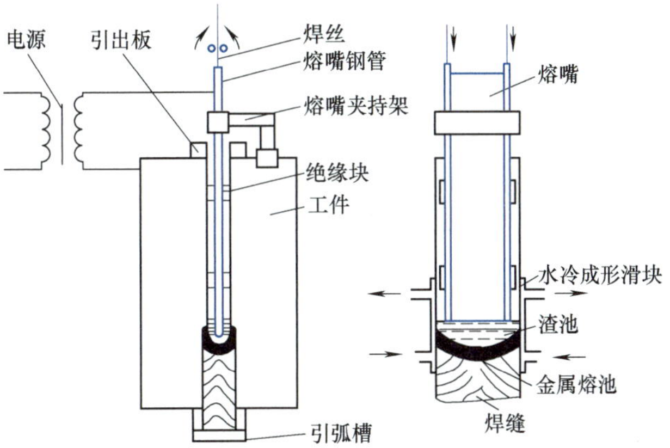

图 8-13　熔嘴电渣焊示意图

当被焊工件厚度不太大时，熔嘴可简化为一根或两根管子，在其外面涂上涂料，因此也可称为管极电渣焊（见图 8-14），它是熔嘴电渣焊的一个特例。管极电渣焊的电极为固定在接头间隙中的涂料钢管和不断向渣池中送进的焊丝。因涂料有绝缘作用，故管极不会和工件短路，可以缩小装配间隙，因而管极电渣焊可节省焊接材料，提高焊接生产率；由于工件厚度不太大时可只采用一根管极，操作方便且管极易于弯成各种曲线形状，故管极电渣焊多用于中等厚度（20~60mm）的工件及曲面焊缝的焊接。此外，还可以通过管极上的涂料适当地向焊缝中渗入合金，对细化焊缝晶粒有一定作用。

（4）**电渣压焊**　除上述的电渣焊方法外，生产中应用较多的还有一种被称为电渣压焊的方法（见图 8-15）。电渣压焊主要用于钢筋混凝土建筑工程中竖向钢筋的连接，所以也叫钢筋电渣压焊，它具有电弧焊、电渣焊和压焊的特点，在焊接方法的分类上属于熔化压焊的范畴。

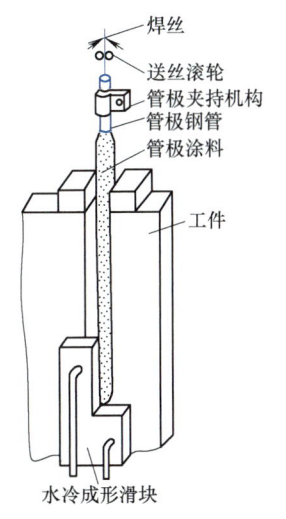

图 8-14　管极电渣焊示意图

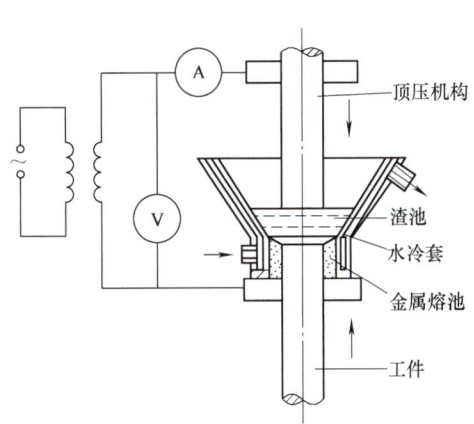

图 8-15　电渣压焊示意图

小知识　钢筋电渣压焊技术是在相对接的钢筋之间加入少许铁丝或铁屑丝，采用接触引弧产生电弧，建立电弧过程，待渣池达到一定深度后自动转入电渣过程，金属熔池布满钢筋整个截面后，迅速将上位钢筋向下顶压，切断焊接电源完成焊接的。

钢筋电渣压焊是将两钢筋安放在竖直位置，采用对接形式，利用焊接电流通过端面间隙，在焊剂层下形成电弧过程和电渣过程，产生电弧热和电阻热熔化钢筋端部，最后加压完成连接的一种焊接方法。

钢筋电渣压焊操作方便，效率高，质量好，成本低，适用于现浇混凝土结构竖向或斜向（倾斜度在 4∶1 范围内）钢筋的连接，钢筋的级别为Ⅰ、Ⅱ级，直径为 $\phi14 \sim \phi40 mm$。

钢筋电渣压焊主要用于柱、墙、烟囱、水坝等现浇混凝土结构（建筑物、构筑物）中竖向受力钢筋的连接，但不得在竖向焊接之后再横置于梁、板等构件中作水平钢筋之用，这是由其工艺特点和接头性能所决定的。

2. 电渣焊的应用

电渣焊适用于焊接厚度较大的工件（最大厚度达 300mm）、难于采用埋弧焊或气焊的某些曲线或曲面焊缝、由于现场施工或起重设备的限制必须在垂直位置焊接的焊缝以及大面积的堆焊等。

电渣焊不仅是一种优质、高效、低成本的焊接方法，而且它还为生产、制造大型构件和重型设备开辟了新途径。一些外形尺寸和质量受到生产条件限制的大型铸造和锻造结构，借助于电渣焊方法，可用铸-焊或锻-焊结构来代替，从而使企业的生产能力得到显著提高。

三、电渣焊工艺

想一想　有资料认为电渣焊实质上属于电阻焊，你知道为什么吗？

电渣焊多采用交流电源，电渣焊电源必须是空载电压低、感抗小（不带电抗器）的平特性电源，三相供电，其二次电压应具有较大的调节范围。目前国内常用的电渣焊电源有 BP1-3×1000 型和 BP1-3×3000 型变压器，典型电渣焊机有 HS-1000 型等。下面仅对直缝丝极电渣焊操作工艺技术进行分析。

直缝丝极电渣焊的操作过程大致分为引弧造渣、焊接和收口三部分。

（1）引弧造渣　引弧造渣是丝极电渣焊最难掌握的一种操作技术，其操作程序如下：先在引弧槽内添加细碎的铁屑或专用的引弧剂，然后以单丝低速向引弧槽底部送进，直至与铁屑层轻微接触，接着起动焊接电源引弧。引燃电弧后，立即均匀地添加焊剂，直到渣池深度达到规定值时，即可将焊接电压和送丝速度调到正常值，并开动焊机上升，进入正常焊接过程。

（2）焊接　在正常电渣焊接过程中，须始终保持焊接参数的恒定，才会获得稳定的焊接过程并形成高质量的焊缝。为此，在操作中应注意经常观察并测量渣池深度，及时添加焊剂，使渣池深度始终保持在规定的范围之内。同时要监视焊接电流和焊接电压表指示，当出现较大的偏差时立即加以调整。应时刻注视导电嘴和焊丝在接缝间隙中的位置，如采用摆动焊丝的技术时，则应注意使导电嘴沿接缝间隙的中心线摆动，不发

第八单元 其他焊接方法介绍

生偏离。

冷却滑块和冷却垫板与工件侧壁表面应紧密贴合，如发现有漏渣现象，应及时用石棉泥堵塞。如漏渣严重，则应立即降低焊接电压和送丝速度，添加适量焊剂保持渣池深度。

（3）收口 当渣池升至引出板部位时，可适当降低送丝速度和焊接电压，逐渐把渣池和金属熔池上部引出工件之外。当渣池表面离工件端面的距离大于渣池深度约 20mm 时，开始收口操作程序，将焊接电压和送丝速度逐级减小，直到填满金属熔池的缩孔。最后切断焊接电源后，不应过早地松开冷却滑块，应待引出板中渣池基本凝固后，再移开电渣焊机头。

【综合训练】

一、理论部分

（一）判断

（　　）1. 电渣焊与埋弧焊无本质区别，只是前者使用的电流大些。

（　　）2. 电渣焊的主要优点是可焊接很厚的工件，但工件必须是直平面，不能是曲面。

（　　）3. 板极电渣焊生产率虽比丝极电渣焊高，但由于板条需作横向摆动，故其设备复杂。

（　　）4. 电渣焊时，渣池温度低，熔渣的更新率也低，所以只能通过焊丝（板极）向熔池渗入必需的合金元素。

（二）填空

1. 电渣焊的坡口形式应选择_____。
2. 丝极电渣焊焊丝直径通常为_____ mm。
3. _____电渣焊可焊接大断面的短焊缝。
4. 能够焊接变断面厚工件的电渣焊方法是_____。
5. 电渣焊时一般采用的焊接电源外特性是_____。

（三）简答

1. 常见电渣焊焊接接头中的缺陷有哪些？其产生的原因和焊条电弧焊是否一样？
2. 分析直缝丝极电渣焊的操作过程。

二、实践部分

参观电渣焊生产现场。

模块 三　螺柱焊

 导入案例

螺柱焊具有快速、可靠、操作简单及无孔连接等优点，正在替代汽车制造中的铆接、攻螺纹和钻孔等连接工艺。螺柱在轿车车厢内的作用是固定线束、内饰件和地毯等；在车厢外的作用是固定线束、油管、制动油管以及隔热板、导流板等底盘附件。

235

在螺柱的端面与另一板状工件之间利用电弧热使之熔化并施加压力完成连接的焊接方法称为螺柱焊，图 8-16 为螺柱焊过程示意图。它兼具熔焊和压焊的特征，是一种加压熔焊。目前，螺柱焊已从单一的造船行业扩展到汽车、机车、锅炉压力容器、电站、钢结构、建筑桥梁等诸多行业。

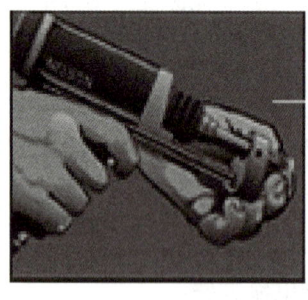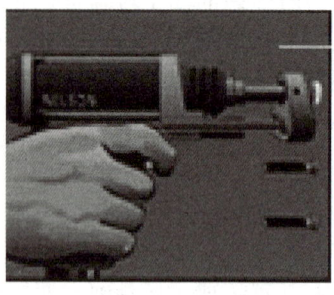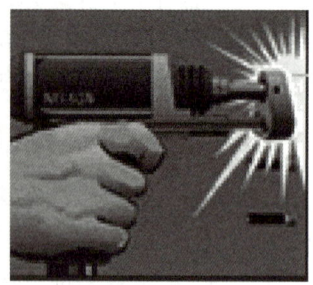

图 8-16　螺柱焊过程示意图

一、螺柱焊的分类和特点

1. 螺柱焊的分类

螺柱焊的接头是 T 形接头，螺柱或类似螺柱的紧固件垂直于工件的待焊表面。待焊表面一般是平的，也可以是斜面或曲面的。可在平焊、立焊或仰焊位置焊接。按照操作过程的不同，将螺柱焊分为拉弧式螺柱焊（储能式螺柱焊）和电容放电式螺柱焊两大类。两者的主要区别是供电电源和燃弧时间长短不同，前者由弧焊电源供电，燃弧时间为 0.1~1s；后者由电容储能电源供电，燃弧时间非常短，为 1~1.5ms。此外，拉弧式螺柱焊常使用焊剂（焊铝时使用保护气体）和陶质套圈，而电容放电式螺柱焊因燃弧时间很短，不需要焊剂和外加保护。

2. 螺柱焊的特点

（1）优点

1）无须钻孔、打洞、攻螺纹，粘接、铆接等连接方式。
2）无须对非焊接面进行再次加工。
3）对于有密封性要求的产品，螺柱焊不漏水，不漏气。
4）焊接上的螺栓成为连接母体的一部分。
5）螺柱焊的焊接速度快，精确度高，稳定性好。
6）连接成本低，效率高。

（2）缺点

1）设备不易调节。
2）焊接表面需要清理。焊前应将螺柱接触母材部位周边的油污、金属表面的氧化物等清理干净。

二、螺柱焊的工作原理

1. 电容放电式螺柱焊

电容放电式螺柱焊是以电容组作为电源，电容所储存的能量快速放电供给电弧。使用高容量电源，电容储能式螺柱焊的峰值电流可以达到 10000A 。电容放电式螺柱焊可按电弧引燃时螺柱放电尖端与工件的间隙情况分为直接接触式和预留间隙式两种方法。

（1）直接接触式电容放电螺柱焊 直接接触式电容放电螺柱焊的焊接过程如图 8-17 所示。首先将螺柱插入焊枪的螺柱夹头中，螺柱的起弧尖端直接抵在工件的焊接位置上（图 8-17a）。按压焊枪开关，电容放电，激发出电弧，形成熔化层（图 8-17b、c）。同时，螺柱在弹簧的作用下向工件运动，插入熔池，电弧熄灭，形成焊接接头（图 8-17d）。螺柱的运动速度为 0.4~1.0m/s，速度的大小取决于焊枪的弹簧力和放电尖端的长度，此过程在 2~3ms 内完成。

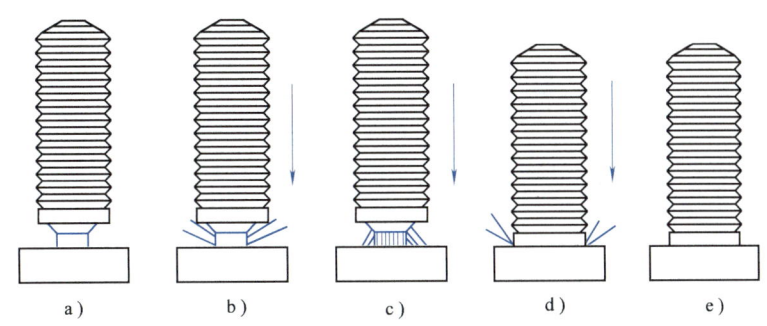

图 8-17 直接接触式电容放电螺柱焊的焊接过程

（2）预留间隙式电容放电螺柱焊 预留间隙式电容放电螺柱焊的焊接过程如图 8-18 所示。和直接接触式螺柱焊不同之处在于焊接开始后，焊枪嵌入的电磁铁从初始位置提升螺柱，在螺柱与工件表面之间形成一个可以调节的间隙（图 8-18a）。预留间隙式螺柱焊的后续过程与直接接触式螺柱焊相同（图 8-18b、c、d），但电弧燃烧时间只有 1~2ms，故预留间隙式螺柱焊可以在没有保护气体的条件下，焊接非铁金属。

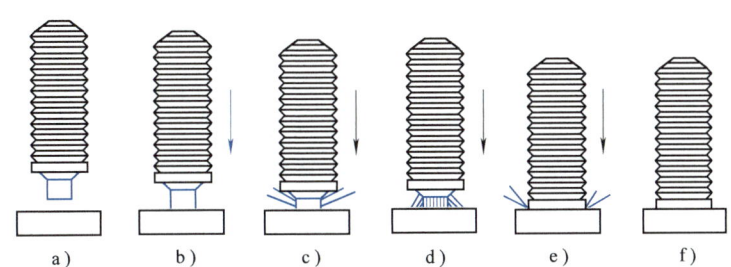

图 8-18 预留间隙式电容放电螺柱焊的焊接过程

2. 拉弧式螺柱焊

拉弧式螺柱焊的电弧引燃与焊条的引燃原理相同，都是短路提升引弧。拉弧式螺柱焊包括长周期拉弧式螺柱焊、短周期拉弧式螺柱焊和电容放电拉弧式螺柱焊，三种工艺过程存在着一定的差别。

（1）长周期拉弧式螺柱焊 长周期拉弧式螺柱焊的焊接过程如图 8-19 所示。首先，将焊接螺柱插入焊枪的夹头

> **资料卡**
>
> **杆板埋弧压力焊**
>
> 杆板埋弧压力焊与拉弧式螺柱焊过程相似，只是将瓷环换成较大尺寸的可开合的焊剂挡圈，在焊剂下引弧及焊接，形成熔池后加压完成焊接。焊接时无弧光外露，防止空气进入熔池。与拉弧式螺柱焊相比，焊接时间较长，要增加未熔熔剂和渣壳的清除工序。杆板埋弧压力焊在建筑行业的预埋件焊接中应用广泛。

中，如果需要，再配上瓷环，然后抵在工件的焊接位置上（图8-19a），焊接开始时，螺柱被提升，激发出电弧（图8-19b），然后电弧扩展（图8-19c），工件表面熔化形成熔池。螺柱被提升到最高点后，开始回落并插入熔池，焊接电流也随即终止（图8-19d）。为了防止空气侵入熔池恶化接头质量，长周期拉弧式螺柱焊一般需要进行保护，目前多数采用陶瓷环保护。

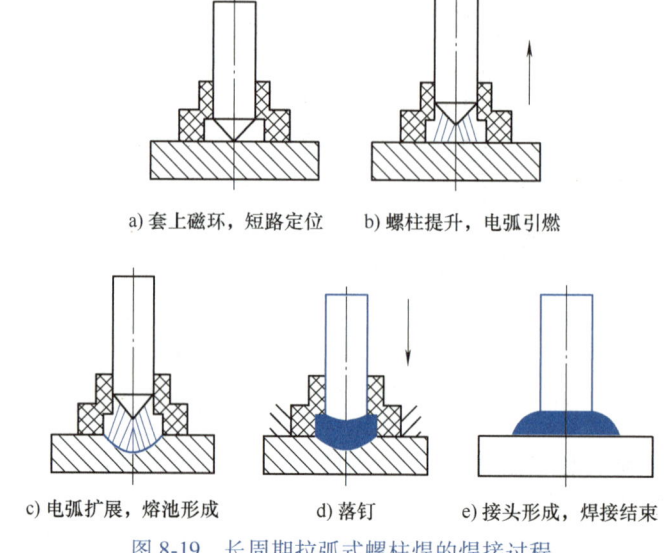

图8-19　长周期拉弧式螺柱焊的焊接过程

（2）短周期拉弧式螺柱焊　短周期拉弧式螺柱焊的焊接过程也是由短路、提升引弧、焊接、落钉和有电顶锻几个过程组成的，焊接时间只有长周期拉弧式螺柱焊的十分之一到几十分之一。

短周期拉弧式螺柱焊的焊接过程如图8-20所示。焊接时，螺柱接触工件后，起动焊枪开关通电短路（图8-20中①）；之后利用螺柱夹持机构提升螺柱，引燃小电弧（即先导电弧，图8-20中②）；延时数十毫秒后大电流（即焊接电流）自动接通，焊接电弧产生，电弧热熔化螺柱顶部和工件表面（图8-20中③）；随后螺柱夹持机构压迫螺柱下沉到工件熔池，电弧熄灭（图8-20中④）；断电后形成接头，焊接结束（图8-20中⑤）。

图8-20　短周期拉弧式螺柱焊的焊接过程

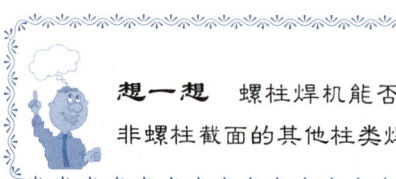

想一想　螺柱焊机能否用于非螺柱截面的其他柱类焊接？

（3）电容放电拉弧式螺柱焊　电容放电拉弧式螺柱焊的原理与长周期拉弧式螺柱焊相似，但是焊接时的电弧由先导电弧和焊接电弧组成，其中先导电弧通过整流电源供电，焊接电弧由电容器组供电。电容放电拉弧式螺柱焊的焊接过程如图 8-21 所示。

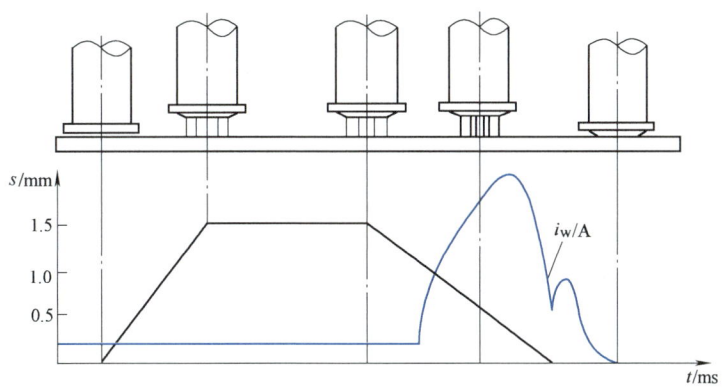

图 8-21　电容放电拉弧式螺柱焊的焊接过程
s—螺柱位移　t—焊接时间　i_w—焊接电流

三、螺柱焊方法的选择

电容放电式螺柱焊和拉弧式螺柱焊特点各异，最佳应用范围也有不同。在具体应用中选择焊接方法的依据主要是被焊工件厚度、材质和紧固件的尺寸。

1）直径大于 $\phi 8$mm 的螺柱一般是受力接头，适合采用长周期拉弧式螺柱焊。虽然长周期拉弧式螺柱焊可以焊接直径 $\phi 3 \sim \phi 25$mm 的螺柱，但是 $\phi 8$mm 以下的螺柱更适合采用电容放电式螺柱焊、电容放电拉弧式螺柱焊或短周期拉弧式螺柱焊。

2）对于 $w_C \leq 0.18\%$ 的结构钢、镍铬钢材料的螺柱焊接，可以选用任一种螺柱焊方法。但是对于铝及铝合金、铜及铜合金、涂层薄钢板和异种金属材料的螺柱焊接最好采用电容放电式螺柱焊或电容拉弧式螺柱焊。

3）不同螺柱焊方法可达到的工件厚度 δ 和螺柱直径 d 的比例不同，对于板厚 3mm 以下的工件最好采用电容放电式螺柱焊、电容放电拉弧式螺柱焊或短周期拉弧式螺柱焊。

表 8-1 列出各种螺柱焊的方法特点和应用范围。

> **资料卡**
> **CNC 全自动螺柱焊**
> 用微机控制的 CNC 全自动螺柱焊，能精确设置和记录、储存焊接参数，而且还能在焊接过程中实时检测、显示、自动调整参数，重现性极好；通过计算机编程控制、自动送钉、焊接；可按工艺要求精确控制螺柱的运动；具有纠错功能。

表 8-1　螺柱焊的方法特点和应用范围

特性参数	电容放电式螺柱焊		拉弧式螺柱焊		
	直接接触式	预留间隙式	长周期拉弧式	短周期拉弧式	电容放电拉弧式
螺柱直径 d/mm	2~8	2~8	$\dfrac{3 \sim 25}{3 \sim 16}$	3~12	2~8
峰值电流/A	10000	10000	$\dfrac{3000}{2000}$	1500	5000

(续)

特性参数	电容放电式螺柱焊		拉弧式螺柱焊		
	直接接触式	预留间隙式	长周期拉弧式	短周期拉弧式	电容放电拉弧式
焊接时间/ms	1~3	1~3	100~2000	20~100	3~10
d/δ	8	8	4	8	10
生产率/(个/min)	2~20	2~20	2~20	手动 2~15 自动 40~60	手动 2~15 自动 40~60
熔池保护	无保护	无保护	陶瓷环/气体	无保护或气体保护	无保护
螺柱材料	$w_C \leqslant 0.18\%$ 的结构钢、镍铬钢	$w_C \leqslant 0.18\%$ 的结构钢、镍铬钢、铜锌合金、铜、铝	$w_C \leqslant 0.18\%$ 的结构钢、镍铬钢、铝 ($d \leqslant \phi 12mm$)	$w_C \leqslant 0.18\%$ 的结构钢、镍铬钢、铜锌合金（气体保护）	$w_C \leqslant 0.18\%$ 的结构钢、镍铬钢、铜锌合金、铜、铝
最小板厚/mm	0.5	0.5	1	0.6	0.5
工件表面	焊前清理油污		不用处理		

【综合训练】

一、理论部分

（一）判断

（　　）1. 电容放电尖端引燃螺柱焊机实际上就是一个杆与板或其他形体的电弧压力焊过程，焊接电源一般为晶闸管逆变式的弧焊整流器。

（　　）2. 拉弧式螺柱焊机利用电容充电储能，焊接时放电形成能量脉冲，加热焊接部位加压焊接。

（　　）3. 电容放电尖端引燃螺柱焊特点：螺柱尖端放电，焊接时间短，约千分之几秒。

（　　）4. 电容放电尖端引燃螺柱焊机的焊接时间可调节。

（　　）5. 拉弧式螺柱焊的焊接时间可调节。

（二）填空

1. 拉弧螺柱焊的主要焊接参数有_____、_____、_____和_____。

2. 电容放电尖端引燃螺柱焊机的主要焊接参数有_____、_____、_____和_____。

3. 螺柱焊分为_____螺柱焊和_____螺柱焊。前者由弧焊电源供电，燃弧时间为_____s；后者由电容储能电源供电，燃弧时间非常短，为_____ms。

4. 电容放电式螺柱焊又分为_____式和_____式。

5. 拉弧式螺柱焊包括_____、_____和_____。

（三）简答

1. 试述螺柱焊的优缺点。

2. 螺柱焊机能否用于非螺柱截面的其他柱类焊接？

二、实践部分

1. 训练目标

了解螺柱焊接工艺流程及操作方法。

2. 训练准备

1）人员准备：将一个班的学生分成若干组，每组 8～10 人。

2）材料及设备准备：拉弧式螺柱焊机设备和储能式螺柱焊机各两套以上；各规格螺柱若干；各规格、不同材质的板材板料若干；砂纸、铁刷等材料。

3. 训练地点

实验室或训练场地。

4. 训练方法

1）小组召开会议，进行前期准备，搜集有关螺柱焊连接的相关资料。

2）螺柱焊连接的实际操作。

模块四　高能束焊

导入案例

众所周知，实现汽车生产自动化的前提是零部件的制造精度很高，焊接变形小，焊接部位外观光亮，所以要求焊接技术越来越高。而 CO_2 气体保护焊和电阻点焊已不适合尺寸要求高、变形量小的汽车零部件的焊接。因此，在汽车工业中正广泛地采用高能束焊接。例如，美国通用汽车公司已有3000多个汽车零件采用激光焊。据资料显示，美国汽车工业应用高能束焊接技术后，进行成本核算发现，每辆车节约成本100美元以上。高能束焊接提供了高速焊，而且使部件质量减小、制造时间缩短、生产成本降低。

高能束焊是用光量子、电子、等离子为能量载体的高能量密度束流（激光束、电子束、等离子束）实现对材料和构件焊接的新型特种焊接方法。它能大大改善材料的焊接性，使许多难以用其他方法焊接的材料和结构得以实现焊接。它是当今世界高科技与制造技术相结合的产物，是制造工艺发展的前沿领域和重要方向中不可缺少的特种焊接技术。本模块仅介绍电子束焊和激光焊这两种方法。

资料卡

电子束焊最新发展

超高压电子束焊机在日本已问世，一次可焊透200mm厚的不锈钢。日、俄、德开展了双枪及填丝电子束焊技术的研究。日本采用双枪实现了薄板的超高速焊接，反面无飞溅，成形良好。法国研制成功的双金属和三金属薄带材电子束焊也颇引人关注。德国和波兰的学者共同研制了真空电子束焊安装于真空室中的非接触测温装置，该装置可排除随机的热流干扰，测量精度高。

一、电子束焊

电子束焊是利用加速和聚焦的电子束轰

击置于真空或非真空中的工件所产生的热能进行焊接的方法。电子束焊已广泛应用在航空、航天、造船、石化、机械和电子等行业。

1. 电子束焊的工作原理

图 8-22 所示为电子束形成原理示意图。高压加速装置中的高功率电子束流，通过聚焦透镜会聚，得到微小焦点（其功率密度可达 $10^6 \sim 10^9 \text{W/cm}^2$），轰击真空或非真空中的工件，电子的动能迅速转变为热能，熔化金属，实现焊接过程。高压加速装置中电子束发生器由阴极、阳极、聚束极、聚焦透镜、偏转系统及合轴系统等组成。

电子束焊原理

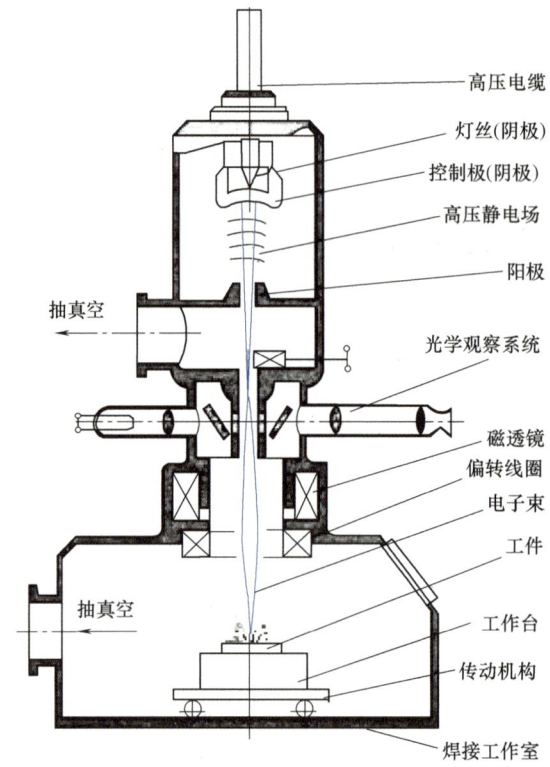

图 8-22　电子束形成原理示意图

电子束焊时，在几十千伏到几百千伏加速电压的作用下，电子的速度可达到 1/2～2/3 的光速。高功率密度的电子束轰击工件，可使工件的表层温度达到 10000℃以上，表面材料瞬时熔化并伴随着液态金属的蒸发，蒸发的原子形成反作用力使液态金属表面压凹，随着电子束功率密度的增加，金属蒸气量增多，液面被压凹的程度也增大，并形成一个小孔通道。电子束经过小孔通道轰击底部的待熔金属，使小孔通道逐渐向深处发展，在达到力的平衡状态时，通道的发展才停止，并形成小孔。小孔周围被液态金属包围。随着电子束与工件的相对移动，液态金属沿小孔周围流向熔池后部，因远离热源而逐渐冷却，凝固形成焊缝，如图 8-23 所示。在大厚度工件的焊接中，焊缝的深宽比可高达 60∶1。

2. 电子束焊的主要特点

电子束焊工艺具有很多优于传统焊接工艺方法的特点，见表 8-2。

第八单元 其他焊接方法介绍

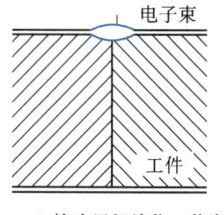 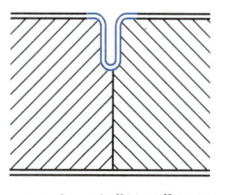 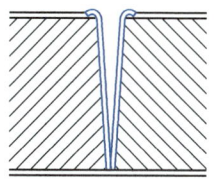 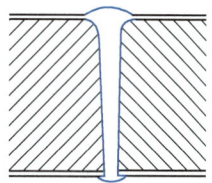

a) 接头局部熔化、蒸发　　b) 电子束"钻入"母材　　c) 电子束穿透工件　　d) 电子束后方形成焊缝

图 8-23　电子束焊的焊缝形成原理

表 8-2　电子束焊的特点

序号	特点	内容
1	焊缝深宽比高	电子束斑点尺寸小，功率密度大。可实现高深宽比（即焊缝深而窄）的焊接，深宽比达 60：1，可一次焊透 0.1~300mm 厚度的不锈钢板
2	焊接速度快 焊缝物理性能好	能量集中，熔化和凝固过程快。例如焊接厚 125mm 的铝板，焊接速度达 400mm/min，是氩弧焊的 40 倍。能避免晶粒长大，使接头性能改善。高温作用时间短。合金元素烧损少，焊缝耐蚀性好
3	工件热变形小	功率密度高，输入工件的热量少，工件变形小
4	焊缝纯洁度高	真空对焊缝有良好的保护作用，高真空电子束焊特别适合焊接钛及钛合金等活性材料
5	工艺适应性强	参数易于精确调节，便于偏转，对焊接结构有广泛的适应性
6	可焊材料多	不仅能焊金属和异种金属材料的接头，也可焊非金属材料，如陶瓷、石英玻璃等
7	再现性好	电子束焊焊接参数易于实现机械化、自动化控制，重复性、再现性好，提高了产品质量的稳定性
8	可简化加工工艺	可将重复的或大型体加工件分为易于加工的、简单的或小型部件，用电子束焊为一个整体，减小加工难度，节省材料，简化工艺

3. 电子束焊的分类及应用

1) 按被焊工件所处环境的真空度可分为三种：高真空电子束焊、低真空电子束焊和非真空电子束焊。

① 高真空电子束焊是在 $10^{-4} \sim 10^{-1}$Pa 的压力下进行的。良好的真空条件，可以保证对熔池的保护，防止金属元素的氧化和烧损。这种方法适用于活性金属、难熔金属和质量要求高的工件的焊接。

② 低真空电子束焊是在 $10^{-1} \sim 10$Pa 的压力下进行的。压力为 4Pa 时束流密度及其相应的功率密度的最大值与高真空的最大值相差很小。因此，低真空电子束焊也具有束流密度和功率密度高的特点。由于只需抽到低真空，明显地缩短了抽真空时间，提高了生产率，适用于批量大的零件焊接和在生产线上使用。例如，变速器组合齿轮多采用低真空电子束焊接。

③ 在非真空电子束焊机中，电子束仍是在高真空条件下产生的，然后穿过一组光栅、气阻和若干级预真空小室，射到处于大气压力下的工件上。这种焊接方法的最大优点是摆脱

了工作室的限制，因而扩大了电子束焊接的应用范围，并推动这一技术向更高阶段的自动化方向发展。

2）按电子束加速电压的高低可分为高压电子束焊接（120kV以上）、中压电子束焊接（60~100kV）和低压电子束焊接（40kV以下）三类。工业领域常用的高压真空电子束焊机的加速电压为150kV，功率一般都小于40kW；中压真空电子束焊机的加速电压为60kV，功率一般都小于75kW。

① 高压电子束焊接所需的束流小，加速电压高，易获得直径小、功率密度大的束斑和深宽比大的焊缝，对大厚度板材的单道焊及难熔金属和热敏感性强的材料的焊接特别适宜。

② 中压电子束焊机的电子枪能保证束斑的直径小于$\phi 0.4$mm。除极薄的材料外，这样的束斑尺寸完全能满足焊接要求。中压电子束焊接时产生的X射线完全能由适当厚度的钢制真空室壁所吸收，不需要采用铅板防护；电子枪极间不要求特殊的绝缘子，所以电子枪可以做成固定式或移动式的。

想一想 高能束焊在操作过程中要注意的安全事项有哪些？

③ 低压电子束焊机不需要采取铅板的特别防护，也不存在电子枪间跳高压的危险，所以设备简单，电子枪可做成小型移动式的。低压电子束焊接只适宜于焊缝深宽比要求不高的薄板材料的焊接。

二、激光焊

激光焊原理

激光焊是利用以聚焦的激光束作为能源轰击工件所产生的热量进行焊接的方法，如图8-24所示。利用激光器受激产生激光束，通过聚焦系统将其聚集成半径微小的光斑，当调焦到被焊工件的接缝时，光能转换为热能，从而使金属熔化形成焊接接头。该焊接技术已广泛应用在航空、航天、造船、石化、机械和电子等领域。

图8-24 激光焊

1. 激光焊的工作原理

激光焊能得以实现，不仅是因为激光本身具有极高的能量，更重要的是因为激光能量被激光器高度集中于一点，使其能量密度很大。图8-25为CO_2气体激光器的结构示意图。

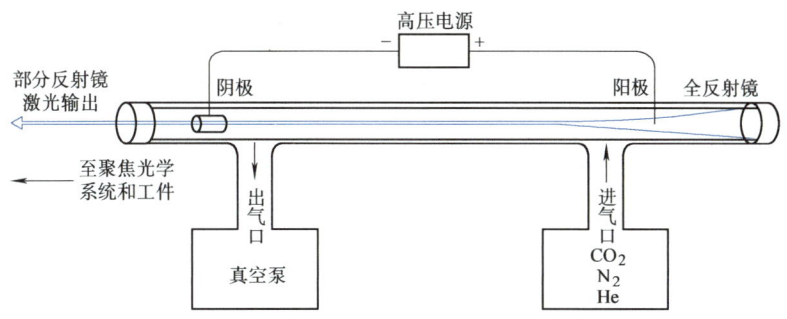

图 8-25　CO_2 气体激光器结构示意图

激光器通过高压电源获得能量，相同种类的分子群受电能激发并吸收电能，当分子群在瞬间释放所储存的能量时，这些能量就以特定频率的光子形式释放出来。产生激光的关键步骤是，在激光器中安装光学谐振回路（谐振腔），并使其与受激气体或固体分子产生的光子频率相协调。该谐振回路的工作原理与发声管相似，发声管是利用气流产生共振而发声，激光发生器是利用高压产生谐振而发光。气体或固体激光器通过谐振回路吸收能量，并同时释放相同频率的光子便产生了激光。反射镜和透镜组成的光学系统将激光聚焦并传递到被焊工件上。大多数激光焊接是在计算机控制下完成的，被焊工件可以通过二维或三维计算机驱动的平台移动（如数控机床）；也可以固定工件，通过改变激光束的位置来完成焊接过程。

2. 激光焊的分类

根据激光的输出方式，激光焊可分为连续激光焊和脉冲激光焊。

根据实际作用在工件上的功率密度，激光焊可分为热传导焊（功率密度 $< 10^5 \text{W/cm}^2$）和深熔焊（功率密度 $\geq 10^5 \text{W/cm}^2$）。

热传导焊时，工件表面温度不超过材料的沸点，工件吸收的光能转变为热能后，通过热传导将工件熔化，无小孔效应发生，焊接过程与非熔化极电弧焊相似，熔池形状近似为半球形。

深熔焊时，金属表面在光束作用下，温度迅速上升到沸点，金属迅速蒸发形成的蒸气压力、反冲力等能克服熔融金属的表面张力以及液体的静压力等而形成小孔，激光束可直接深入材料内部，所以也叫小孔型或穿孔型焊接，光斑的功率密度更高时，所产生的小孔能贯穿整个板厚，因而能获得深宽比大的焊缝。图 8-26 为激光深熔焊示意图。

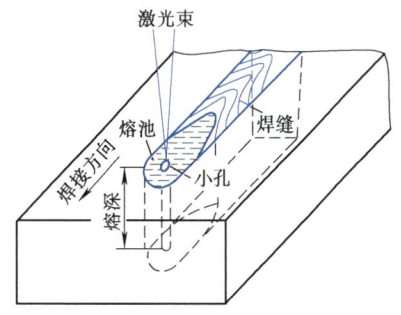

图 8-26　激光深熔焊示意图

3. 激光焊的特点

(1) 优点

1) 焊接热输入小，减小了焊接变形和热影响区尺寸。
2) 单道焊时被焊钢板的厚度可达 32cm。
3) 无须填充金属，无烟尘或杂质。

4) 可达性好，可绕过障碍物进行焊接。

5) 焊缝尺寸小，可焊接窄细焊缝。

6) 无接触过程，无工具磨损，减小了工件的夹持变形。

7) 适用于同种或异种材料的焊接。

8) 适用于薄板或细丝，无烧穿现象。

(2) 缺点

1) 板厚超过19mm时不适于实际生产应用。

2) 处于激光束下的接头必须精确定位、装配。

3) 激光器的光电转换率一般小于10%。

4) 焊缝冷却速度快，易产生气孔和脆性。

5) 铝和铜由于传热率和反射率高，不适于激光焊。

4. 激光焊接复合技术

单纯的激光焊接由于激光束流细小，因此对接头的间隙要求比较高，熔池的搭桥能力较差，同时由于反射、等离子云等问题，严重影响焊接过程的稳定性，光能利用率低，能量浪费大，严重影响了激光焊应用的进一步扩展。运用激光焊接复合技术能够较好地解决这些问题。

激光焊接复合技术是指将激光焊与其他焊接方法组合起来的集约式焊接技术，它是为了克服单纯激光焊的不足、扩展激光焊的应用而发展起来的一种新的工艺技术，其优点是能充分发挥组合中每种焊接方法的优点并克服其不足。

近年来，激光焊接复合技术发展很快，已应用于实际生产。目前，激光焊接复合技术主要有激光-电弧焊、激光-高频焊、激光-压焊等形式。图8-27是用等离子弧加强激光焊的方法，焊接的主要热源是激光，等离子弧起辅助作用。

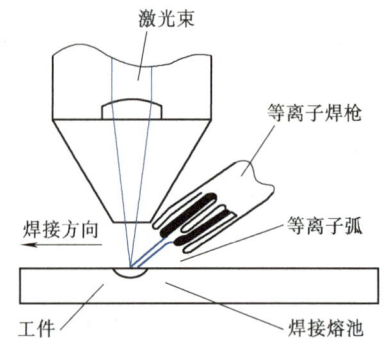

图8-27 等离子弧加强激光焊

【综合训练】

一、理论部分

(一) 判断

(　　) 1. 电子束深熔焊接的功率密度$\geq 10^5 W/cm^2$。

(　　) 2. 根据激光的输出方式，激光焊可分为热传导焊接和深熔焊接。

(　　) 3. 激光器的光电转换率一般小于10%。

(　　) 4. 电子束焊可实现焊缝深而窄的焊接，深宽比大于20∶1。

(　　) 5. 当电子束的功率不超过30kW时，中压电子束焊机的电子枪不能保证束斑的直径小于$\phi 0.4mm$。

(二) 填空

1. 高能束焊通常指功率密度达到_____ W/cm^2以上的焊接方法。

2. 按被焊工件所处环境的真空度，电子束焊可分为三种：_____、_____

第八单元　其他焊接方法介绍

和_____。

3. 按电子束加速电压的高低，电子束焊可分为_____、_____和_____三类。

4. 电子束功率密度一般可达_____ W/cm²。

（三）简答

1. 简述低压电子束焊机的特点。

2. 简述激光焊的优缺点。

二、实践部分

参观电子束焊和激光焊生产现场。

模块五　摩擦焊

导入案例

据有关资料统计，汽车工业已成为摩擦焊最具活力的市场，使用摩擦焊焊接的零部件有涡轮增压器，安全气囊的增压泵，变速器和齿轮箱的驱动轴、后桥、排气阀、气动制动用凸轮等。在工程机械方面，摩擦焊主要用来焊接液压传动部件，如液压缸，活塞杆，尤其是法兰与阀体的焊接。

摩擦焊是利用工件接触端面相对运动中相互摩擦所产生的热量，使端部达到热塑性状态，然后迅速顶锻完成焊接的一种压焊方法。摩擦焊具有优质、高效、低耗能的突出优点，目前已在各种工具、阀门、石油钻杆、电机与电力设备、工程机械以至航空、航天、船舶、高速列车、汽车等制造领域获得了广泛的应用。

摩擦焊原理

一、摩擦焊的原理、分类及特点

1. 摩擦焊的原理

在压力作用下，待焊界面通过相对运动进行摩擦，机械能转变为热能。对于给定的材料，在足够的摩擦压力和足够的相对运动速度条件下，被焊材料的温度不断上升。随着摩擦过程的进行，工件产生一定的塑性变形量，在适当时刻停止工件间的相对运动，同时施加较大的顶锻力并维持一定的时间，即可实现材料间的固相连接。

想一想　摩擦焊与电弧焊有什么联系和区别？

两工件接合面之间在压力下高速相对摩擦便产生两个很重要的效果：一是破坏了接合面上的氧化膜或其他污染层，使干净金属暴露出来；二是发热使接合面很快形成热塑性层。在随后的摩擦转矩和轴向压力作用下，这些破碎的氧化物和部分塑性层被挤出接合面外而形成飞边，剩余的塑性变形金属就构成焊缝金属，最后的顶锻使焊缝金属获得进一步的锻造，形

247

成了质量良好的焊接接头。

从焊接过程可以看出,摩擦焊接头是在被焊金属熔点以下形成的,所以摩擦焊属于固相焊接。不管采用何种摩擦焊方法,其共同的特点是工件高速相对运动,加压摩擦,加热至红热状态后工件旋转停止的瞬间,加压顶锻。整个焊接过程在几秒至几十秒之内完成。因此,具有相当高的焊接效率。摩擦焊过程中无须加任何填充金属,也不需要焊剂和保护气体,因此摩擦焊也是一种低耗材的焊接方法。

2. 摩擦焊的分类

摩擦焊的具体形式有很多,分类的方法也各种各样。根据工件相对摩擦运动的轨迹,可将摩擦焊分为旋转式摩擦焊和轨道式摩擦焊。旋转式摩擦焊的基本特点是至少有一个工件在焊接过程中绕着垂直于接合面的对称轴旋转。这类摩擦焊主要用于具有圆形截面的工件的焊接,是目前应用最广、形式最多的摩擦焊类型。轨道式摩擦焊是使一工件接合面上的每一点都相对于另一工件的接合面作同样大小轨迹的运动。轨道式摩擦焊主要用于焊接非圆形截面的工件。除此之外,摩擦焊还可以从焊接时的界面温度、所采取的工艺措施等方面进行分类。图8-28所示为摩擦焊工艺方法及分类。

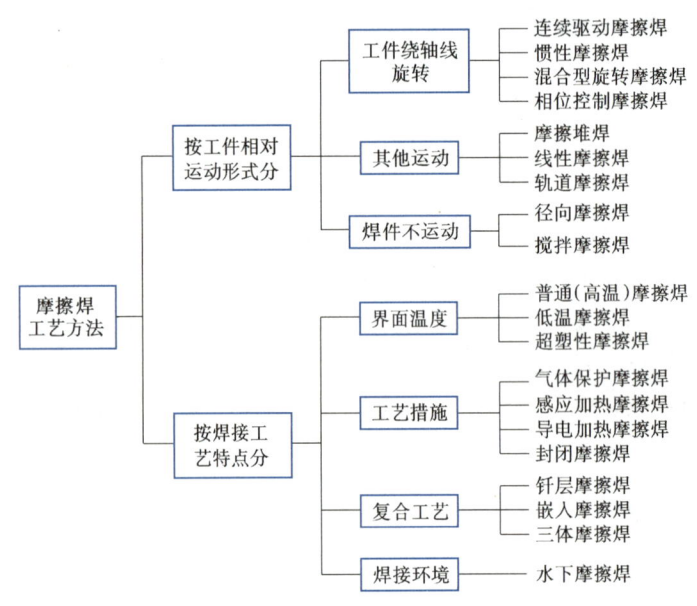

图 8-28 摩擦焊工艺方法及分类

3. 摩擦焊的特点

(1) 优点

1) 焊接效率高。摩擦焊焊接周期相当短,每个接头的焊接时间仅十几秒钟。

2) 接头质量高。摩擦焊过程是在工件高速旋转且接合面相互紧密接触的条件下完成的,周围空气不可能侵入接合区,不会产生焊接区的氧化和氮化。

3) 工件的尺寸精度高。摩擦焊焊接的工件尺寸可加以严格的控制,长度偏差不大于0.1mm,偏心度可保证不大于0.2mm。

4) 异种材料的焊接性好。采用摩擦焊可以焊接其他焊接方法无法焊接的异种材料接头,如铝-钢、铝-铜和钛-铜等接头。

第八单元　其他焊接方法介绍

5) 节能省材。摩擦焊与电阻对焊相比,电能可节约 5~8 倍。摩擦焊过程中不加任何填充金属,与电弧焊法相比,可节省大量的焊接材料。

6) 易于实现机械化和自动化焊接。摩擦焊是一种利用机械能的焊接方法,焊接过程的自动控制较简单,操作容易。

(2) 缺点

1) 摩擦焊接头毛刺难以清除。实心工件摩擦焊时会形成外毛刺。某些对内径尺寸要求严格的工件,则必须采用特殊的加工工艺。

2) 摩擦焊接头无损检测可靠性差。无法作射线检测,采用超声检测很难辨别缺陷波。

3) 对非圆形截面焊接较困难,设备复杂;对盘状薄零件和薄壁管件,由于不易夹持固定,施焊也很困难。

4) 焊机的一次性设备投资较大。

> **小知识**
> **摩擦堆焊**
> 将要堆焊的材料加工成棒材(称为耗材),在轴向压力作用下旋转,当耗材与基体金属的界面处产生热塑性层时基体金属移动,耗材连续向母材过渡并形成堆焊层。

二、典型摩擦焊方法介绍

工业生产中较典型的摩擦焊方法有连续驱动摩擦焊、惯性摩擦焊、轨道摩擦焊和搅拌摩擦焊等。

1. 连续驱动摩擦焊

这种摩擦焊过程各阶段及主要焊接参数的变化规律如图 8-29 所示。两待焊工件分别固定在旋转夹具(通常轴向固定)和移动夹具内。工件被夹紧后,移动夹具夹持工件向旋转端移动,旋转端工件开始旋转,待两边工件接触后开始摩擦加热,此后则可进行摩擦时间控制或摩擦缩短量(又称摩擦变形量)控制,当控制量达到设定值时停止旋转,开始顶锻并维持一定时间以便接头牢固连接,最后夹具松开、退出,取出工件,焊接过程结束。

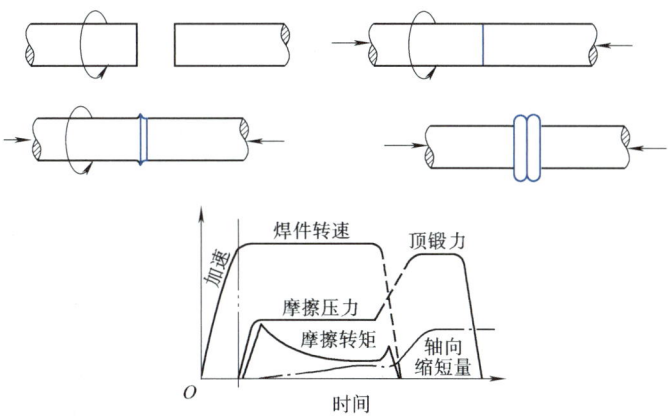

图 8-29　连续驱动摩擦焊接过程各个阶段及主要焊接参数变化规律

2. 惯性摩擦焊

图 8-30 所示为惯性摩擦焊过程的三个阶段。第一阶段飞轮带动夹持工件的夹头高速旋

转，达到预定速度后，飞轮与驱动电动机脱开。此时夹持工件另一端的移动夹具向旋转工件靠近，接触后开始摩擦产生热量，而飞轮受摩擦转矩的制动作用，转速逐渐降低到 0，这是惯性摩擦焊的第二阶段。由于对工件施加了恒定的轴向压力，在第三阶段工件端部被加热至红热状态而加大了轴向位移，即接合面产生较大的塑性流变而完成焊接过程。

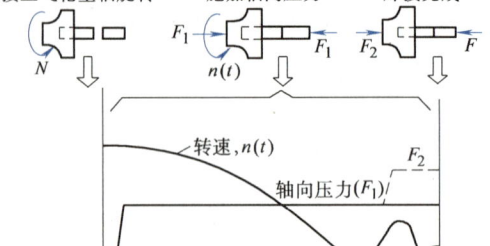

图 8-30 惯性摩擦焊三个阶段和各焊接参数变化规律

3. 轨道摩擦焊

轨道摩擦焊是使一工件接合面上的每一点都相对于另一工件的接合面做同样大小轨迹的运动，如图 8-31 所示。运动的轨迹可以是环形的或直线往复的，图 8-31a 为环形轨道摩擦焊示意图，其特点是两待焊工件均不作绕自身轴线的旋转，仅其中一个工件绕另外一个工件转动，主要用于焊接非圆截面工件。图 8-31b 是线性轨道摩擦焊示意图，在焊接过程中，摩擦副中的一侧工件被往复机构驱动，相对于另一侧被夹紧的工件表面做相对运动，其主要优点是不管工件是否对称，均可进行焊接，如可焊接方形、圆形、多边形截面的金属或塑料工件，配以合适的工夹具，它还可以焊接更加不规则的构件，如叶片与涡轮等。

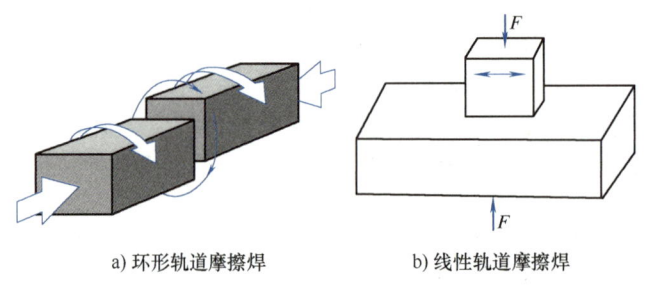

a) 环形轨道摩擦焊　　b) 线性轨道摩擦焊

图 8-31 轨道摩擦焊示意图

小知识 搅拌摩擦焊是英国焊接研究所于 1991 年发明的一项焊接新技术，近年来发展非常迅速。我国于 2002 年引进了其专利并开展了技术开发和生产应用。其最大优点是可焊接那些不推荐用熔焊方法焊接的高强度铝合金。

4. 搅拌摩擦焊

搅拌摩擦焊与传统的摩擦焊相比有很多独特的优点，尤其在制造成本、性能及环保方面显示出巨大的优越性。它的出现使铝合金等非铁金属的连接技术产生了革命性的进步，目前已在航空、航天、船舶、高速列车等结构上得到成功的应用，并正在不断扩大其应用范围。

与常规摩擦焊一样，搅拌摩擦焊也是利用摩擦热作为焊接热源。不同之处在于，搅拌摩擦焊主要由搅拌头完成，搅拌头由特型锥形指棒、夹持器和圆柱体组成。其焊接过程是由锥形指棒伸入工件的接缝处，通过搅拌头的高速旋转，使其与焊接工件材料摩擦，从而使连接部位的材料温度升高、软化，同时对材料进行搅拌摩擦来完成焊接的。焊接过程如图 8-32 所示。在焊接过程中，工件要刚性固定在背垫上，焊头边高速旋转，边沿工件的接缝与工件相对移动。锥形指棒伸进材料内部进行摩擦和搅拌，搅拌头的肩部与工件表面摩擦生热，并用于防止塑性状态材料的溢出，同时可以起到清除表面氧化膜的作用。

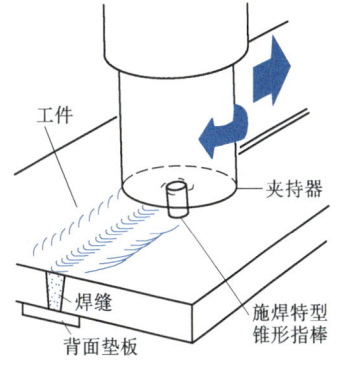

图 8-32　搅拌摩擦焊焊接过程示意图

搅拌摩擦焊的主要优点如下：

1）可获得高度一致的焊接质量，无须高的操作技能和训练。

2）焊接接口部位只需去油处理，无须打磨或洗刷。

3）不需要焊丝和保护气氛，且节省能源，单面焊 12.5mm 深度所需动力仅为 3kW。

4）焊接表面平整，不变形，无焊缝凸起和焊滴，无须后续处理。

5）无电弧、磁冲击、闪光、辐射、烟雾和异味，不影响其他电器设备使用，绿色环保。

6）焊接温度低于合金的熔点，焊缝无孔洞、裂纹和元素烧损。

目前，搅拌摩擦焊可焊接对接、搭接、T 形接头，但由于受搅拌头锥形指棒材料所限，仅用于铝、镁、铜、钛及其合金等材料的连接。焊接效果如图 8-33 所示。

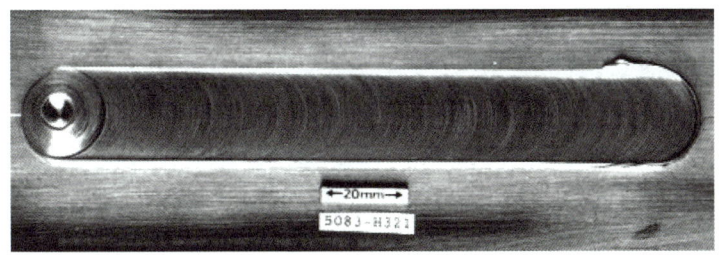

图 8-33　搅拌摩擦焊焊接效果

【综合训练】

一、理论部分

（一）判断

（　　）1. 摩擦焊焊接周期相当长，每个接头的焊接时间需几分钟。

（　　）2. 摩擦焊过程时由于接合面相互不能紧密接触，故周围空气可能侵入接合区，会产生焊接区的氧化和氮化。

（　　）3. 摩擦焊焊接的工件尺寸可加以严格的控制，长度偏差不大于±0.1mm，偏心度可保证不大于 0.2mm。

（　　）4. 摩擦焊不易于实现机械化和自动化焊接。

（　　）5. 摩擦焊接头毛刺易清除。

(二) 填空

1. 连续驱动摩擦焊是两待焊工件分别固定在_____和_____内。
2. 惯性摩擦焊的三个阶段是：第一阶段_____；第二阶段_____；第三阶段_____。
3. 轨道式摩擦焊是使一工件接合面上的_____都相对于另一工件的接合面_____运动。
4. 搅拌摩擦焊主要由搅拌头完成，搅拌头由_____、_____和_____组成。
5. 摩擦焊接头无损检测可靠性差，无法作_____，采用_____很难辨别缺陷波。

(三) 简答

1. 简述搅拌摩擦焊的工作机理。
2. 简述摩擦焊的优缺点。

二、实践部分

参观摩擦焊生产现场。

模块六 钎焊

导入案例

钎焊在制冷行业的生产中是关键工序之一，同时也是不可替代的加工工艺；而制冷行业新产品、新材料、新工艺的应用又为钎焊工艺、材料的发展注入了强大的推动力。钎焊在压缩机生产中主要用于壳体与吸气管、排气管、工艺管三管的连接。钎焊在空调器生产中主要用于热交换器及总装过程管路系统各接点的连接。在冰箱、冷柜等产品的生产中，钎焊主要用于总装线上各管口的连接。

钎焊作为一种金属连接方法，已有几千年历史。但是在很长的历史时期中，钎焊技术没有得到较大发展。直至近代，随着科学技术的进步，钎焊技术才有了较大的发展。目前钎焊已成为现代焊接技术的三大重要组成部分之一，并在各工业部门中起着越来越重要的作用，特别是在机械、电子、仪表及航空工业中已成为一种不可取代的工艺方法。本模块主要介绍钢结构钎焊技术。

一、钎焊的原理、分类及特点

1. 钎焊的原理

钎焊是采用比钎焊金属（母材）熔点低的金属材料作钎料，将钎焊金属和钎料加热到高于钎料熔点、低于钎焊金属熔点的温度，利用液态钎料润湿钎焊金属，填充接头间隙，并与钎焊金属相互扩散，从而获得不可拆接头的一种焊接方法。

钎焊与熔焊之间既有共同之处，也存在本质的差别。钎焊时虽有钎料熔化，但母材保持固态，钎料的熔点低于母材熔点，熔化的钎料依靠润湿和毛细管作用吸入并保持在母材间隙内，依靠液态钎料与固态母材间的相互扩散形成金属结合。钎焊关键是如何获得一个优质接头。这样的接头只有在液态钎料充分地流入并致密地填满全部钎缝间隙，又能与钎焊金属很好地相互作用的前提下才可能获得。

2. 钎焊的分类

随着钎焊技术的发展，钎焊方法的种类越来越多，可按以下多种方法分类。

1）按钎焊温度的高低，钎焊通常分为低温钎焊（450℃以下）、中温钎焊（450~950℃）及高温钎焊（950℃以上）。也可将450℃以下的钎焊称为软钎焊，450℃以上的钎焊称为硬钎焊。

2）按加热方法不同，钎焊还可分为烙铁钎焊、火焰钎焊、炉中钎焊、电阻钎焊、感应钎焊以及浸渍钎焊等。近年来，在钎焊蜂窝型零件时，已采用了新的加热技术，如石英加热钎焊、红外线加热钎焊以及保证钎焊零件外形精度的陶瓷膜钎焊等。

3）按钎焊的反应特点，钎焊又可分为毛细钎焊、大间隙钎焊以及反应钎焊等。

> **资料卡**
> **MIG电弧钎焊技术**
> MIG电弧钎焊技术属于熔化极气体保护焊（MAG）。它采用低熔点的铜基焊丝代替碳素钢焊丝，焊接时热输入低，母材不会熔化，同时锌的蒸发降至最低，提高了焊缝的耐蚀性（铜基焊缝也耐腐蚀），从而确保了镀锌板更好更有效的焊接。

3. 钎焊的特点

同熔焊方法相比，钎焊具有以下优点：

1）钎焊接头平整光滑，外观美观。
2）工件变形较小，尤其是对工件采用整体均匀加热的钎焊方法。
3）钎焊加热温度较低，对母材组织性能影响较小。
4）某些钎焊方法一次可焊成几十条或成百条焊缝，生产率高。
5）可以实现异种金属或合金以及金属与非金属的连接。

但是，钎焊也有它本身的缺点，如钎焊接头强度比较低，耐热能力较差，装配要求比较高等。

二、钎焊材料

钎焊材料包括钎料和钎剂。合理选择钎焊材料对钎焊接头质量有着重要的作用。

1. 钎料

钎料是钎焊时使用的填充金属。由于钎焊工件是依靠熔化的钎料凝固后而被连接起来的，因此，钎焊接头的质量与性能在很大程度上取决于钎料。

（1）钎料的分类 钎料有以下几种分类方式。

1）按钎料的熔点。钎料按熔点的高低分为两大类：通常把熔点低于450℃的钎料称为易熔钎料，又称软钎料；熔点高于450℃的钎料称为难熔钎料，又称硬钎料。

2）按钎料的化学成分。根据组成钎料的主要元素把软钎料和硬钎料划分为各种基的钎料。如软钎料又可分为铟基、铋基、锡基、铅基、镉基、锌基等钎料。硬钎料又可分为铝基、银基、铜基、锰基、镍基、金基、钯基等钎料。

3）按钎焊工艺性能。分为自钎剂钎料、电真空钎料、复合钎料。

(2) 钎料的代号　钎料的代号是指钎料的牌号或型号，不同种类的钎料，其代号由相应的国家标准规定。例如，锡铅钎料对应的国家标准是 GB/T 3131—2020，铝基钎料对应的国家标准是 GB/T 13815—2008，银基钎料对应的国家标准是 GB/T 10046—2018。虽然不同钎料的型号编制没有统一的国家标准，但其编制方法都大致相似。钎料型号由两部分组成：

1）第一部分用一个大写英文字母表示钎料的类型，"S"表示软钎料，"B"表示硬钎料。

2）第二部分由主要合金组分的化学元素符号组成。在第二部分中，第一个化学元素符号表示钎料的基本组分，第一个化学元素后标出其公称质量百分数，其他元素符号按其质量分数由大到小顺序列出，当几种元素具有相同的质量分数时，按其原子序数顺序排列。质量分数小于1%的元素在型号中不必标出，如某元素是钎料的关键组分一定要标出时，应将其化学元素符号用括号括起来予以标出。

例如，S-Sn95PbA 表示一种锡铅软钎料，锡的质量分数为 94.00%~96.00%，铅为余量；BAg30CuZnNi(Si) 表示一种银基硬钎料，银的质量分数为 29.0%~31.0%，铜为 35.0%~37.0%，锌为 29.5%~34.0%，镍为 2.0%~2.5%，关键组分硅的质量分数为 0.05%~0.15%。

(3) 钎料的选择　从使用要求出发，对钎焊接头强度要求不高和工作温度不高的，可用软钎料钎焊，钢结构中应用最广的是锡铅钎料；对钎焊接头强度要求比较高的，则应用硬钎料钎焊，主要是铜基钎料和银基钎料；对在低温下工作的接头，应使用含锡量低的钎料；要求高温强度和抗氧化性好的接头，宜用镍基钎料。

选择钎料时，必须考虑钎料与母材的相互作用，加热方法对钎料选择也有一定的影响。除了在工艺上采取相应措施外，在确定钎料上应采用熔点低的钎料或选用热膨胀系数介于两者之间的钎料。此外，从经济观点出发，应选用价格便宜的钎料。

2. 钎剂

钎剂的主要作用是去除母材和液态钎料表面上的氧化物，保护母材和钎料在加热过程中不致进一步氧化，并改善钎料对母材表面的润湿能力。

(1) 钎剂的分类　钎剂的组分按功能可划分为三类，一是基质，二是去膜剂，三是界面活性剂。基质是钎剂的主要成分，它控制着钎剂的熔点，并且又是钎剂中其他组元的溶剂；去膜剂主要起去除母材和钎料表面氧化膜的作用；界面活性剂的作用是进一步降低熔化钎料与母材的界面张力，加速清除氧化膜并改善钎料的铺展。应该指出，上述每种组分的作用往往不是单一的，而是共同起着三方面的作用。

从不同角度出发，可将钎剂分为多种类型。例如，按使用温度不同，分为软钎剂和硬钎剂；按用途不同，分为普通钎剂和专用钎剂。此外，考虑到作用状态的特征不同，还可分出一类气体钎剂。钎剂的分类如图 8-34 所示。

软钎剂主要是指在 450℃ 以下钎焊用钎剂。它主要分为非腐蚀性钎剂和腐蚀性钎剂两大类。硬钎剂是指在 450℃ 以上钎焊用钎剂。专用钎剂主要指铝用钎剂。由于铝的氧化膜致密稳定，钎焊铝及铝合金时必须采用专用的钎剂。气体钎剂是炉中钎焊和气体火焰钎焊过程中起钎剂作用的一种气体，它们的最大优点是钎焊后没有固体残渣，工件不需清洗。

第八单元 其他焊接方法介绍

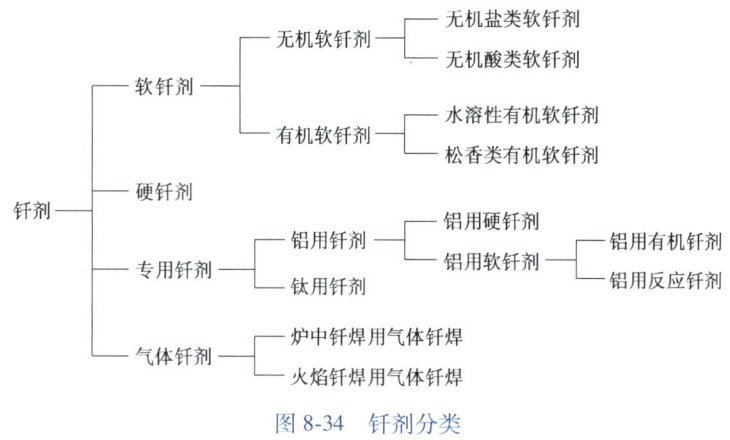

图 8-34 钎剂分类

（2）钎剂和钎料的匹配 当钎焊采用钎剂去膜时，不能仅从钎剂的去膜能力进行选择，还必须与钎料的特点和具体加热方法结合起来。首先要保证钎剂的活性温度范围（钎剂稳定有效发挥去膜能力的温度区间）覆盖整个钎焊温度，其次是钎剂与钎料的流动、铺展进程要协调。

三、钎焊方法及工艺

1. 钎焊方法

钎焊方法种类甚多，随着新热源的发现和使用，相应地出现了不少新的钎焊方法。这里只介绍生产中广泛应用的几种主要钎焊方法。

（1）火焰钎焊 火焰钎焊是一种简单而实用的钎焊方法。它的通用性好，所需设备简单轻便，操作方便，燃气来源广，不依赖于电力，并能保证必要的质量。此方法主要用于铜基钎料、银基钎料钎焊碳素钢、低合金钢、不锈钢、铜及铜合金、硬质合金等，特别适用于截面不等的组件。还可用作钎焊铝及铝合金等的小型薄壁工件。

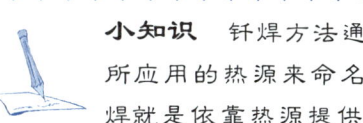

小知识 钎焊方法通常是以所应用的热源来命名的。钎焊就是依靠热源提供必要的温度条件，使钎焊金属、钎料和钎剂之间的物理化学过程得以正常进行，从而获得优质的钎焊接头的。

火焰钎焊最常用的火焰是氧乙炔焰，一般情况下可使用普通的气焊炬进行钎焊。但钎焊熔点比较低的工件时，最好采用特种的多孔喷嘴，此时得到的火焰比较分散，温度比较适当，有利于保证均匀加热。

火焰钎焊的缺点是：手工操作时加热温度难于掌握控制，因此要求较高的操作技术。此外，火焰钎焊一个局部加热过程，可能会引起工件的应力和变形。

想一想 火焰钎焊与氧乙炔气焊的主要区别是什么？

（2）浸渍钎焊 浸渍钎焊是把工件局部或整体放入熔融态的盐混合物（称盐浴）或钎料（称金属浴）中，依靠这些液体介质的热量来实现钎焊的过程。图 8-35 是浸渍钎焊的示意图。这种钎焊方法的钎焊温度易控制，加热均

255

匀且速度快，一般比炉中加热快 3~6 倍，生产率高，液态介质保护工件不受氧化，有时还能同时完成淬火等热处理过程，特别适用于大批生产。

浸渍钎焊按使用介质不同，分为盐浴钎焊、熔化钎料中浸渍钎焊和热油中浸渍钎焊三种。

(3) **感应钎焊** 感应钎焊是将工件的待焊部分置于交变磁场中，通过它在交变磁场中产生的感应电流来实现加热工件的一种钎焊方法。

感应电流的大小与交变磁场的频率成正比，频率越高，感应电流越大，加热速度越快。但频率越高，交流电的趋肤效应越明显，工件加热的厚度（电流渗透深度）越小。工件内部只能依靠表面层向内部导热来加热，加热不均匀程度增大。电流渗透深度也与材料的电导率和磁导率有关。电导率和

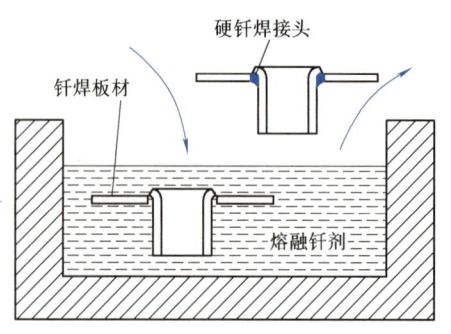

图 8-35 浸渍钎焊示意图

磁导率越小，则电流渗透深度就越深。例如，钢在温度低于 768℃ 时磁导率很大，趋肤效应显著；温度高于 768℃ 后，磁导率急剧减小，而且钢的电导率又较小，故趋肤效应较弱，钎焊可采用较高的电流频率。铜和铝的磁导率虽小，但电导率比钢大得多，电流渗透深度较小，感应钎焊时应采用较小的频率和较大的功率。

感应钎焊加热快，质量好；但温度不易精确控制，工件形状受限，适于批量钎焊钢、高温合金、铜及铜合金等。既可用于软钎焊，又可用于硬钎焊。主要用于钎焊较小的工件，特别适用于对称形状的工件，如管件套接、管子与法兰、轴与轴套之类的接头，如图 8-36 所示。

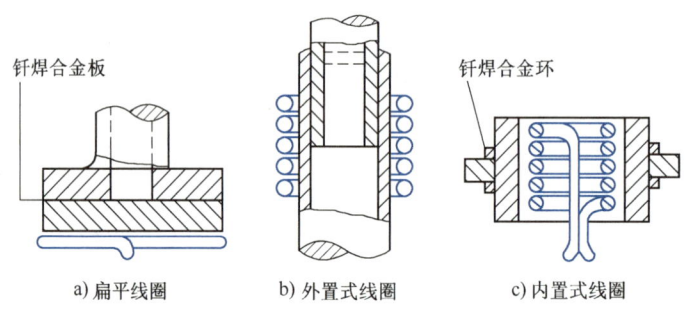

a) 扁平线圈　　b) 外置式线圈　　c) 内置式线圈

图 8-36 感应钎焊示意图

(4) **炉中钎焊** 炉中钎焊广泛用于钎焊已装配好的工件。钎料预先放置在接头附近或接头内，并将所选适量的粉状或糊状钎剂覆盖于接头上，一起置于炉中，加热至钎焊温度。依靠钎剂去除钎焊处的表面氧化膜，熔化的钎料流入钎缝间隙，冷凝后形成接头，如图 8-37 所示。

炉中钎焊可分为空气炉中钎焊、保护气氛炉中钎焊和真空炉中钎焊。空气炉中钎焊一般可钎焊碳素钢、合金钢、铜及铜合金、铝及铝合金等材料。真空炉中钎焊常用于含有铬、铝、钛等元素的不锈钢和高温合金，以及活性金属钛、锆，难熔金属钨、钼、钽、铌及其合金的钎焊。

第八单元 其他焊接方法介绍

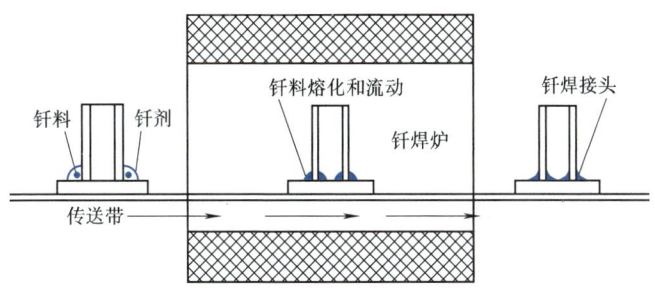

图 8-37 炉中钎焊工作示意图

炉中钎焊的特点是工件整体加热，加热均匀，变形小。虽加热速度较慢，但一炉可同时钎焊多件，生产率仍很高。

（5）**电阻钎焊** 电阻钎焊的基本原理与电阻焊相同，它是利用电流通过工件的钎焊处所产生的电阻热加热工件和熔化钎料的一种钎焊方法。钎焊部位必须保持干净，将预先成形的钎料放入钎焊接头处。然后将钎焊接头两端加上电极，对

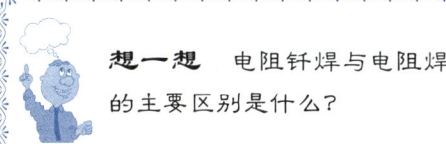

钎焊处施加一定的压力，将母材压在一起。最后接通电源，完成钎焊。电阻钎焊原理如图 8-38 所示。电阻钎焊可在普通的电阻焊机上进行，也可采用专用的电阻钎焊设备。

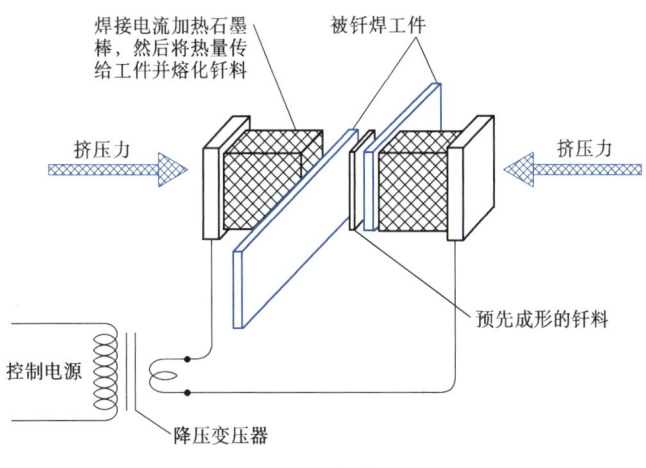

图 8-38 电阻钎焊原理图

电阻钎焊的优点是加热迅速，生产率高，劳动条件好，而且过程易实现自动化，但接头尺寸不能太大，工件形状也不能太复杂。目前主要用于刀具、带锯、导线端头等的钎焊。

（6）**激光软钎焊** 激光软钎焊利用激光对连接部位加热、熔化钎料，实现连接。激光软钎焊在微电子封装和组装中主要用于高密度引线表面贴装器件的再流焊、热敏感和静电敏感器件的再流焊、芯片上的凸点制作等。图 8-39 为激光软钎焊系统框图。

各种钎焊方法的优缺点及适用范围见表 8-3。

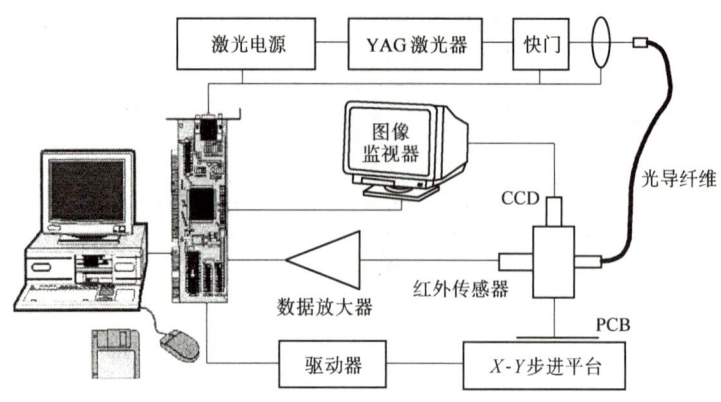

图 8-39 激光软钎焊系统框图

表 8-3 各种钎焊方法的优缺点及适用范围

钎焊方法	主要特点		适用范围
	优点	缺点	
烙铁钎焊	设备简单,灵活性好,适用于微细钎焊	需使用钎剂	只能用于软钎焊,钎焊小件
火焰钎焊	设备简单,灵活性好	控制温度困难,操作技术要求较高	钎焊小件
金属浴钎焊	加热快,能精确控制温度	钎料消耗大,焊后处理复杂	用于软钎焊及其批量生产
盐浴钎焊	加热快,能精确控制温度	设备费用高,焊后需仔细清洗	用于批量生产,不能钎焊密闭工件
波峰钎焊	生产率高	钎料损耗较大	只用于软钎焊及批量生产
电阻钎焊	加热快,生产率高,成本较低	控制温度困难,工件形状、尺寸受限制	钎焊小件
感应钎焊	加热快,钎焊质量好	温度不能精确控制,工件形状受限制	批量钎焊小件
保护气体炉中钎焊	能精确控制温度,加热均匀,变形小,一般不用钎剂,钎焊质量好	设备费用较高,加热慢,钎焊的工件含大量易挥发元素	大小件的批量生产,多钎缝工件的钎焊
真空炉中钎焊	能精确控制温度,加热均匀,变形小,能钎焊难焊的高温合金,不用钎剂,钎焊质量好	设备费用高,钎料和工件不宜含较多的易挥发元素	重要工件

2. 钎焊工艺

钎焊工艺包括焊前表面准备、装配、安置钎料、钎焊焊接参数的确定及钎后处理等内容。

（1）工件表面准备 钎焊前必须仔细地清除工件表面的油脂、氧化物等。因为液态钎料不能润湿未经清理的工件表面，也无法填充接头间隙。有时，为了改善母材的钎焊性、提高接头的耐蚀性，焊前还必须将工件预先镀覆某种金属；为限制液态钎料随意流动，可在工件非焊表面涂覆阻流剂。

（2）零件的装配和固定 经过表面准备处理的零件在实施钎焊前必须先按图样进行装配。对于尺寸小、结构简单的零件，可采用较简易的固定方法，如依靠自重、紧配合、滚花、翻边、扩口、旋压、模锻、收口、咬边、开槽和弯边、夹紧、定位销、螺钉、铆接、定位焊等。对于结构复杂、生产量较大的工件，主要装配固定方法是使用夹具。

（3）钎料的放置 钎料既可在钎焊过程中送给，也可在钎焊前预先放置。在各种钎焊方法中，除火焰钎焊和烙铁钎焊外，大多数是将钎料预先放置在接头上的。钎料的放置方式主要取决于钎焊方法、工件结构、生产类型及钎料的形态等。

（4）钎焊焊接参数的确定 钎焊过程的主要焊接参数有钎焊温度和保温时间。钎焊温度通常选高于钎料液相线温度25~60℃，对某些结晶温度间隔宽的钎料，钎焊温度可以高于液相线温度100℃以上。保温时间视工件大小、钎料与母材相互作用的剧烈程度而定。大件保温时间应长些，以保证均匀加热。钎料与母材作用强的，保温时间要短。

（5）钎焊后的清洗 对使用钎剂的钎焊方法，除使用气体钎剂外，大多数钎剂残渣对钎焊接头都有腐蚀作用，也会妨碍对钎缝质量的检查，钎焊后必须将其清除干净。有机类软钎剂的残渣可用汽油、酒精、丙酮等有机溶剂擦拭或清洗；氧化锌和氯化铵等的残渣腐蚀性很强，应在质量分数为10%的NaOH溶液中清洗，然后用热水或冷水洗净，硼砂和硼酸钎剂的残渣一般用机械方法或在沸水中长时间浸煮来解决。

【综合训练】

一、理论部分

（一）判断

（　）1. 钎料的熔点应比母材金属的熔点高40~60℃。

（　）2. 由于铜磷钎料具有良好的漫流性，故可用于钢铁材料的钎焊。

（　）3. 钎焊接头间隙的大小，对钎缝的致密性和强度有着重要的影响。

（　）4. 为了增加母材金属与钎料之间的溶解和扩散能力，接头最好没有间隙。

（　）5. 钎焊温度太高，钎料的润湿性太好，往往会发生钎料的流散现象。

（二）填空

1. 金属表面的_____将阻碍着钎料与母材的直接接触，使润湿现象不容易产生。

2. 硬钎料的熔点在_____℃以上。

3. 工件经化学侵蚀后应立即进行_____，然后在冷水或热水中冲洗干净，并加以干燥。

4. 钎焊时，应选用_____加热工件。

5. 钎焊硬质合金刀片产生裂纹的原因是由于刀片的_____比刀杆低1倍左右，在钎焊过程中产生很大的内应力而引起的。

（三）简答

1. 什么是钎料？对钎料的基本要求是什么？

2. 钎焊未填满的原因是什么？如何消除？

二、实践部分

1. 训练目标

了解火焰钎焊操作技能。

2. 训练准备

1）人员准备：分组进行，每组由 8~10 人组成。

2）材料及设备准备：铜管节、黄铜管节和纯铜管节若干；铜磷钎料（低银铜磷钎料与无银铜磷钎料）和锡钎料；氧气瓶、乙炔瓶（或丙烷瓶）、气焊枪；砂纸、铁刷等材料。

3. 训练地点

实验室或实训场地。

4. 训练方法

1）小组召开会议，进行前期准备，搜集薄壁铜管钎焊连接的相关资料。

2）钎焊连接的实际操作。

3）对铜磷钎焊和锡钎焊以及不同铜管钎焊连接的焊接方法进行分析并写出报告。

附 录（一）

附录 A 电焊机型号编制方法（摘自 GB/T 10249—2010）

1. 主题内容和适用范围

本标准规定了电焊机型号的编制方法。本标准适用于一般条件下的电焊机产品，包括电弧焊机、电阻焊机、电渣焊机、电子束焊机、激光焊机、钢筋电渣压力焊机、搅拌摩擦焊机、焊接机器人等。这里仅对常用焊接方法的电弧焊机型号编制方法作简单介绍。

2. 电焊机产品型号编制原则

1）产品型号由汉语拼音字母及阿拉伯数字组成。

2）产品型号的编排秩序如下：

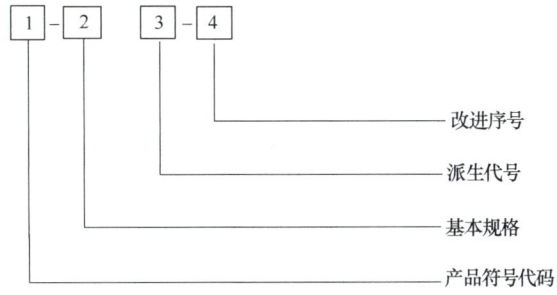

① 型号中 2、4 各项用阿拉伯数字表示。

② 型号中 3 项用汉语拼音字母表示。

③ 型号中 3、4 项如不用时，可空缺。

④ 改进序号按产品改进程序用阿伯数字连续编号。

3）产品符号代码的编制原则如下。

① 产品符号代码的编排秩序：

㊀ 本附录主要介绍与本书讲述的焊接方法和设备相关的中国国家标准（GB）及机械行业标准（JB），供学习和使用时参考。

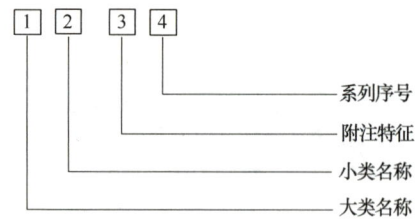

② 产品符号代码中 1、2、3 各项用汉语拼音字母表示。
③ 产品符号代码中 4 项用阿拉伯数字表示。
④ 附注特征和系列序号用于区别同小类的各系列和品种,包括通用和专用产品。
⑤ 产品符号代码中 3、4 项如不需表示时,可以只用 1、2 项。
⑥ 可同时兼作几大类焊机使用时,其大类名称的代表字母按主要用途选取。
⑦ 如果产品符号代码的 1、2、3 项的汉语拼音字母表示的内容,不能完整表达该焊机的功能或有可能存在不合理的表述时,产品的符号代码可以由该产品的产品标准规定。
⑧ 部分产品符号代码的代表字母及序号的编制实例见表 A-1。
⑨ 编制型号举例:

例如,自动横臂式脉冲熔化极氩气及混合气体保护焊焊机,额定焊接电流 400A。

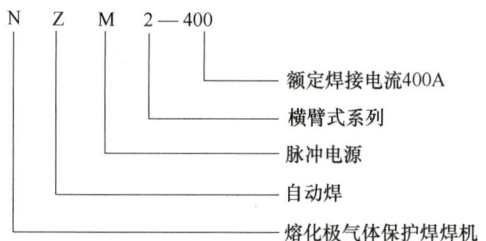

表 A-1 部分产品的符号代码

产品名称	第一字母		第二字母		第三字母		第四字母	
	代表字母	大类名称	代表字母	小类名称	代表字母	附注特征	数字序号	系列序号
电弧焊机	B	交流弧焊机（弧焊变压器）	X P	下降特性 平特性	L	高空载电压	省略 1 2 3	饱和电抗器式 动铁心式 串联电抗器式 动圈式
	A	机械驱动的弧焊机（弧焊发电机）	X P D	下降特性 平特性 多特性	省略 D Q C	电动机驱动 单纯弧焊发电机 汽油机驱动 柴油机驱动	省略 1 2	直流 交流发电机整流 交流
	Z	直流弧焊机（弧焊整流器）	X P D	下降特性 平特性 多特性	省略 M L E	一般电源 脉冲电源 高空载电压 交直流两用电源	省略 1 2 3 4 5	磁放大器或饱和电抗器式 动铁心式 动线圈式 晶体管式 晶闸管式

附　录

（续）

产品名称	第一字母		第二字母		第三字母		第四字母	
	代表字母	大类名称	代表字母	小类名称	代表字母	附注特征	数字序号	系列序号
电弧焊机	M	埋弧焊机	Z B U D	自动焊 半自动焊 堆焊 多用	省略 J E M	直流 交流 交、直流 脉冲	省略 1 2 3 9	焊车式 横臂式 机床式 焊头悬挂式
	N	MIG/MAG 焊机（熔化极惰性气体保护弧焊机/活性气体保护弧焊机）	Z B D U G	自动焊 半自动焊 点焊 堆焊 切割	省略 M C	直流 脉冲 CO_2 气体保护焊	省略 1 2 3 4 5 6 7	焊车式 全位置焊车式 横臂式 机床式 旋转焊头式 台式 焊接机器人 变位式
	W	TIG 焊机	Z S D Q	自动焊 手工焊 点焊 其他	省略 J E M	直流 交流 交、直流 脉冲	省略 1 2 3 4 5 6	焊车式 全位置焊车式 横臂式 机床式 旋转焊头式 台式 焊接机器人
	L	等离子弧焊机/等离子弧切割机	G H U D	切割 焊接 堆焊 多用	省略 R M J S F E K	直流等离子 熔化极等离子 脉冲等离子 交流等离子 水下等离子 粉末等离子 热丝等离子 空气等离子	省略 1 2 3 4 5 8	焊车式 全位置焊车式 横臂式 机床式 旋转焊头式 台式 手工等离子
电阻焊机	D	点焊机	N R J Z B	工频 电容储能 直流冲击波 次级整流 低频 逆变	省略 K W	一般点焊 快速点焊 网状点焊	省略 1 2 3 6	垂直运动式 圆弧运动式 手提式 悬挂式 焊接机器人

263

(续)

产品名称	第一字母 代表字母	第一字母 大类名称	第二字母 代表字母	第二字母 小类名称	第三字母 代表字母	第三字母 附注特征	第四字母 数字序号	第四字母 系列序号
电阻焊机	T	凸焊机	N R J Z D B	工频 电容储能 直流冲击波 次级整流 低频 逆变			省略	垂直运动式
电阻焊机	F	缝焊机	N R J Z D B	工频 电容储能 直流冲击波 次级整流 低频 逆变	省略 Y P	一般缝焊 挤压缝焊 垫片缝焊	省略 1 2 3	垂直运动式 圆弧运动式 手提式 悬挂式
电阻焊机	U	对焊机	N R J Z D B	工频 电容储能 直流冲击波 次级整流 低频 逆变	省略 B Y G C T	一般对焊 薄板对焊 异形截面对焊 钢窗闪光对焊 自动车轮圈对焊 链条对焊	省略 1 2 3	固定式 弹簧加压式 杠杆加压式 悬挂式

附录 B 电弧焊焊接工艺规程（GB/T 19867.1—2005）

1. 范围

本部分规定了电弧焊焊接工艺规程的内容要求。本标准考虑了对焊接接头质量有影响的那些变量。

本部分适用于金属材料的电弧焊。

2. 规范性引用文件

下列文件中的条款通过 GB/T 19867.1—2005 的本部分的引用而成为本部分的条款。凡是标注日期的引用文件，其随后所有的修改单（不包括勘误的内容）或修订版均不适用于本部分，然而，鼓励根据本部分达成协议的各方研究是否可使用这些文件的最新版本。凡是不标注日期的引用文件，其最新版本适用于本部分。

GB/T 3375—1994　焊接术语

GB/T 5185—2005　焊接及相关工艺方法代号

GB/T 16672—1996　焊缝　工作位置　倾角和转角的定义
GB/T 18591—2001　焊接　预热温度、道间温度及预热维持温度的测量指南
GB/T 19866—2005　焊接工艺规程及评定的一般原则

3. 术语和定义

本部分采用了 GB/T 3375—1994 和 GB/T 19866—2005 中的有关术语和定义。

4. 焊接工艺规程（WPS）的技术内容

4.1　一般原则

焊接工艺规程（WPS）应当包含执行焊接操作的必要信息。一般焊接工艺规程的内容参见 4.2~4.5，对于具体应用而言，可以根据实际情况做增减处理。

4.2　有关制造商的内容

制造商名称。

WPS 的名称和编号。

焊接工艺评定报告（或其他所需文件）的编号。

4.3　有关母材的内容

（1）母材种类

材料型号、牌号及标准编号。

材料类组。

（2）材料尺寸

接头的厚度范围。

管子的外径范围。

4.4　所有焊接工艺的通用性内容

（1）焊接方法

使用的焊接方法可按 GB/T 5185—2005 表示。

（2）接头设计

接头设计图/形状和尺寸或提供这类信息的标准编号。

焊接次序可能对接头性能产生影响时，图样上应明确焊道次序。

（3）焊接位置

使用的焊接位置应按照 GB/T 16672—1996 要求。

（4）接头制备

接头制备的方法、清理、去污，包括使用的方法。

装夹及定位焊接。

（5）焊接技能

要进行必要的摆动：

1）对手工焊而言，焊道的最大宽度。

2）对机械化焊接和自动焊而言，摆动的最大幅度、频率和时间。

焊炬、电极及/或焊丝的角度。

（6）背面清理

将要使用的方法。

深度和形状。

(7) 衬垫

衬垫的方法和类型，衬垫材料及尺寸。

采用背面气体保护时，应明确气体标识。

(8) 焊接材料

型号、制造商（生产厂及商标）。

尺寸（规格）。

保管和使用要求（烘干、大气暴露时间、再烘干等）。

(9) 电参数

电流的种类（直流或交流）及极性。

必要时，脉冲焊接详细信息（机器装置、程序选择）。

电流范围。

(10) 机械化焊接及自动焊

焊接速度范围。

送丝（带）速度范围。

如果设备不允许控制两个参数中的任意一个，应规定替代的机器装置。因此，WPS 的应用范围应限制在特定类型的设备上。这一点适用于 9 和 10。

(11) 预热温度

开始焊接及焊接时使用的最低温度。

无预热要求时，焊接开始之前工件的最低温度。

(12) 道间温度

各焊道之间的最高温度（必要时为最低温度）。

(13) 预热维持温度

焊接中断时，焊接区域应当保持的最低温度。

(14) 除氢后热

温度范围。

最少保温时间。

(15) 焊后热处理

应规定焊后热处理（或时效处理）的最少时间和温度范围，或者给出规定这类信息的标准编号。

(16) 保护气体

应规定气体的名称、型号，必要时还应包括成分、制造商及商标。

(17) 热输入

有要求时，热输入的范围。

4.5 有关焊接方法的特殊内容

(1) 焊接方法 111（焊条电弧焊）

对焊接方法 111 而言，为每根焊条熔敷的焊道长度或焊接速度。

(2) 焊接方法 12（埋弧焊）

对于多丝系统而言，为焊丝的数量、配置和极性。

导电管/导电嘴至工件表面的距离。

焊剂：型号、制造商和商标。

附加的填充金属。

电压范围。

（3）焊接方法 13（气体保护电弧焊）

保护气体的流量和喷嘴直径。

焊丝的数量。

附加的填充金属。

导电嘴/导电管至工件表面的距离。

电压范围。

金属过渡形态。

（4）焊接方法 14（非熔化极气体保护焊）

钨极的直径和型号。

保护气体的流量和喷嘴直径。

附加的填充金属。

（5）焊接方法 15（等离子弧焊接）

等离子气体参数，如成分、喷嘴直径、流量。

保护气体流量及喷嘴直径。

焊枪种类。

导电管/工件距离：喷嘴至工件表面的距离。

附录 C 埋弧焊的推荐坡口（摘自 GB/T 985.2—2008）

1. 适用范围

GB/T 985—2008 的本部分规定了钢材焊接的坡口形式和尺寸。本部分适用于埋弧焊工艺方法。

2. 总则

本部分按照完全熔透的原则，规定了对接接头的坡口形式和尺寸。对于不完全熔透的对接接头，允许采用其他形式的焊接坡口。

3. 焊接位置

本部分规定的坡口主要针对的是 GB/T 16672—1996 中的平焊和平角焊位置（PA 和 PB），采用横焊位置（PC）位置时，可考虑采用其他的坡口形式和尺寸。

4. 坡口形式

表 C-1 和表 C-2 规定了推荐的坡口形式和尺寸。基本符号参见 GB/T 324—2008。

在采用定位焊的情况下，表 C-1 和表 C-2 中的间隙是完成定位焊之后的间隙。窄间隙埋弧焊坡口见表 C-3。

本部分未规定衬垫的材料和尺寸，衬垫的选择和使用应结合具体工况条件。

表 C-1 单面对接焊坡口 (单位: mm)

序号	工件厚度 t	焊缝名称	基本符号	焊缝示意图	横截面示意图	坡口形式和尺寸				焊接位置	备注
						坡口角 α 或坡口面角 β	间隙 b,圆弧半径 R	钝边 c	坡口深度 h		
1	$3 \leq t \leq 12$	平对接焊缝	‖			—	$b \leq 0.5t$ 最大 5	—	—	PA	带衬垫, 衬垫厚度至少: 5mm 或 $0.5t$
2	$10 \leq t \leq 20$	V形焊缝	V			$30° \leq \alpha \leq 50°$	$4 \leq b \leq 8$	$c \leq 2$	—	PA	带衬垫, 衬垫厚度至少: 5mm 或 $0.5t$
3	$t > 20$	陡边V形焊缝	V			$4° \leq \beta \leq 10°$	$16 \leq b \leq 25$	—	—	PA	带衬垫, 衬垫厚度至少: 5mm 或 $0.5t$
4	$t > 12$	双V形组合焊缝	X			$60° \leq \alpha \leq 70°$ $4° \leq \beta \leq 10°$	$1 \leq b \leq 4$	$0 \leq c \leq 3$	$4 \leq h \leq 10$	PA	根部焊道可采用合适的方法焊接
5	$t > 12$	U-V形组合焊缝				$60° \leq \alpha \leq 70°$ $4° \leq \beta \leq 10°$	$1 \leq b \leq 4$ $5 \leq R \leq 10$	$0 \leq c \leq 3$	$4 \leq h \leq 10$	PA	根部焊道可采用合适的方法焊接

附 录

表 C-2 双面对接焊坡口

（单位：mm）

序号	工件厚度 t	焊缝 基本符号	焊缝 名称	焊缝示意图	横截面示意图	坡口形式和尺寸 坡口角 α 或坡口面角 β	间隙 b、圆弧半径 R	钝边 c	坡口深度 h	焊接位置	备注
1	$3 \leq t \leq 20$	‖	平对接焊缝			—	$b \leq 2$	—	—	PA	间隙应符合公差要求
2	$10 \leq t \leq 35$	Y	带钝边V形焊缝/封底			$30° \leq \alpha \leq 60°$	$b \leq 4$	$4 \leq c \leq 10$	—	PA	根部焊道可用其他方法焊接
3	$10 \leq t \leq 20$	V‖	V形焊缝/平对接焊缝			$60° \leq \alpha \leq 80°$	$b \leq 4$	$5 \leq c \leq 15$	—	PA	根部焊道可用其他方法焊接
4	$t \geq 16$	X	带钝边的双V形焊缝			$30° \leq \alpha \leq 70°$	$b \leq 4$	$4 \leq c \leq 10$	$h_1 = h_2$	PA	—

(续)

序号	工件厚度 t	焊缝 名称	基本符号	焊缝示意图	坡口形式和尺寸 横截面示意图	坡口角 α 或坡口面角 β	间隙 b、圆弧半径 R	钝边 c	坡口深度 h	焊接位置	备注
5	$t \geq 30$	U形焊缝/封底焊缝				$5°\leq\beta\leq10°$	$b\leq4$ $5\leq R\leq10$	$4\leq c\leq10$	—	PA	—
6	$t \geq 50$	双U形焊缝				$5°\leq\beta\leq10°$	$b\leq4$ $5\leq R\leq10$	$4\leq c\leq10$	$h=0.5$ $(t-c)$	PA	与双V形对称坡口相似，这种坡口可制成对称的形式
7	$t \geq 12$	带钝边的K形焊缝				$30°\leq\beta\leq50°$	$b\leq4$	$4\leq c\leq10$	—	PA PB	与双V形对称坡口相似，这种坡口可制成对称的形式。必要时可进行打底焊

表 C-3 窄间隙埋弧焊坡口

(单位：mm)

序号	工件厚度 t	焊缝 名称	焊缝 基本符号	焊缝示意图	横截面示意图	坡口形式和尺寸					焊接位置	备注
						坡口角 α 或坡口面角 β	间隙 b，圆弧半径 R	钝边 c	坡口深度 h			
1	$t \geq 30$	UY形坡口		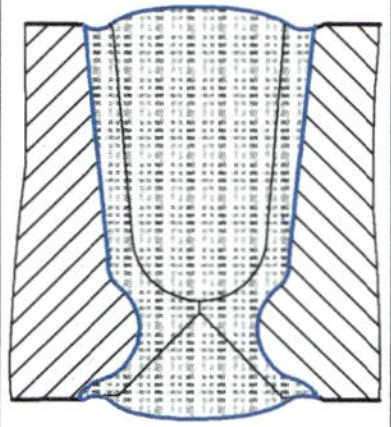	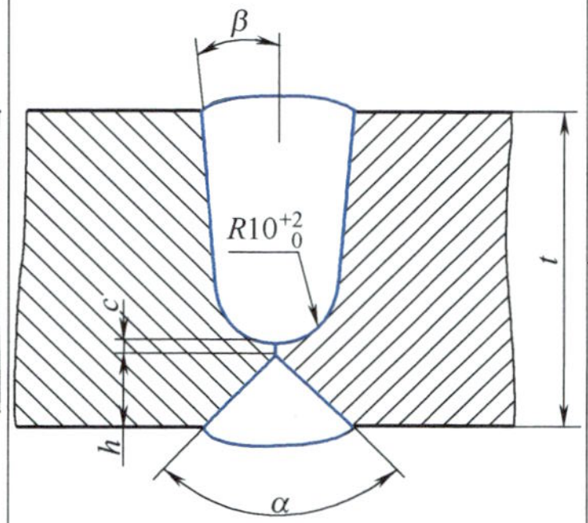	$1° \leq \beta \leq 1.5°$ $85° \leq \alpha \leq 95°$	$0 \leq b \leq 2$	$c \approx 2$	$4 \leq h \leq 10$		PA	适用于环缝，V形坡口侧焊条电弧焊封底
2	$t \geq 30$	陡边V形坡口				$1.5° \leq \beta \leq 2°$ $85° \leq \alpha \leq 95°$	$0 \leq b \leq 2$	$c \approx 2$	$4 \leq h \leq 10$		PA	适用于纵缝，V形坡口侧焊条电弧焊封底
				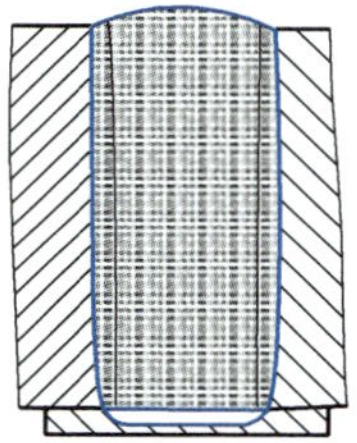	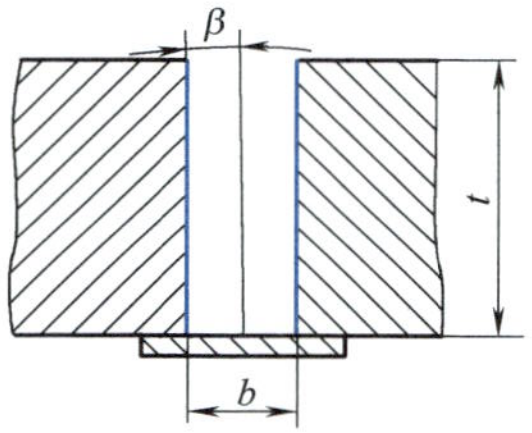	$1.5° \leq \beta \leq 2°$	$b \approx 20$	—	—		PA	带衬垫，衬垫厚度至少10mm

附录 D CO_2 气体保护焊工艺规程（摘自 JB/T 9186—1999）

为保证焊接质量，应合理选择 CO_2 气体保护焊焊接参数。

1. 焊丝直径

一般情况下，可根据表 D-1 选用焊丝。

表 D-1 焊丝直径范围　　　　　　　　　　　　　　　　　（单位：mm）

母材厚度	≤4	>4
焊丝直径	0.5~1.2	1.0~1.6

2. 焊丝伸出长度

1）焊丝伸出长度与焊丝直径、焊接电流及焊接电压有关。

2）焊接过程中，导电嘴到母材间的距离一般为焊丝直径的 10~15 倍。

3. 焊接电流

1）在保证母材焊透又不致烧穿的原则下，应根据母材厚度、接头形式以及焊丝直径正确选用焊接电流。

2）各种直径的焊丝常用的焊接电流范围见表 D-2。

表 D-2 焊接电流范围

焊丝直径/mm	0.5	0.6	0.8	1.0	1.2	1.6
焊接电流/A	30~70	49~90	50~120	70~180	90~350	150~500

3）立焊、仰焊时，以及对接接头横焊焊缝表面焊道的施焊，当所用焊丝直径大于或等于 1.0mm 时，应选用较小的焊接电流，见表 D-3。

表 D-3 立、仰焊时焊接电流的范围

焊丝直径/mm	1.0	1.2
焊接电流/A	70~120	90~150

4. 电弧电压

1）电弧电压必须与焊接电流合理的匹配。不同直径的焊丝常用电流与相应电弧电压的匹配关系如图 D-1 所示。

2）提高电弧电压，可以显著增大焊缝宽度。

5. 焊接速度

1）半自动焊时，焊接速度一般不超过 30m/h；自动焊时，焊接速度不超过 90m/h。

2）焊接速度应能满足不同种类钢材对焊接线能量的要求。

6. 气体流量

1）当焊丝直径小于或等于 1.2mm 时，气体流量一般为 6~15L/min；焊丝直径大于 1.2mm 时，气体流量应取 15~25L/min。

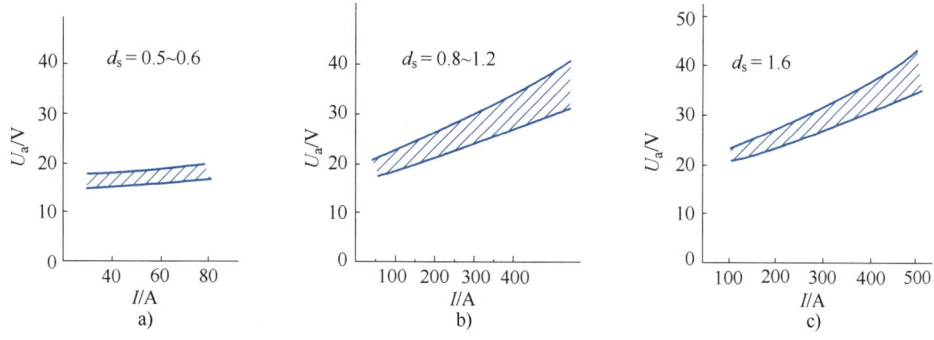

图 D-1　电弧电压与焊接电流的关系

d_s—焊丝直径

2）焊接电流越大，焊接速度越高。在室外焊接以及仰焊时，应采用较大的气体流量。

参考文献

[1] 陈祝年. 焊接工程师手册 [M]. 2版. 北京：机械工业出版社，2010.
[2] 李亚江，等. 特种焊接技术及应用 [M]. 北京：化学工业出版社，2004.
[3] 王建勋，任廷春. 弧焊电源 [M]. 3版. 北京：机械工业出版社，2013.
[4] 邱葭菲. 焊接方法与工艺 [M]. 2版. 北京：机械工业出版社，2021.
[5] 陈裕川. 现代焊接生产实用手册 [M]. 北京：机械工业出版社，2005.
[6] 史耀武. 中国材料工程大典：第22卷 材料焊接工程 上 [M]. 北京：化学工业出版社，2006.
[7] 中国机械工程学会焊接学会. 焊接手册：第1卷 [M]. 3版. 北京：机械工业出版社，2012.
[8] 加尔维里，马洛. 焊接技能问答 [M]. 李亚江，等译. 北京：化学工业出版社，2004.
[9] 沈惠塘. 焊接技术与高招 [M]. 北京：机械工业出版社，2006.
[10] 王国凡. 钢结构连接方法及工艺 [M]. 北京：化学工业出版社，2005.
[11] 叶琦. 焊接技术 [M]. 北京：化学工业出版社，2005.
[12] 张国顺. 现代激光制造技术 [M]. 北京：化学工业出版社，2006.
[13] 机械工业职业技能鉴定指导中心. 电焊工技能鉴定考核试题库 [M]. 北京：机械工业出版社，2006.
[14] 王宗杰. 熔焊方法及设备 [M]. 2版. 北京：机械工业出版社，2016.
[15] 龙伟民，陈永. 焊接材料手册 [M]. 北京：机械工业出版社，2014.
[16] 中华人民共和国人力资源和社会保障部. 国家职业技能标准：焊工 [M]. 北京：中国劳动社会保障出版社，2019.